新编21世纪心理学系列教材

认知心理学

第3版

丁锦红　张钦　郭春彦　魏萍　李琦　编著

Cognitive Psychology

中国人民大学出版社
·北京·

内容简介

《认知心理学》（第3版）源于作者团队10余年认知心理学教学与研究实践。全书共分10章，系统介绍了认知心理学的基本原理和研究方法，对知觉、注意、记忆、表象、思维、语言和言语等各种重要认知过程进行了详细讨论。本书在系统阐释经典认知心理学理论体系的基础上，深入信息与信息加工的本质，详细介绍了现代认知心理学研究的一些新课题、新成果、新手段，如人工智能、脑成像、眼动等。本次修订增加了"开卷有益""学习目标""学习重点""扩展阅读"等新栏目，以增强内容的可读性，减少读者对认知心理学的"恐惧"。本书结构合理、栏目丰富、简明易懂，可作为心理学、应用心理学专业的本科生教材，也可供相关专业的读者阅读参考。

编者简介

丁锦红　博士，首都师范大学心理学院教授、博士生导师，曾多次赴美国纽约州立大学、肯塔基大学等开展合作研究。主要研究方向为注意、视觉认知与记忆。担任《心理学报》《心理科学进展》编委。主持国家自然科学基金项目、高等学校博士学科点专项科研基金项目、北京市教育委员会科研计划重点项目及一般项目等10余项课题。研究成果曾获北京市哲学社会科学优秀成果二等奖。在*Human Brain Mapping*、《心理学报》等国内外学术期刊发表论文80余篇。

张　钦　博士，首都师范大学心理学院教授、博士生导师。主要研究方向为情绪与认知、语言认知等。主持国家自然科学基金面上项目、北京市教育委员会科研计划面上项目以及北京市优秀人才培养专项经费资助项目等多项课题。在《心理学报》、《心理科学》、*Brain and Language*、*Neuropsychologia*、*Biological Psychology*以及*Memory*等国内外期刊发表学术论文80余篇，主编教材《普通心理学》。

编者简介

郭春彦 博士，首都师范大学资深教授、博士生导师。专业为认知神经科学。1999年入选北京市跨世纪优秀人才，2007年入选北京市拔尖创新人才，2013年入选北京市优秀教师。担任《心理科学》编委、《心理科学进展》副主编，国家自然科学基金委员会生命科学部学科评审组终评审专家（13届、14届，以及2015、2017、2018、2019年度）。主持国家自然科学基金项目、高等学校博士学科点专项科研基金项目等多项课题。研究成果曾获北京市哲学社会科学优秀成果一等奖。2004年以来，以第一和通讯作者在*Human Brain Mapping*、*Emotion*、*Neuroscience*、*Psychophysiology*和《心理学报》等刊物发表论文100余篇。

魏　萍 博士，首都师范大学心理学院教授、博士生导师。曾获北京市优秀青年人才称号，入选北京市属高校青年拔尖人才培育计划，为首批青年北京学者。主要研究方向为人类动机与认知的交互作用机制。主持国家自然科学基金青年项目和面上项目等多项课题。研究成果曾获北京市哲学社会科学优秀成果二等奖。在*NeuroImage*、*Human Brain Mapping*、*Journal of Cognitive Neuroscience*、*Social Cognitive and Affective Neuroscience*等国际心理学刊物发表多篇研究论文。

李　琦 博士，首都师范大学心理学院教授、博士生导师，心理学院基础所所长、科研创新团队副主任。曾访学斯坦福大学，师从James Gross教授。研究方向为儿童青少年问题评估与治疗。担任Frontiers专刊编辑，《心理学报》、《心理科学进展》、《心理科学》、*Human Brain Mapping*、*Social Cognitive and Affective Neuroscience*等刊物审稿人。主持国家自然科学基金项目、科技部重点研发项目等多项课题。共发表SCI/SSCI论文60余篇。

前言

认知心理学是探索人类行为基础的心理机制，揭示人在信息输入与输出之间内在规律的心理学分支。它是心理学与邻近学科交叉渗透的产物。控制论、信息论、计算机科学以及语言学等都对认知心理学的产生和发展有着深远的影响。认知心理学试图把全部认知过程统一起来，将注意、知觉、记忆、思维等认知现象看成是交织在一起的心理过程；由于这些认知现象之间存在着相互依赖关系，人类认知过程很可能具有统一的加工模式。此外，认知心理学还试图将普通心理学各个领域统一起来，用认知观点研究和阐明情绪、动机、人格等，并将自己的观点进一步扩展到社会心理学、发展心理学、生理心理学、工程心理学等领域。自认知心理学产生以来，除了在心理学领域受到高度关注外，其他相关学科领域的研究者也对之产生了浓厚兴趣，如计算机科学、人工智能、认知神经科学、教育学以及语言学等。不同领域的交叉为认知心理学未来的发展提供了重要动力。

本书介绍了认知心理学的基本原理和方法，对知觉、注意、记忆、表象、思维、语言和言语等各种重要认知过程进行了详细讨论。本书具有以下特点：(1) 尽可能详细介绍经典的认知心理学理论体系，保持其完整性。(2) 简要介绍信息与信息加工的本质，使读者进一步了解为何认知心理学也被称为“信息加工心理学”；提及现代认知心理学研究的一些新手段，如脑成像、眼动追踪等。(3) 尽量使内容简洁易懂，减少读者对认知心理学的“恐惧”。近年来，认知心理学的发展非常迅速，产生了大量的研究成果。然而，由于篇幅有限，本书无法涵盖所有成果，只能简要陈述其中一部分经典的和具有代表性的成果。

本书第一章、第二章、第三章和第七章由丁锦红教授执笔，第四章、第五章和第六章由丁锦红教授、郭春彦教授执笔，第八章、第九章和第十章由张钦教授执笔。全书由丁锦红教授统稿。在第2版中，我们重点对第二章、第三章、第四章、第五章、第七章、第九章和第十章进行了修订。例如，在第四章中增加了“自我参照效应的发展”，在第五章中将原来的第四节“记得与知道”修改成“元记忆”，在

第八章中增加了“语言和脑”“语义分析”“语篇的理解”，在第九章中增加了“决策模型”“锚定与调整启发式”，在第十章中增加了“问题解决与脑”，等等。同时，也对有些内容进行了删减。在修订过程中，第一章、第四章、第五章、第六章和第七章由丁锦红教授执笔，第二章和第三章由魏萍副教授执笔，第八章、第九章和第十章由张钦教授执笔。

在第3版中，我们又对部分内容进行了修订。首先，在每章之前增加了“开卷有益”“学习目标”和“学习重点”，其中“开卷有益”是结合本章内容提出一些问题，启发读者带着问题阅读相关内容，以加深印象。其次，在每章的重要节次之后增加了“扩展阅读”，为读者提供更多相关内容，帮助他们理解与掌握。最后，我们尽力对上一版中存在的问题和错误进行了更正，并增加了一些图表，以帮助读者理解相关内容。此外，随着人工智能的蓬勃发展，认知心理学在其中的作用越来越受到人们重视，因此，我们在第一章中增加了“人工智能”一节，以加深读者对人工智能及其与认知心理学的关系的认识。在修订过程中，第一章、第六章和第七章由丁锦红教授执笔，第二章和第三章由魏萍副教授执笔，第四章和第五章由李琦教授执笔，第八章、第九章和第十章由张钦教授执笔。

本书在编写过程中，还得到了中国人民大学出版社龚洪训、李颜和张宏学等编辑的大力支持和帮助，衷心感谢他们所付出的辛勤劳动。

本书可供高等院校心理学、教育学、哲学、语言学、医学、计算机科学和人工智能等专业学生使用，并可供有关专业教师、研究人员和中学教师参考。

丁锦红

2021年11月

目录

第一章
概　述

开卷有益

1. 在20世纪80年代，认知心理学刚进入我国时，学者们对cognition一词的翻译有过不同意见。有学者建议翻译成“认知”，也有学者认为可以翻译成“认识”。但最终学者们还是统一将cognition翻译成“认知”。那么，认知与认识存在哪些差异呢？当人们说“认识外部世界”和“认知外部世界”时，意思是否相同？

2. 生活中，我们每天都会从微信或微博等社交软件中收到一些信息。这些信息或者使人高兴，或者使人沮丧，或者让人觉得无聊，等等。这些“信息”与信息论中所说的“信息”是否相同呢？它们是如何被我们处理或加工的？为什么有些信息我们只看一遍就能记住，而有些则很快就会被遗忘？

3. 大脑是心理活动的物质基础。当我们学习、记忆、思考时，大脑中的神经活动更加活跃。我们能否找到认知过程与神经活动之间的对应关系？目前，人工智能是最活跃领域之一，人们已经能够制造出替代人类某些行为的机器（机器人）。随着科技进步，人类能否制造出完全替代人的机器“人”？将来人类是否会被智能机器“人”控制？

学习目标

1. 掌握认知、认知心理学的含义、结构与功能，了解认知心理学起源与发展规律以及与之相关的学科领域。

2. 了解信息论在认知心理学研究中的作用，掌握人作为信息加工者的特点。

3. 掌握认知心理学研究方法，了解认知神经科学、人工智能与认知心理学的关系。

学习重点

1. 信息加工理论及其在认知心理学中的作用。

2. 认知心理学的发展趋势。

3. 认知心理学研究方法。

20世纪五六十年代，对人类认知过程的研究取得了重要进展。信息加工观点被心理学研究者采纳并产生深远影响，如Noam Chomsky的语言生成理论以及Alan Newell和Herbert Simon的“通用问题解决者”模型等。1967年，Ulrich Neisser撰写的《认知心理学》（*Cognitive Psychology*）一书奠定了认知心理学作为心理学独立分支的基础。到20世纪70年代，认知心理学已经初步发展起来并迅速成为西方心理学的主要流派。此后，认知心理学的研究取向、范式和成果得到不断丰富和拓展，为心理学其他分支提供了理论支撑。近年来，随着人工智能的快速发展，认知心理学也在其中发挥着越来越突出的作用。本章将对认知心理学的发展、取向、方法，以及认知心理学与人工智能的关系进行详细讨论。

第一节　认知与认知心理学

一、认知的定义

人们在生活、工作和学习等所有活动中，时刻需要从外界或身体内部接收信息，并产生各种各样的想法与行为。例如，当我们在大街上行走，看到商家的招牌时，我们会根据对该种品牌商品的了解和喜好，决定是否去购买。这就是认知过程。1967年，Neisser在他的《认知心理学》一书中将认知（cognition）定义为：感觉输入的变换、选择、解释、存储、恢复和使用等所有过程。其中变换是指将刺激的物理能量（如光能、声能等）转换成神经能或神经冲动，这部分工作由感觉器官完成。在转换过程中，不需要或不可能将所有物理能量转换成神经能，一些无意义的物理能量因用不着转换而被忽略，即选择。转换了的刺激信息被传送到更高级的中枢神经系统，我们会根据自己的经验去理解这些事物，形成对它们的独特的解释。这些解释将以某种方式在大脑中留下痕迹（存储）。当需要时，我们就会再次将它们恢复，并使用它们产生新的知识或经验。因此，认知包括知觉、注意、记忆、推理、决策等心理活动；这些心理能力构成了一个复杂的心理系统，实现各种信息加工功能。

那么，当走在大街上时我们会经历哪些认知过程呢？行走在大街上，五光十色的招牌、琳琅满目的商品让我们目不暇接，而我们关注到的往往只是其中很小一部分，这种选择便是注意的功能。那些被选择的刺激（招牌、商品）在我们头脑中都会形成短暂印象，我们会根据这些印象和头脑中已有的知识经验对它们进行解释，判断出它们是什么，形成对这些商品或品牌的知觉。当我们决定（决策）是否要购买某一商品时，我们会回想（记忆）一下自己以前是否使用过这种商品。如果使用过，我们就会分析它的性能，或者将其与其他同类商品进行比较（推理）。也许我们并没有意识到这些心理活动，但它们确实存在，并构成了我们丰富多彩的生活。

二、认知的结构、过程与功能

认知结构是指组成认知的各种成分以及它们之间的相互关系。从认知的定义中可以看出，认知涉及感知、注意、学习、记忆、语言、推理与决策以及问题解决等心理过程。这些心理过程紧密联系，它们从基本的感知、注意、学习到相对高级的记忆、语言、推理与决策以及问题解决等，构成结构层次分明的复杂心理系统。系统内各层次之间相互依赖、相互影响。在一个完整的认知过程中，首先，需要从外界或身体内部接收信息，这是我们完成心理活动必不可少的基础，就像加工产品需要有原料一样。人们在使用这些信息时并不完全按照其原来的样子进行。在长期活动中，人们积累了无数经验和知识，并能够利用这些知识经验对所获得的信息进行解释和组织，以利于存储、提取和使用这些信息，形成新的知识经验，解决现实中的问题。因此，认知过程包含了信息的获取、解释、组织、存储、提取和使用等不同阶段。不同认知成分或过程在知识获得与应用中各有分工。感知觉是获得信息的主要途径，同时也对信息进行解释；注意负责从纷繁世界中选择对我们有意义的信息；信息的组织、存储和提取则由记忆完成；保存在记忆系统中的信息便是人们进行推理、决策的依据。

三、认知心理学的定义

认知心理学（cognitive psychology）是心理学的一个分支，也是认知科学的重要组成部分。从广义上讲，认知心理学主要探讨人类内部心理活动过程、个体认知的发生与发展，以及对人的心理事件、心理表征和信念、意向等心理活动的研究（梁宁建，2003）。广义的认知心理学包括：（1）以 Jean Piaget 为代表人物的结构主义心理学，研究儿童的心理结构随年龄增加而发生变化的规律；（2）心理主义（psychologism），在行为主义盛行时期，受其影响较小、坚持研究意识现象的心理学；（3）信息加工心理学，将人的认知过程类比为计算机，以信息加工（information processing）观点为核心研究人类认知的心理学，也叫信息加工心理学，它的研究内容包括感知、注意、表象、学习、记忆、思维、语言和言语等。狭义的认知心理学指的是信息加工心理学。一般情况下，人们所说的认知心理学就是信息加工心理学。

四、认知心理学的研究范围

在早期，人们将认知心理学界定为有关知识的获得、保持和应用的科学研究，研究范围具体包括知觉、注意、记忆、语言和言语、判断和决策等。这种界定将认知心理学限定在一个比较狭窄的范围内，它似乎只是对纯智力活动的研究。实际上，认知心理学的研究涉及人们生活的各个方面。例如，记忆是认知心理学研究的重要内容。不论什么时候、学任何东西都离不开记忆，没有记忆就没有学习，经验就无从谈起。没有记忆我们都不知道自己是谁，也就没有了自我。考试时，我们需要依赖记忆，它保存着以前所学的知识；去超市买东西时，我们需要记住商品的名称和品牌，也要记住超市出口的方位；见到儿时伙伴、追忆童年往事时，仍然要依赖记忆。遗忘症患者不知道自己住在哪里，不认识自己的亲人，甚至不知道自己的名字。我们很难发现不需要记忆的心理活动。因此，认知心理学的研究范围十分广泛，除了纯智力活动外，还涉及人们的社会生活。认知心理学的研究内容与我们生活中的每一种觉醒状态都密切相关，我们在觉醒状态下所做的事情都依赖于我们的知识、学习、记忆和决策等方面的能力。任何与智力相关的活动都需要认知功能的支持，不论是一般行为、社会生活，还是情绪情感活动，甚至是人格中的自我等也都可以被纳入认知心理学的研究范围之内。

第二节　信息加工理论

狭义的认知心理学就是信息加工心理学。那么，信息是什么？人作为信息加工者，其特点又是怎样的呢？

一、“信息”的来源

在远古时代，人们用绳子打结记录事物（形象方法），以防遗忘。但这种方法在时间、空间上存在明显的局限性。于是，人们就用较为抽象的符号表示事物（抽象方法），并创造了语言。语言为人和人之间的交流与沟通建立了桥梁。然而，当人们需要远距离实时通信时，面对面语言交流的局限性就显露出来了。在解决这一问题的过程中，数学与物理学的发展起到了至关重要作用，促进了通信技术的发展。信息论、控制论和系统论的产生与发展在加快现代计算机改进步伐的同时，也催生了认知心理学。

二、信息的概念与度量

（一）概念

在日常用语中，信息是指消息、情报、指令、密码等，并通过符号（如文字等）、信号（如动作等）等具体形式表示出来。例如，同学告诉你：“老师上一次讲了认知心理学的概念。”虽然这句话中包含了信息，但它只是一种定性的描述。在信息论中，对信息的科学定义尚有争论，其定义有 40 余种之多。其中以 Claude

Shannon 对信息的定义最具代表性，Shannon 认为，信息是不确定性减少的量，即两次不确定性之差。信息量是信息接收者知识变化的数量。

（二）度量

Shannon（1948）和 Weiner（1948）提出了信息的度量方法。N 个等概率事件之一实现的信号所传递的信息量为 $H=\log_2 N$，信息的单位是比特（bit），是二进制单位，1 比特信息量可以使情境不确定性减少一半。例如，两个完全相同的杯子里装着等量的盐水和蒸馏水（见图 1-1），如果让你猜哪一个杯子里装的是盐水，那么，你猜对的概率是 50%。但是，如果有人告诉你“左边杯子里装的是蒸馏水”，那么，你就可以百分之百地猜对。此时，“左边杯子里装的是蒸馏水”这句话所包含的信息量就是 1 比特，即 $H=\log_2 N=\log_2 2=1$ 比特。这句话将情境的不确定性减少一半，使得猜对概率从 50%提高到 100%。如果是非等概率事件，则计算其平均信息量的公式为：

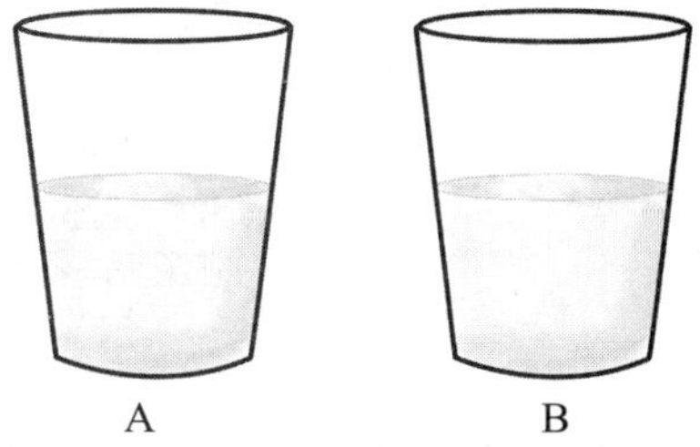

图 1-1 哪个杯子里装的是盐水？

$$H=-\sum_{i=1}^{N}P_i\log_2 P_i$$

式中，P_i 是某个事件出现的概率。

三、信息的特点

首先，信息可以通过一定的载体进行描述。源于外部环境的信息，如视觉、听觉、空间以及时间等可引起个体心理变化。这类信息易于描述，是认知加工的主要对象。另一类信息来源于人的经验、知识等，包括描述性知识和程序性知识。描述性知识可以通过口头语言或书面语言描述，如从北京到上海可以乘坐哪些交通工具。程序性知识难以用语言描述，但可以通过操作过程表达出来，如杂技演员可以演示骑独轮车的技巧，但很难说出他们是如何保持平衡的。

其次，对信息的编码和译码具有层次性。编码和译码是从简到繁、从低层次到高层次的加工过程。信息加工过程中，需要对信息形式进行转换，这种转换就是对信息的编码和译码。当我们看见一组电话号码时，为了记住它们，我们通常会出声念读，这就是将视觉信息转换成听觉形式，以便记忆。如果号码还是很难记住，我们可能会对它们进行进一步转换，将它们赋予某种意义，即进行更高层次的编码和译码。

最后，信息加工具有流动性。当人们进行信息加工时，信息处于流动状态。信息流具有自上而下（top-down）和自下而上（bottom-up）两种流动方向，而且这种流动可以是自动化的，不需要人们有意识地控制。信息流在不同阶段所完成的任务也不尽相同，有些阶段是对刺激的外在特征（如强度、形状）进行加工，有些阶段则是进行反应选择或调节等。

四、人作为信息加工者

人的心理过程非常复杂，除了人自身生理结构（大脑）上的复杂性外，人的心理特征形成还依赖于所处的纷繁外部环境和人际关系，它们共同作用，造就了更加复杂的心理结构。人作为信息加工者，与机器有着明显区别。

（一）人是信息加工系统的中心环节

通信系统的信息加工模式可以概括成图 1－2。

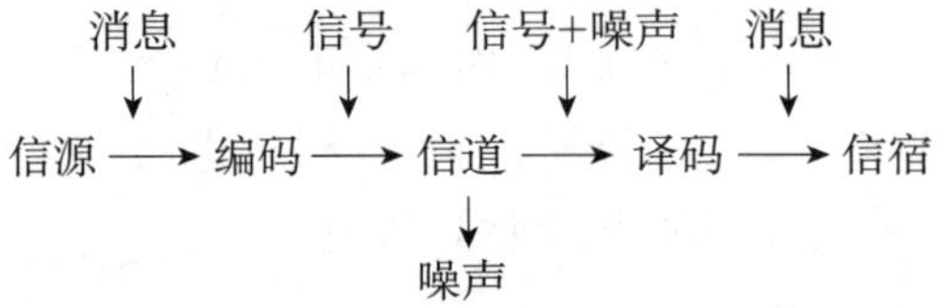

图 1－2　信息加工模式

在整个通信系统中，人处于中心地位，每一个环节都可能有人的参与。在信息加工过程中，人首先选择信息（注意），并对信息进行理解与解释（知觉），再将加工生成的新信息传递给其他人。

（二）有限的通道能力

人的信息加工能力局限性表现在许多方面，其中很重要的一个方面就是通道能力（channel capacity）有限。例如，虽然每时每刻都有无数刺激作用在我们的感觉器官上，但我们只能对其中的一小部分进行加工；注意通过选择排除了“多余的”和“不重要的”信息；短时记忆能够加工的信息也有限；等等。Hick-Hyman 定律认为，反应时与信息量之间的关系为：

$$\mathrm{RT}=a+b\ \mathrm{Hs}$$

式中，RT 是反应时，Hs 是信息量，a、b 是经验常数。一般认为，人的信息传递率在 3～10bit/s 范围内，而机器在这方面要比人优越许多。

（三）信息加工的模糊性与主动性

人的信息加工不像机器那样精确，它是跳跃性的，受内部情绪和外在环境的影响非常明显，容易发生变化。当我们听到一句含糊的（有歧义的）话时，我们能够根据其上下文关系、语气、表情等正确理解它的意思。因此，机器在精确性方面优于人，而人在灵活性方面则远远超过机器。另外，人在信息加工过程中能够主动寻找信息，而不是完全被动接收信息。

（四）信息加工的层次性

人的信息加工过程具有鲜明的层次性。神经层次（大脑）是具体的物质层次，是信息加工的物质基础。认知层次以抽象的方式描述神经事件，并使之在经验与意识中存在。而心理层次是经验性的、意识性的，是认知加工的最高层次。三个层次之间相互联系，共同完成信息加工（见图 1-3）。

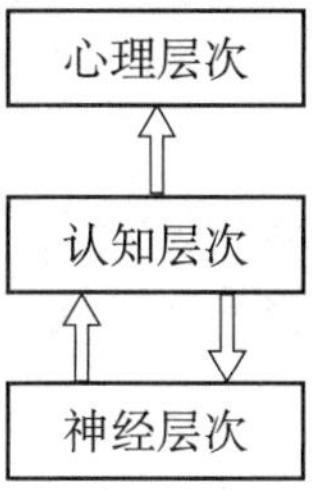

图 1-3 信息加工的层次

（五）信息加工的离散性与连续性

人在信息表征与转换中，既可以采用离散方式，也可以采用连续方式。例如，对一个大的红色三角形的表征，其大小、颜色和形状之间的表征是离散的，而在每一个维度上则是连续的（大小的变化、颜色的变化以及形状的变化等）。

（六）串行加工与并行加工

串行加工指的是信息加工过程按一定顺序进行。采取这种加工方式与通道能力有关。目前，大多数计算机采用串行加工方式，所有作业任务按一定时间顺序分别进行加工。但串行加工在很大程度上限定了人的信息加工能力。例如，在视觉搜索过程中，目标数量增加时，搜索成绩（速度）将降低。并行加工则是同时对多个目标进行加工。认知心理学研究表明，反应时不随刺激项目数量的增加而增加，所以，也存在某一瞬间同时加工多个项目的情形，即存在并行加工。

两种加工方式并不是绝对独立的，它们取决于容量限定的性质。当刺激—反应间的关系在记忆中有足够的模板与外部刺激模式迅速匹配时，则可直接从记忆中提取，不必进行算法处理，此时就是并行加工。两种加工方式的差异就是加工过程中记忆与算法之间的竞争的结果。

拓展阅读

信息论与认知

信息论（information theory）是研究信息量化以及编码、存储和传递的数学方法。它运用概率论与数理统计的方法研究信息、信息熵、通信系统、数据传输、密码学、数据压缩等问题。广义的信息系统泛指信息传送所需设备构成的系统。心理学的认知革命在很大程度上受到现代计算机发展的启发，心理学家有了一种更客观的语言描述心理过程。大脑被视为计算机的硬件，其思维过程与软件相似。人就像计算机一样，是一个信息处理系统。心理学家在描述这个系统时借用了信息技术的许多术语。例如，研究者把认知视为感知转化成信息的过程，用编码、存储和提取等术语描述人类的记忆系统。然而，信息论是数学，而认知是一种主观现象。辨别认知和信息之间在主观上的联系相对容易，但将严谨的信息论应用于认知过程则完全不同。

尽管如此，过去七十年中，信息论依然在认知研究中起了重要作用(Sayood，2018)。众多研究证明了信息论的合理性，人们对信息论的兴趣又被重新激发。作为一种研究认知的工具，信息论开辟了一个新领域。信息论的概念和方法为研究认知的许多方面提供了一个严密的框架。从客观角度而言，信息论最合理的应用领域应该是神经元的信息传输。因为在神经元水平上，我们可以假设一个标准的通信模式，通道的输入是刺激，神经元就是通道本身，而通道的输出则是反应。随着测量技术和建模方法的不断进步，神经元之间通信的研究和建模变得越来越复杂。了解神经元之间的这些复杂通信模式将是未来解开大脑之谜的重要手段。

认知控制是大脑的一种动态资源分配策略，是将认知资源分配给与当前任务相关的信息，如Stroop任务。此外，在认知负荷计算、决策判断过程等研究中也都可以应用信息论建模，从而更深入了解与解释人类的认知过程。例如，对一个刺激做出反应所需的平均信息量决定于以下三个方面：(1)刺激和反应之间的平均互信息（一个变量中包含的关于另一个变量的信息量）；(2)刺激情境与反应之间的平均互信息；(3)在情境和刺激都确定的情况下，反应的不确定性。

尽管认知作为一个整体非常复杂，无法用单一工具进行完整解释，但信息论还是可以提供一个理论框架和一种形式结构以描述和解释相应的现象。随着大脑活动测量的时间和空间分辨率不断提高，用信息论解释大脑活动过程及相应认知规律也得到越来越广泛的重视。用信息论观点研究认知活动可以使人类更加深刻认识一个全新的心理世界，更有助于探索人类认知的本质。

第三节　认知心理学的起源与发展

一、起源

相对而言，认知心理学是一个年轻的心理学分支，只不过五六十年历史。尽管它很年轻，却产生了很大影响，以至于在心理学界产生了“认知革命”。这场发生在20世纪五六十年代的“革命”代表了研究范式和理论推理的变化。这种新范式被广泛应用于学习、记忆等领域的研究中，同时，对其他领域也产生了重大影响。

（一）内省主义

19 世纪后期，以 Wilhelm Wundt 及其学生 Edward B. Titchener 为代表的心理学家发动了一场心理学研究新运动，第一次将心理学从哲学和生物学中分化出来，并规定了心理学的研究领域。Wundt 等人认为，只有我们自己知道自己的想法；因此，对于我们每个人而言，研究思维的唯一方法就是内省（introspection），即通过反思，观察并记录我们精神生活的内容以及自己的经验。内省不是随意的，而是要经过充分的训练，让内省者能够用词汇描述他们对所看到内容的体验。在 Wundt 等人看来，心理事件是相互联系的，它们是通过经验所形成的概念。

然而，内省的本质就是有意识体验，它无法告诉我们任何有关无意识的内容。而事实上，无意识在我们的精神生活中起着很重要的作用。此外，科学研究需要一种方法检验其真伪，否则，我们就无法区分真理与谬误，即哪些是对这个世界的准确描述，哪些是虚无缥缈的幻想等。内省法通过语言描述自己的思维过程，而每个人的感受不同，语言表达方式各异，很难检验一种思维过程的真实性。例如，当我们描述自己愉快的心情时，有的人能够充分表达，而有的人则觉得“无法用语言”来描述。那么，我们如何通过内省去比较他们之间哪一个更愉快呢？显然无法做到。因此，我们无法确定他们所报告的愉快心情是否夸张、是否歪曲、是否准确，即我们无法获得客观事实。对于科学研究而言，这是无法接受的。仅仅认为世界是像我们描述的那样是不够的，我们应当更客观地看待世界，检验证据的真实性，内省方法在这方面存在明显缺陷。尽管如此，它对认知心理学的产生仍然是有贡献的。

（二）行为主义

20 世纪 30 年代至 60 年代，行为主义（behaviorism）主导着心理学界。在美国以 John B. Watson、B. F. Skinner 和 Edward C. Tolman 为代表的心理学家放弃了内省主义的观点。他们认为，如果依赖内省数据（主观的心理状态、预期、记忆等），心理学就不是一门科学；心理学需要客观数据，即外在可观察的行为结果；心理学应“自然科学化”。例如，物理学的研究对象是可测量、可记录的物理事件，而人的信念、愿望、目标和期望都是无法直接观察和客观记录的。因此，我们需要排除对这些精神概念的探讨。科学的心理学应当避免研究这些无法观察到的内部过程和事件，而是应研究那些可观察和可测量的外部行为。Watson 认为，所有心理现象都可以还原成外在行为和生理反应。而同样作为行为主义心理学家，Skinner 并没有完全接受 Watson 的观点，他承认意象、思维的存在，并把它们看成是心理学研究的对象；但他仍然将心理表征看作外部刺激的内部拷贝。Tolman 则持更加开放的态度，不仅承认内部表征的存在，而且提出认知地图（cognitive map）的概念，为认知心理学的产生奠定了一定的理论基础。

行为主义在很多领域都取得了成功。这些领域都涉及人的行为如何对构造的不同刺激（如奖励和惩罚）做出不同反应，其中很多原理都被当代心理学采纳与利用，成为学习理论的重要基础，并在实践中得到了广泛应用。然而，在20世纪50年代后期，心理学家发现，我们的许多行为都无法用行为主义观点解释。人的很多行为方式、所说的事情以及感受方式等都不受客观环境本身的主导，而是取决于人们对这些环境的理解和解释。因此，如果我们遵照行为主义者的观点，仅把注意力放在客观环境上，我们就会错误地理解人的行为原因，进而错误地预测他们将来的行为。行为主义者之所以不研究信念、记忆等心理现象，是因为缺乏直接研究这些对象的科学手段。

（三）格式塔心理学

格式塔心理学（Gestalt psychology）的代表人物是德国心理学家Max Wertheimer、Kurt Koffka和Wolfgang Köhler。他们主要研究知觉和问题解决。格式塔心理学假设，心理现象不能还原成简单的元素，应该将它们当作整体进行分析与研究。格式塔心理学认为，经验中简单的基本感觉不可能形成完整的知觉，只有将经验作为整体才能实现对客体的真正理解。在Wertheimer看来，“格式塔不是按照最初给定的成分主观地建立起来的内容集合体，相反，它是具有内在固有规律的整体过程”。格式塔心理学以个体对刺激的主观经验为研究对象，注重人们对经验结构的运用。格式塔心理学家在知觉研究中总结出12条基本原理，并通过动物实验得出了通过顿悟解决问题的规律。

格式塔心理学家认为，经验是一个由各单元动态交互作用形成的场。例如，一个动物受到某一障碍物的阻挡，无法获得它所看到的食物，在这样一个场中，存在“张力”；当顿悟出现时，这个场获得重新组织，动物发现它可以绕过障碍物，问题便得到了解决。问题的解决使动物得到了食物，同时消除了这一行为场中的张力。因此，动物在面对问题之前，必须意识到这一问题情境的所有因素。如果动物看不到食物，问题就不会存在，因为没有心理场的张力。另一个重要概念是同型论。它是指个体在体验行为场中的结构关系时会产生一个与之同型的脑场模型。大脑并不是一个感觉运动的连接器，而是一个复杂的电场。在一个问题情境中，行为场的张力在脑中表现为电场张力。顿悟可以解除脑场张力，导向现实问题的解决。行为场与脑场之间在功能上是同等的。

格式塔心理学遵循极端的物理还原论，坚持生理过程与心理过程同构论，并用一定的数学工具描述两者的关系。这正是认知心理学的研究方向之一。

（四）发生认识论

瑞士著名发展心理学家Jean Piaget对儿童认知发展的研究同样极大影响了认知心理学的发展。Piaget反对行为经验论与先验论，而是采用发生认识论（genetic epistemology）的方法，探索儿童认知发展的规律。Piaget认为，正如胚胎学研究揭示了动物在结构上的类似一样，儿童发展的研究也有助于揭示成人的思维结构。

他相信仔细研究最初级水平的智力活动（儿童的智力活动）可以使我们更好地了解成人的思维结构。

Piaget 理论体系中的一个核心概念是图式。图式是指个体对世界的知觉、理解和思考的方式。我们可以把图式看作心理活动的框架或组织结构。在 Piaget 看来，图式是认知结构的起点和核心，或者说是人类认识事物的基础。因此，图式的形成和变化是认知发展的实质。Piaget 认为，认知发展受同化、顺应和平衡三个基本过程影响，并将认知发展划分为感知运动、前运算、具体运算和形式运算四个阶段。这些阶段出现的先后顺序固定不变，不能跨越，也不能颠倒。它们经历不变的、恒常的顺序，并且所有的儿童都遵循这样的发展顺序，因而这四个阶段具有普遍性。每一阶段都有独特的认知结构，这些相对稳定的结构决定了儿童行为的一般特点。儿童发展到某一阶段，就能从事相应水平的各种性质的活动。认知结构的发展是一个连续构造（建构）过程，每一个阶段都是前一阶段的延伸，是在新水平上对前面阶段进行改组而形成的新系统。每阶段的结构都形成一个结构整体，这一结构整体不是无关特性的并列与混合，前面阶段的结构是后面阶段结构的先决条件，并被后者取代。

（五）认知革命

认知革命（cognitive revolution）是从行为主义到认知心理学的革命，即由外部行为心理学的研究向内在认知过程探索的转变，类似于 20 世纪初行为主义的出现使现代心理学发生的巨大转变。认知革命的意义在于：（1）它扭转了行为主义的外周论，重新恢复了意识在心理学中的地位，使意识与行为统一起来作为心理学完整的研究对象，为当代心理学提出了一个崭新的研究内部心理机制的理论范式。它强调了心理表征对理解人的心理过程的重要性。（2）它突出了人的主体性和意识的能动作用，强调高级过程对低级过程的影响和认知策略的重要功能，使感性与理性、理性与非理性统一起来作为心理学完整的研究对象，为当代心理学提出了一个主动实现信息加工的理论范式。

第二次世界大战期间，心理学家借鉴通信工程中的概念、理论，将它们延伸到对人-机系统中人的因素（human factors）的研究，并强调人-机交互作用中人的因素的重要性，尤其在航空飞行等领域。例如，Donald Broadbent（1958）发现，飞行员及机械操作人员在操作机器过程中，他们的注意能力有限。George A. Miller（1956）将人的信息加工能力有限的特性定量化，发现人可以加工的刺激数目为 5 至 9 个。Noam Chomsky 于 1957 年出版了《句法结构》（*Syntactic Structures*）一书，提出了“转换生成语法”理论。Chomsky 强调语言使用的“创造性”、语言习得的“遗传”因素，并提出了“语言模块”论以及语言的“表层结构”和“深层结构”等观点，指出了语言系统的规则和表征与认知系统的规则和表征的不同。他的观点对语言理解研究产生了深远影响。

神经科学的研究成果为人们理解大脑与认知活动之间的关系提供了重要证据。

大脑心理功能的定位学说和等势学说曾经存在分歧，但随着细胞水平的研究，如 Hubel 和 Wiesel（1959，1963，1965）发现，猫的视觉皮层内有一些特殊细胞只对特定刺激（如特定方向的线条）做出反应，人们更加倾向于将两者综合。1962 年，David Krech 等通过对众多文献的总结认为：（1）没有一个学习过程或学习机能完全取决于皮层的一个部分或区域；（2）大脑每一部分或区域在不同种类机能中起着不均等作用。A. R. Luria（1973）将大脑分为三个基本机能单元（或机能联合区）：第一个单元调节大脑觉醒水平和维持适当紧张度，第二个单元负责接受、加工和分析来自外部和内部环境的感觉信息，第三个单元计划、调节和执行各种复杂活动。人的所有行为都需要这三个基本机能单元相互作用，因而所有行为都反映了“脑”是作为一个整体在活动；但同时脑中的每一部分或区域都在每一种行为中起到了独特作用，脑的任何一部分的重要性都取决于所要进行的行为。

1946 年第一台电子计算机问世后，计算机给各个领域都带来了革命性飞跃。人工智能（artificial intelligence，AI）的出现使得人们能够对人类记忆加工与存储以及语言加工和学习等认知过程的基本假设进行进一步验证。John McCarthy 在 1956 年提出，人工智能就是要让机器的行为看起来像是人所表现出的智能行为一样。人工智能强调机器“像人一样理性地思考”“像人一样理性地行动”。这里的“行动”应广义地理解为采取行动或制定行动决策，而不是肢体动作。电子计算机和人工智能的出现，为解释心理过程提供了一种新方法。计算机有信息存储和提取的功能，以及类似决策和解决问题的行为。因此，心理学家推测，人也使用与计算机类似的过程和程序。借用计算机科学的术语，心理学家也开始用“缓冲器”“中央处理器”等描述认知过程。计算机比拟（隐喻）（computer metaphor）提供了一种新的语言描述心理过程和解释心理数据。例如，在记忆任务中，我们可以假设一系列加工过程构成记忆活动。计算机比拟的逻辑是：如果一个特定的信息加工过程产生了某种结果，那么，是否还存在其他更简单的信息加工过程也可以产生同样的结果，或者这一特定的信息加工过程是否会产生其他结果？按照这种逻辑，我们不仅要去解释这些结果如何产生，而且还能够找到解释这些结果的最佳方法，验证原先的假设。然而，使用计算机比拟方法并不表明人的心理就像计算机，或者心理仅仅是一个复杂的计算机；而是计算机足以描述人的心理过程，我们可以用计算机语言解释人的认知过程。因此，计算机为建立认知心理学模型提供了理论依据和验证手段。

1976 年，Alan Newell 和 Herbert Simon 提出了物理符号系统假设（physical symbol system hypothesis），为现代认知心理学的建立和进一步发展奠定了重要理论基础。他们把信息加工系统称为符号操作系统（symbol operation system），因而信息加工具有操作符号的功能。符号既可以是物理符号或计算机中的电子运动模式，也可以是头脑中的抽象符号，或者头脑中神经元的某种运动方式等。计算机是一个物理符号系统，人也是一个物理符号系统。人的认知的基本单元是符号，人的认知过程就是符号操作过程，人脑内的概念表征等及其信息加工过程也是对符号的操作。通过这种假设，原来认为是抽象的心理活动就可以用处理物理符号的计算机系统模型加以探讨。

一个物理符号系统具有以下六种功能：(1) 输入符号——计算机用纸带打孔或用键盘输入符号；人通过视觉、听觉等感觉器官输入符号。(2) 输出符号——计算机通过显示器或打印机等输出运算的结果；人的表情、动作和言语等也是符号的输出。(3) 存储符号——计算机在外存储器或内存储器中存放信息；人在短时记忆和长时记忆中存储信息。(4) 复制符号——计算机可以把符号从一组存储单元复制到另一组存储单元；人可以把外界事物以符号的形式在头脑中复制下来，并加以存储。(5) 建立符号结构——计算机在对符号进行操作的过程中，可以建立各种新的符号结构；人通过思维活动也可以把观念条理化，形成新的组合或结构。(6) 条件性迁移——物理符号系统在原来存储于记忆中的符号结构基础上，可以根据当前的输入信息而执行一系列操作式活动。这种满足了一定条件就产生某种活动的过程叫作条件性迁移。人也具有条件性迁移的能力，人可以在新刺激条件下，在已有知识基础上执行一定活动。Newell 和 Simon 认为，无论是计算机还是人脑都是物理符号系统，二者都具有上述六种功能；任何一个系统，如果具有智力活动，就必然具有上述六种功能；同时，任何一个系统，如果具有上述六种功能，就能表现出智力活动。在这种计算机和人脑具有共同功能的假设基础上，人们可以用计算机科学的语言和概念描述人的思维活动。计算机科学也可以根据认知心理学研究结果，用计算机程序仿真人的思维活动，使计算机表现出智力活动的特点。物理符号系统假设是现代信息加工心理学的理论基础，它同时开创了新兴人工智能的科学领域。

总之，自 20 世纪 50 年代以来，认知心理学研究取得了很大进展。Miller 对短时记忆容量的研究、Chomsky 对语法转换特点的研究、Jerome Bruner 对思维策略的研究、Newell 和 Simon 对人的问题解决的计算机模拟等，这些研究成果为认知心理学诞生提供了重要基础和支撑。因此，有人认为，认知心理学的诞生不晚于 1956 年（王甦，汪安圣，1992）。但也有人认为，认知心理学诞生的真正标志是 1967 年 Neisser 的《认知心理学》一书的出版（彭聃龄等，1990）。

二、发展趋势

认知心理学的出现为心理学研究注入了新的活力。它不仅是一个研究领域，而且也是一种新的思潮和研究范式。在不断变化的研究范式中，符号加工取向（symbol-processing orientation）、联结主义取向（connectionist orientation）和生态学取向（ecological orientation）最具代表性。

（一）符号（信息）加工取向

认知心理学产生之初，以符号加工或信息加工为主要研究取向。信息加工取向来源于计算机信息加工理论和人的因素研究，将人类认知与计算机的信息加工之间进行类比。该研究取向认为，人主动寻找信息，对外界信息的加工是人们寻找与发现信息的结果；许多认知过程以系列（serially）或序列（sequentially）方式按照某种时间顺序进行。该取向把人的信息加工过程与计算机相类比，认为人的心理活动与计算机一样，是对符号的逻辑操作；把人类的思维策略比作计算机程序，把人的初级信息加工比拟为计算机语言，而把人的生理过程包括中枢神经系统、神经元和脑的活动等都比拟为计算机硬件的运行，人脑像电脑一样具有对信息的接收、存储、编码、转换、提取和传递的功能。总之，大脑是一个通用符号加工系统，通过对符号的表征和加工而实现认知的功能。符号是代表和标明外部世界事物的模式，人通过对符号的操作而完成对外部信息的加工，这是一种抽象的类比。

信息加工研究取向对认知心理学的产生与发展做出了重要贡献，但它忽视了人的本质属性，忽视了人的创造性、人格、情感、意向活动等方面的独特性。虽然计算机的信息加工系统可以设计得非常复杂，但能否制造出与人的大脑相比拟的机器还无法确定。

（二）联结主义取向

20 世纪 80 年代，联结主义取向开始出现，它从另一角度研究人的认知过程。联结主义研究取向以“心理活动像大脑”为原则，以并行分布加工和神经系统网络化为基本观点，将认知系统看作简单而大量的加工单元的联结网络。联结主义取向与神经计算关系密切，强调神经和数学基础，其模型（分布式网络模型和神经网络模型）是在神经水平上产生、用数学和计算形式表达的理想化神经系统，而不是神经系统本身。因此，该研究取向认为，人的信息加工过程应该是平行的，神经元之间构成了没有典型等级联系的网络。网络具有平行结构和平行处理机制，能够同时平行处理所有运算、操作并控制所有加工单元。网络以极快速度感知一个事物并迅速对其做出判断。知识在网络中以交互激活的模式扩散。在联结主义神经网络中，某个神经单元的缺失或损伤并不影响整个网络的输出模式，对作业成绩也无实质影响。与人的生物大脑一样，神经元损失太多也会导致网络输出发生偏差。此外，神经网络还具有自学习、自适应、自组织等功能，如果网络输出发生错误，其自身就可以通过采取一定训练策略调整神经单元之间的权重，直到输出与期望相符。因此，联结主义取向对大脑的模拟更接近生物脑的实际情况，对心理实质的揭示也更符合人的真实情况，这是一个更接近于神经活动的认知模型。目前，在使用脑电、脑成像等手段研究人的认知过程时，采用的功能连接分析就是基于联结主义研究取向的典型例子。

联结主义研究取向的认知心理学认为，人工神经网络模型可以通过连续改变各单元之间的联结强度实现记忆内容模拟提取，并进行模拟推理；其自身的“自我完善性”决定了只要为其提供片断的、模糊的甚至是残缺的输入，它就可以完成推理任务，解决问题。联结主义的这一特性显然更加符合人脑解决问题的真实情况。另外，联结主义研究取向对传统的符号系统理论进行了补充和修正。联结主义以其平行分布式的连续亚符号推理过程作为本质特征，对自然智能和人工智能的研究产生了巨大的推动作用。联结主义研究取向被认为是认知心理学中最有生命力的元理论，它可以解释人脑与电脑之间的某些差异和相似性，是对信息加工认知心理学的革命。联结主义研究取向涉及心理学、计算机科学、神经科学、哲学和数学等众多学科，在理论研究和实际应用方面显示出了其独特价值，取得了丰富成果。但是，联结主义研究取向也不可避免地存在局限。它以对大脑的同构或同态模型为研究对象，具有生物还原倾向；大脑细胞生理生化活动与认知过程之间的关系还比较模糊；对人脑的任何局部认知功能的模拟还非常困难，更无法从整体上认识大脑的认知加工规律；现有的人脑活动方式理论和模型还只是推论；当然，也许换一种思维方式更有利于我们全面了解人的认知过程。

（三）生态学取向

在认知心理学创立早期，多数心理学家更重视认知过程的基础理论研究，而较少考虑研究结果在真实情境中的应用，即生态学效度。随着对认知过程认识的深入以及社会需求的增加，许多认知心理学家意识到基础理论必须在实践中接受检验并为实践服务，解决现实问题。生态学研究取向也逐渐受到研究者关注。生态学研究取向强调人的生活经验和生活历史的作用，主张在现实环境中研究人的心理和行为，重视社会文化背景与认知之间的关系，研究人的现实行为和自然发生的心理过程。因此，生态学研究取向强调的是人与环境的动态交互过程，尤其重视研究生态环境中具有功能意义的心理现象。

生态学研究取向使认知心理学开始重新关注更具现实性的认知现象，使研究尽可能贴近人们的实际生活，减少研究情境的人为性。越来越多认知心理学家已开始紧密联系生活实际开展研究，他们的研究成果与实际生活的联系愈加紧密。例如，用信息加工的观点研究阅读过程，依据信息加工的速度和策略设计儿童智力测验。此外，在技能培训、军事训练、广告设计、教学与学习以及大众传播等领域也进行了广泛研究，并取得了显著成效。这些研究提高了认知心理学的生态学效度，也为社会发展提供了理论和实践指导。

当然，生态学研究取向应该建立在对认知规律准确认识基础上，必须充分利用现代科技成果和研究手段。如果过分强调人与环境交互中环境的作用，强调在现场中探索心理过程的影响因素和特点，只重视对生活情境中认知现象的直觉、描述和解释，而忽视认知过程中人的主观能动性，否定在人为环境中研究认知现象的价值，否定实验室研究和计算机模拟的可靠性，淡化理论假设、实验设计和心理机制的还原分析，那么，这虽然在一定程度上克服了信息加工取向和联结主义取向的明显缺点，但它的生命力仍然会受到限制。

上述三种研究取向各有优劣：信息加工研究取向奠定了认知心理学的理论基础，联结主义研究取向帮助我们深入了解大脑与认知过程之间的关系，而生态学研究取向则从更加整体的观点认识人的认知过程。就目前而言，联结主义研究取向似乎占有优势，人们更趋向于用神经生理的方法研究与认知过程密切相关的神经过程。从研究取向角度来看，认知心理学经历了以下变迁：由简单的信息加工模型到复杂的串行与并行加工共存的理论模式；由行为的理性和计划性观点转变为行为的主观性、解释性、应变性和现场性观点；从局部分析到层次化的整体功能分析；由单一的严格控制实验室研究到实验室与现场并重的研究；由偏重基础研究转向基础与应用研究并重；此外，更加关注人的认知行为的长期性、整体性和社会文化性，更加注重研究人类认知的神经生理过程。

三、认知神经科学

（一）认知神经科学的产生与发展

认知心理学产生后，在许多领域取得了突破。它在心理语言学、神经科学、人工智能和人工神经网络等领域的研究都取得了重要进展，但在各自研究领域内又都存在许多难点，必须在人脑认知活动机制中寻求答案。例如，在认知心理学和心理语言学研究中，信息加工是并行还是串行方式？外显机制和内隐机制是否相同？基于经验知识的认知活动和靠灵感、顿悟的认知活动的脑机制有何异同？在人工智能和人工神经网络研究中，物理符号的离散表征和运算原理与符号连续运算原理之间存在何种关系？人工神经网络的学习机制为何需要千万次训练，而人类的观察模仿学习则一看就会？这些问题都涉及人的大脑活动规律和功能。人类社会发展对智能信息系统的要求越来越高，而我们对大脑的认识却严重不足，这种矛盾使科学家认识到必须有一个崭新的手段和研究范式去解决相应问题。

20 世纪 70 年代中期开始，对人类心智（human mind）的研究进入了一个崭新的纪元。基于对“脑-行为”（brain-behavior）关系的共同兴趣，来自认知心理学、神经心理学、生理学、神经科学、语言学、信息科学等不同领域的科学家开始合作。到 20 世纪 80 年代中期，脑成像技术的突破性进展更为不同领域研究者之间架起了合作桥梁，于是形成了一个新兴的研究人类认知过程的跨学科领域——认知神经科学（cognitive neuroscience）。美国科学家曾将 1990 年到 1999 年定为脑研究的十年，认知神经科学奠基者之一 Michael Gazzaniga 则将 21 世纪称作“脑研究世纪”。这标志着人类开始以新的生物科技研究人类神经元的分子生物活动、神经元细胞间的整合、脑可塑性以及脑和行为之间的关系。作为脑科学研究最受瞩目、不可或缺的一环，认知神经科学承继了过去认知心理学的知识、概念以及研究方法，运用新发展的脑成像技术，探索相关认知行为过程的生理基础。

认知神经科学蓬勃发展于 20 世纪 90 年代。它的研究任务在于阐明认知活动的脑机制，即大脑各个层次上的组件（包括分子、细胞、组织等）如何协调一致，完成认知任务，乃至保持意识状态。认知神经科学发展的动力主要来源于认知科学发展的理论需求和神经科学的巨大成果。认知革命使得人们对认知过程的认识更加深入、更加系统，其中需要解决的问题也更加明确和具有挑战性。神经科学的成就举世瞩目。脑成像（如功能性磁共振成像）技术使研究人类认知活动的方法实现了飞跃，它与脑电、脑磁图等技术一起为人脑认知功能的研究提供了大量新证据。分子神经生物学和细胞神经科学为人脑认知障碍和动物认知行为的研究提供了脑内机制的许多科学数据，包括动物的学习障碍和某些基因序列的关系。这些科学成就都使神经科学在认知活动脑机制的研究中起到了举足轻重的作用。传统神经科学的一些分支领域吸收了认知科学的理论和神经科学的新技术，形成了若干新的学科分支，如认知神经心理学、认知生理心理学、认知心理生理学、认知神经生物学、计算神经科学等。

（二）认知神经科学的研究领域

认知神经科学将大脑看成一个功能复杂的系统，广泛采用各学科的先进方法，对大脑进行多层次、多角度的研究。目前，研究层次包括：（1）基因分子水平。认知神经科学采用分子生物学的方法，寻找各种认知活动的神经系统分子基础。这改变了以往神经科学在神经解剖学及生理学的细胞以上水平研究的状况，开始在细胞以下的基因分子水平上对大脑实质进行探讨并取得了许多成果。例如，记忆与一些蛋白以及蛋白的基因调控有关，而基因的突变或缺失也可以导致动物的学习、记忆障碍；注意的警觉网络与去甲肾上腺素有关，而乙酰胆碱与注意的定位网络有关；海马体神经元的长程电位与学习和记忆功能有关；杏仁核神经元的放电与条件反射和情绪性记忆有关；等等。（2）大脑与组织水平。早期的神经心理学就是在这一水平上进行的。例如，左侧半球具有语言优势功能，大脑两半球的功能存在不对称性。再如，近些年来，通过对双侧海马体的研究，人们发现，多重记忆系统之间具有分离特性，而双侧杏仁核与选择性恐惧情绪的加工有关。

认知神经科学的研究方向是“脑功能是如何引起心理活动的”，其核心是定位性，即将认知功能定位在具体的脑区。神经科学家关心的是细胞功能等基层性的研究及脑损伤定位，而认知心理学家则关心大脑高级功能的定位。认知神经科学将神经科学和认知心理学的许多研究层次结合起来，形成了若干前沿研究领域。

1. 大脑认知功能模块化

脑的认知功能包括知觉、注意、记忆、语言和思维以及智能和意识等。一百多年来，心理学家、神经生理学家和解剖学家一直在试图寻找大脑中各种认知功能的特定中枢。很多结果来源于对脑损伤病人的研究，如 19 世纪末法国著名脑科医生 Paul Broca 从病人死亡后的脑解剖中推断出，左脑前区部位受伤会引起病人语言能力丧失。因此，该区域（Broca 区）就是人的语言中枢。20 世纪 60 年代，在治疗顽固性癫痫的脑手术病人时，人们发现了大脑两半球认知风格的差异和海马体的记忆功能，并推测海马体是特异的记忆中枢，左半球负责抽象思维，右半球负责形象思维。但是，这种单一的功能定位方法存在很大局限性。例如，大脑在一定程度上可以进行功能补偿，某一区域的损伤可能会造成多种认知功能障碍，一种功能有多个脑区共同参与，定位的准确性也不尽如人意，等等。因此，从 70 年代中期起，科学家们就试图以"功能模块"的概念取代定位论或分工说。人脑的功能模块性或多重功能系统强调认知功能和大脑活动之间关系的复杂性，许多认知功能是由多个脑区共同完成的。例如，大量实验结果表明，视觉功能存在着背、腹侧两条通路，至少涉及枕、顶、颞、额等 30 多个皮层区域的共同活动，而像记忆等复杂的认知功能系统所涉及的脑区则更加广泛。因此，大脑认知功能模块化也是当前大脑功能连接研究的理论基础之一。

2. 意识与无意识的脑机制

在哲学上，"意识是人脑的机能"，"意识是人脑对客观世界的反映"。但是，大脑是怎样产生意识的呢？即从人脑神经物质结构和物质过程上，意识是怎样构成的，意识的众多具体功能通过怎样的神经活动实现？在心理学中，除了意识外，还有无意识。意识和无意识的脑机制是心理学研究中最具挑战性的问题之一。过去几十年间，有意识的和无意识的认知过程的研究取得了不少成果，例如提出了有意识的（外显）和无意识的（内隐）记忆、学习、知觉等，意识的"全脑工作空间模型""簇化模型""复杂性模型"等。人们采用更为系统的实验并通过对外界客体的真实知觉和想象之间的大脑功能模块的对比研究，探讨意识与无意识过程，从而加深了对大脑高级功能的认识。另外，科学家还通过灵长类或低等动物实验模型探究意识的起源问题。这一领域的发展直接涉及人类科学的最大难题——脑与意识的本质问题，同时，也关系到智能化信息系统、智能机器人等高新技术的发展。

3. 学习与记忆的脑机制

学习与记忆是人的基本认知功能，也是认知心理学和神经心理学的研究核心。到目前为止，学习与记忆的神经基础研究取得了丰富成果。例如，学习与记忆功能包括重复启动效应、知觉启动效应、语义系统、工作记忆和情景记忆的多重记忆，以及熟练技能学习、知觉学习、语义学习等多种学习模式。人类的这些学习与记忆过程至少由五个以上的脑区共同完成。学习和记忆的性质不同，参与的脑结构也不同。在基因水平上，要产生明显的学习效果和稳定的长时记忆，脑内必须有与记忆相关的、受基因调节的蛋白激活和基因表达；行为水平上所需的时间恰好与基因调节蛋白激活所需时间耦合。而介于行为科学和分子水平研究之间的细胞学研究表明，在大脑发育中，突触形成需要一定的神经化学环境，包括神经递质和神经生长因子。因此，突触可塑性研究是认识大脑发育和不同认知功能发展的关键和必然手段。学习与记忆的分子生物学研究已成为国际上最活跃的研究领域之一，也必将推动认知神经科学的发展。

4. 个体差异与发展的认知神经科学基础

人的认知过程存在明显的个体差异，那么，认知过程的神经机制也必然不同。例如，在注意能量分配、短时记忆容量以及问题解决策略等认知功能方面都存在个体差异。导致这些差异的根源就是与这些认知活动相关的神经活动功能，具体表现为脑细胞或不同脑区神经信息处理和能量代谢水平的差异、同一心理过程脑激活区的大小和激活水平的差异等。虽然个体差异的认知神经科学已具备了一定理论基础，但它仍处于起步阶段。

发展认知神经科学是研究认知发展的神经机制、脑发育与行为能力和认知发展之间关系的科学，是认知神经科学和发展心理学等学科交叉融合形成的新领域。科学家在这一领域取得了丰富成果。例如：（1）儿童大脑神经突触的生长呈倒 U 形趋势。就视觉区域而言，突触迅速增加开始于出生后两个月，顶峰在 8 到 10 个月；然后，在 10 岁左右下降到成人水平。（2）儿童在抑制功能、工作记忆、动作的精确性以及言语等方面的发展与髓鞘化、突触密度等之间存在系统的变化关系。发展认知神经科学强调神经的可塑性和个体差异性，强调神经系统的各种功能是遗传与环境交互作用的产物。发展认知神经科学不仅对儿童认知发展与教育有重要意义，对认知老化延缓及老年认知障碍治疗也有积极贡献。

5. 多种大脑检测技术的综合应用

在认知神经科学研究中，不同的大脑检测技术都各有其优劣之处。例如，脑电（EEG/ERP）或脑磁图（MEG）技术具有很好的时间分辨率，能够在毫秒水平上反映认知过程中大脑的生物电活动规律，可以精细描述认知过程的时间进程；但空间分辨率相对较低，空间定位误差在厘米水平上。而功能性磁共振成像（fMRI）或正电子发射断层扫描（PET）技术具有较高的空间分辨率，但时间分辨率相对较低。将两者结合应该是一个取长补短的巧妙构想。然而，两类成像技术的生物学基础并不相同，它们反映的是认知过程中大脑活动的不同阶段。前者反映的是脑细胞电生理活动，后者则反映出脑细胞活动伴随的能量代谢的变化（包括脑血流、血氧和葡萄糖代谢率的变化）。因此，虽然目前两者在技术上可以直接结合，但在理论及神经机制解释方面还需要进一步探索。此外，在细胞和分子水平上也可以寻找到综合应用多种脑成像技术的途径。离体脑片研究发现，脑细胞活动的能量供应主要依靠通过胶质细胞进行的谷氨酸—谷氨酰胺循环或葡萄糖有氧代谢。脑细胞生理活动及其伴随的能量代谢动态规律等研究将对多种无创性脑认知研究产生重要影响。

（三）认知神经科学存在的问题

到目前为止，认知神经科学研究取得了丰硕成果，对人们认识认知过程的脑机制做出了重要贡献。但它也存在不少困难和问题。认知神经科学的重要出发点就是功能定位。无论导致行为或认知改变的神经活动是在宏观层次、神经网络层次还是在单个神经元层次，认知功能在大脑中都存在相应的活动区域。人的所有认知功能或信息加工过程都根基于大脑内的神经活动。因此，认知过程和神经活动有特定的对应关系。脑成像技术对认知神经科学的出现起了极大的作用。采用脑成像技术研究认知功能的前提假设就是认知操作定位于局部脑区，即认知功能与特定神经回路的输出或操作之间存在因果联系。然而，这种关系并不具有唯一性，例如，情绪、工作记忆等许多心理功能都与额叶有关。因此，尽管在高兴时，大脑某个区域有活动，但我们并不能说该区域只与高兴有关。另外，脑成像技术为我们提供了认知过程脑活动的直观功能图像，然而，这种图像仅表明结构或区域性功能关系，其相对于细胞水平上的机制还显得过于粗糙。总之，只有通过对不同层次的分析整合，认知神经科学才有可能在认知过程脑机制研究中真正发挥作用。

第四节　认知心理学研究方法

与物理学类似，实验和仿真建模是认知心理学的主要研究手段。人们通常将其划分为三类：实验认知心理学（experimental cognitive psychology）、计算认知心理学（computational cognitive psychology）和神经认知心理学（neural cognitive psychology）。实验认知心理学把认知心理学作为一门自然科学，运用实验方法研究人类认知。心理生理反应、反应时以及眼动往往都是实验认知心理学常用指标。计算认知心理学利用符号和亚符号表征以及动态系统，构建人类认知过程的形式化数学与计算模型。神经认知心理学利用脑电和脑成像技术（如 EEG/ERP、MEG、fMRI、PET）以及神经生物学方法（如病变患者个案研究）探索人类认知的神经基础。这三类方法相互联系，在认知心理学的每一个领域都提供了既独立又互补的理论见解。

认知心理学的具体研究方法非常丰富。反应时测量法是认知心理学研究最基本和最常用的方法。此外，还有观察法、内省法、访谈法等传统的研究方法。这些方法在实验心理学、心理学研究方法等课程中都有所介绍。本节重点介绍口语报告法、计算机模拟法、认知神经科学的几种研究方法以及眼动测量法。

一、口语报告法或大声思维报告法

（一）发展

在早期心理学研究中，构造主义学派把内省与特定实验条件联系起来，对被试进行专门的理论与实际训练，把内省作为研究“意识经验”的主要途径，用内省方法描述“感觉成分”。Alfred Binet 提出：“内省是心理学的基础。”Wilhelm Wundt 在使用内省法时，要求被试经过上万次有指导的练习，才能参加正式实验。Edward B. Titchener 则主要依赖于实验过程结束后的内省追述报告。内省法在研究人的意识经验方面（感知、思维等）有积极推动作用。但是，John B. Watson 在 1913 年发动了对意识研究的批评，否定了 Wundt 等人的经典内省方法，特别是分析式内省结果不可重复的问题。Watson 认为，许多心理活动是外显的，思维也可以是外显的活动，只有研究外显活动，心理学才能得到客观的数据。因此，他主张，与不科学的内省方法相比，通过被试对特定问题的出声思维能够更多地了解和认识思维活动过程。Watson 所采用的思维研究方法被认为是最早的大声思维报告法。

由于技术手段的限制，早期的口语报告分析主要是实验者对被试口语报告记录的总结性描述。1945 年之后，录音机的出现使得人们有可能对口语报告进行完整的实时记录，从而显著改善了口语报告方法。在把录音记录转换成文字以后，研究者就有可能根据研究需要，分析心理过程的任何一个部分；同时，也有可能系统地考察口语报告数据的可靠程度。在这方面，德国心理学家 Karl Duncher 做出了重要贡献，使这种方法得以完善。

20 世纪 50 年代后期，口语报告方法取得了突破性发展。Alan Newell 等将人类解决问题的认知过程与计算机的计算过程进行模拟研究，从而提出了有关认知过程的信息加工模型。信息加工心理学理论的重大进展，为口语报告数据的采集、加工、编码和分析提供了充分理论依据，使口语报告法得以完善和系统化。对于一些口语报告数据的深入分析和实验表明，利用口语报告方法所获得的信息可以通过模拟再现认知加工过程，从而证明口语报告法的可靠性和有效性。20 世纪 70 年代以来，口语报告法在心理学许多领域的研究中得到广泛运用，方法本身也得到进一步完善与发展。

（二）特点

口语报告是让被试在从事某种活动的同时或之后，将头脑中进行的心理活动操作过程用口语表达出来，主试记录下来并根据有关结果对被试心理活动规律进行分析。口语报告法看起来似乎与内省法类似，都要求被试将头脑中的心理过程报告出来，但口语报告法与传统内省法还是有区别的。口语报告法选用的是“天真朴素”的被试，他们不了解有关其行为的理论构思，也没有经过专门训练。而内省法选用的被试经过专门训练，往往就是研究者自己，他们了解理论设想与构思。口语报告法要求在心理活动的当时收集数据，边作业边报告，随着时间和心理活动的发展而测量心理特点。而内省法则在作业完成以后，用问卷、访谈或自我追忆等方式进行。口语报告法主要用于研究人的认知过程，尤其是人的问题解决过程，它能够直接了解人的信息加工的内在过程。这种方法更适合于小样本研究。

（三）理论假设

首先，口语报告法假设人的言语和思维是相关的。其次，口语报告法以一系列有关人类信息加工过程的基本假设为基础。根据信息加工理论，口语报告是这样进行的：人解决问题的行为就是在一定“问题空间”的搜索过程，随着这种搜索的不断进行，人逐步获得有关问题情境的知识。每一步搜索都包含某种与任务有关的算子（operator），它们被应用于短时记忆（STM）中，形成新知识，从而实现对问题空间的深入而全新的表征。短时记忆中的信息（可报告的信息）主要包括：(1) 算子输入所需要的基本知识；(2) 算子所产生的新知识；(3) 目标表征与子目标表征的符号。人的口语报告与其最新获得的信息以及短时记忆中的部分信息相对应。口语报告过程就是将短时记忆中的部分信息说出来。

（四）研究基本过程

和其他研究一样，采用口语报告法时，同样需要明确所要研究的问题、任务以及各种影响因素等，并选择适当形式和完整的编码系统。编码是将口语报告材料转换成可以进行统计分析的数据规则。研究者可以自己设计一个编码系统，也可以借用别人的编码系统。

正式实验时要向被试说明口语报告的要求。要求被试在解决某一问题或做出某种判断与决策时，根据问题的特点和要求，报告自己的思考与分析过程。要求被试一边考虑一边报告，尽可能说明所有思考细节。与此同时，对口语报告进行实时录音。录音时应尽量避免干扰被试的思考过程。录音结果需要及时转译成书面材料，以供进一步编码和分析使用。在将书面文字转换成代码时，首先要设计相应的编码系统。编码系统的设计应从两个方面考虑：一方面，编码系统必须能反映任务特点，适合于特定内容；另一方面，它必须反映出研究的理论构思，符合理论要求。另外，也要考虑编码方式便于统计处理。

在对口语报告结果进行处理时，应注意把定量数据和定性材料结合在一起，使之相互补充。可以根据数据性质，采用不同统计方法对结果进行分析；也可以采用直观方法，画出问题解决过程图，以了解问题解决的内在规律，创建问题解决模型。口语报告数据结果有许多用途，在探索性研究中，可以作为有关认知过程研究的初期资料，以寻求内在规律；也可以用于检验假设，建立心理模型，以便对认知加工过程进行计算机模拟。

口语报告法在使用过程中也存在一定局限性。例如，它仅适用于无心理语言缺陷个体或有语言能力个体，对低龄儿童并不适用。另外，分析较为复杂，必须有一套可靠、有效的编码系统才能获得真实、准确的结果。

二、计算机模拟法

认知心理学将大脑与计算机类比，把大脑看成是具有信息加工功能的处理器。因此，如果掌握大脑某个认知过程的规律，我们就可以将这个功能用相应的计算机程序表达并实现。然后，把计算机处理结果与大脑加工结果进行比较，以验证理论是否正确并进行修改。这就是计算机模拟法。因此，计算机模拟法的基本假设是，如果计算机和人在某种任务上的操作模式具有相等功能，那么，通过计算机程序就能很好地解释人是怎样完成这一任务的。例如，用计算机解决某个复杂问题，计算机的解题程序可能体现了人解决同一问题的思维过程。计算机程序可以严格、确切地模拟人的认知活动，同时，也可以对人的行为表现进行数量化预测。

为了从理论上论证用计算机模拟人类智能活动的可能性，Herbert Simon 等提出了物理符号系统，并认为任何一个物理符号系统都具有输入符号、输出符号、存储符号、复制符号、建立符号结构和依靠已掌握的符号继续完成行为等六种功能。这六种功能也就是智能。计算机是一个物理符号系统，人也是一个物理符号系统，尽管它们处理符号的具体形式不同。因此，我们可以在形式上用计算机描述人的认知过程，或者建立一个理论说明人的活动过程。计算机模拟研究可以应用于人工智能、神经计算、机器人等研究领域。例如，根据人类解决问题的特点，编制计算机程序对信息进行处理，以帮助人脑对信息进行加工，如计算机决策支持系统、专家系统等。

计算机模拟是信息加工心理学最有代表性的、独特的研究方法。它是心理学与计算机科学的交叉领域，也是人工智能的重要组成部分。这种方法试图通过对认知过程的计算机模拟认识人的认知过程本身，对人的内部信息加工过程进行逻辑分析。计算机模拟常和理论分析结合在一起，多从程序简化、流程分析、程序模拟三个方面着手。程序简化以潜在因素作为资料来源，通过分离认知因素探讨认知过程。例如，让被试执行两种复杂程度不同的任务；然后，比较不同难度任务的操作时间和信息加工过程。流程分析是通过比较计算机流程图，深入分析认知操作过程中心理表征的顺序和方向。程序模拟则是将人的认知过程编成各种计算机语言输入计算机。如果输入的程序能正常工作，则至少可以推测，这种认知过程能够通过计算机进行模拟，即逻辑合理性得到验证。

人和计算机在功能上有许多相似之处。然而，虽然计算机模拟在许多方面得到了验证，但也存在着许多争论。首先，计算机是否能够模拟人的所有信息加工过程，如人的情绪与情感、人格特征和社会认知过程等？其次，计算机的思维方式主要是条件判断，它与人的快速高效的推理、直觉和具有创新特点的思维活动有多大的差异？最后，计算机与人脑之间是否存在替代关系，计算机最终是否能够代替人脑进行各种信息加工？产生上述争论的主要根源在于人与计算机之间存在着巨大差异。在系统构造上，人的认知功能依赖于认知系统（纯认知系统）和生物系统（调节系统）的相互作用，人的许多认知活动受人的各种需要（如生存需要、安全需要等）调节；而计算机只有认知系统，没有生物系统。人具有自己的本能目的，而计算机没有。人能够意识到内外环境中的许多事件，而计算机没有这种功能。人的目标复杂多变，而计算机的目标简单而固定。

三、认知神经科学研究方法

目前，认知神经科学的研究依赖非侵入式（noninvasive）的大脑检测技术测量人在完成不同认知任务时大脑活动的特点。这些技术有以下几种。

(一)电磁生理法

1. 脑电技术

不论人在清醒还是睡眠时，大脑的活动时刻都未停止。其中表现之一就是脑电波(electroencephalography，EEG)活动。在大脑中，神经元通过改变其细胞膜对带电离子穿透性的方式传递信号，而这个过程会沿着细胞膜产生电流。当一大群规则排列的神经元同时活动时，伴随电流所产生的电场及磁场变化可以在头皮上加以测量，所得到的电信号便是EEG。由于大脑不同区域在进行不同认知活动时会有不同的活动，所产生的电位变化在头皮上的强度以及分布情形也会有所不同。当呈现某种刺激时，大脑某些区域便会对这种刺激产生特定反应，此时的脑电波被称作事件相关电位或诱发电位（event-related potential，ERP)。见图1-4。通过比较人在进行不同认知任务时所伴随的ERP变化以及这些变化的头皮分布，可以推测大脑哪些区域与这些认知任务有关以及关系的程度。脑电技术的时间分辨率可以达到毫秒级，因此，它能提供精确的认知活动时序信息，但它无法提供电活动的准确脑区分布信息。

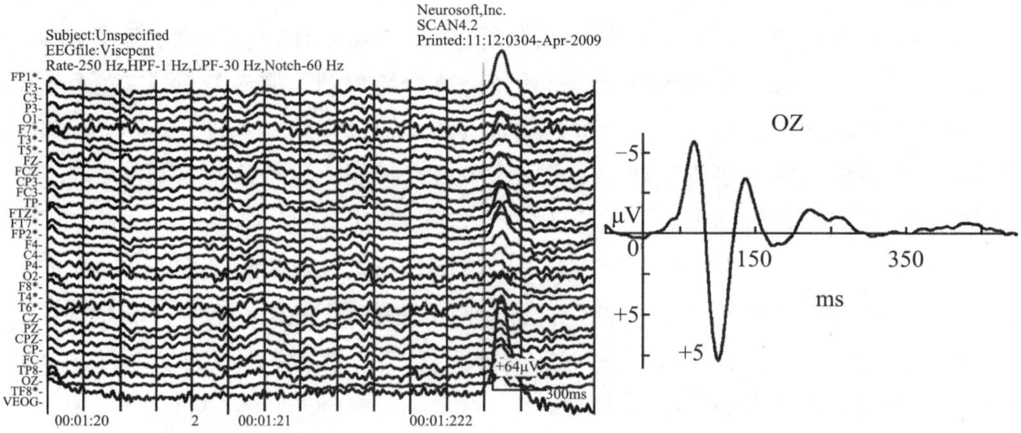

图1-4 EEG（左）和ERP（右）示例

ERP是观察脑高级认知功能的窗口。近年来，随着认知神经科学研究的突飞猛进，ERP受到脑科学界更为广泛的关注。ERP的高时间分辨率优势很容易与传统的心理测量指标——反应时相结合，对认知过程的时间进程进行更全面的解释。多导联ERP设备的应用，在一定程度上弥补了其空间分辨率低的局限性。EEG/ERP系统是认知神经科学研究的重要方法和手段，在研究中一般采用32导、64导、128导，甚至256导。

经过几十年的探索，人们已经发现了许多与认知活动过程密切相关的成分，如P300（或P3)、N400（或N4)、CNV（伴随性负波)、MMN（失匹配负波）等（见图1-5)。P300是刺激呈现300毫秒后的正波（P是positive的第一个字母)，它反映了在注意基础上的理解、判别等认知过程。P300的起源尚不明确，但人们认为可能有三种——颞叶、丘脑以及皮层和皮层下结构，是它们共同参与的综合结果。P300潜伏期代表了大脑对外部刺激进行分类、编码、识别的速度，波幅则代表了大脑信息加工的有效资源投入程度。

N400是研究语言加工原理常用的ERP成分。它首先由Marta Kutas和Steven Hillyard于1980年发现。他们让被试对屏幕上呈现的句子进行判断，并故意将某些句子的最后一个词写为歧义词，如“我喝咖啡加牛奶和盐”。结果表明，当在屏幕上逐个呈现这句话的单词并记录各个单词诱发的ERP时，句尾歧义词诱发的ERP在400毫秒左右出现了一个新的负成分，因此被命名为N400（N是negative的第一个字母）；而在阅读“我喝咖啡加牛奶和糖”时，则不会出现N400。见图1-6。N400与语义分析有关，它的波幅与歧义词对其语境的背离程度相关。N400反映了大脑对语言的认知加工过程。

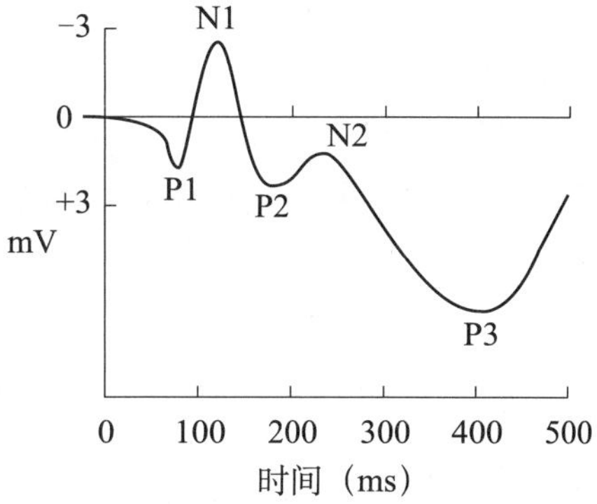

图1-5 含有不同ERP成分的脑电波示例

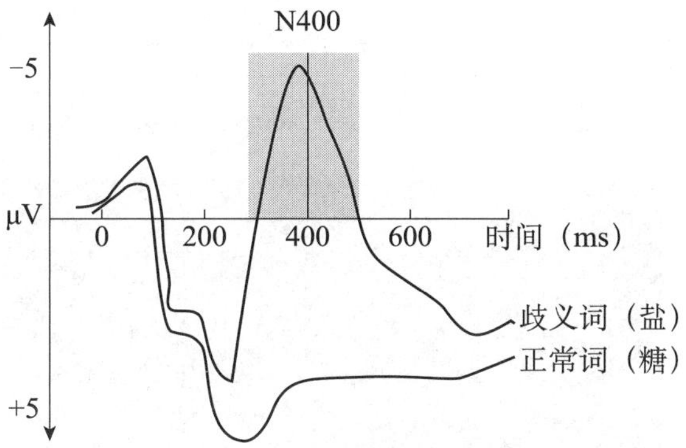

图1-6 N400示例

EEG/ERP研究方法可以应用在多个学科领域，包括生理学、心理学、医学等。例如，它可以记录并分析听觉、视觉和体感诱发电位，并可以进行二维和三维成像以及溯源分析，以深入研究感觉通路和初级皮层的功能状态；也可以进行语言加工、注意、记忆、意识等认知神经科学方面的研究；还可以进行包括精神病、失语症、学习困难、多动症、阿尔茨海默病、失眠等在内的各种疾病的医学研究。

2. 脑磁图技术

脑磁图（magnetoencephalography，MEG）技术是直接探测大脑神经功能活动的新技术。MEG传感器的研制起始于20世纪70年代，初期的MEG传感器装置只有单一通道，只能测量一个位置的大脑活动状态。经过几十年的发展，目前的传感器阵列点数已达到250个，且具备抗外磁场干扰系统，可同时高速实时采集整个大脑的动态数据。通过综合信息处理，可以将信号转换成脑磁曲线图、等磁线图等，并通过相应数学模型拟合得到信号源定位。MEG确定的神经信号源可与大脑的解剖影像叠加整合，形成脑功能解剖学定位，准确地反映出脑功能的实时变化状态（见图1－7）。MEG是一种完全非侵入式的无损伤脑功能检测技术，它是对脑内神经电流发出的微弱生物磁场信号的直接测量。测量系统本身不会释放任何对人体有害的射线、能量或机器噪声。在检测过程中，MEG探测仪不需要被固定在被试头部，测量前被试或患者无须做特殊准备。因此，它具有准备时间短、检测过程安全简便、对人体无任何副作用等特点，可用于认知、情感等高级心理功能的研究。

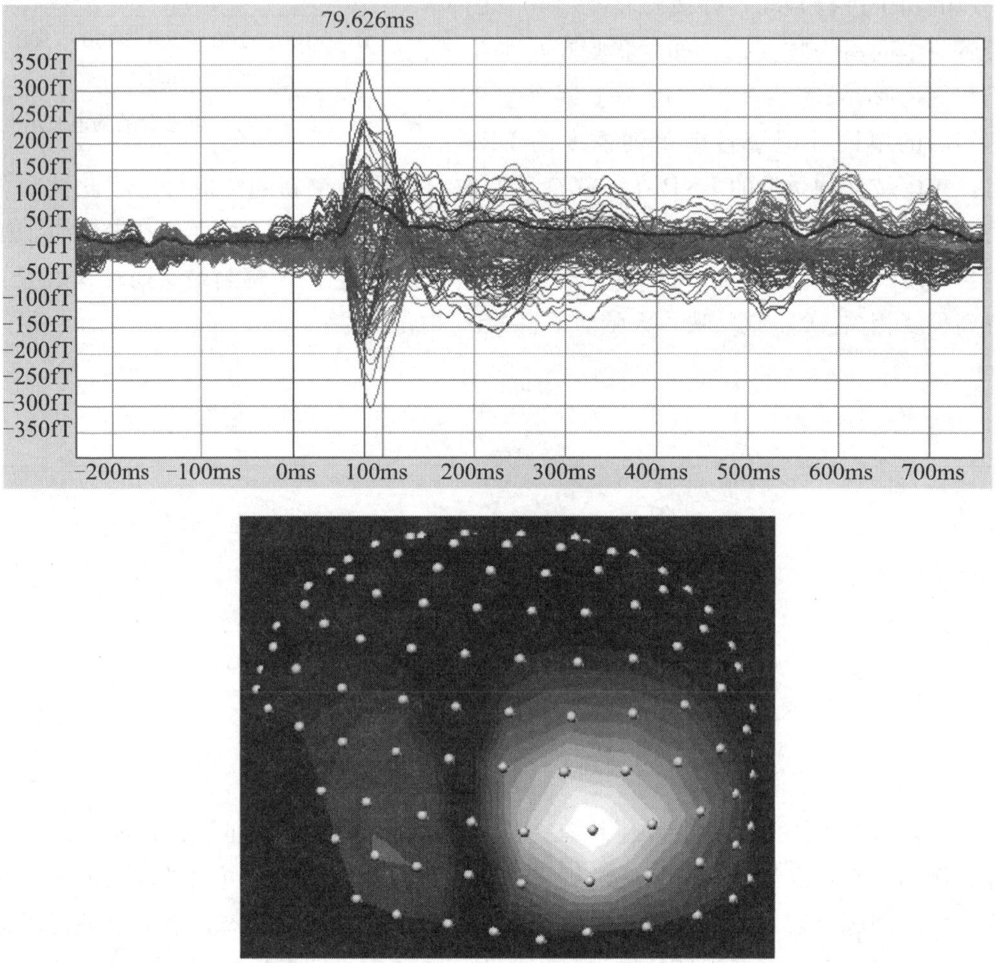

图1－7　听觉刺激的脑磁图示例

EEG/ERP和MEG技术直接测量神经活动的电磁信号，记录与某一特定认知任务相关的脑电和脑磁变化，具有毫秒级的高时间分辨率优势。与EEG/ERP相比，MEG的突出优点是源定位更为直接和准确，因为脑电数据受颅骨和各种脑组织的导电性和形状的影响很大，这些因素很难控制，而MEG测量的感应磁场却能基本不受干扰地穿过颅骨和脑组织到达表面，但MEG设备造价比较昂贵。

（二）脑成像技术

脑成像技术主要有两种，即功能性磁共振成像（functional magnetic resonance

imaging，fMRI）和正电子发射断层扫描（positron emission tomography，PET）。大脑神经元活动时需要消耗能量，因此，大脑不同区域的血流量会根据活动强度而发生变化，以提供充足的氧和葡萄糖供神经元代谢之用。fMRI 和 PET 就是通过测量脑部的代谢活动及血流量变化，检测大脑在完成不同认知任务时，哪些大脑区域会有较强的活动，再以这些区域的活动变化推测不同认知过程的神经机制。相对于 EEG/ERP，fMRI 和 PET 能提供认知活动的精确脑区定位信息，但它们的时间分辨率较差。

fMRI 的物理学基础是核磁共振现象。自旋磁矩不为零的原子核（如氢原子核）在外界静磁场中发生磁化，环绕静磁场的纵轴 Larmor 进动产生静磁矩，在一定频率（Larmor 共振频率）的射频脉冲（radio frequency，RF）作用下，吸收能量发生能级的跃迁，而射频脉冲停止后，跃迁的原子核通过弛豫回复到原来的能级状态，同时释放出能够被记录到的能量信号。选择不同的成像周期的重复时间（time repetition，TR）参数和成像的回波时间（time echo，TE）参数，可以得到不同参数依赖的加权图像，如 T1 加权像、T2* 加权像和质子密度像。fMRI 成像的时间可以短至几十毫秒，空间分辨率可以达到 1 毫米，能同时提供大脑结构像和功能像（见图 1－8）。通过多次无创性重复实验，人们可以获得准确的空间定位。但 fMRI 测量的信号不是直接的神经活动信号，而是血氧变化信号；血氧变化信号的响应一般滞后于神经活动（4～8 秒）。目前能够达到的时间分辨率最高只能在数百毫秒数量级。核磁共振成像设备的磁场强度有 1.5、3、4，甚至 7 特斯拉。特斯拉（Tesla，简称 T）是磁场单位，1 特斯拉相当于纬度 50°地区地球磁场的 2 万倍。磁场强度越高，获得信号的质量越好。

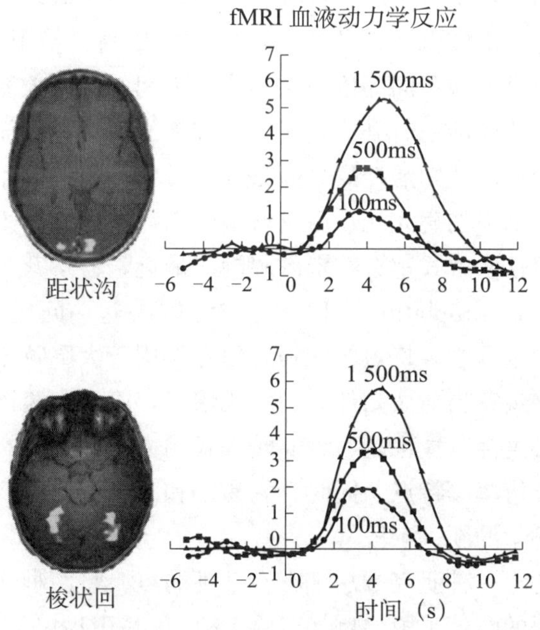

图 1－8 脑成像研究结果示例

fMRI基于神经元功能活动对局部耗氧量和脑血流影响程度不匹配可以导致局部磁场性质发生变化的原理。血红蛋白包括含氧血红蛋白和去氧血红蛋白，两种血红蛋白对磁场有完全不同的影响。含氧血红蛋白是抗磁性物质，对质子弛豫没有影响；去氧血红蛋白属顺磁物质，可产生横向磁化弛豫时间（T2）缩短效应（preferential T2 proton relaxation effect，PT2PRE）。因此，当去氧血红蛋白含量增加时，T2加权像信号减低。当神经元兴奋时，电活动引起脑血流量显著增加，同时氧的消耗量也增加，但增加幅度较低，其综合效应是局部血液氧含量的增加，去氧血红蛋白的含量减低，从而削弱了PT2PRE，使T2加权像信号增强。总之，神经元兴奋能引起局部T2加权像信号增强。反过来就是T2加权像信号能反映局部神经元的活动。这就是血氧水平依赖（blood oxygenation level dependent，BOLD）效应。

PET的基本原理是：给被试注射含放射性同位素的示踪剂，同位素在衰变过程中产生的正电子与脑内负电子发生湮灭而释放出γ射线。通过记录γ射线在大脑中的位置分布，可以测量区域脑代谢率（rCMR）和区域脑血流（rCBF）的改变，以此反映大脑的功能活动变化。血流量的多少决定于脑活动的局部变化。当静止神经元变成活跃神经元时，通向它们的血流量增多，进入该神经元的放射性标记物也增加。因此，通过向人体内注射带有正电子同位素标记的化合物，采用复合探测的方法，探测湮灭效应所产生的γ光子，得到人体内同位素的分布信息，再由计算机重建组合运算，可以得到人体内标记化合物分布的三维断层图像，从而得知哪些部位的神经元较为活跃。

脑成像技术可以用于研究几乎所有的认知过程，它能够提供进行不同认知活动时相关脑区的活动信息，也可以进行各种脑疾病、精神疾病以及药物成瘾等方面的研究。但除了时间分辨率较低、系统造价和维护费用高、使用成本昂贵等局限外，脑成像方法还无法提供大脑不同部位与认知功能之间的因果关系。我们只能通过这些方法了解进行某类认知活动时哪些脑区会有较强的活动，却无法准确判断这些脑区的活动是否是进行相应认知活动的必要条件。过去，人们采用侵入性方法，破坏动物特定的脑区或对脑损伤病人死亡后进行脑解剖，推测大脑不同区域与认知功能之间的因果关系，但这些方式都有特定的限制。最近，科学家尝试采用经颅磁刺激（transcranial magnetic stimulation，TMS）方法解决这一问题。TMS系统是在人进行某种认知任务的过程中，将短暂的强磁信号作用于大脑特定区域，短暂干扰该脑区的神经活动，并观察当前认知任务的完成情况，以此推测该区域在认知功能中的时间过程和功能必需性。这也是一种非侵入式的方法，具有高时间分辨率、高空间分辨率和高功能分辨率等特点。同时，它易于和脑电技术以及磁共振成像技术相结合，是认知神经科学的新兴手段。

认知神经科学的每一种研究方法都存在某种弱点。将两种或多种方法有机结合是研究人的认知过程的有效手段。例如，将ERP和fMRI相结合，既可以得到精确的时间进程信息，也能够准确找到认知功能的脑区位置。因此，随着技术进步，多种研究方法融合必将有助于在人类认知过程研究中取得突破。

四、眼动技术

早在 19 世纪 70 年代末，Emile Javal 就试图将眼动（eye movements）作为心理活动的指标。一百多年来，人们一直努力尝试着通过分析记录到的眼动数据探讨人的心理活动规律。科学技术的进步使得这种尝试变得越来越容易。眼动仪的出现为心理学家探索人在各种不同条件下的视觉信息加工机制提供了有效工具。眼动技术从简单的观察法、后像法、机械记录法，发展到光学记录法、影像记录法等。随着红外技术、摄像技术和计算技术的快速发展，眼动仪的性能也得到了大幅度提高。目前，大多数眼动仪的最高采样速度超过 1 000 赫兹，即每秒钟可以获得 1 000 个以上的眼睛位置信息。通过记录眼睛在不同时刻的位置，可以描绘出视觉过程中的眼动轨迹，并进一步分析眼睛对不同目标的注视点、注视时间和次数、眼跳距离与速度、瞳孔大小等数据。根据这些信息，我们可以研究个体的内在认知过程。

人们试图用眼动指标探测内在认知加工过程的原因在于，人们认为，“眼睛是人类心灵的窗户”。我们假设，眼睛注视位置上包含了心理活动所需要的信息，在注视时间内有特定的心理活动产生；人们注视某一部位的时间与对该部位进行信息加工所需要的时间成一定比例。因此，眼动的时空特征是视觉信息提取过程中生理和行为的外在表现，它与人的心理活动有着直接或间接的关系。

眼动技术的发展推动了它在认知心理学及相关领域中的应用。首先，眼动技术在视觉认知领域得到了广泛应用。眼睛如何接收与整合视觉信息是视觉加工心理机制的重要环节，而眼动就是反映这一过程的主要指标。例如，有关眼跳与注意关系的竞争-整合模型认为，眼跳是依赖一个眼跳地图而产生的，该地图整合了来自不同方面的信息（如内源性和外源性信息），具有动态性、可变性等特点。当我们看一幅图画时，眼动模式会受到任务要求的影响。例如，当要求被试搜索颜色、大小和形状等三种特征之一时，被搜索的特征信息会使被试表现出明显的选择性注视。

其次，眼动技术在阅读理解研究中发挥了重要作用。在阅读的研究中，认知心理学家利用眼动参数反映认知加工的过程。他们通过记录文字阅读过程中的眼动轨迹，从时间（注视时间）和空间（注视位置）两个维度分析阅读者的眼动模式，并以此探索阅读的认知加工过程（见图 1－9）。例如，首次注视时间（first fixation）——

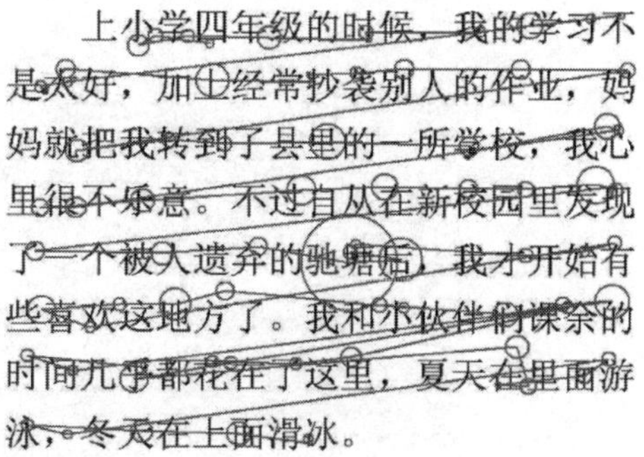

图 1－9 阅读的眼动轨迹示例

注：圆圈表示注视时间，圆圈越大，注视时间越长。例如，在加工别字“驰”时，时间变长。

第一次注视目标词的时间，它反映了对目标词早期的加工；驻留时间（gaze duration）——从第一次注视目标词到第一次离开该词的间隔时间，它反映了相对较晚时期的加工；总注视时间（total fixation）——对目标词的注视时间总和，包括回视，它反映了后期的加工情况；忽略概率（skipping rate）——第一次经过目标词时忽略该词的概率，它也反映了早期的加工情况；瞳孔直径（pupil diameter）——注视目标词时的瞳孔直径的平均值，它的变化反映了信息加工过程中的心理负荷与兴趣。一般的阅读过程中都有回视现象，第一遍阅读时间主要反映较低水平的加工，包括词汇通达与一些句法分析；而第二遍阅读时间则反映更高层次的加工，包括确定字词所反映的信息在语篇中的地位，以及将之与前文信息或与语境相关的一般背景信息进行整合加工。因此，跳读频率、回视频率、溢出时间（目标词之后的注视时间）、回视经过的阅读时间等也是阅读研究的常用测量指标。

此外，眼动技术在许多其他领域也有着广泛应用。例如，在广告心理学研究中，通过分析顾客观看广告时的眼动轨迹，可以清楚地了解顾客注视广告时的先后顺序、对画面的某一部分（分析结果时可以划分兴趣区域）的注视时间、注视次数、眼跳距离、瞳孔直径（面积）变化等（见图1-10），并以此分析广告观看者的心理活动。对不同商品的注视时间等指标可以反映消费者的兴趣和消费动机，从而对广告效果进行评价，提出广告设计的修改建议。在工效学（ergonomics）研究中，科学家利用眼动指标探测人-机交互中视觉信息提取及视觉控制问题，如驾驶舱内的表盘设计、道路建设及路标设置、驾驶者在驾驶过程中的视觉信息搜索及其培训等。这些工作使得设计更符合人的身体结构和心理特点，实现人、机、环境之间的最佳结合，让人们更容易、更有效、更舒适和更安全地工作。另外，在体育运动心理学研究中，也可以比较不同水平运动员在运动训练或比赛过程中的眼动模式，以提供可对新手进行有效训练的模式和策略。

图1-10 广告的眼动轨迹示例

第五节 人工智能

人工智能（artificial intelligence，AI）是研究、开发用于模拟、延伸和扩展人类智能的理论、方法、技术及应用系统的一门科学。它通过了解智能的实质，生产出一种能以与人类智慧相似的方式做出反应的智能机器。人工智能是自然科学、社会科学和技术科学相交叉的学科，涵盖哲学、认知科学、数学、神经生理学、心理学、计算机科学、信息论、控制论、不确定性理论、仿生学以及社会学等诸多领域。

一、起源

1956 年夏，由美国国防高级研究计划局（Defense Advanced Research Projects Agency，DARPA）在达特茅斯学院主办的一个小型会议标志着人工智能研究正式启动。出席这次会议的学者包括 John McCarthy、Claude Shannon、Marvin Minsky、Arthur Samuel、Trenchard Moore、Ray Solomonoff、Oliver Selfridge、Allen Newell 和 Herbert Simon 等。会议取得两项成就。一是确定了由 McCarthy 提出的“人工智能”一词。当时，McCarthy 只是为了区分人工智能和控制论两个不同领域。二是 Newell 和 Simon 展示了一个能够证明命题演算中基本定理的项目——逻辑理论家（Logic Theorist，LT），该项目得到与会者的一致认可。Newell 和 Simon 也因此被称为人工智能之父。这次会议被看成是人工智能研究的开端。

虽然“人工智能”一词是在 1956 年的这次会议上提出的，但人工智能领域在 1956 年之前就已经存在。它被界定为“由以某种方式思考和行动的实践者组成的”领域。例如，1950 年 Alan Turing 在一篇名为《计算机器与智能》的论文中提出了著名的图灵测试（Turing Test，TT），即如果一台机器能够与人类展开对话（通过电传设备）而其机器身份又不会被识别，我们就可以认为这台机器具有智能。图灵测试不仅从科学技术上引发了人们对人工智能的探索，也从哲学、逻辑学方面向人类提出了一个严肃问题：“机器能思考吗?”

随着计算机的出现和快速发展，科学家有了一个真正能够模拟人类思维的工具。半个多世纪以来，经过无数科学家的不懈努力，人工智能已经成为被人们普遍重视的研究领域。在此期间，计算机似乎也已经变得更加“聪明”，例如，20 世纪 80 年代，John Hopfield 和 David Rumelhart 推广了“深度学习”技术，使计算机能够利用经验进行学习；Edward Feigenbaum 则开发了一套模仿人类专家决策过程的专家系统。这些研究重新点燃了人们对人工智能的热情。1997 年 5 月，IBM 公司研制的深蓝（Deep Blue）计算机战胜了国际象棋大师卡斯帕罗夫。同年，龙系统公司（Dragon Systems）开发的语音识别软件在Windows上成功运行，朝着口语翻译机器又迈出了一大步。近几年来，得益于数据量迅猛增加，计算和存储能力突飞猛进，高级算法不断涌现，人工智能比以往任何时候都更受欢迎。全世界几乎所有大学的计算机系都设有人工智能研究领域或学科，它甚至成为计算机专业学生必须学习的一门课程。

二、人工智能的实质

精确定义一门学科，使所有相关领域学者都满意是一个巨大挑战。人工智能也不例外。人工智能到底是什么？Russell和Norvig（2009）通过两个维度帮助人们理解这个问题：一个维度是，目标的匹配对象是人的行为表现，还是理想理性；另一个维度是，目标是建立理性思考系统，还是理性行为系统。两个维度构成四种组合，见表1-1。

表1-1　人工智能系统类型

	人的行为表现	人的理想理性
基于推理	像人一样思考的系统	理性思考系统
基于行为	像人一样行动的系统	理性行为系统

在哲学家看来，人工智能让计算机具备思考能力的确令人兴奋，这意味着机器有了头脑。然而，人的智能行为多种多样，智能行为自动化应该遵循某种层次逻辑。表1-1中的四种可能性既体现了这种层次逻辑，也反映出许多研究的成果。虽然这四种可能性并非完全没有争议，但还是相当合理的。因此，Russell（1997）将问题“什么是人工智能?”改写为“什么是智能?”，并将智能与理性联系起来。智能体（intelligent agent）是根据各种理想的理性标准进行操作的系统。人工智能就是致力于构建智能体的研究领域；它研究智能体如何从外部环境获取感知到的输入内容，并基于这些感知产生行为（动作）。

20世纪50年代，现代人工智能的诞生在很大程度上得益于现代高速数字计算机的出现。然而，另一个不容忽视的事实是，强大的计算能力只是实现人工智能的重要途径，而更重要的是它的目标——智能，即只有完成计算认知建模，才能在计算机中实现智能。既然人类的“智能”可以通过智力测验（如韦氏成人智力量表）或其他方法（如机械能力、创造力测验等）测量，那么，计算机是否也能具备类似的智能呢？人工智能历史上最著名的程序之一——Evans（1968）的类比（ANALOGY）程序已经给出了答案。该程序解决了在许多智力测验中出现的几何类比问题，因而被Bringsjord和Schimanski（2003）称为心理测量（psychometric）人工智能。

人的智能是心智活动的结果，而实现这一结果的过程就是认知。因此，在某种程度上，认知科学是人工智能的近亲。与认知心理学一样，认知科学研究也得益于计算机的发展，它与认知心理学交织在一起，相互借鉴、相互促进。心理学家在开始借鉴信息论、计算机科学等领域的理论解释人类认知活动时已经埋下了人工智能的种子，即信息加工心理学（认知心理学）采用可量化的信息加工过程描绘人的认知活动，为认知建模提供重要思路和理论支持。在人工智能中，智能体（机器）与环境之间相互作用，从而实现智能活动，其中的各种过程就是对人类认知活动的模拟（见图1-11）。

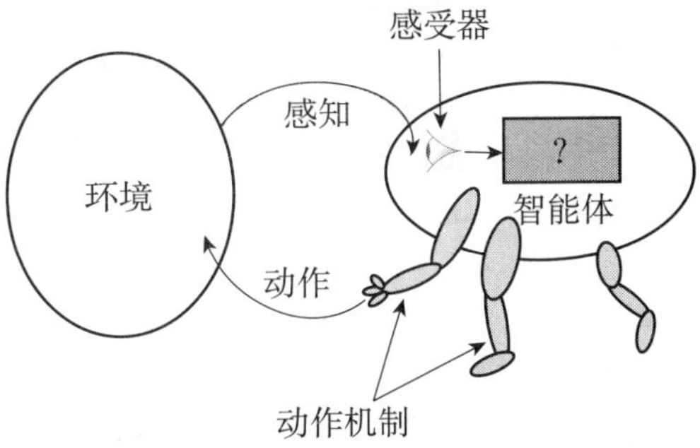

图1-11 智能体工作示意图

总之，人工智能系统的本质就是对人的思维过程进行模拟，即将人类智能赋予机器，它涉及学习、记忆、逻辑推理，甚至情感等，见图1-12。人工智能要实现这一目标，首先要理解并能够表征人类的各种认知活动。与任何一门学科一样，要真正准确地理解人工智能，至少在某种程度上需要潜入其中，才能从本质上把握它的精髓。

图1-12 人工智能框架

就本质而言，人工智能与人类智能存在巨大差异。而人工智能的目标却是尽可能模拟人类智能。人的智力是推理、问题解决和学习的一般心理能力。它整合了感知、注意、记忆、语言和计划、决策等各种认知功能。通过标准化测验测量到的智力指标已经被广泛应用在教育、工作绩效评估、健康等众多社会领域中。人工智能和人类智能的本质区别在于以下几个方面。(1) 性质。人类智能是多种认知过程相互融合、适应环境的结果；人工智能的重点是设计能够模仿人类智能行为的机器。(2) 使用信息的方式。人类使用所记忆的内容进行思维，而机器则使用由科学家设计的内置指令。(3) 生成模式。人类智能来源于自然进化，而人工智能是人类创造出来的。(4) 学习过程。人类智能是基于生活中遇到的各种情景以及对这些情景的反应，这些反应可能会产生无数新功能；而人工智能仅为特定任务设计或开发，其普遍适用性有限。(5) 支配地位。人工智能可以在某些特定领域（如下棋）击败人类智能，而人类所具有的一些基本智能（如意识、创造性等）却很难在人工智能中实现。人工智能和人类智能之间的具体区别见表1-2。

表1-2　人工智能和人类智能的比较

特征指标	人类智能	人工智能
能耗	25瓦。	2瓦（现代机器学习机器）。
普遍适应性	一个人在一生中可以学会使用数百种不同技能。	一台机器通常仅为实现几个任务而设计。
速度	相对较慢。	能以更快的速度处理信息。
准确性	容易忽略某些细节，通常存在“人为错误”。	基于一组规则运行，准确性更高。
自我意识	自然形成自我意识，拥有成熟的自我认同。	自我意识能力仍在研究中。
社会交往	具有完备的社会交往能力。	还不具备捕捉相关社会和情感线索的能力。
多任务	人类工作者承担多重责任。	教会系统完成每个动作都需要相当长时间。
决策	人类有能力从经历过的情景中学习如何做决策。	到目前为止，即使是最先进的机器也很难与6岁孩子的决策灵活性相比。
工作状态	大脑以模拟方式运行。	计算机按数字化方式运行。

由于人脑和计算机之间的各种差异，制造出与人脑完全相同的智能体似乎永远不可能实现。因此，目前的人工智能仅仅具备模仿人类某些行为的能力。当然，人工智能的应用肯定会使人们的生活更加便利，甚至迫使人类改进他们的技能；但这些机器也许永远不可能完全取代人力资源。Simon（1981）认为，人工智能有两个目标：一是利用计算机能力增强人类思维，就像我们利用电机增强人类或马的能力一样；这方面的主要分支是机器人和专家系统。二是利用计算机的人工智能，以仿真机器人的形式理解人类的思维方式。由此可见，人工智能的目标未必是制造出与人类智能完全相同的智能体，因为用计算模型研究大脑功能是一个十分复杂的过程；对人脑中数百万神经元进行建模需要极高的精度、效率和准确性；人脑中的大多数认知操作都以模拟方式进行，而计算机化系统则是完全数字化的；人脑的信息加工过程还存在自上而下和自下而上两种不同方式；等等（Uddin，2019）。

三、人工智能的类型

人们根据人工智能的目标，将它区分“强”和“弱”两种人工智能。强人工智能寻求创造出人造的“人”，它拥有包括意识在内的人类所有心理能力；而弱人工智能则试图构建信息加工机器，这些机器仅拥有人类的全部智力活动功能（Searle，1997）。目前，强人工智能还存在巨大障碍和瓶颈，还需要科学家们继续努力。而弱人工智能则不断地迅猛发展，随着第三次工业革命（信息化革命）不断深入以及第四次工业革命（工业4.0）的逐渐涌现，工业机器人的需求迅猛增长，带动了弱人工智能和相关领域的不断突破，很多工业岗位上的工人如今都已经被机器人取代。

具体而言，人工智能按水平从低到高可以进一步细分成反应机器（reactive machines）、有限记忆（limited memory）系统、心理理论（theory of mind）系统和自我意识（self-aware）系统等四类。

（一）反应机器

反应式系统是最简单的人工智能。它不依赖于世界的内部概念，而是直接感知世界，并根据其所“见”而采取行动。它既不能从经验中学习，也不能形成记忆，只能对一些输入和输出做出反应。例如，谷歌的 AlphaGo 和 IBM 的深蓝等都是这类系统。

（二）有限记忆系统

这类系统能够存储以前的数据并使用它做出更好的预测，即可以回顾过去最近的信息并据此立即做出决策。它是一种机器学习模型，具有一定学习能力，如强化学习（经过多次反复试验后，生成做出更好预测的模型）、长-短时记忆（预测序列中下一个元素的模型）和进化生成对抗网络（产生不断进化发展结果的模型）。例如，自动驾驶汽车是一种记忆有限的人工智能，它可以使用最近的数据立即做出决策。自动驾驶汽车使用传感器识别道路、交通信号和穿过街道的行人。车辆利用这些信息做出更好的驾驶决策，避免发生事故。

（三）心理理论系统

在心理学中，心理理论是指将心理状态（如信念、意图、欲望、情感和知识等）归因于自己和他人的能力。这种能力是我们可以进行社会交往的根本原因。然而，到目前为止，尽管语音辅助系统表现出这样的能力，但它仍然是一种单向关系。因此，人工智能系统还无法具有真正的心理理论。例如，你可以愤怒地对导航地图大喊，让它把你带到另一个地方。然而，它既不会关心你的痛苦，也不会提供情感上的支持。相反，地图应用程序仍然还会按部就班地报告道路车辆流量或事故等信息。具有心理理论的人工智能系统能够理解人类在面对不同情景时的想法、感觉和期望，并能同时调整相应的反应。

（四）自我意识系统

人工智能开发的最高水平是构建能够自我感知的机器，即可以表征自己。这是具有心理理论的人工智能的延伸和发展。自我感知机器具有人类水平的意识，具有思考、渴望和理解其感受的能力。目前，这类人工智能只存在于科幻电影和漫画书中。虽然自我感知机器的出现还遥遥无期，但还是有不少人相信，在将来它是可以实现的。

四、人工智能与心理学

（一）人工智能与心理学关系密切

在《韦氏大词典》中，“心理学”被认为是“关于个人或群体心理或行为特征的科学”，而“人工智能”的定义为“一个模拟和仿制人类智能行为的计算机科学分支”。心理学研究的是生物有机体（通常是人类），而人工智能则研究人工认知系统。人工智能通过深入理解人的视、听、触觉以及记忆、思维等智能活动方式，模拟出能够完成类似人类智能活动的机器，其中最关键的难题还是机器的智能行为。智能或智力（intelligence）是一个心理学概念，其中包含的思维、感知、问题解决和推理等能力也都在心理学中得到了广泛研究。除了认知能力外，智力还包括社交能力和情绪智力等形式。由此可见，心理学和人工智能研究都指向心理过程、行为和情绪等，两者关系十分密切。它们都面临着相同的基本挑战，即如何在充满噪声的、模糊的不确定情景下适应环境并有效地解决问题。然而，尽管心理学是人工智能的重要组成部分，但它作为一门学科却普遍被人工智能领域忽视。

早期人工智能先驱者们用极其简陋的机器和软件开发工具取得了惊人进步。然而，最初的热情很快就遇到了莫拉维克悖论（Moravec's paradox），即人难以完成的任务，计算机却很容易完成；相反，人很容易做到的事，计算机却很难完成。例如，推理是人类所独有的高级智能，计算机则可以轻而易举地完成；但人的无意识技能和直觉思维等计算机又无法实现。因此，训练计算机去做人觉得困难的事情（如数学和逻辑计算）很容易，但训练计算机去做人类觉得容易的事情（如走路和图像识别）却很难。简言之，计算机更容易学会人类在其进化史上最近获得的技能，但很难学会人类进化早期获得的本领。正如 Hans Moravec（1998）所说：“让电脑如成人般下棋相对容易，但要让电脑具有一岁小孩般的感知和行动能力却相当困难，甚至不可能。”因此，到目前为止，人们可以利用大型计算机模拟出战胜人类象棋（或围棋）冠军或能够证明定理的智能，但却无法模拟出两岁儿童的智能。

人工智能正沿着超越人类智能的道路前进，其中心理学是绕不开的关键因素之一。不论何时我们能够在类人（human-level，or human-like）水平上实现人工智能，机器肯定都会有认知能力甚至情感。尽管人类情绪依赖于数十亿年中逐步积累起来的大量遗传特征以及个人所面临的环境变化（如生活经历的变化），但它仍然可以被彻底“制造”出来。要制造出真正的人工智能，首先需要了解人类智能。然而，人类大脑（心理）是一个“黑箱”（black box），心理学家已经有一百五十多年的经验通过实验对其活动规律进行建模，这正是人工智能研究所需要的；我们应该将心理学方法和严谨的研究理念应用到人工“黑箱”研究中，为人工智能研究服务（Taylor & Taylor，2021）。最近，甚至有人将人工智能（artificial intelligence，AI）和心理学（psychology）两个词组合成了一个新词——“psAIchology”。

（二）人工智能与认知科学面临同样的难题

试图全面理解人类认知的认知科学家与旨在创造类人智能计算机的人工智能研究者有一个共同难题，即：一个由相对非智能组件（如神经元或晶体管）组成的系统如何完成智能行为？简而言之，就是智能问题（intelligence problem）。这个问题之所以重要，是因为许多认知科学研究都是基于自然主义世界观；而在自然主义世界观看来，物质世界行为规律并不包括创造性问题解决、目的性行为等人类认知过程。因此，不理解由原子和分子构成的相对“简单”和“非智能”的机制如何结合起来创造智能行为便成了自然主义世界观的一大挑战。这也许这是人类的最后一个重大挑战。显然，类人水平的智能问题是人工智能研究的主要障碍，对它的克服将是人类技术的巨大飞跃。

认知科学是一个跨学科的领域，它研究人类的推理、情感、语言、感知、注意和记忆等心理过程。认知计算就是对各种认知特征的理论模拟。而人工智能则旨在探索适合智能行为的计算机和软件设计。认知科学和人工智能的结合促进了对人类认知（人类智能）和人-机交互的深刻理解。更重要的是，这种结合正在将知识应用于人工智能解决方案和工程心理学之中。认知科学在人工智能中的重要性体现在许多方面，例如：(1) 在教育、心理学研究中，如果人工智能可以更好地理解学生需要，就可以充分利用人工智能提高教育培训效率；(2) 将人脑的适应性工作方式应用到汽车自动驾驶中；(3) 在人力资源管理中，利用认知、情感模型提高人的工作效率，并最大限度发挥他们的潜能；(4) 通过对人类思维与决策以及人际互动规律的研究，将由人工智能控制的设备应用到投资等金融服务中；(5) 通过理解用户偏好进行选择性推送，实现个性化购物、社交媒体平台维护等。

（三）认知心理学是人工智能的重要基础

认知心理学起源于控制论范式。它通过研究大脑在注意、感知、记忆和思维过程中如何处理复杂信息，理解人类认知活动的机制并建立相应模型（Zivony，2019）。与认知心理学相似，人工智能的目标也是理解智能行为的本质并建立相应模型。不同之处在于，人工智能试图利用先进技术进行计算建模，通过计算机程序模拟或模仿人类认知功能的各个方面（Eysenck & Keane，2015）。人工智能和认知心理学的结合在控制论的 TOTE［test（测试），operate（运行），test（测试），exit（出口）］模型出现之前就已经开始，该模型在认知心理学中得到广泛认可（Miller et al.，1960）。人工智能的基本过程与人脑的工作机制并不完全相同。人工智能的目标不是试图开发帮助我们理解人类智能的计算模型，而是产生一个看起来智能的机器系统。因此，这些过程不需要在功能上与人类认知过程完全相同。

虽然认知计算建模和人工智能有着细微的区别，但它们都是认知心理学中深入理解智能本质的宝贵方法。然而，有一种特殊模式——联结主义似乎可以弥补这两种方法之间的差距。联结主义最初是由大脑神经元网络结构启发而来。联结主义模型通常由表现出学习能力的简单互联单元网络和没有明确规则的模型组成（Eysenck & Keane，2015）。通过将大脑描述为一个高度复杂的神经网络，联结主义模型已经能够成功模拟人类的一些认知过程（如人脸识别）。此外，受认知心理学理论和方法启发的深层神经网络在解释儿童如何学习物体名称方面也取得了一定成功，为认知心理学和人工智能相结合的优势提供了一个很好例证（Ritter et al.，2017）。

心理学和人工智能理论之间交叉融合已经成为认知活动理论建模发展的重要领域。计算建模作为一种心理学研究技术，有助于揭示人类智力本质（Striženec，1985）。苏联控制论学者指出，人工智能狭义技术框架低估了研究人类心理的必要性，将人类智能的内在本质特征引入计算机工作中可以有效促进人工智能不断进步。如果机器要模拟人类心理规律，就必须能够创建和操纵有关这些规律的模型。与此同时，也应该利用系统论和控制论的概念阐述思维的一般理论。

人类智能是认知心理学长期以来的重点研究领域之一，其中与人工智能密切相关的认知过程主要包括以下几方面。

（1）知觉（perception）。知觉是通过感觉器官（人）或感受器（机器）获得环境中各种客体信息，并将它们解构成可以识别的信号，从而认识这些物体的过程。知觉能为进一步决策提供依据。目前，知觉研究成果在人工智能中的应用十分广泛，并取得了显著成效。例如，自动驾驶汽车通过各种知觉感受器，实时探测复杂的道路状况；控制系统根据这些信息准确控制汽车的方向与速度。

（2）学习（learning）。人类的许多种学习方式可以应用于人工智能领域。其中最简单的学习方式就是尝试—错误学习（learning by trial and error）。人通过“尝试—错误—再尝试—再错误……直到学会”的范式学习新事物。计算机程序也可以模仿人的学习过程，完成某种活动，实现不同功能。

（3）推理（reasoning）。推理是人的高级心理过程。心理学家不断揭示人类推理机制并建立了许多推理模型。这些理论模型为人工智能研究提供了重要依据和指导，并在人工智能领域已经得到了广泛应用。在应用中，通过收集足够数据，就可以开发尝试性模型，以描述和预测未来行为。

（4）问题解决（problem solving）。问题解决是在一系列活动中搜索，以便达到某一目标的过程。人工智能实现过程就是各种问题解决过程。在著名的人-机围棋对抗中，机器就是通过计算找出最优化步骤，从而取得胜利的。

（5）语言（language）。语言是一个符号系统。心理学对人类语言的产生、表达、知觉和理解等机制都进行了系统研究。人类语言区别于其他语言的重要特征在于它的产生式（productivity）特性。目前，机器虽然在一定程度上可以理解人类语言，并与人对话，但还无法更深入地与人交流。因为机器还不能完全理解人类语言以外的意图表达，如情绪、动机、性格等。

（四）人工智能对心理学研究具有促进作用

从心理学的角度来看，人工智能为创造和测试人类认知过程提供了必要手段，对其理论发展相当有用。因此，人工智能在心理学研究中也显得越来越重要，并不断推进相关领域理论和应用的发展。例如，在创造性研究方面（Gobet & Sala，2019），人工智能可以测试有关创造力的理论、观察与创造力相关的新现象、识别特定领域内具有创造力的人，以及培养人们在特定领域的创造力等。人工智能方法还可以帮助精神科医生根据患者的历史数据（如临床病史、行为数据、社交媒体使用等）进行诊断并给予相应治疗（Zhang et al.，2021）。总体而言，人工智能在心理学中的应用体现在以下三个方面。

1. 理论构建

认知心理学与人工智能的起源都与信息论、控制论以及计算机技术等有关，揭示智能的本质是它们的共同目标。共同的起源与目标使它们具有天然的相互交叉特性。计算建模作为一种心理学研究技术，有助于建立对人类智力本质的假设。心理学家利用系统论和控制论（要素的层级组织、心理调节机制）的概念阐述思维的一般理论，利用框架理论、模糊集以及人工智能等概念描述心理内部表征，并通过机器学习、计算机视觉和自然语言处理等手段检测、计算和分析人的心理信号，建立人类大脑在注意、记忆和感知过程中处理复杂信息的模型，甚至帮助深入研究更加复杂的心理现象，如情感、共情等。

2. 模拟交互

人类思维的不确定性以及巨大的个体差异决定了人工智能机器在与人互动时必须适应人的特点。反过来，通过人工智能手段，使用认知交互模式可以避免简单的现象分析，从而深入研究个体学习以及为了适应环境而构建的心理功能模式。根据个体的适应、反应和创造模式，我们可以更灵活地评估自我分化特征，有针对性地理解个人如何与环境互动，并通过自主、自信和自尊等要素构建各自的生活方式。

3. 实际应用

通过将心理学和人工智能的方法相结合，人工智能可以帮助确定情感特征，构建基因图谱，确定自我分化程度，描绘认知互动模式，从而实现对自我的意识和重新定义（de Mello & de Souza，2019）。人工智能的一些方法，如深度学习、卷积神经网络等，可以用于心理疾病诊断（Zhang et al.，2021）。此外，虚拟现实是一种新的人机交互方式，它提供了一种沉浸式体验，使人在更加逼真的“环境”中产生相应的心理体验。虚拟现实系统可以帮助人们学习知识与技能，如学生学习、驾驶训练、医生模拟操作等；它也可以在心理咨询与治疗中帮助来访者重新构建心理与行为模式。虚拟现实的发展同样需要人工智能技术作为基础（Pratik & Abhishek，2013）。

五、研究方法

人工智能是一个涉及哲学、认知科学、数学、神经生理学、心理学、计算机科学、信息论、控制论以及不确定论等的交叉学科。因此，它的研究方法也复杂多样。然而，就人工智能本质而言，它是对人的智能活动的模拟。智能模拟通过让机器具有人的视、听、触等感知觉及思维方式，从而实现指纹识别、人脸识别、视网膜识别、虹膜识别、掌纹识别、专家系统、智能搜索、定理证明、逻辑推理、博弈、信息感应与辩证处理。对于人的智能模拟一般包括两条路径：一是结构模拟，即仿照人脑的结构机制，制造出“类人脑”机器；二是功能模拟，即不考虑人脑内部结构，仅模拟其功能过程。要实现对人类智能的模拟，就需要让计算机具有学习能力。因此，人工智能研究方法可以大致分为以下两类。

（一）符号学习

从20世纪50年代中期到80年代末，大多数人工智能研究是基于符号学习（symbolic learning）方法，也称作工程学方法（engineering approach）。这种方法基于计算机科学的基本假设，即世界可以用符号表示并根据特定逻辑过程（如If-then语句）进行处理。它通常用于执行常规任务的简单机器人，或用于高度结构化的逻辑问题解决（如跳棋游戏）。但这种方法的应用范围仅限于变量和输出定义明确的情况。它是最早的人工智能系统，有时被称为“优秀的老式人工智能”（good old-fashioned artificial intelligence，GOFAI）。这些人工智能系统的行为基于观察到的环境。更高级的人工智能则在现有人工智能的基础上添加了新的启发式（指南）甚至新的算法，并且可以随时间推移而改进。将这些启发式方法添加到人工智能系统中便构成了基于规则的机器学习。

（二）机器学习

机器学习（machine learning）是通过时间和经验改善智能系统对给定条件的响应，其重点是提高人工智能的能力，使人工智能更容易被人们认识。机器学习还包括允许从复杂数据集进行多维模式识别的深度学习功能。

深度学习系统是人工智能方法的顶峰。深度学习系统依靠的是卷积神经网络（convolutional neural networks，CNN）和递归神经网络（recurrent neural networks，RNN）。它允许输入复杂的数据，并通过不同神经元按各种因素对这些数据进行加权处理；然后，再将加权处理后的结果传给一个联结神经元网络。联结网络中每个神经元根据输入的相对权重创建一种综合的信息“概念”框架，该框架根据输入信息和神经网络加权的相对概率做出判断。机器学习和神经网络具有权衡相互竞争信息的能力，以帮助机器理解这些信息，因此，它们是当代人工智能系统取得突破的关键。

深度学习的典型方法有以下几种。

1. 卷积神经网络

卷积神经网络（CNN）是为了模拟视觉皮层加工过程而设计的，通常被应用在较高级计算机视觉系统中。基于卷积神经网络的计算机视觉可以充分利用各种参数集并根据具体情况调整其相对权重，从而更准确地做出判断。卷积神经网络也用于自然语言处理、药物研发、游戏制作等。

2. 递归神经网络

与卷积神经网络不同，递归神经网络（RNN）不是严格的前馈人工神经网络，即从输入到输出的加工过程并不完全通过神经元层。相反，它在分层信息处理中构造反馈回路，将神经网络中以前的输入与当前信息建立联系。这类似于大脑从记忆中提取信息，以识别当前信息。

3. 长-短时记忆

当信息处理必须经过大量神经元层时，就需要在递归神经网络的固有特征基础上建立长-短时记忆（long short-term memory，LSTM）单元，以增强记忆能力。这些单元将递归神经网络中的信息分为短时或长时记忆，使递归神经网络根据需要选择性地将信息返回分层处理模块。然而，当递归神经网络中有大量神经元层时，返回到最早层的索引就会变得越来越难以处理。长-短时记忆应用包括机器人控制、语音识别、语法学习、手语翻译以及医疗路径预测等。

4. 强化学习

强化学习（reinforcement learning，RL）是指通过分析神经网络目标状态（相对成功或失败），并根据结果调整神经网络中不同神经元输入的相对权重。这使得机器学习可以根据经验进行调整。强化学习可以应用于卷积或递归神经网络，它在谷歌 AlphaGo 项目中得到了很好应用。

总之，目前还没有统一的原理或范式指导人工智能研究，在许多问题上还存在争论，例如：是否应该或可以从心理或神经方面模拟人工智能？智能行为能否用简单的原则（如逻辑或优化）描述？智能是否可以使用高级符号表达，如词和想法？等等。不过，随着科学技术的不断进步，人工智能也必将会有所突破。

六、未来发展

人类智能与人工智能的主要区别在于，人类智能是认知系统和生物系统相互作用的结果；而人工智能只有认知系统，没有生物系统。人工智能要实现模拟人的各种认知操作，使机器执行智能认知任务，就必须深入了解人类智能内容与原理。只有将心理学中有关人类智能研究成果与其他学科与技术相结合，才能真正实现人工智能。

（一）蓬勃发展

在过去几十年中，人工智能研究如雨后春笋般涌现，尤其在近十年来呈现爆炸式增长。这种增长不仅仅表现为人员与资金的巨大投入，更重要的是人工智能相关研究领域、知识积累和应用范围等快速扩展。

1. 机器学习异军突起

在很大程度上，人工智能应用增长是通过机器学习领域新算法的发明而实现的。机器学习涉及构建系统，当给出任务理想性能的示例时，这些系统可以通过任务的重复经验提高性能。机器学习算法已成功应用于语音识别系统、垃圾邮件过滤器、网络欺诈检测系统、产品推荐系统等。

2. 神经计算技术再次涌现

早期的人工智能研究者认为，神经网络没有足够的信息处理能力模拟人类认知。然而，联结主义认为，智能不在于符号加工，而在于非符号加工，这有点类似于大脑中神经元水平上的加工形式。此外，机器学习领域的快速发展，也为神经计算技术的再一次复兴提供了有效手段。

3. 概率技术的复兴

非神经计算性质的概率方法普及促进了不确定性条件下非逻辑推理的实现。人工智能对概率论的使用源于其理论的标准形式。将概率论、归纳法和演绎推理相结合增强了人工智能系统的灵活性，提高了它判断的准确性。

总之，人工智能的蓬勃发展引起了人们的广泛关注，也强化了人工智能在许多领域的应用，如机器视觉、身份识别、自动驾驶、智能搜索、定理证明、机器人、语言和图像理解等。然而，我们还必须清醒地看到，到目前为止，人工智能的各种伟大成就都是在有限的、狭窄的领域中取得的。真正实现人工智能还面临许多挑战，更何况人工智能本身也仍然存在很多争议和问题。其中较为突出的是伦理问题和安全问题。

（二）伦理问题

从人工智能诞生之日起，人们就从哲学角度思考人工智能和人类智能之间的关系以及它所涉及的伦理问题。人工智能研究的最新进展清楚地表明，计算机也需要有一个道德准则。在人工智能领域，所谓“机器人伦理”（robot ethics，or machine ethics）也被称作“道德人工智能”“伦理人工智能”“机器伦理”“道德机器人”等，它是指智能机器人自主做出的重大决策行为是否符合人类的伦理与道德规范（Wallach & Allen，2010）。机器伦理是机器作为主体的伦理，而不是作为客体被人类使用的伦理。机器伦理关注的是确保机器对人类用户以及其他机器的行为在伦理上是可接受的（Anderson & Anderson，2007），即人工智能应能够考虑社会价值、道德和伦理，权衡多元文化背景下不同人持有的价值观及其优先顺序（Dignum，2018）。

在讨论机器伦理时，一个非常重要的假设是，机器在某种意义上是可以对其行为负责的道德主体或“自主道德主体”（van Wynsberghe & Robbins，2019）。机器伦理的基本思想逐渐被人工智能领域重视，但在人工智能实际场景中，人们通常不会假设这些机器是任何具有实质意义的“人工道德主体”（Winfield et al. Eds.，2019），有时甚至将遵守道德规则的机器人修改成不遵守道德规则的机器（Vanderrelst & Winfield，2018）。

Asimov（1942）曾提出“机器人三定律”：（1）机器人不得伤害人类，也不得因不作为而允许人类受到伤害；（2）机器人必须服从人类的命令，除非这些命令与第一定律相冲突；（3）机器人必须保护自己的存在，但这种保护不应与前两条定律相冲突。总之，应该从智能机器的义务和权利两个方面规定智能机器的道德和伦理界限。

1. 机器人的责任

人们普遍认为，法律规则、责任和问责是面对新技术时必须坚持的基本要求（European Group on Ethic in Science and New Technologies，2018），但就智能机器人而言，关键问题是它们如何才能做到这一点以及如何分配责任。当机器人行动时，它们会对自己的行为负责吗？或者风险评估是否应该优先于对责任的讨论？在传统领域，如汽车，其责任分配十分明确，制造商负责汽车的技术安全，司机负责驾驶，机械师负责适当的维护，交通部门负责道路技术保障，等等。而基于人工智能的决策或行动效果通常是许多参与者之间错综复杂交互的结果，包括设计者、开发人员、用户、软件和硬件等，其中的责任边界并不清晰，呈现出复杂的分布式结构（Taddeo & Floridi，2018）。因此，厘清人工智能领域中的“责任”已经变得越来越紧迫（Nyholm，2018a，2018b）。

2. 机器人的权利

也有很多人认为，应认真考虑是否必须赋予现有机器人权利（Gunkel，2018a，2018b；Turner，2019）。其中一部分人认为，机器人和其他非人类个体应该同样拥有权利（Coeckelbergh，2010，2012，2018）。而另一部分学者则坚持，机器人不应该享有权利（Bryson，2010）。欧洲议会已考虑将此类地位分配给机器人，以处理民事责任（Bertolini & Aiello，2018），但不包括自然人拥有的刑事责任。这似乎预示着将来也有可能只向机器人分配一部分权利和义务。当然，尽管如此，争论依然存在。就像在环境伦理学中，对树木等自然物体的法律权利存在着长期讨论一样（Stone，1972）。不过，这种争论必须有明确答案，因为将来在“人工意识”研究中，人们非常关注创造这种意识是否合乎道德以及这种有意识的机器对同样有意识的生物体（人类）或机器应该负有哪些道德义务等问题。

（三）其他问题

智能机器系统正在使我们的生活变得更好。随着这些系统的能力越来越强，我们的世界也变得更加高效，也有不少人因此也更加富有。在人工智能研究如火如荼进行的同时，也有学者认为，让计算机拥有智商是很危险的，它可能会反抗甚至控制人类。这种隐患或场景也在许多电影中出现过。这其中的关键在于是否允许机器拥有自主意识并延续演进。如果使机器拥有自主意识，机器就具有了与人同等或类似的创造力、自我保护意识、情感和自发行为。它所带来的问题与挑战不仅是伦理上的，还可能包括社会、环境、安全，甚至人类生存等方面。

Bossmann（2016）将人工智能可能带来的问题总结为以下几个方面。

1. 失业

尽管许多国家已经高度发达，但大多数人仍然依靠出卖时间来获得足够收入，以维持自己和家人的生活。随着智能制造的兴起，智能机器人开始替代许多工人的工作岗位。工作自动化的确解放了人力、降低了成本，但同时也让一些工人失去了工作机会。因此，如何适应科学技术（人工智能）发展所带来的就业压力以及制造业工人转型等是各国政府应该关注的社会问题之一。

2. 不平等

机器创造的财富应该如何分配？通过使用人工智能，公司可以大幅减少对人力的依赖，从而使成本降低、效益增加。但这意味着收入将流向更少的人。因此，拥有此类公司的个人将获得所有收益，贫富差距同样会逐渐扩大。

3. 人性化

机器如何影响我们的行为和人际互动？智能机器人在模拟人类对话和人际关系方面越来越逼真，在客户服务和销售等领域有广泛应用。智能机器人可以将几乎无限的资源用于建立关系，满足人们的需要，甚至可以触发人脑中的奖赏中枢。但与此同时，这种方法也被用在许多视频和手机游戏上，造成不少人手机或游戏成瘾，或者被坏人用于诈骗等犯罪行为中。

4. 愚蠢的错误

怎样才能防止错误？无论是人还是机器，智力都来自学习。经过训练后，智能系统就可以根据输入采取行动。然而，当遇到未曾学习过的情景时，智能系统可能不会像人类一样采取灵活的创造性方式解决问题，而犯一些愚蠢的错误。

5. 机器人的种族主义

如何消除人工智能偏见？尽管人工智能的处理速度和能力远远超过人类，但它并不总是公平和中立的。因为人工智能系统是由人创造的，它们可能会对某些事物存有偏见。例如，谷歌在使用人工智能识别人、物体和场景时，如果一台摄像机附加了种族敏感性功能，预测罪犯的软件对黑人有偏见，那么，它也可能出错。

6. 安全问题

如何保护人工智能系统免受攻击？一项技术越强大，它就越有可能被用于邪恶的目的；人工智能系统也不例外。因此，网络安全将变得更加重要，只有避免受到攻击，才能够尽量减少它被不怀好意的人或机器利用。

7. 防止被用于邪恶目的

我们不仅要防止对手的攻击，更要防止那些居心叵测的人或组织利用人工智能攻击其他人。正如好莱坞电影中描述人工智能灾难那样，一个先进的人工智能系统被坏人掌握，很可能会带来无法预料的可怕后果。

8. “奇点”与超智能

人类如何能一直控制复杂的智能系统？人类处于食物链顶端的原因不在于锋利的牙齿或强壮的肌肉。人类的统治地位几乎完全归功于我们的聪明才智。对人工智能系统而言，它会和我们拥有同样优势甚至超越我们吗？人工智能中的“奇点”（singularity）是指人工智能达到人类智能水平，通过自我完善，最后进入人类无法预测其未来的局面，即人工智能系统超过人类智能水平，成为“超智能”（superintelligence）体。简而言之，“奇点”就是人类不再是地球上最聪明个体的时间点。奇点问题既是技术问题，也是哲学问题。人类需要认真对待它。

总之，目前，人们的主要精力和兴趣都集中于人工智能技术本身，而对它存在的其他各种问题的认识还相当肤浅。一旦人工智能系统实现从“弱”到“强”，上述问题就无法回避。这些问题不仅涉及人工智能本身的效率，也涉及人-机交互、人际关系以及社会形态，甚至与人类未来命运息息相关。

基本概念

认知	认知心理学	信息	信息加工
符号（信息）加工取向	联结主义取向	生态学取向	认知神经科学
口语报告	计算机模拟	脑电	脑成像
眼动测量	人工智能		

本章要点

1. 认知是感觉输入的变换、过滤、解释、存储、恢复和使用等所有过程。认知是一个复杂的心理过程，它包括知觉、注意、记忆、推理和决策等心理活动，是由这些心理能力构成的心理系统的综合功能。

2. 认知心理学是心理学的一个分支，也是认知科学、认知神经科学的重要组成部分。从广义上讲，认知心理学主要探讨人类内部心理活动过程、个体认知的发生与发展，并对人的心理事件、心理表征和信念、意向等心理活动进行研究。狭义的认知心理学就是信息加工心理学。一般情况下，人们所说的认知心理学是信息加工心理学。认知心理学所研究的范围十分广泛，我们在觉醒状态下所做的事情都依赖于我们的知识、学习、记忆和决策等方面的能力，任何与智力相关的活动都需要认知功能的支持。因此，不论是一般行为、社会生活，还是情绪情感活动，都属于认知心理学的研究范围。

3. 认知心理学在内省主义、行为主义、格式塔心理学、发生认识论以及认知革命等的影响下，以信息论、控制论和系统论为基础而产生，并发展成为心理学的一个独立分支。在认知心理学发展中存在着符号（信息）加工取向、联结主义取向和生态学取向等研究取向。

4. 认知心理学的研究方法非常丰富。反应时测量法是认知心理学研究最基本和最常用的方法，此外，还有观察法、内省法、访谈法等传统的研究方法，以及口语报告法、计算机模拟法、认知神经科学的几种研究方法和眼动测量法。这些新的研究方法为认知心理学的发展提供了重要手段。

5. 人工智能是研究、开发用于模拟、延伸和扩展人类智能的理论、方法、技术及应用系统的一门科学。它通过了解智能的实质，生产出一种能以与人类智慧相似的方式做出反应的智能机器。人工智能涉及的学科十分广泛，其中它与心理学关系也非常密切；认知心理学是人工智能的重要基础；同时，人工智能对心理学研究也有促进作用。

复习思考题

1. 什么是认知？什么是认知心理学？
2. 认知心理学的产生受到哪些学科成就的影响？
3. 认知心理学的传统研究方法（反应时测量等）和认知神经科学研究方法（脑电、脑成像等）之间有何共同性和差异性？
4. 为什么认知心理学也叫信息加工心理学？
5. 如何通过计算机工作过程来模拟人的认知活动？
6. 认知心理学与认知神经科学有哪些区别与联系？
7. 人工智能与心理学或认知心理学有哪些联系？
8. 人工智能发展中可能会遇到哪些问题？

第二章

注 意

开卷有益

1. 想象一下，在你注意十分集中时是怎样一种状态？此时你是否注意到周围的无关信息？如果有人找你有事，打断了你的工作，你会怎么样？你是否能很快回到之前的注意集中的状态？在嘈杂的环境里你还能集中注意力吗？如何才能集中注意？

2. 你擅长边听课边记笔记，还是边听歌边写作业呢？哪一种更难一些？

3. 你觉得什么人更擅长一心多用？他们是天生如此，还是要经过很多刻意练习才能这样？

学习目标

1. 了解注意选择性理论的发展历程、相关实验证据以及存在的争论。

2. 从注意的选择性理论、能量理论、特征整合理论理解注意过程的基本规律。

3. 从注意的加工方式理解影响注意过程的因素。

学习重点

1. 双耳分听技术的基本操作，以及它在注意选择过程中的应用。

2. 过滤器模型、衰减模型、后期选择理论、注意的能量理论，以及它们与知觉负载理论之间的联系和区别。

3. 注意的特征整合理论的基本观点，以及它与其他相关理论的争论。

4. 两种加工理论的关系和应用。

人们在完成感知、记忆、思维、想象等心理活动时，总是需要选择其中的一部分作为加工对象，而排除另一部分。这种对加工对象的选择就是注意（attention），即心理活动对特定对象的指向和集中。在注意过程中，一方面是选择加工对象，另一方面则是排除或抑制那些不会被加工的内容。认知心理学家根据注意对信息选择与抑制的时间特点，用早期选择模型和后期选择模型解释注意机制。也有学者把注意看成一种能量或资源（能量模型），或者将注意比喻成“胶水”（特征整合模型）以完成对不同视觉特征的整体识别。注意是重要的认知过程，它直接影响人的各种心理活动。

第一节　概述

当你聚精会神地开始阅读这一章时，虽然你只是注意着这一页上的文字，但进入你感觉器官的信息也许数以千计，如纸张的颜色或者质地、教室内外的声音、光线变化等。然而，我们注意到的刺激只是所获得的众多刺激中的很少一部分。究竟哪一部分会被我们注意到，主要取决于我们自己。我们可以选择去注意上面所提到的任何部分，但不可能是所有内容，我们无法同时注意到作用在感觉器官上的所有刺激。总之，注意是心理活动的集中（concentration）与聚焦（focalization），是一种有选择性、转移性和可分解性的集中。如果我们对来自外界的刺激不做任何选择，我们就会由于信息超载而无所适从，心理活动效率也将会受到损害。对信息的选择同样适用于头脑内部的想法、思绪等。总之，为了限制信息的数量，以便有效地加工，我们的意识必须具有高度的选择性，这种选择性就是注意。注意的选择性同时意味着排除无关刺激，避免对它们进行进一步加工。

注意的实质是它的选择性（selectiveness）。除了选择信息外，与之相关的特征还包括集中（concentration，排除无关刺激）、搜寻（search，寻找加工对象）、激活（activation，预备加工，生理心理学研究对象）、定势（set，对特定刺激做出反应），以及警觉（vigilance，注意保持，工程心理学研究对象）。注意的这些特征反映了注意的过程，认知心理学研究的就是注意的作用过程。

注意在心理学发展过程中的地位也经历了波折。在实验心理学建立的早期，注意曾在心理学研究中占有重要地位。Wilhelm Wundt 把注意看成知觉的一个方面，知觉借由注意而获得对外部客体的清晰观念。William James 把注意看成意识的选择功能。然而，行为主义者则把注意看成心灵主义的概念。他们认为，在科学心理学中不应有注意的地位。格式塔心理学家用神经系统中“场的力量”概念代替注意，同样忽视了注意在人的心理生活中的重要作用。第二次世界大战期间，注意又重新被人们重视起来。一方面是战争的需要，如军事通信、雷达信号检测问题等，监视雷达的士兵必须有良好注意品质才能胜任这些任务。另一方面，认知研究表明，注意在人类认知活动中有重要作用；注意是人类信息加工的一个重要成分；没有注意的参与，信息的编码、存储和提取都将无法实现。随着认知心理学对意识问题研究的重视，对注意的重视已成为认知心理学区别于行为主义的一个最重要特点。个体的注意系统包含有意识加工和自动加工两个方面。有意识加工与自动加工的作用相反。意识产生缓慢、序列的加工，而自动化产生快速、平行的加工；有意识加工出现在新环境对机体的控制时，而自动加工则出现在高度熟悉的情景中；有意识加工是一种容量有限的机制，而自动加工具有较大的容量。

第二节 注意的选择性理论

一、人怎样选择输入的信息?

当两个或两个以上物体同时出现在眼前时，我们常常只注意其中一个，而不是所有物体。注意的这种选择性普遍存在于现实生活中，其中最著名的例子就是鸡尾酒会效应。在一个鸡尾酒会上，人们被各种谈话的声音包围，只能听清楚其中的某些谈话内容，对其他声音则充耳不闻。然而，如果有人提到了你的名字，你就会异常敏感地听到它。不仅如此，其他内容也能引起你的注意，如提到一部你刚看过的电影或你喜欢的明星。因此，对个人很重要的词语也会被注意到。注意的选择性在一系列认知心理学研究中也都得到了证实。

Cherry（1953）创造性地采用双耳分听技术，对注意的选择性进行了研究。实验通过耳机给被试双耳同时呈现两种声音材料。实验中要求被试大声重复其中一只耳朵听到的内容，这只耳被称为追随耳（被注意）；但让被试回忆的内容则是呈现给另一只耳朵的信息。被试在之前不用追随这只耳朵，所以，它称为非追随耳（未被注意）。见图 2－1。Cherry 发现，被试从非追随耳得到的信息很少。即使当非追随耳的材料改用外语呈现或顺序颠倒时，被试也很少注意到它。但当非追随耳材料的物理特性改变后，被试能够发现这一变化，例如，在材料中插入纯音，或者由男声播音改成女声播音等。因此，这个实验表明，刺激物的物理特性在人们选择信息时是起作用的。注意的选择性影响了被试对声音材料的加工，在追随条件下，被追随的材料受到注意，因而得到较好的加工；而未被追随的材料脱离了人的注意，因而很少被接收。然而，当发生物理特性的变化时，未被追随的材料也会引起人们的注意。Cherry 的听觉追随任务是研究选择性注意的一种重要方法，后来很多心理学家都采用这一方法的变式对选择性注意进行进一步研究。

Broadbent（1954）也用双耳分听技术进行了一项实验。实验中给被试双耳依次呈现三对数字，如 7－3，4－2，1－5。其中 7、4、1 依次呈现给左耳，3、2、5 依次呈现给右耳（见图 2－2）。每对数字到达两耳的时间相同，前后两对数字之间的时距为 0.5 秒。听完之后，他要求被试自己选定某一顺序把听到的数字报告出来。Broadbent 发现，大多数被试倾向于按左、右两耳分别听到的数字进行报告，

图 2-1　双耳分听实验模式

即先报告左耳听到的数字 7、4、1，再报告右耳听到的数字 3、2、5，或者先报告右耳听到的数字，再报告左耳听到的数字；而不是按照听到数字的时间顺序进行报告，即 7-3，4-2，1-5。但是，如果一定要求被试按数字呈现的时间顺序进行回忆，那么，被试的回忆成绩要比按自己的顺序回忆的成绩差得多，而且前后两对数字的时距对回忆成绩也有着明显的影响。当前后数字的时距为 0.5 秒时，正确回忆率仅为 20%；当时距为 2 秒时，正确回忆率达到 50%。这一结果表明，信息的选择是以物理特性（空间位置）为基础的。

图 2-2　Broadbent 的双耳分听实验示例

然而，上述结论并不是在任何情况下都成立。Gray 和 Weddelburn（1960）用分听实验证明了语义联系对信息选择的作用。实验中将单词与数字混合组成刺激系列，分别呈现给左、右两耳。其中，两耳接收的单词可以构成一个有意义的句子。例如，给左耳呈现的刺激为“6—老鼠—2”，给右耳呈现的刺激为“吃—9—奶酪”（见图 2-3）。被试报告的顺序并不是先左耳、后右耳，或者先右耳、后左耳，而是报告成“老鼠—吃—奶酪”和“6—9—2”。这一结果否定了信息通道的物理特性是信息选择的必要基础。Treisman（1960）用追随技术也得到了类似的结果。由于被试根据语义来组合刺激，注意的选择可能不是发生在信息加工之前，而是发生在信息加工之后；不被注意的通道也有某些信息通过，从而被进一步加工。

图 2-3　Gray 和 Weddelburn 的双耳分听实验示例

von Wright 等（1975）的实验进一步证明了在无意识状态下语义在信息选择中的作用。在实验的第一阶段，要求被试注意一系列单词，当某个单词出现时，给被试一次电击。第二阶段，让被试大声追随某一只耳听到的一组单词，而忽略同时呈现给另一只耳的一组单词。但是，在忽略的单词中包含了那些曾经伴随过电击的单词或它们的同义词。实验结果非常有趣，尽管被试没有意识到那些与电击相关的词出现，但仍可记录到明显的皮肤电反应，这表明被试产生了心理紧张。因此，即使在无意识状态下，语义分析仍可影响到对信息的选择，未被注意的听觉通道中的信息也得到了一定程度的语义加工。

除了听觉通道，Neisser（1969）通过选择性阅读实验证明了视觉的非注意通道也能接收某些重要信息。他将一段文字用两种颜色印刷。例如，一行是红色，一行是蓝色，相间排列。实验中他要求被试只阅读用某种颜色印刷的文字。这种情况下，被试能够很好地理解他所阅读的那种颜色文字的内容；而对用另一种颜色印刷的文字却知之甚少，即使这些词在这种文字中多次重复出现也是如此。但是，被试却能够发现出现在非阅读文字中的自己的名字。

两种材料的相似性对信息选择也很重要。在一项实验中，Allport 等（1972）除了给追随耳呈现阅读材料、非追随耳呈现一系列单词外，还在视觉上呈现一系列图片作为第二种非追随材料。追随耳与非追随耳的实验结果与 Broadbent 的实验结果相似，被试对单词（非追随材料）的再认记忆仅达到随机水平（50%）。但被试对另一种非追随材料（图片）的再认正确率高达 90%。因此，输入信息类型的差异在一定程度上削弱了由两种同时性输入造成的加工能力限制。另外，Underwood（1974）发现，个体的知识经验也会影响其对非追随信息的加工。熟练的专家在完成追随作业时，可能只需要消耗很少的注意能量。因此，他们对非追随材料的再认正确率也相对较高。

总之，众多实验说明，影响信息选择的因素包括刺激的物理特性、刺激物之间的意义联系、刺激与个体的关系，以及个体的知识经验等。这些研究从理论上说明了人类信息加工的某些重要特点，在此基础上心理学家提出了一系列理论模型。

二、注意的选择性——瓶颈理论模型

从上述研究中可以看出，注意加工具有选择性功能。基于这些研究，认知心理学家们提出了一系列理论模型，瓶颈理论模型是其中最具代表性的注意模型之一。该类理论模型认为，在信息加工的某个阶段或某个地方存在着一种叫作瓶颈（bottleneck）的装置，它可以对输入的信息进行有效选择，从而完成注意对信息的筛选与过滤。

（一）过滤器模型

Broadbent（1954）通过一系列实验发现，信息加工系统只能从两种同时输入的信息中选择一种，而选择的决定因素是这些信息的物理特性。信息论认为，信息加工受到通道容量的限制，信息超过了通道的容量就要从通道中“溢出”。受到信息论思想的影响，Broadbent 提出了注意加工的过滤器模型（filter model）。该模型认为，神经系统的信息加工容量有限，当信息通过大量平行的通道进入神经系统时，为了避免信息总量超过知觉分析的高级中枢容量，需要一种过滤机制。这一过滤机制将多余信息过滤掉，而使另一部分信息得以通过，直接传送给高级加工中枢。这一加工过程类似于往一只窄口瓶里倒水，如果外面倾倒的水流太大，则只有一部分水能够流入瓶内，而另一部分水便被阻挡在瓶外（见图2-4）。

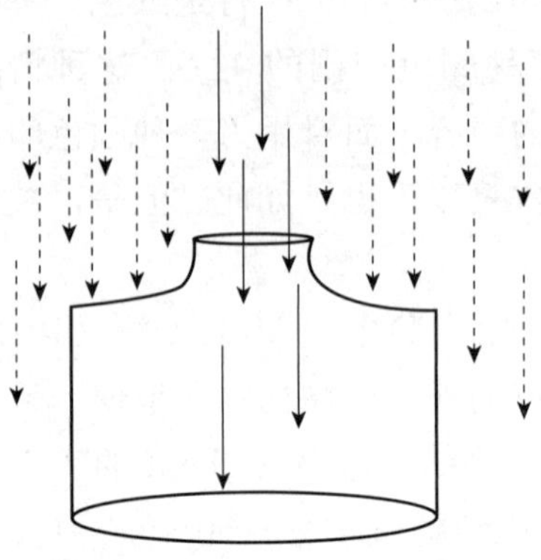

图2-4 注意选择示意图

过滤器模型建立在Cherry和Broadbent的实验结果基础上，它是一种“全或无”(all-or-none)的模型，即过滤器让一部分信息全部通过，而完全排除另一部分信息，信息只有通过和不通过两种可能性。由于信息选择取决于刺激的物理性质，而物理属性加工发生在信息加工的早期阶段，过滤器的位置可能处在信息加工的早期阶段(见图2-5)。然而，过滤器模型是根据听觉实验的结果提出的，实验所用的材料都是听觉材料，信息的选择与过滤只发生在同类性质材料间。因此，它只是一个单通道模型。当材料性质改变，信息输入来自不同感觉通道时，模型的适用性将受到限制。另外，模型只强调刺激的物理性质对信息选择的作用，而无法解释材料的语义联系在信息选择中的作用。如果语义加工存在于注意选择过程中，那么，注意选择未必只是发生在信息加工的早期阶段。

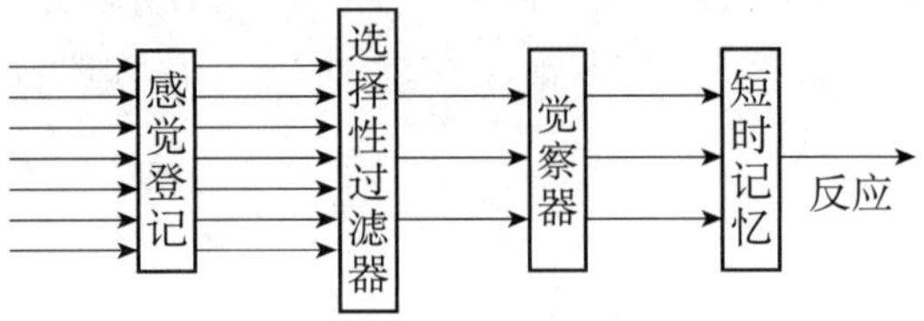

图2-5 过滤器模型示意图

（二）衰减模型

由于过滤器模型无法解释注意选择中语义的作用，Treisman（1960）针对过滤器模型的这一缺点提出了包括语义加工的注意选择模型——衰减模型（attenuation model；见图2-6）。Treisman将刺激分析与检测细分为三步：分析刺激的物理属性，如声音的音高、强度等；检测刺激是不是语言，如果是语言，则将它们分为音节和单词，再识别单词并赋予意义；最后，对信息进行选择。但这种衰减控制器并不按“全或无”方式工作。所有来自被注意通道（追随耳）和未被注意通道（非追随耳）的信息都可以进入衰减控制器，衰减控制器的作用是对信息进行衰减。其中非追随耳（未被注意）输入的信息发生衰减，强度减弱；而追随耳（被注意）输入的信息没有变化，两者的衰减强度不同。

信息通过衰减控制器之后，未衰减的信息和衰减的信息都继续输送到更高水平的神经系统单元，并且激活相应的知觉分析器或“词典单元”。这些单元从输入刺激中提取意义，并根据知觉分析的结果做出选择。由于强度不同，输入信息在“词典单元”中产生了不同影响。衰减到一定强度的信息不能激活高层次的知觉单元，

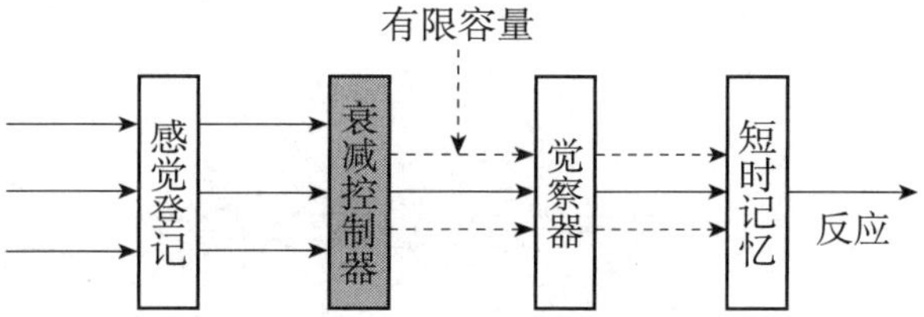

图 2-6 衰减模型示意图

因而不能被识别；而没有受到衰减控制器影响的信息则可以激活适当的“词典单元”，并被识别。这是因为在“词典单元”中，不同单词的兴奋阈值不同，输入的刺激必须超过阈限强度才能被意识到。对人有重要意义的单词，如自己的姓名、火警信号等的阈限较低，只需较少能量就能被激活；而激活那些阈限较高单词则需要更多能量。当人们从非追随通道中接收到某些有重要意义的信号时，即使这些信号被衰减控制器衰减到很弱的程度，它们仍能激活心理词典中某些阈值较低的单元，并使人们意识到它们。如果人们期待着某个单词，那么，与这个单词有关的检测装置将提前对它做好准备，激活的阈限会相应降低。

Treisman 的衰减模型强调多层次的分析与检测，“瓶颈”的位置和作用较为灵活，能够解释不被注意的通道也能通过某些信息的现象。衰减模型不仅能够解释注意的选择机制，也说明了单词的识别机制。衰减模型改进和发展了过滤器模型，它能解释更广泛的实验结果，并能更好地预测人的注意选择过程。

（三）后期选择理论

过滤器模型认为，注意选择只发生在信息加工的早期阶段，这与一些实验结果并不一致；而衰减模型则强调多层次分析与检测，虽然灵活，但过于复杂。为此，Deutsch 夫妇（1963）提出了另一种注意选择模型。该模型强调，选择性注意中的“瓶颈”在信息加工中出现的时间应该比较晚，几乎所有输入的刺激都能得到进一步加工；注意选择不是发生在较早的感觉记忆通道中，而是发生在工作记忆中——加工后期的反应阶段。因此，这种观点被称为后期选择理论（late-selection theory）或反应选择模型（response selection model）。后期选择理论（见图 2-7）的核心观点是，所有输入刺激都被加工，并且注意选择发生在加工后期的反应阶段。后期选择理论与工作记忆关系密切。所有信息都被以平行方式传送到工作记忆中，但由于工作记忆的容量有限，如果平行输入的信息超出了工作记忆的容量限制，就要根据材料的重要性做出判断；重要的信息被精细化加工，从而进入长时记忆，而不重要的信息就会被放弃。

注意的后期选择理论强调中枢的控制功能，认为注意的选择发生在所有信息都得到知觉加工之后。这种选择体现了注意加工的主动性。当然，由于所有信息都必须在得到知觉加

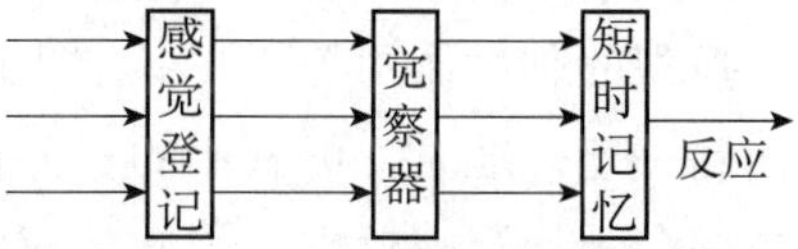

图 2-7 后期选择理论示意图

工之后才能得到选择，所以，该理论显得不够经济，资源耗费相对较大。

扩展阅读

注意的知觉选择模型

Treisman 提出的衰减模型与 Broadbent 提出的过滤器模型有着本质的不同，主要区别在于过滤器模型坚持“全或无”的信息加工观点；而衰减模型认为，信息加工并非遵循“全或无”的工作方式，而是会发生一定程度的衰减。但两种模型也有相同的地方。首先，它们都认为，神经系统在信息加工的容量方面是有限度的，个体不可能对所有的信息都进行深度的加工，因此，都需要一个过滤器或控制器对信息进行选择。其次，过滤器或控制器都处于初级信息加工与高级语义加工的位置之间，个体都是在信息加工初级阶段对信息进行筛选（过滤或衰减）的，被选择的信息会进入短时记忆，从而得到更深入的知觉加工，并使个体进一步做出相应的反应。可以说，衰减模型是在过滤器模型之上做出的改进。基于以上共同点，当前认知心理学关于注意的理论中常常将 Broadbent 提出的过滤器模型和 Treisman 提出的衰减模型合并，统称为过滤-衰减模型，也称作注意的知觉选择模型。注意的知觉选择模型得到了很多心理学家的支持，在认知心理学领域有着重要影响。注意的知觉选择模型与反应选择模型相对，两种模型之间的区别在于对选择阶段的观点不同：知觉选择模型认为，信息不能全部得到高级加工，因此，选择发生在早期；而反应选择模型则认为，几乎所有输入的信息都能得到进一步加工，注意选择发生在加工后期的反应阶段。

第三节　注意的能量理论

瓶颈理论模型将注意的选择性看成对信息的直接选择与排除，不论信息的选择发生在哪个阶段，总是会有一些信息被排除。这种选择依赖于刺激的特点，同时也受认知资源的限制。针对注意选择的这一特性，Kahneman（1973）在其著作《注意与努力》中提出了能量模型（见图 2-8）。

能量模型首先假定，认知资源（cognitive resources）是有限的，但资源的数量不是完全固定的。在一定时间内可利用的资源量在一定程度上取决于个体的唤醒水平。唤醒水平依赖于许多因素，如焦虑、恐惧、愤怒、兴奋、肌肉紧张、药物效应、强烈的刺激作用等。在一定程度上，唤醒水平越高，资源量越多；但当唤醒水平达到一定标准时，可利用的资源量将随唤醒水平的增加而减少。唤醒水平太低或太高都会干扰当前行为。因此，资源量会随着情绪、药物、肌肉紧张等因素的作用而变化。其次，刺激的识别过程需要若干资源。刺激越复杂，需要的资源就越多。

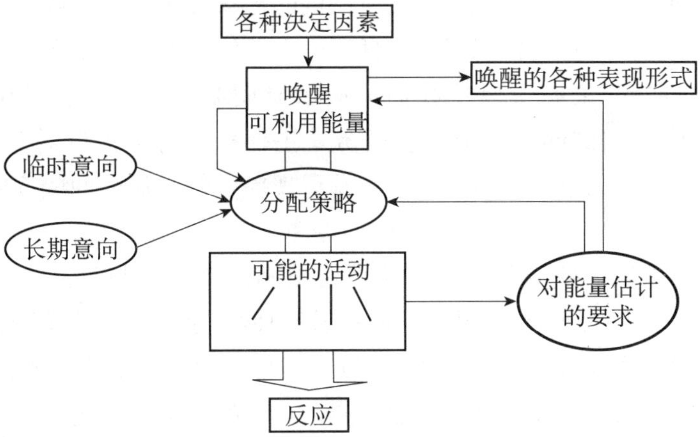

图 2-8 注意的能量模型示意图

如果同时呈现几种复杂刺激，资源可能会很快耗尽。如果资源已耗尽，就无法对新异刺激进行加工（或注意）。但认知资源的分配是灵活的、可控的，我们可以把有限资源转移到重要的刺激上。如果能够对完成作业所要求的能量进行准确评价，那么，这不仅会影响唤醒水平，使可利用的能量增加或减少，而且会极大地影响分配方案，使得资源得到合理分配。此外，资源分配还受到个人的临时意向（当前意愿）和长期意向影响。临时意向是由当时情景引起的注意倾向，即个体完成当前任务的要求和目的，例如，按要求倾听右侧耳机的声音、寻找一个朋友的照片等。而个人的长期意向则是不随意注意的表现，它要求将能量分配给新异的、突出的刺激，如自己的名字等。

模型还假定，在双任务作业中，干扰并不局限在某个感觉通道范围之内，它具有非特异性。当同时进行的活动不超过有效资源总量时，人们能够同时完成这些活动；相反，当两种作业对加工系统的要求超过了总容量时，作业成绩就会下降。因此，由于中枢能量是有限的资源，同时完成两项作业的成绩取决于每项作业使用的资源数量。如果两项作业对资源的要求没有超出中枢能量拥有的全部资源，那么，两项作业就不会互相干扰；相反，如果两项作业对资源的需求超过了中枢的能量，那么，两者就会互相干扰，干扰的程度取决于有效资源的分配方式。作业成绩可能受到所分配资源的限制，资源多，则作业顺利（资源限制过程）；同时，作业成绩也可能受到任务性质的限制，即使给低劣或不适宜的记忆信息分配较多资源也不能改善其作业水平（材料限制过程）。双任务作业中的能量分配遵循互补规则，当两项作业对资源的总需求量超过可利用的总能量时，双作业的操作就会发生干扰。此时，一项作业的操作所需要资源的增加量就等于另一项作业操作可获得资源的减少量。

因此，在加工过程中，只要活动所需资源不超过可获得的资源数量，我们就能够同时做两件事。如果我们同时做两件事出现困难，那么，这并不是由任务的相互干扰引起的，而是因为任务需要的资源超过了我们可利用的资源。当加工需要的资源总量超过了拥有的能量时，如果我们试图同时做第二项任务，那么，第一项任务的成绩将下降。在同时进行两项或多项任务时，我们能够灵活地分配拥有的认知资源，这种灵活的分配策略可以使我们适应新异刺激。在一项实验中，Posner 和 Boies（1971）要求被试同时完成多种任务。主任务（告诉被试需要注意的任务）是判断前后连续呈现的字母是否一致。视觉呈现警告信号后，间隔 500 毫秒，给被试呈现一个字母，如“T”，呈现时间为 50 毫秒。1 000 毫秒间隔之后，再给被试呈现第二个字母。被试的任务是尽可能快地说出第二个字母与第一个字母是否相同（见图 2－9）。被试用右手食指和中指通过按键对两个字母相同或不同进行反应。第二项任务是听觉觉察任务。在实验中，通过耳机呈现纯音（单一频率的音），要求被试听到声音时尽快地用左手食指按键。图 2－10 展示了纯音信号出现在不同时间位置时被试的反应时。

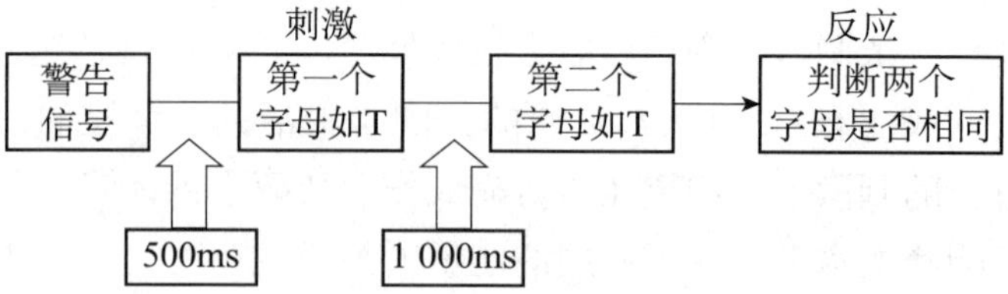

图 2－9　Posner 和 Boies 的实验过程示意图

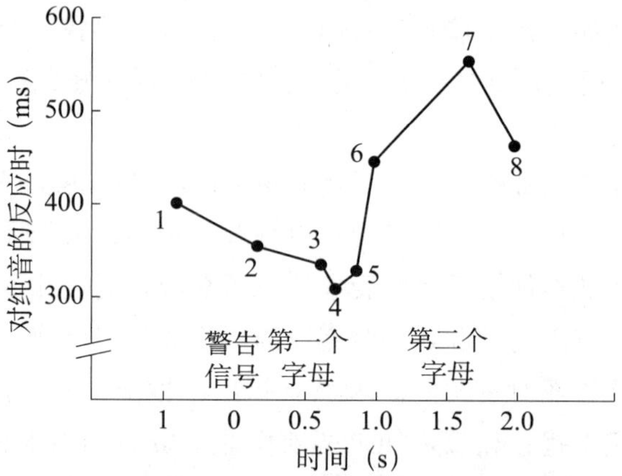

图 2－10　纯音信号出现在不同时间位置上的反应时

点“1”是纯音先于警告信号时纯音觉察任务的平均反应时，这一点是以后顺序中呈现纯音时的比较基础。警告信号可以提高被试的警觉和唤醒，从而增加可利用资源。该实验结果说明，警告信号的唤醒效应并不持久。在第一个字母出现后，被试必须在感觉记忆中登记第一个字母的信息，并在工作记忆中产生一个更持久的表象，表现为点“6”反应时增加。但反应时增加的最高点在“7”“8”两点上。在这两点上，第二个字母开始呈现，被试要对字母进行分类、识别和判断。这些活动占用了被试大部分可利用资源，仅剩下一小部分资源用于加工纯音。因此，当加工需要的资源没有超出可利用的能量时，被试能够加工竞争刺激；而当加工需求超过可利用的能量时，第二项任务（听觉觉察）的成绩就会下降。

有些心理资源具有特殊性，它们只能应用于特定任务。例如，同时完成两个口头报告任务要比完成一个口头报告任务和一个空间任务困难得多。当我们一边阅读文章一边听别人演讲时，这两种任务都依赖于特定的言语任务资源，如果听演讲几乎耗尽了所有言语资源，那么，只有在不听演讲时才能读文章。相比之下，一边看图片一边听演讲就容易多了，因为看图片不需要言语资源，即使言语资源被其他任务耗尽也影响很小。

然而，当任务完全不同时彼此也可能会相互干扰。例如，一边开车一边打电话。交谈涉及听觉输入和言语输出，它们是言语的；而开车包括视觉输入和手脚运动输出，这些是空间的。也许有人会认为，这两种任务所用的资源没有重叠，所以，没有资源竞争。然而，事实证明，开车和打电话之间确实会相互干扰。许多交通事故都与使用电话有关，驾驶员即使不用手去接打电话，也会受到电话干扰。因为当专注于谈话时，他们对刹车的反应就会减慢，于是，发生事故的可能性也随之增加；也可能是司机说话减少了其对道路标志的注意，从而导致事故。上述这种情况可能是一般性心理资源的竞争，这些心理资源应用于几乎所有任务之中，一旦两项任务同时出现，竞争也就不可避免。

人们对一般性认知资源的看法还存在差异。例如，有些人把心理资源比喻成能源供给或银行支出，它可以被运用到所有任务中。Kahneman 认为，心理任务需要付出注意或意志，完成心理任务就像完成客观世界的具体任务一样需要努力。而另一些心理学家把心理资源看成是“心理工具”，而不是心理能量供应的某种形式。因此，有运用于计划的一般认知资源，也有运用于反应的特定认知资源。总之，一般性认知资源是选择和反应都需要的一种心理机制，包括生理反应和心理反应。这种反应选择器对不同活动的先后顺序具有调节作用，它一次只能启动一个反应。因此，在多数情况下，这种机制的资源无法分配。如果两项任务同时需要这个反应选择器，那么，它在处理一项任务时另一项就必须等待。当然，这并不意味着我们一次只能进行一项任务。例如，当我们试图完成 A、B 两项任务时，可以先选择并开始进行任务 A 的一部分，此时，任务 B 无法开始。一旦任务 A 开始执行，就不需要更多的监督，反应选择器便可以转向任务 B，使之启动。任务 B 启动之后，反应选择器又可以回到任务 A，启动它的第二步。反应选择器在两项任务之间快速来回转换，从而“同时”完成两项任务。

从另一个角度来看，工作记忆也是一种有限资源。在第四章中，我们会详细地讨论工作记忆。简而言之，工作记忆包括几个子系统。有些子系统用来存储即将需要而不是当前立即需要的信息，如视空模板、语音回路等。而工作记忆的另一个子系统是中央处理器，它能起到控制器的作用，直接参与许多认知加工过程。这种执行控制涉及一般性认知资源，它有两个作用，即在大脑中维持期望目标的同时，也制止自动或习惯化的反应。因此，工作记忆容量大的人执行控制的程度也要大些，他们无论在简单任务还是复杂任务中都有优势。虽然从工作记忆容量的测量中可以推断工作记忆确实是一个被广泛运用的心理资源，但这并不是说一般性认知资源可以适用于所有任务。因为许多任务可以根据记忆中的惯例来完成，有的则可依靠习惯。这些工作不需要执行控制，所以，如何完成这些工作与工作记忆容量大小无关。但是，其他许多工作都需要执行控制，无论这些工作是简单的还是复杂的、言语的还是空间的。从这个意义上说，这些资源是一般性的。认知神经科学研究表明，大脑的前额皮层对目标维持起着关键作用，而前扣带皮层在觉察两种相互冲突的反应中起作用。大脑皮层的这种分工进一步证明，在执行不同任务时，存在一定的普适性过程和机制，而这就是一般性认知资源。

能量模型可较好地解释同时进行两项作业时所产生的各种复杂情况，并在一定程度上克服了知觉选择模型和反应选择模型的对立，它的做法是以资源分配取代设在信息加工过程某个阶段上的过滤装置或选择机制。能量模型也存在一些问题。首先，能量模型中的资源分配着眼于整体，而没有深入内部过程。尽管它在一定程度上克服了知觉和反应选择模型的对立，但却不能排除知觉选择和反应选择的可能性。因此，注意的选择在总体上受资源分配影响，而它在信息加工过程中的实现方式以及实现阶段却要依赖于众多其他内外因素，如信息加工系统的功能状态、作业类型和当前情境等。其次，该理论无法解释作业性质对注意分配的影响。虽然相似作业容易发生干扰，但是，如果作业的性质不同，那么，即使两项作业都比较复杂，也很少发生干扰。另外，资源的概念也比较模糊。资源是一种心理能量，需要在神经系统中进行一些基本操作。然而，如何对这种能量进行测量仍然是一个悬而未决的问题。

扩展阅读

知觉负载理论

注意的早期选择理论和后期选择理论在提出后分别得到了不同实证研究的支持。Lavie和Tsal（1994）提出的知觉负载理论整合了这两种选择过程。知觉负载理论认为，知觉加工是一种资源有限的加工过程。在不超出注意资源加工能力的状况下，知觉加工可以自动地、无选择地、并行地进行，而在超出加工能力时则无法加工无关刺激。当前任务知觉负载水平的高低决定了选择性注意过程中的选择时间。如果当前任务的知觉负载低，对目标刺激的加工没有耗尽当前的注意资源，那么，多余的资源就会自动溢出，加工无关干扰刺激。观察者无法抑制剩余资源溢出，主动的抑制只能作用于知觉后过程，引发晚期选择。而如果当前任务的知觉负载水平较高，注意资源就会被当前任务耗尽而无法加工干扰刺激，即干扰刺激在知觉加工的早期阶段被排除，引发早期选择。

知觉负载理论看似解决了注意选择的早期和后期争论，但对任务知觉负载的定义有循环论证嫌疑。知觉负载与任务难度的关系不明确，也并不能解释所有注意选择现象。例如，Johnson等（2002）在不同知觉负载水平任务之前分别设置了空间线索提示条件和无线索提示条件。在有线索条件下，搜索集呈现之前，屏幕中央会先呈现一个箭头作为线索，箭头方向100%有效地提示目标即将呈现的空间位置；无线索条件则不会呈现箭头。Johnson 等发现，线索有效性和知觉负载水平共同决定了个体对干扰信息的加工。在有线索条件下，低负载下的干扰效应较小，而有无线索并不影响高知觉负载下的干扰信息加工。有无有效线索还会影响注意的选择，并且与知觉负载对注意的加工产生交互作用。

第四节 注意的特征整合理论

以往的注意理论模型强调知觉或反应选择（过滤器模型、衰减模型、反应选择模型）、资源分配（能量模型）等。这些模型在一定程度上能够解释一些现象，但显得比较宏观，没能深入说明注意更加具体的过程。因此，Anne M. Treisman 在先前有关研究基础上提出了特征整合理论（feature integration theory）（Treisman，1977；Treisman & Gelade，1980）。

与以往的注意理论不同，特征整合理论着眼于注意的整合功能，将注意与知觉的内部过程紧密结合起来。Treisman 认为，知觉是特定客体、状态和事件的暂时表征，通常包含与语义记忆中存储的信息相匹配的感觉输入，它等同于语义记忆节点的暂时激活。知觉带有情景结构的性质，是将一些独立编码特征加以整合而形成的。知觉区分特征（feature）和客体（object）。特征是一种维度量值，如红色是颜色维度的一个值，三角形是图形维度的一个值；客体则是多个维度值的整合，如红色三角形。对特征和客体的加工分别处在知觉过程的不同阶段。特征整合理论从知觉出发，将客体知觉过程分成早期的前注意和晚期的特征整合两个阶段。

在早期的前注意阶段，个体以自动的平行方式对刺激的一些基本特征（如颜色、线段朝向、明暗、大小等）以及某些复杂的特征（如封闭性等）进行加工，加工过程是迅速的（immediately，不需要过多的心理努力）、同时的（simultaneously，对所有特征同时进行）、前注意的（pre-attentively，不需要集中注意），这是一种自下而上加工。在此阶段，被知觉的特征处于自由飘移（free floating）状态，即特征不受其所属客体约束，如红色苹果中的红色和形状不受特定苹果的约束，其位置在主观上是不确定的。知觉系统对各个维度特征进行独立编码，如颜色、形状和线段朝向等分别被编码，并且一个维度内的各个特征也是如此，如红色、黄色等都是被分别编码。加工由各特征模块实现，各特征编码构成相应的特征地图（feature map），如颜色地图、朝向地图以及位置地图等。

在特征整合阶段，位置地图（map of locations）起着重要的中介作用。知觉系统中的位置地图标明全部特征的边界位置，它只说明哪里有东西，并未说明什么特征在什么位置。因此，位置地图只用来说明哪些位置是空的、哪些位置是实的。集中注意有助于在位置地图上做出选择，提供“胶水”（glue），把先前独立编码的一些特征结合为客体。如果注意分散或过载，特征将不能被结合在正确位置上，使得一个客体的特征与另一个客体的特征结合在一起，从而导致错觉性结合（illusory conjunction）。特征整合是系列加工，集中注意一次只扫描位置地图中的一个位置，被扫描位置上的特征被整合而形成暂时客体表征（temporary object representation）。它包含客体作用的时间、地点以及特征、联系和名称等。这个暂时客体表征具有情景结构的性质。它与识别网络（recognition network）互相联系，由此实现客体知觉或识别。客体知觉既包含自下而上加工，又包含自上而下加工。上述理论模型见图2-11。

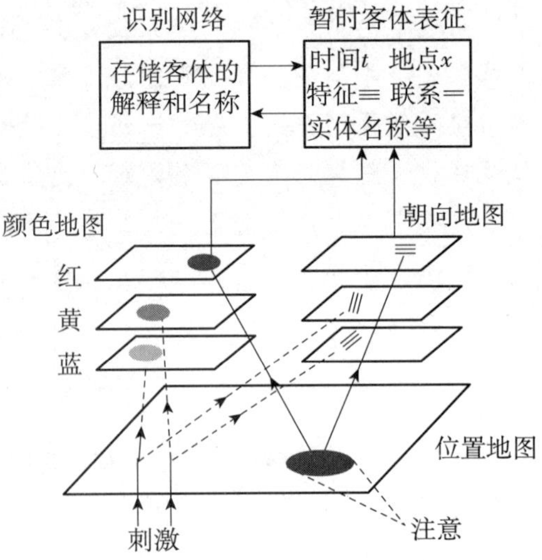

图2-11 特征整合模型示意图

后来，Treisman又对其理论进行了修正，认为对位置地图上某个位置的选择也可通过另一条途径实现控制，即特征地图对位置地图上的一些其他位置产生抑制，减弱其活动（Treisman & Gormican，1988）。例如，如果被试需要在整个视觉搜索画面中寻找一个红色的圆形（目标项），那么，画面中非红色图形所在位置可能受到抑制。特征抑制是一种用来易化选择性注意的策略，而不是两个相邻的相同特征之间自动发生的互相压制。特征抑制范围可以变化，而且可以逆转；当注意的目标改变时，就可以解除先前的特征抑制。尽管加入了抑制机制，但特征整合理论仍然存在一些问题，例如：如何划分前注意阶段和集中注意阶段？如何对特征进行定义？特征整合是否一定是自动发生的？

扩展阅读

特征整合理论中的特征确认

Humphreys（2016）曾对特征整合理论提出以来的有关研究进行了总结，并在此基础上对特征整合理论提出了一些修正建议。特征整合理论认为，特征整合过程是单一的，特征整合需要注意参与，特征整合之后才可以与已存储的相关知识产生联系。但是，通过对有关研究的分析，Humphreys认为，注意是在特征确认而不是特征整合中起着重要作用。特征整合形式多样，而不是单一形式。有些特征整合形式涉及前注意加工。单个客体和客体之间的知识经验可以调节知觉整合。在特定特征中，这种特征对客体的抑制能够扩展并应用于其他情景之中。例如，对干扰刺激特征的抑制不仅仅表现在空间位置上，也可以在颜色上；甚至在随后的情景中这种抑制依然持续存在。

Humphreys 认为，特征确认是一种对丰富的不确定输入刺激进行的自上而下匹配，以建立确定的知觉表征。该观点认为，在视觉加工早期的编码特征中通常包含很多噪声且存在时间相对短暂，如果得到自上而下（大脑后顶叶）激活的支持则会保持更长久。后顶叶分别涉及自下而上的基于位置特征的加工以及自上而下的对客体位置特征的预期。对刺激的存储表征越强，对注意的需求越少。在这种理论解释中，注意可能支持视觉整合，但并不是必要条件。

相对于特征整合理论，Humphreys 认为，注意并不是特征整合发生的必要条件。许多整合是前注意的，前注意特征整合仅涉及特征的学习和联合编码。与其说注意在整合中起重要作用，不如说来自后顶叶自上而下的注意相关加工调节了早期视觉皮层自下而上整合的形成。如果没有后顶叶自上而下的支持，那么，早期视觉加工将变得不稳定，并且容易受到噪声和误差的影响。

第五节 注意的加工方式

Schneider 和 Shiffrin（1977）提出了两种加工过程的理论，将注意加工区分为控制加工（controlled processing）和自动加工（automatic processing）。控制加工是一种需要应用注意的加工，其容量有限，可灵活应用于变化着的环境。这种加工受人有意识地控制，故称作控制加工或注意性加工。控制加工以系列方式进行，一次只能处理一个项目。自动加工是不受人所控制的加工，无须应用注意，没有固定容量的限制，而且一旦形成就很难予以改变。自动加工主要用于容易的、涉及高度熟悉的任务；自动加工是平行的，因此，通过自动加工，人可以同时处理两个或更多个项目。在选择性注意任务中，当任务容易时，人倾向于使用自动加工；当任务包含不熟悉内容或比较困难时，人将使用控制加工。

Hasher 和 Zacks（1979）把自动加工分成两种。一种由遗传获得，如婴儿出生时就能完成的一些基本活动。另一种由学习获得，如骑自行车、书写、阅读，都是通过学习而自动化了的技能。人们从日常生活经验中知道，在技能形成初期，完成动作需要较多注意；一旦技能自动化，它对注意的要求就会下降。Kahneman（1973）总结了自动加工的特性。他认为：（1）自动加工是一种不随意的加工，它的激发不需要意向的支持，一旦发动，就不能随意地停止；（2）自动加工不提取一般性资源，它不受注意活动干扰，也不受其他活动干扰；（3）几种自动加工间互不干扰，它们可以平行操作，而且不受容量的限制；（4）自动加工是无意识的。Kahneman 还将知觉的自动化区分为：（1）强自动化，如知觉过程的一种动作，这种动作既不受注意集中的加强，也不受注意转移的削弱；（2）部分自动化，当注意从刺激物上转移时，知觉动作也能正常完成，但它会由于注意而得到加强，动作的速度也会加快；（3）非经常性自动化，知觉过程一般需要注意，但有时在没有注意的情况下也能够完成。

一、有意识注意与自动加工

Posner和Snyder（1975a）认为，有意识注意与自动加工是分离的。自动加工是由当前出现的刺激物自动激活的一系列内部代码以及这些代码之间的联系构成的。自动加工是不自觉的，它的发生没有目的和意图，不受到当前任何其他心理活动的干扰。自动加工的容量较大，它产生于过去的学习。而有意识注意以其有限容量为特征。自动加工具有相对不变的性质；而有意识注意则以较灵活的方式，在信息加工若干不同阶段均起到作用。Posner和Snyder（1975b）采用字母匹配方法考察了促进效应与抑制效应的时间进程。在他们的实验中，字母的匹配概率为80%，启动刺激与字母对的间隔时间为100毫秒、200毫秒、300毫秒、400毫秒或500毫秒。实验结果表明，当间隔时间小于300毫秒时，启动刺激的促进作用大于抑制作用；而间隔时间在300毫秒以上时，抑制作用大于促进作用。因此，Posner和Snyder认为，有意识注意与自动加工可能在不同加工阶段上起作用。

二、控制加工与自动加工

如前所述，Schneider和Shiffrin（1977）将信息加工区分为控制加工与自动加工。这种观点与Posner和Snyder（1975a，1975b）的观点类似，但实验方法有所不同。Schneider和Shiffrin采用视觉搜索和定向选择的方法，试图把选择性注意、短时记忆和视觉搜索的研究综合在一起。他们让被试记忆1～4个项目，并对这些项目进行再认。记忆项目与再认项目的关系有两种。（1）不同范畴条件。在这种条件下，识记项目为字母，再认项目中可能包含一个识记过的字母，其余则为数字，或者全部再认项目均为数字，不包含任何字母（字母与数字的安排也可倒过来），被试只需从数字（字母）中发现是否有字母（数字），并做出肯定或否定反应。因此，识记项目和无关的再认项目分属两个不同范畴，即不同范畴条件。（2）相同范畴条件。识记项目为字母（数字），再认项目也全都为字母（数字），其中可能包含或不包含一个已经识记过的项目。全部识记项目和再认项目同属一个范畴，即相同范畴条件。在这种条件下，某一试次的识记项目可以是另一试次的再认项目，反之亦然。被试的任务是判断再认项目中是否有项目是以前识记过的，并做出相应反应。实验以匹配反应时为指标。结果发现，在相同范畴条件下，当识记项目和再认项目均为1个时，要达到80%的正确反应率，再认项目的呈现时间需达120毫秒；而当识记项目和再认项目均为4个时，要达到70%的正确反应率，再认项目的呈现时间需达800毫秒。而在不同范畴条件下，无论识记项目和再认项目的数量有多少，再认项目的呈现时间只需 80 毫秒就可达到 80%以上的正确反应率。总之，不同范畴条件下的再认或搜索优于相同范畴条件，而且识记项目和再认项目的数量对不同范畴条件下的反应没有显著影响，但在相同范畴条件下，随着识记项目和再认项目的增多，判定所需的时间也会增多。

Schneider 和 Shiffrin 分析认为，在相同范畴条件下，被试应用的是控制加工，这种加工将每一个识记项目与同一范畴的每一个再认项目依次进行比较，直到匹配为止。这种加工的容量有限，需要注意，它的限度也就是短时记忆的限度。控制加工是一种系列搜索过程，即把识记系列中的每个项目与再认系列中的每个项目按顺序进行比较，因此，项目的数量对判断成绩有显著影响。而在不同范畴条件下，被试在从数字（字母）中搜索出字母（数字）的过程中，采用平行方式进行自动加工。自动加工没有容量限制，不要求注意，是一种平行加工，因此，项目数量对判断成绩没有影响。

三、练习与自动加工

日常生活经验和实验研究都表明，人们在同时完成两种新的作业任务时会感到十分困难，作业成绩降低；但随着不断练习，难度就会逐渐降低，作业成绩也有所提高，作业的完成情况甚至可以达到非常完美的程度。因此，对于同时进行的两种任务的成绩来说，练习起着重要作用。从中枢能量理论来看，练习之所以起到促进作用，是因为它改善了能量分配方案，使能量分配更加适合当前任务需要；另外，练习也改善了完成任务的操作过程，减少了对能量的需求，甚至使某些加工过程自动化，不需要任何资源或注意就可以进行。

为什么练习会减少对资源的需求？答案就在对资源的定义之中。执行控制能力表现为工作记忆容量。在完成一个新任务的开始阶段，必须通过执行控制形成新方法或习惯；随着练习，人们获得了一系列习惯、联系和程序，并且越来越多地依赖它们，而对执行控制的需求则越来越少。反应选择器也一样。在开始练习时，我们必须决定第一步先执行什么，然后开始执行这一步骤；接着选择第二步并开始执行，依此类推。因此，在选择和开始执行每一个步骤时都需要运用反应选择器。然而，练习之后就不同了。因为完成任务的诸多步骤在我们头脑中已经非常清晰，我们可以按照头脑中的已知顺序完成任务。此时只需要运用一次选择器就能够启动加工过程，而不需要很多次的选择与启动。因此，练习使任务对心理资源的需求减少。这些资源与计划做什么、从哪一步开始等心理活动的控制紧密联系在一起；联系一旦形成，这种控制就会减弱，资源需求也就会减少。

演员反复练习能够增强表演效果，运动员艰苦训练可以取得更好成绩，同样的现象也出现在心理活动中，如问题解决、阅读或计算等，充分练习后的成绩会更好。为什么练习能提高成绩呢？首先，练习帮助我们选择了最优的方法。完成任务通常不只有一种方法，通过练习可以尝试所有方法并选取其中的一种。其次，任务包含必须要记住的程序或信息，这种记忆可以通过反复练习而形成；同样有助于提高成绩。另外，资源的可利用性也会影响练习效果。许多任务都包含各种各样的元素，只有将所有元素集中起来才能成功完成任务。例如，在开车时，司机需要掌握方向盘、注意开车速度以及与前面车辆的距离等。如果忽略其中任何一个环节，就可能产生灾难性的后果。因此，随着不断练习，任务的每一部分都变得简单，就可以腾出资源去完成同一任务的其他部分，这就使得我们可以同时处理许多事情，这也是熟练技术所必需的。

Shiffrin 和 Schneider（1977）曾通过视觉搜索实验探索自动加工与练习之间的关系。实验要求被试在一系列字母中搜寻目标字母，而目标字母数从 1 到 6 个随机变化，因变量为反应时间。结果发现，未经练习的被试的反应时随目标字母数的增加而增加，而经反复练习的被试搜寻 6 个目标字母与搜寻 1 个目标字母的反应时几乎相同。Shiffrin 和 Schneider 认为，经过反复练习，搜索目标已经变成了自动化行为。他们还认为，这种自动加工的形成是在长期的实践中分辨字母和数字的结果。他们在另一项实验中将英文字母表的 B 到 L 之间的辅音字母作为识记项目，将 Q 到 Z 之间的辅音字母作为再认项目，被试要经过 2 100 次练习才能达到上述自动加工的水平。这一方面说明，练习对自动加工具有重要作用；另一方面也表明，已经形成的自动加工是很难改变的。

总之，练习可以使任务变得简单，从而让我们做得更好；这在很大程度上是因为练习可以减少对注意资源的需求，而对注意资源的需求之所以减少是因为练习使得对任务的控制加工减少了。充分练习之后，如果一项任务不再需要控制性机制，那么，完成这项任务就是自动的。控制任务一般是新任务或要求动态调整方法的任务，这些任务需要许多资源，所以，很难与其他任务同时进行。但是，在人的控制之下，对任务的加工可根据人的意愿开始、中止并重新开始。自动化任务则相反，人们对这些任务的加工非常熟练，不需要很大的灵活性，可以根据以前获得的经验来完成。这些经验可以从练习中获得，从熟练“师傅”的建议中获得。无论如何，一旦获得经验，自动化任务就无须监督或控制，所需资源减少。因此，自动化任务无须与其他任务进行资源竞争，很容易与其他任务同时进行。然而，正因为自动化任务难以控制，所以，它在某些情况下被视为心理反射。

四、两种加工理论的应用

如果应用自动加工，或者在两项同时进行的作业中，至少有一项作业包含自动加工，那么，两项作业就能顺利地同时进行，注意可以成功地在两项作业中间进行分配，因为自动加工无须应用注意。但是，两项控制加工作业则难以顺利同时进行，因为两者都需要使用资源或注意。当需要将注意集中于输入的某些信息时，控制加工还需排除另一些信息输入，这时自动加工过程对不需要信息做出的反应会给作业带来干扰，降低作业水平，所以，控制加工的作业水平还会受到自动加工影响。例如，在 Stroop 任务中，被试需要判断色词的字体颜色，因此对色词意义的自动加工就可能产生对字体颜色进行控制加工的促进（当色词意义与字体颜色一致时）或干扰（当色词意义与字体颜色不一致时）效应。资源限制过程无疑是控制加工过程，或者主要包含控制加工，而材料限制过程可能较多地涉及自动加工，因为它即使得到更多的资源，也无法改善其作业水平。

扩展阅读

背景特征在自动加工与控制加工中的作用

经典的认知控制加工和自动加工理论认为，一个加工过程要么是自动的，要么是控制的。控制加工只属于意识认知领域，而自动加工属于无意识领域。但在日常生活中，这两种加工方式很难区分，我们常常会根据环境变化对自动加工进行相应调整。已有行为研究表明，自动加工并不是一种“全或无”的加工方式，而是一个连续的过程。当外在环境发生变化时，个体需要对自动加工过程进行调整，这时自动加工就会转换为控制加工，而通过反复练习后个体的加工模式又可能变为自动加工。因此，自动加工是灵活的，它依赖环境的变化。

最近，Fabio 等（2019）通过操纵有无背景线索提示探讨了自动加工的灵活性。在他的研究中，被试的任务是在搜索集中找到特定时间的目标时钟。在每种条件的区组中，前三个试次完成后（通过练习以让被试形成自动加工），任务目标将发生改变（如由搜索四点钟的时钟变为五点钟）。在背景线索提示条件下的区组中（见图 2－12），目标改变的同时，时钟的形状也会发生变化（如由圆形变为正方形）；而在没有背景线索提示的条件下（见图 2－13），时钟的形状保持不变。

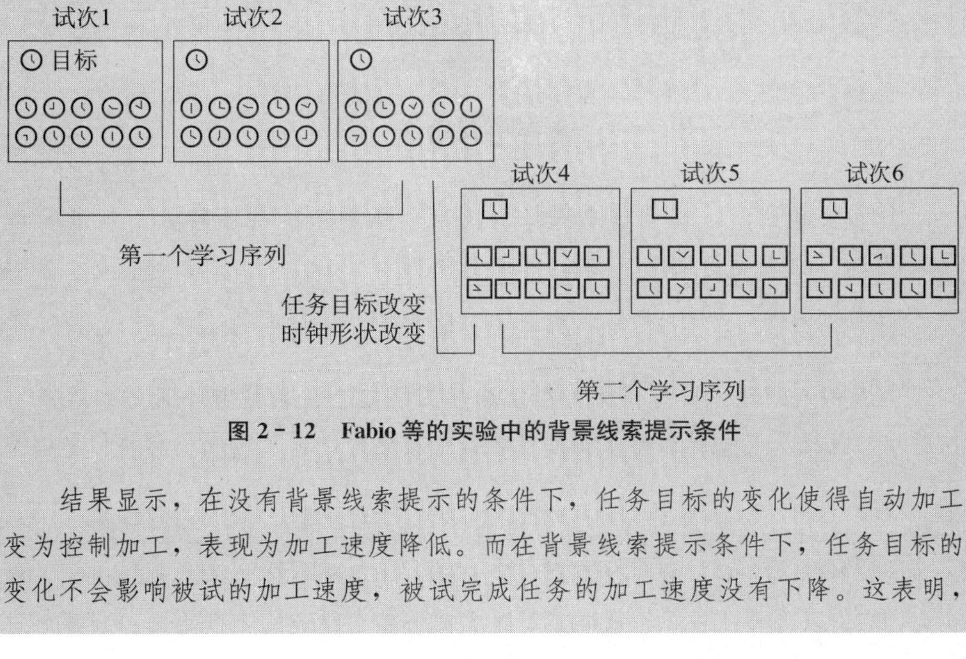

图 2－12 Fabio 等的实验中的背景线索提示条件

结果显示，在没有背景线索提示的条件下，任务目标的变化使得自动加工变为控制加工，表现为加工速度降低。而在背景线索提示条件下，任务目标的变化不会影响被试的加工速度，被试完成任务的加工速度没有下降。这表明，

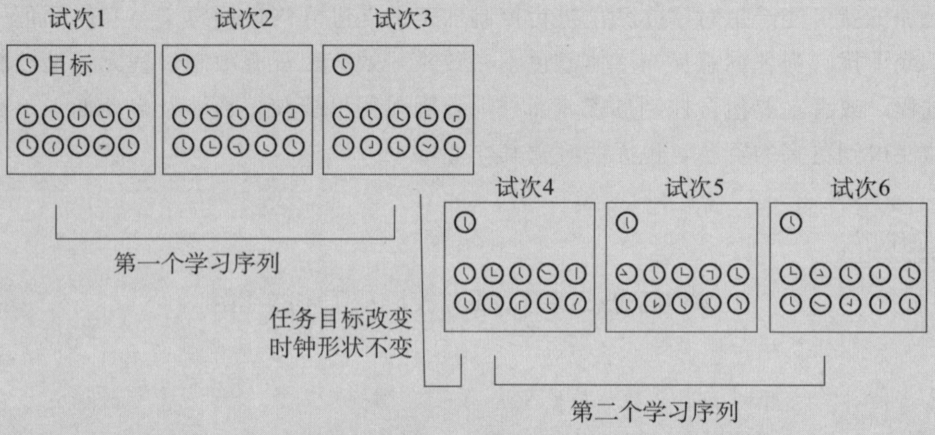

图2-13　Fabio等的实验中的无背景线索提示条件

被试可以在控制加工和自动加工两种过程中进行切换，而背景特征线索在其中起着重要的作用。背景特征的变化有利于控制加工和自动加工之间的转换，使得对任务的学习更加灵活。由此可见，将注意的加工进行简单的二元分类也许不是最合适的，控制加工和自动加工两种方式之间可以灵活转换，背景特征线索在其中起着重要作用。

基本概念

鸡尾酒会效应	双耳分听	瓶颈理论模型	过滤器模型
衰减模型	后期选择理论	注意的能量模型	特征整合理论
位置地图	控制加工	自动加工	

本章要点

1. 众多实验说明，影响信息选择的因素包括刺激的物理特性、刺激物之间的意义联系、刺激与个体的关系，以及个体的知识经验等。这些研究从理论上说明了人类信息加工的某些重要特点，在此基础上心理学家提出了不同的理论模型。

2. 注意的瓶颈理论模型认为，在信息加工的某个阶段或某个地方存在着一种叫作瓶颈的装置。它可以对输入的信息进行有效选择，从而完成注意对信息的筛选与过滤。

3. 注意的能量模型将注意看成有限的认知资源，而资源的数量不是完全固定的，在一定时间内可利用的资源量在一定程度上取决于个体的唤醒水平。能量模型还认为，在双任务作业中，干扰并不局限在某个感觉通道的范围之内。当同时进行的活动不超过有效资源的总量时，人们能够同时完成这些活动。相反，当两种作业对加工系统的要求超过了总容量时，作业的成绩就会下降。

4. 特征整合理论着眼于注意的整合功能，将注意与知觉的内部过程紧密地结合起来，将客体知觉过程分成早期的前注意和特征整合两个阶段。在早期的前注意阶段，以自动的平行方式对一些基本特征（如颜色、线段朝向、明暗、大小等）以及某些复杂的特征（如封闭性等）进行加工，加工过程迅速而无须注意，这是一种自下而上加工。在特征整合阶段，位置地图起着重要的中介作用。知觉系统中的位置地图标明全部特征的边界位置，它只说明哪里有东西，并未说明什么特征在什么位置。集中注意有助于在位置地图上做出选择，提供“胶水”，把先前独立编码的一些特征结合为客体。

5. Schneider 和 Shiffrin 将注意加工区分为控制加工和自动加工。控制加工是一种需要应用注意的加工，其容量有限，可灵活地用于变化着的环境。这种加工是受人有意识地控制的系列加工，一次只能处理一个项目。自动加工是不受人所控制的加工，无须应用注意，没有一定的容量限制，而且一旦形成就很难予以改变。自动加工主要用于容易的、涉及高度熟悉项目的任务；自动加工是平行的，因此，通过自动加工，人可以同时处理两个或更多个项目。

复习思考题

1. 人在选择信息时受到哪些因素影响？
2. 瓶颈理论模型如何解释人的注意？
3. 能量模型在解释人的注意过程中有哪些优势？
4. 特征整合理论的主要思想是什么？它的发展趋势如何？
5. 控制加工和自动加工如何影响其他认知活动？

第三章

知觉与模式识别

开卷有益

1. 你觉得人如何形成关于事物的整体印象？读过《傲慢与偏见》吗？你觉得男女主人公对对方的印象如何受到了歪曲？学习过本章后，从知觉的特点和知觉的理论出发来尝试解释这些现象。

2. 你觉得同一件事物在不同人的头脑中的表征是一致的还是不同的？如果是不同的，那么，进一步思考这个有点哲学意味的问题：人脑能够客观地反映外界事物吗？

3. “Sceitsints in Enlgnad has porevd taht poelpe can raed snenetces lkie tihs...”这句话有什么问题？

学习目标

1. 理解知觉加工的基本过程，理解知觉的格式塔理论、知觉的假设检验理论、直接知觉理论之间的联系和区别。

2. 理解表征的概念，从自上而下加工和自下而上加工、整体加工和局部加工、结构优先效应等来理解知觉加工的特点。

3. 了解模式和模式识别的概念，理解模式识别的相关理论及其应用。

学习重点

1. 知觉加工的基本特点，知觉理论的演变过程，以及知觉理论间的联系和区别。

2. 整体加工和局部加工的研究逻辑、研究范式、主要发现、理论推论，以及这种分类的局限性。

3. 知觉和模式识别的关系；几种结构优先效应的研究发现和实践应用。

知觉是信息输入过程，是认知活动的开端。它来自感觉，但又不同于感觉；知觉是各种感觉的有机结合，它能够帮助我们认识事物的整体属性。当看见一个物体或听到一个声音并能识别它是什么时，我们就完成了对这个物体或声音的知觉。大脑对外界事物可以通过简单的模板匹配或原型匹配，也可以通过详细分析事物的具体特征实现识别。大脑可以灵活地使用不同方式完成识别。它可以采用整体或局部的方式，也会使用自上而下或自下而上加工。不论使用哪一类方式，总会有一些方式优于另一些。

第一节 概述

一、知觉概念

在 17 世纪以前，人们对知觉与感觉这两个概念并没有进行区分。到了 17 世纪，英国哲学家 John Locke 提出感觉与知觉是不同的，他认为感觉是单纯观念，而知觉是复杂观念。之后，感觉与知觉之间的划分越来越被心理学家所接受，他们从不同角度对感觉与知觉进行了深入研究。心理学家将感觉和知觉看作两种不同的心理过程。感觉是人对客观事物基本属性的反映，例如，看到一个物体的红颜色是感觉，而看到一个红色的苹果则是知觉。知觉是人对客观事物和身体状态整体形象的反映，是人对物体的许多感觉（颜色、形状、气味等）的综合，它在很大程度上也依赖于主体的态度、知识和经验。知觉把我们对外界的感觉信息组织起来并进行解释。在认知科学中知觉被看作一组程序，包括获取感官信息、理解信息、筛选信息和组织信息。

二、知觉理论

早期的知觉理论有 Hermann von Helmholtz 的无意识推理说和格式塔学派的完形说。自 20 世纪 50 年代起，以 Jerome Bruner 为代表的心理学家提出了知觉的假设检验理论，强调知识经验在知觉中的作用。20 世纪 70 年代，James J. Gibson 又提出了颇有影响的知觉的直接理论或生态学理论，强调环境对知觉的作用。

（一）格式塔知觉理论

格式塔知觉理论在近代知觉理论中占有重要地位。以 Wolfgang Köhler 为代表的格式塔心理学派提出了知觉的组织性原则。人的感觉通道存在局限性，它们在丰富多彩、瞬息万变的世界中不可能输入所有作用于感官的信息，因此人们只能对刺激的基本特征进行反应，并把外界许多孤立的刺激组织成一个有意义的整体。格式塔学派提出了知觉经验和神经系统同形论的假设。该理论认为，刺激的知觉形象和它们在中枢神经系统的表现之间存在着对应关系，即知觉形象符合于神经系统的特征。例如，知觉组织性原则认为，之所以某些刺激物能被知觉为完整的图形，而其他刺激物被知觉为背景，是因为大脑皮层的神经细胞具有电磁场的特征。磁场中力的分布使某些兴奋区相互吸引，其他区相互排斥，从而形成一定的结构或“完形”（格式塔）。这种“完形”就是人脑中知觉经验的图形-背景结构。

（二）知觉的假设检验理论

假设检验理论认为，已有知识经验对知觉的影响是多方面的，它主要以假设、期望或图式的形式在知觉中起作用。人在知觉时，接收感觉输入，在已有经验的基础上，形成关于当前刺激的假设，或者激活一定的知识单元而形成对某种客体的期望。知觉就是在这些假设、期望和经验等引导和规划下完成的。知觉是一种包含假设检验的过程。人通过接收信息、形成和检验假设，再接收或搜寻信息，再检验假设，直至验证某个假设，从而对感觉刺激做出正确解释。按照假设检验理论的观点，感觉刺激的物理特征、上下文和有关概念都可激活长时记忆中的有关知识，从而形成各种假设。知觉就是以假设为纽带使现实刺激信息和记忆信息相结合的再造过程。在通常情况下，人们在知觉时意识不到假设的参与，但在某些特殊条件下，如在光线较暗的环境下试图看清楚东西时便可以体验到这种假设检验过程。

假设检验理论是一种建立在过去经验基础上的知觉理论。它赋予了知觉过程主动性和智慧性色彩，它是认知心理学中有一定影响的知觉理论，并得到了许多研究支持。例如，外部刺激与知觉经验并没有一对一的关系，同一刺激可引起不同知觉（双关图），不同刺激却又可以引起相同的知觉（恒常性）。因此，感觉刺激的维度是模糊的，具有双关性质。感觉输入也是模糊的和片断的，不能提供对外部刺激真实而完整的描述。近端刺激（如视网膜像）只提供关于外部刺激的线索，人们需要在过去经验基础上，应用这些线索做出推断，并对近端刺激进行评价或解释，从而实现对外部刺激的知觉。知觉包括定向、抽取特征以及与记忆中的知识相对照等过程，这些过程反复循环，直到确定刺激的意义。

（三）知觉的直接理论（生态学理论）

Gibson（1972，1979）认为，“完形”应该是刺激的“完形”。他否认知识经验的作用，认为自然界中的刺激是完整的，可以提供丰富的信息，人完全可以利用这些信息，对作用于感官的刺激产生与之相对应的直接知觉经验。例如，物体本身具有一种供人操作或活动的可能性或潜能，我们可以扔一个小瓶子，是因为瓶子具有抓握的可能性；如果我们不能抓握它（如空气），也就无法扔了。其他事物与此类似，如食物具有吃的可能性，椅子具有坐的可能性，等等。视觉刺激也是如此，人们对事物的知觉依赖于它自身所具有的特性，而意义就包含在物体提供给我们的各种特性中。因此，Gibson 提出了知觉的直接理论或生态学理论。该理论认为，一个景物的光线分布形成的线索可以直接为深度和距离知觉提供信息。自然环境中不同大小和位置的物体受到来自各种方向光线照射，同时，这些物体又反射出不同光线；因此，人在任何一个位置观察周围空间时，空间都有其特定的光线分布，在周围空间每一点上的光线分布都含有一定的差别。例如，日常生活中，当一个人站在一条用砖铺的路上向远方眺望时，近处的砖会显得大而清晰，远处的砖则显得小而模糊。这种近处稀疏、远处密集的光线结构显示出表面介质的密度级差。而且，随着视线转向远方，砖呈现的视网膜像变小，视网膜单位面积所包含的砖的数目增加，也显示出同样的密度变化。光线分布的结构或表面纹理的密度与物体的视网膜像都按照视角规律变化，环境中光的这种差别就是视觉的重要刺激，它包含着空间信息。因此，人可以直接知觉到距离。

如果在两维平面上画出这种表面结构的密度级差，使上端的结构单元较小而密度较大，下端结构单元较大而密度较小，则可将画面知觉为向远方延伸，使之有明显的距离感或深度感（见图 3－1）。但是，如果画面没有这种结构密度差异，那么，画面看起来仍然是垂直于视线的平面图形。Gibson 认为，在实验室条件下，感觉刺激所具有的许多信息可能被排除。但人在日常生活中，通常有足够时间去观察，而且人可以走动，可以改变观察的角度。在空间中的任一点上，都有其特定光线分布，观察点的改变必然导致光线分布的变化。随着观察点的改变，光流的有些特征发生变化，而另一些特征则保持不变。但光线分布总是含有一定结构，知觉系统可以从流动的系列中抽取出具有一些共同特征的结构。

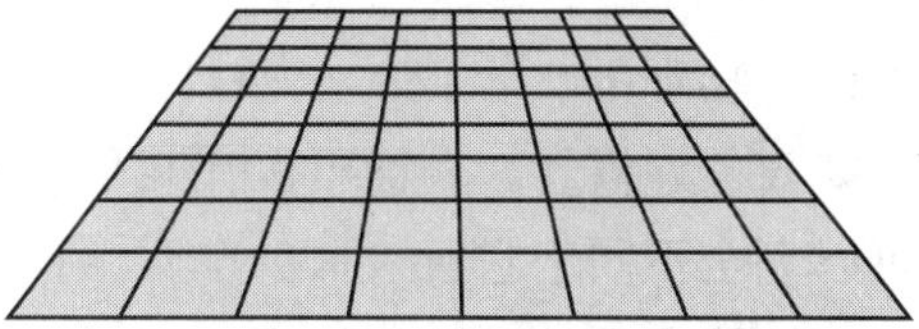

图 3－1　结构级差图

在一定程度上，知觉具有直接特性是毫无疑问的。因为如果在没有客观刺激的情况下，人们自动地产生了知觉，那一定是幻觉。很多研究证实了这一点，其中最广为人知的便是视崖（visual cliff）实验（Gibson & Walk，1960）。视崖实验的结果被解释为深度知觉的生态学意义，并从侧面验证了深度知觉的确具有先天性。此外，动物视崖实验结果也进一步支持了直接知觉理论。研究表明，一旦动物的生存需要深度知觉，它们的深度知觉能力便得以展现。24 小时大的鸡雏便具有深度知觉。对于山羊来说，情况也差不多，当将 24 小时大的山羊放在“视崖”上时，小山羊会感到害怕，并做出防御姿态；但是，如果将其放到“浅滩”上，它就会表现得很放松。然而，由于直接知觉理论过分地强调知觉的刺激驱动性，忽略了知觉也会受到已有经验的影响，反对把知觉分解为较细小单元，这一理论也受到了一些批评。尽管如此，它在知觉理论中的影响仍然不容忽视。Gibson 的理论有助于解释知觉的许多现象，如深度知觉、大小知觉、知觉恒常性以及错觉等。

三、知觉加工

（一）表征

表征（representation）是认知心理学的核心概念之一，它在人的知觉、记忆、思维和问题解决中都有十分重要的作用。表征是指信息或知识在心理活动中的表现和记载的方式，是信息在头脑中的呈现方式。表征是外部事物在心理活动中的内部再现，因此，它一方面反映和代表客观事物，另一方面又是心理活动进一步加工的对象。根据信息来源不同，人脑对它的加工也不同。信息的编码和存储有视觉、言语、听觉及抽象概念或命题等形式。因此，表征也有不同方式，它可以是具体形象的，也可以是抽象概括的。对同一事物的表征方式不同，那么，对它的加工也存在差异。表征内容和形式之间的关系很重要，表征内容就是表征所传递的信息；而形式就是代码（code），是所传递信息的载体和形式。不同表征形式具有不同加工效果。因此，选择适当的表征形式对顺利完成加工任务尤其重要。

根据信息加工观点，当有机体对外界信息进行加工（输入、编码、转换、存储和提取等）时，这些信息以表征的形式在头脑中出现。表征代表着相应的信息，一种表征至少包含有两个领域，其中一个领域中的事件、对象或特性代表了另一个领域中的一些特性。被表征概念所代表的领域特性和这些表征特性之间是一种标定关系，而不是一一对应关系。例如，一个词代表着某个特定概念或思想，一张照片代表着被拍摄的景物，一张地图代表着一个国家或城市，它们都是不同事物的表征。因此，表征是一种形式化系统，它代表着某种东西，并传递着这种东西的信息。表征可以是物理的、客观的东西，如地图和照片；表征也可以是心理的、主观的东西，如表象和概念。表征可以在某种程度上或以某种方式类同于所表征的东西，但也可以完全不同于它所表征的东西。

而结构主义的观点则把表征等同于心理结构或认知结构。该观点认为，在认知心理学中，表征就是知识及其组织方式。知识以心理结构或认知结构的形式在头脑中存储，这种心理结构是一个整体组织，并作为一个整体进行活动。人们根据一部分结构的信息就可以了解它的另一部分结构。一种结构完好的知识组织能控制信息加工的速度和准确性，帮助人们预测事情发生的顺序，有效地理解和记忆新输入的信息。因此，表征与图式（schemata）是一致的。

对事物的表征不仅存在于知觉过程中，同样存在于记忆、思维等更高层次的心理活动中。不同认知阶段有不同的表征，如知觉阶段对物理特征的表征、工作记忆阶段对言语表象和视觉表象的表征，以及长时记忆阶段的命题表征或语义表征等。总之，表征在全部信息加工过程中形成，同时又对随后的信息加工起着调节与控制作用。表征依赖知觉，同时又对知觉产生重要影响。知觉的认知理论不同于传统的知觉理论，这与它重视表征在知觉中的作用是分不开的。

（二）自下而上加工和自上而下加工

认知心理学强调过去的知识经验和现实刺激在知觉中的作用，于是便涉及自下而上（bottom-up）加工和自上而下（top-down）加工。自下而上加工和自上而下加工两个术语来自计算机科学领域。

1. 自下而上加工

自下而上加工是指由外部刺激开始的加工，即先对较小的知觉单元进行分析，然后再转向较大的知觉单元，经过一系列连续阶段的加工而形成对感觉刺激的理解与解释。在视觉加工过程中，自下而上加工就是对视觉系统输入的信息特征进行编码，从而使信息从细小的知觉片段中产生出由它们组成的较大单位。例如，当看一个英文单词时，视觉系统先确认构成各个字母的不同特征，如垂直线、水平线、斜线等；然后，将这些特征加以整合以确认这些字母；字母再结合起来而形成单词。总之，自下而上加工的信息流程是从构成知觉的较小单元到较大单元，或者是从较低水平加工到较高水平加工。因此，它受到外界刺激的影响更大。

2. 自上而下加工

与自下而上加工方式不同，自上而下加工始于有关知觉对象的一般知识经验，即通过对事物一般知识的加工，形成对知觉对象的期望或假设。这种期望或假设制约着知觉加工的所有阶段或水平，包括调整特征觉察器、引导对细节的注意等。上下文效应或语境效应就是典型的自上而下加工形式。自上而下加工体现了一般知识对知觉加工的引导作用，并且说明较高水平加工制约着较低水平加工。自上而下加工也由一系列连续的加工阶段组成。其中较低阶段的输出受到较高阶段输出的影响，这是自上而下加工的一个重要特征。

Lindsay 和 Norman（1977）将自下而上加工称作数据驱动加工（data-driven processing），而将自上而下加工称作概念驱动加工（conceptually-driven processing）。自下而上加工和自上而下加工是两种方向不同的加工，两者结合而形成统一的知觉过程。如果没有刺激的作用，那么，单靠自上而下加工只能产生幻觉。然而，只有自下而上加工也是不够的。因为在没有自上而下加工的情况下，自下而上加工所要负担的工作必将太重，甚至无法承担；同时，人接收外界信息的速度极为有限，据 Gregory（1970）推算，人的视觉系统接收外界信息的极限约为每秒 12 比特；此外，仅有自下而上加工也难以应付一些刺激所具有的双关性质或不确定性。只有在自上而下加工的参与下，这些困难才有可能得以克服。因此，知觉过程包含互相联系的自下而上加工和自上而下加工。但是，在不同情况下，知觉过程对这两种加工也可有不同侧重。Eysenck（1984）指出，在良好知觉条件下，知觉主要是自下而上加工；而随着条件恶化，自上而下加工的参与便会逐渐增多。

关于自下而上加工和自上而下加工及其联系，目前仍有许多细节还需要进一步澄清。例如，在人们的一般设想中，自下而上加工和自上而下加工似乎是同时进行的，但也不排除两者的启动在时间上有先后；在自上而下加工中，人的期望或假设可能一开始是一般的、粗略的，而随着获得的刺激信息增多，期望或假设会逐渐变得更加具体。而这些问题又涉及知觉加工的另一方面，即整体性和局部性。

（三）整体加工和局部加工

知觉过程中的整体加工和局部加工问题也是知觉研究的基本问题之一。当看到一个苹果时，我们是先对苹果的整体轮廓进行反应，还是先对它的颜色、形状、味道等特征进行反应呢？一直以来，人们对这个问题进行了广泛研究，但争论始终没有停止。格式塔心理学认为，整体大于部分之和，整体决定着对其部分的知觉。所以，按照格式塔学派的观点，整体是在其部分之前被知觉的。Navon（1977，1981）的一系列实验为格式塔理论提供了重要证据。在Navon的实验中，刺激特征被分为总体特征（global feature）和局部特征（local feature）。如图3－2所示，一个大字母“H”可由一些小字母“S”构成。因此，大字母“H”就是整体或总体特征，小字母“S”便成为部分或局部特征。

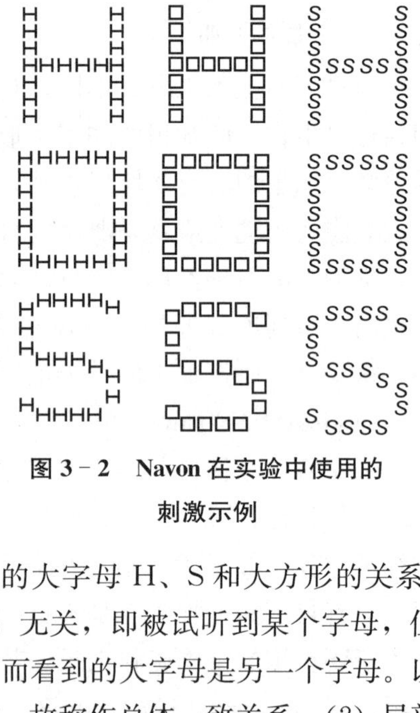

图3－2　Navon在实验中使用的刺激示例

从图中可以看出，所用视觉刺激为大字母H、S和大方形，它们分别由小字母H、S和小方形所构成。大字母的最长直径为3°12′视角。但有一半被试接收的刺激为上述刺激的1.5倍。实验采用Stroop任务的一种变式——视听干涉。实验时先呈现一个视觉刺激，持续80毫秒，在视觉刺激开始呈现后40毫秒，被试通过耳机可以听到字母H或S的读音，听觉刺激持续300毫秒，被试的任务是判断所听到的是哪个字母，并按键做出相应反应。实验中，被试要始终注视视觉刺激。视听两种刺激的作用有40毫秒的重叠。实验中的刺激条件分为：（1）总体一致关系，即听觉刺激与视觉刺激的大字母H、S和大方形的关系，包括：一致，即被试听到的和看到的大字母相同；无关，即被试听到某个字母，但看到的是方形；冲突，即被试听到的是一个字母，而看到的大字母是另一个字母。以上三种关系是就整体轮廓与听觉刺激的关系来说的，故称作总体一致关系。（2）局部一致关系，即听觉刺激与局部成分（小字母）有一致、无关和冲突三种关系。实验结果见图3－3。

实验结果表明，听觉辨别的反应时依赖于听觉刺激与视觉刺激的总体一致关系：在整体一致情况下，反应时最短；冲突情况下，反应时最长；无关情况下反应时居中。但是，听觉辨别反应时在三种局部一致关系下，并没有显著差异。视觉刺激的大小对实验结果也没有显著的影响，使用1.5倍大小刺激的被试与另一半被试的结果模式相同。这些实验结果说明，当视觉的总体特征（大字母）与听觉刺激相

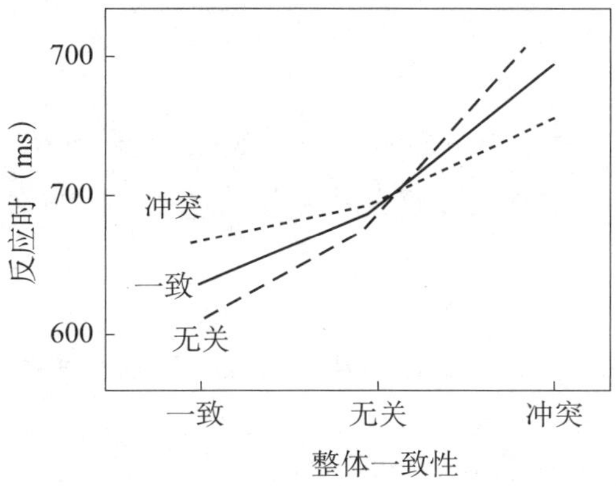

图 3－3　Navon 的实验结果

一致时，听觉辨别的速度加快；当视觉的总体特征不同于听觉刺激时，听觉辨别就会受到干扰，速度变慢；听觉辨别速度不受局部特征（小字母）的影响。因而 Navon 认为，在一些情境中进行的视觉加工深度是有限的，只有总体特征可以被知觉，而局部特征则不会被知觉。在上述实验里，大多数被试甚至没有看出大字母是由小的字母构成。

Navon（1977）在另一项实验中进一步发现，总体特征知觉快于局部特征知觉，而且当人有意识地去注意观察总体特征时，知觉加工不受局部特征的影响；但当人注意观察局部特征时，却容易受到整体特征的影响。这意味着总体特征是先于局部特征而被知觉的，整体加工是局部分析之前的一个必要知觉阶段。Navon 将这种知觉加工的顺序称作整体特征优先。按照他的看法，知觉过程开始于对总体特征的组织，然后才是对局部特征的分析，即知觉是从整体到局部。Navon 的这项研究引起了人们的关注，一些心理学家做了类似实验，提出了不同的解释。Kinchla 和 Wolfe（1979）发现，当小字母达到 8°视角时，它比总体特征（大字母）更易被识别。他们认为，具有最佳视角的刺激对象获得优先加工。后来，Navon（1981）指出，整体优先效应的大小乃至其是否存在依赖于一定因素，其中最重要的是刺激大小和视网膜像的位置。目前对这些问题的研究还很少，难以做深入分析。但是，Navon 提出的整体优先理论对进一步研究知觉过程无疑是有意义的。格式塔心理学提出的整体和部分的知觉问题，仍然是当前知觉研究的核心问题之一。

扩展阅读

两种知觉加工分类的关系

如前所述，知觉的加工可以从两个角度进行分类：一是加工方向，即自上而下加工和自下而上加工；另一个是加工范围，即局部加工和整体加工。这两种知觉加工分类之间也有着密切关系。具体而言，自下而上加工是从较小的知觉单元转向较大的知觉单元，似乎是从局部到整体的加工；而自上而下加工是根据有关知觉对象的一般知识，由期望或假设引导的加工，是从整体开始的。因此，在自下而上加工和自上而下加工中仍然存在从局部到整体的加工与从整体到局部的加工问题。

一般认为，在良好的条件下，知觉以自下而上加工为主；而随着条件恶化，自上而下加工将逐渐增多。知觉加工过程中存在整体特征优先现象，即在知觉加工的过程中，整体加工快于局部加工，即使在注意局部特征时，人们也会先知觉刺激对象的整体特征。

Ligeza等（2017）采用ERP技术对自上而下和自下而上的知觉加工进行了研究。实验通过线索提示被试在当前试次中是否需要对字母进行判断。对于需要进行字母判断的试次更多涉及自上而下加工；相反，不需要进行字母判断的试次更多涉及自下而上加工。通过对比字母和图片在不同任务下引发的脑电成分，研究者发现，与不需要字母判断的任务相比，字母判断任务下图片引发的P300和晚正成分（later positive component，LPC）的波幅更小，这表明，图片引起的自下而上加工减少；而字母引发的P300波幅在字母判断任务中比不需要字母辨别的任务中更大，即自上而下加工增加。因此，自上而下加工和自下而上加工相互竞争。认知心理学对知觉的研究仍在不断深入，研究者们强调知觉的主动性、选择性以及过去经验的重要作用。随着认知神经科学的发展，人们对知觉加工的理解将会更加全面、深入。

第二节　模式识别

一、模式与模式识别

动物的生存依赖于对外部环境做出的各种特定生理反应，例如分辨有益和有害的刺激、选择伴侣、辨认道路、构筑巢穴等。但对人类而言，要复杂得多。当见到一盆水仙花时，我们能够立即叫出它的名字，说出它的特点；当遇到一位似曾相识却又不能确认的人时，我们总是极力从对方的脸上、身上捕捉各种特征，从记忆中提取各种经验，形成种种假设，并在头脑中逐一检验这些假设，进而做出某种肯定或否定的判断。因此，不论是本能反应，还是后天习得的行为，人类或其他动物都具有识别外界事物的能力，这种识别能力是保证动物和人类生存的重要条件。认知心理学将它称为模式识别（pattern recognition）。

模式识别是知觉研究的主要内容，其中视觉模式识别最为突出。所谓模式是指由若干元素或成分按一定关系形成的刺激结构，是刺激的组合。例如，几条线段构成的一个图形或字母、若干笔画组成的一个汉字、一幅人的画像等，这些都是视觉模式；而几个音素组成的一个音节、几个音节组成的一个单词、一段音乐旋律等，它们属于听觉模式；此外还有触觉、味觉和嗅觉模式。在任何感觉通道内，不同模式总能够引起不同反应。在知觉过程中，人们知觉到的不是个别光点、纯音等，而是物体、图像、字符或语音等各种模式。这些模式的复杂程度存在差异。复杂模式可以由若干子模式构成，而子模式往往又是若干元素形成的组合。当人能够将某个模式与其他模式区分开，并确认它是什么时，这个模式就被识别，这个过程就是模式识别。人的模式识别常表现为把所知觉的模式纳入记忆中的相应范畴，对它加以命名；但这种命名并非必不可少，有时模式识别也可表现为对刺激产生熟悉感，知道它是以前曾经知觉过的。

模式识别是人的一种基本认知能力，在人的各种活动中都有重要作用。特有的社会生活环境使人类产生了独特的模式识别能力，如对言语的识别能力、对各种劳动产品的识别能力，以及对各种复杂的社会现象的识别能力等。人们获得知识、进行社会交往、从事生产及科学实验等都与高度发展的模式识别能力分不开。

人的模式识别依赖于感官直接输入的信息（如刺激的强度、刺激的空间与时间分布等）和记忆系统中所保存的信息。在模式识别中，同样存在自下而上加工和自上而下加工。二者互相联系、互相补偿。一般说来，在知觉加工的早期阶段，自下而上加工起主要作用；而在知觉加工的后期阶段，自上而下加工起主要作用。当然，这种划分并不是绝对的。当我们的知觉更多依赖于感觉输入的直接作用时，自上而下加工的作用就会减弱；相反，当知觉更多地依赖于自上而下加工时，对物体直接作用的依赖程度就会下降。Chastain 和 Burnham（1975）用人-鼠两可图（见图 3-4）做过一个有趣的实验。他们把这张图分成五部分，然后，让被试通过连续呈现的各部分去判断整张图是人还是鼠。一部分被试首先看到人的鼻子和眼睛（第一部分特征），另一部分被试首先看到鼠的尾巴（第五部分特征）。结果表明，对起始部分的选择影响到对整个图形的知觉。最先看到第一部分特征的被试大多把图形看成人，而最先看到第五部分特征的被试大多把图形看成鼠。由此可见，起始知觉产生了自上而下的知觉期待，并决定着被试对整个图形的知觉结果。

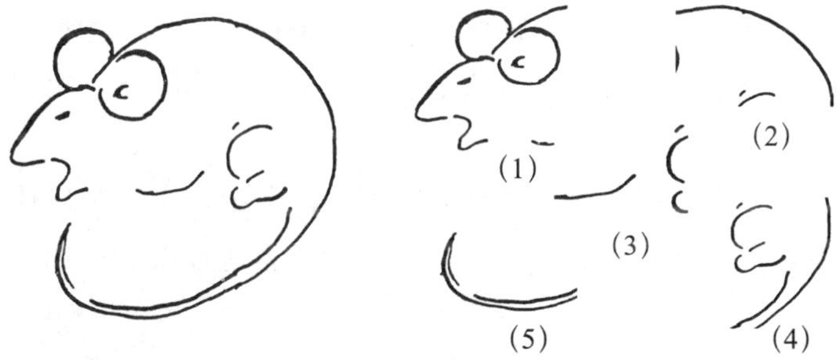

图 3-4 人-鼠两可图及其被分割后的不同部分

二、模式识别的特征

模式识别是一个复杂的认知过程，它具有以下特征。

（一）复杂性

自然界中存在着无数模式。从简单线条图形到复杂的物体形状，从花、草、树、木到虫、鱼、鸟、兽，从宏观的整体组织到微观的细微结构，等等。人类能够识别的刺激模式数量是无法估量的。刺激模式的复杂性决定了模式识别的复杂性。人类能够识别如此众多的刺激模式，与人类生存的环境以及大脑高度复杂的结构和功能有关，与人类的社会生活、文化生活和科学知识水平密不可分。语言的产生和发展也为人的模式识别提供了重要手段：人类通过给物体命名将不同物体区别开来。

（二）适应性

然而，丰富多彩、瞬息万变的世界也给模式识别带来了不少困难。这就要求人不仅能够识别各种不同模式，而且能够在模式出现变化的情况下，也能进行有效的识别。因此，适应输入信息的变化对模式识别具有重要意义。例如，尽管不同手写体具有明显不同特点，但我们仍然能够识别由不同人书写的同一文字。即使字的大小、方位发生变化，或字形部分缺失，或受到干扰，我们也能比较准确地识别它们。其原因在于人利用了存储在头脑中的知识经验，对输入信息进行了自上而下加工。

（三）习得性

人的模式识别能力并不全部是天生的，绝大多数来源于后天学习。学习可以改进和完善模式识别能力；模式识别依赖于知觉系统的分析与综合能力，人根据已有知识对刺激做出适当解释，而这些能力都能通过学习得到改进和完善。例如，儿童识字依赖于对字形轮廓的分辨能力，这种能力随着识字经验的增多而发展。在人的模式识别中也存在迁移现象，它类似于技能迁移。例如，当别人用手指在你的背上写一个简单的字时，虽然这个字以前没有在你的背上出现过，但你仍然能辨认它。

模式识别不仅是人生存的重要基础，在现代社会中，它还被广泛地应用到许多领域，例如机器识别在人工智能、医学、军事、卫星遥感以及金融、保险等领域的应用。

三、模式识别的理论模型

模式识别是一个典型的知觉过程，它依赖于人已有的知识和经验。模式识别通过将感觉信息与长时记忆中的有关信息进行比较，再决定它与长时记忆中的哪个项目有着最佳匹配。那么，这种匹配过程是如何实现的呢？认知心理学家已提出几种理论模型或假说，如模板说（模板匹配模型）、原型说（原型匹配模型）、特征说（特征分析模型）、部件识别理论等。这些模型多数受到人工智能理论影响。以下分别加以介绍。

（一）模板说

模板说最早是针对机器的模式识别而提出的，后来被用来解释人的模式识别过程。它的核心思想是，在人的长时记忆中，存储着许多外部模式的袖珍复本，它们被称作模板（template）。这些模板是过去在生活中形成的，它们与外部模式存在一一对应关系。当一个刺激作用于人的感官时，它就会得到编码并与已存储的各种模板进行比较；然后，判断哪一个模板与刺激有着最佳匹配；如果两者能够最佳匹配，那么，该模式就得到了识别。每个模板都具有一定意义并与其他信息相联系，因此，被识别的模式便可以得到解释或其他加工。例如，当我们看字母A时，视网膜接收的信息便传到大脑，刺激信息在脑中得到相应的编码，并与记忆中存储的各式各样模板进行比较；通过决策过程判定它与模板A有最佳的匹配，于是字母A就得到识别；同时，我们还可以知道，它是英文字母表中的第一个字母，或是考试得到的最好分数等（见图3－5）。由此可见，模式识别是一个包括一系列连续阶段的信息加工过程。

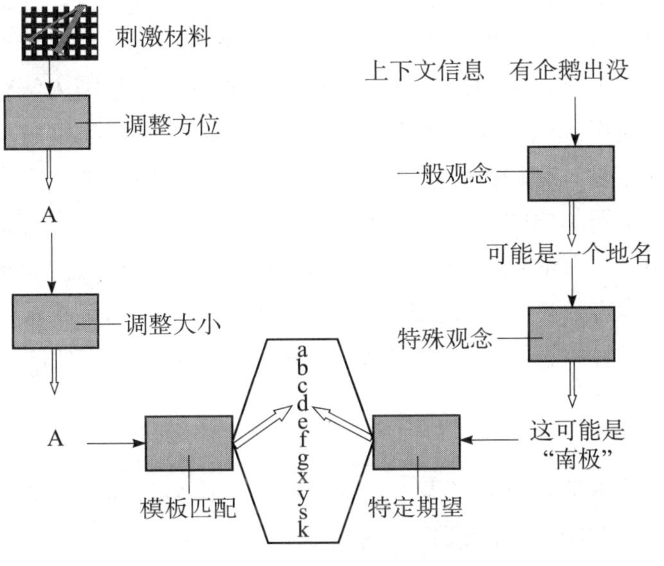

图3－5 模板说示意图

模板说是一个简单的模型。它的基本思想就是刺激与模板之间的匹配，而且这种匹配要求两者有最大限度的重叠。然而，该模型还无法回答一些重要的理论问题，例如：对刺激的加工是始于局部特征还是总体特征？刺激与记忆中各种模板的比较是平行加工，还是系列加工呢？模板以何种方式进行编码？由于刺激和模板要能进行比较，两者应采取类似的编码形式。如果当前作用于感官的外部刺激在人脑中表征为具体的感性形象，那么，模板也应具有相应的表象形式。到目前为止，人们对这一问题的解释是模糊的，只是笼统地将两者都称为信息。另外，按照模板说的基本观点，为了识别某个特定模式，必须事先在记忆中存储与之对应的模板。

如果该模式在外形、大小或方位等某一方面有所变化，那么，每一个变化了的模式都要有与之对应的特定模板，否则就不能得到识别或发生错误的识别。在这种情况下，要得到正确识别，就需要在人的记忆中存储不可计数的模板，从而极大地增加记忆的负担。这与人在模式识别中表现出的高度灵活性是不一致的，例如，人可以毫无困难地识别用不同字体写出的同一个字母，甚至其大小和方位也可不同。

针对模板说的问题，有人增加了一个预加工（preprocessing）过程，即在模式识别的初期阶段，在匹配之前，将刺激的外形、大小或方位等加以调整，使之标准化（Lindsay & Norman，1977)，从而减少模板数量。在事先不知道待识别模式的情况下，可以依靠刺激的上下文信息调整刺激的外形、大小或方位，使预加工过程得以顺利进行。因此，模板说不单纯是一种自下而上加工的模型，自上而下加工同样重要。然而，尽管模板说通过修正，得到了一些改善，可以解释人的某些模式识别现象，但是，它仍然存在着明显的局限。例如，人必须事先存储相应的模板，才能识别一个刺激模式；即使附加了预加工过程，这些模板的数量仍然巨大，既给记忆带来沉重的负担，也使模式识别缺少灵活性，显得十分呆板；模板说也难以解释人如何能够迅速识别一个新的、不熟悉的模式；等等。

模板说没有完全解释人的模式识别过程，只能在一定范围内解释人如何进行模式识别。但是，模板说也不应该被完全否定。作为人的模式识别过程的一个方面或环节，模板匹配还是具有积极作用的，其他模式识别的模型中也有类似的模板匹配机制。模板说在机器的模式识别中也得到了广泛应用。模板技术可以用来制作一些特殊的数字，用于支票的银行账户、信用卡、提款卡等的编号。超级市场的商品价格可以用线条的宽度、位置及空间间隔进行编码，即用条形码构成一定的模式，通过模板匹配而由计算机读出。这种技术现在得到了越来越广泛的应用。

（二）原型说

针对模板说的不足，研究者提出了原型说。该模型认为，存储在记忆中的不是与外部模式有一一对应关系的模板，而是原型（prototype）。原型不是某一个特定模式的内部复本，而是一类客体的内部表征，即一个类型或范畴的所有个体的概括表征，它反映的是一类客体共有的基本特征。例如，带有两个翅膀的长筒可作为各种不同外形飞机的原型。因此，原型说认为，在模式识别过程中，外部刺激只需与原型进行比较；由于原型是一种概括表征，这种比较不要求严格准确的匹配，只需近似匹配即可。只要刺激与某一原型有最近似的匹配，刺激就可被纳入其原型所代表的范畴，从而得到识别。在这一识别过程中，即使某一范畴个体之间存在着外形、大小等方面的差异，它们也都可以与原型相匹配，从而得到识别。这就意味着，只要存在相应的原型，新的、不熟悉的模式也可以被识别。原型说不仅可以减轻记忆的负担，而且也使人的模式识别更加灵活，更能适应环境变化。

原型是否存在呢？Posner 和 Mitchell（1967）曾经用相关实验证明了原型的存在。他们利用九个点构成几种基本模式，如三角形、字母 F 或 M 以及随机点，这些基本模式在实验中被看作原型，见图 3－6 上部。然后，对每一个原型中的某些点加以移动，分别构成四个畸变的模式，图 3－6 下部为三角形原型的四个畸变的模式。在实验中，被试先看原型的畸变模式，这些畸变模式随机逐一呈现。被试的任务是将所呈现的每个畸变模式划入某个范畴（原型），即将每个原型相应的畸变模式归为一类，每次分类操作均给予反馈。在此阶段，不给被试呈现任何一个原型。当被试学会这种分类任务之后，随即进行迁移实验。此时，给被试看一系列模式，其中包括先前看过的畸变模式、基于上述原型产生的一些新的畸变模式，以及原型本身；然后，要求被试将这些模式分别划入上述三个范畴。结果发现，被试对原有的畸变模式分类的正确率约为 87%；更为重要的是，对先前未看过的原型分类的正确率也与此相当，而对新的畸变模式的分类则较差。Posner 和 Mitchell 认为，被试在实验的第一阶段已经从一些畸变模式中有效地抽象出原型；被试通过将畸变模式与相应的原型进行比较，从而完成分类任务。

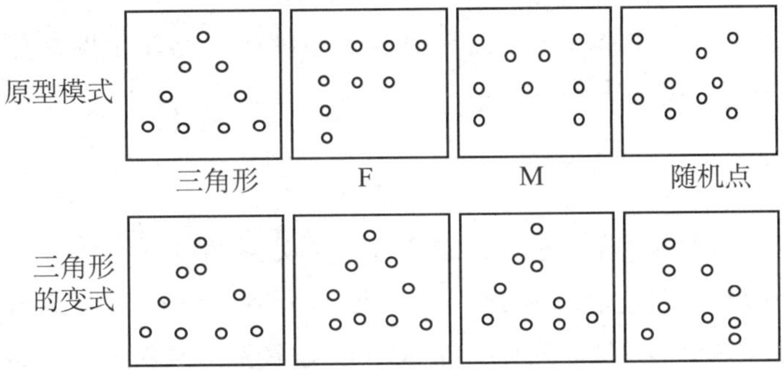

图 3－6　原型及其变式

在另一项研究中，Posner 和 Keele（1968）进一步发现，被试不仅可以从畸变模式中抽象出原型，而且还能掌握这一原型实例的变异性。Reed（1972）在实验中用人的面孔简图作为模式刺激，结果发现，有 58%的被试（大学生）采用原型策略对刺激进行分类，形成范畴的原型。Reed 认为，模式识别是从特征分析开始的（见图 3－7）。模式的各个成分（特征）先得到确认，然后，再确认模式各部分之间的关系（如平行、连接和对称等）。确认特征和关系处于刺激审察阶段，是对模式物理特征的识别。在此基础上，我们获得模式的意义（解释），并将这些解释与记忆中存储的各种模式的解释进行比较。双方可能完全或几乎全部重叠（准确匹配），也可能差别巨大（不能准确匹配）。一个模式如果有多种变式，就无法被准确匹配，此时，就需要将模式归入某一范畴。而一个模式如果被准确匹配或分类，即可得到识别，并能进入记忆。如果存储的解释与名称相连，则该模式的名称或其他有关信息被激活。相反，如果模式不能被成功地匹配或分类，该模式则可作为新模式而进入记忆，并可改变有关原型，也可能又重新回到刺激审察阶段，进行再分析和再匹配等。

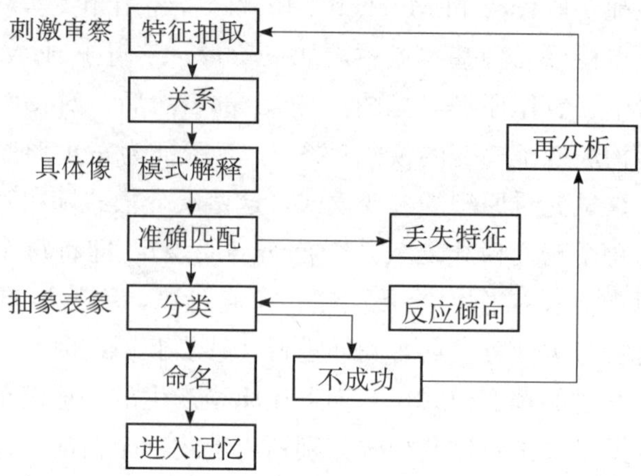

图 3-7 原型说示意图

上述模型是一个比较完整的原型匹配模型，它明确地阐述了原型的具体特征和编码形式，强调原型在范畴水平上分类操作中的作用，并且它还可以容纳模板匹配。因此，Reed 的模型显得更加灵活，更富有弹性。但是，这个模型只含有自下而上加工，而没有自上而下加工，这显然是一个缺陷。与模板匹配相比，自上而下加工对原型匹配似乎更加重要。

（三）特征说

如前所述，模式是由若干元素或成分按一定关系构成的。这些元素或成分可称为特征（feature），有时也将它们之间的关系称为特征。特征说认为，模式可分解为各种不同特征。例如，大写英文字母 A 可以分解为两条斜线、一条水平线和三个锐角等特征。其中的三个锐角表示这些线段之间的关系，即两条斜线相交、水平线与两条斜线相接。Lindsay 和 Norman（1977）指出，构成所有 26 个英文字母的特征共有七种，即垂直线、水平线、斜线、直角、锐角、连续曲线和不连续曲线。表 3-1 列出了部分英文字母所具有的特征，如 F 有一条垂直线、两条水平线和三个直角。Gibson（1979）也曾就英文字母的特征提出过类似的看法，但他区分出了 12 种特征。根据特征说，特征和特征分析在模式识别中起着关键作用。外部刺激在人的长时记忆中以其各种特征得到表征。在模式识别过程中，首先要对刺激特征进行分析，抽取刺激的有关特征；然后，对抽取的特征加以合并，并与长时记忆中的各种刺激特征进行比较，一旦获得最佳的匹配，外部刺激就被识别了。这就是一般的特征分析模型。

表 3-1 字母特征示例

字母	垂直线	水平线	斜线	直角	锐角	连续曲线	不连续曲线
A		1	2		3		
B	1	3		4			2
C							1

续表

字母	垂直线	水平线	斜线	直角	锐角	连续曲线	不连续曲线
D	1	2		2			1
E	1	3		4			
F	1	2		3			
G	1	1		1			1

在特征说中，特征的地位和作用似乎与模板说中的模板类似，特征似乎是微型模板，或是一种局部模板。但特征说与模板说之间存在本质差异，并且比起模板说，特征说具有一定优点。首先，特征说强调依据刺激的特征和关系进行识别，可以不考虑刺激的大小、方位等细节，避开了预加工的困难和负担，使识别有更强的适应性。其次，同样的特征可以出现在许多不同模式中，从而极大减轻了记忆负担。最后，由于需要获得构成刺激的成分信息，即抽取必要的特征和关系，再加以综合，才能进行识别，这使模式识别过程具有更多的学习色彩。特征说使得模式识别具有了更多的学习性质，并能够根据不同模式中具有的一些共同特征进行预测，从而能够更好地识别模式。

特征说也得到了许多实验的支持。Neisser 和 Beller（1965）用大写英文字母作为实验材料，在实验中给被试呈现多行字母，其中每行 6 个字母（见图 3－8）。被试的任务是在这些字母中尽快地搜寻到一个特定字母（靶子）。经过训练之后，被试在搜寻目标字母时可在一秒钟内扫描 10 行字母。实验者把实验材料分成两组，它们的区别仅在于所要搜寻的特定字母（靶子）与组内其他字母在特征上的相似程度不同。例如，在图 3－8 的第一组材料中，靶子字母为 Z，组内其他字母多有曲线，它们之间的相似程度很低；而在第二组材料中，靶子字母 Z 与组内其他字母都有直线和角等，它们之间的相似程度较高。Neisser 和 Beller 发现，在第一组材料中搜寻靶子 Z 比在第二组材料中要快得多。因此，当靶子与其他字母的特征有较大差别时，就容易对它们做出区分；否则，就会发生困难。这一实验结果支持了特征说。如果按照模板说，则不论在哪一组材料中，当扫描到靶子字母时，都可以进行模板匹配而加以识别，不会因特征相似程度不同而需要不同的搜寻时间。后来，人们对字母特征影响识别的特点进行了进一步总结，并发现有些字母由于特征相似而极易混淆，如 C 与 O、E 与 F、G 与 S、N 与 M、T 与 I 等，而特征差别大的字母则不易混淆，如 C 与 W、E 与 N、V 与 D 等。

此外，生理学研究也为特征说提供了一些有力的证据。许多神经生理学实验发现，动物视觉系统含有一些专门化的神经细胞，它们只对具有特定特征的刺激做出反应或最强反应。这种专门化的神经细胞被称作特征觉察器（feature detector）。Hubel 和 Wiesel（1959，1963，1968）发现，猫和猴的一些视皮层细胞分别只对视野中的垂直光条或水平光条产生反

第一组	第二组
ODUOQR	IVMXEW
QCDUGO	EWVMIX
DSUZRO	XVWMEI
CQOORD	EXWMVI
QDOCOU	EZVWES
QUOCDR	IXEMWV

图 3－8　Neisser 和 Beller 的实验材料示例

应。此外，研究中还找到了分别对视觉刺激的边界、线条等产生反应的特殊细胞。Letting 等（1959，1961）则发现，青蛙的视神经节细胞对刺激特征有特定的选择性，它们能区分出对比边界觉察器、凸边觉察器、运动边界觉察器等。也有研究表明，兔子和鸽子的视网膜有垂直边觉察器和水平边觉察器（Oyster & Barlow，1967；Holden，1977）。因此，人们推测，人也可能有这种特征觉察器。虽然人的模式识别的生理机制现在还不十分清楚，但动物特征觉察器的发现为特征说提供了有力支持。

在认知心理学中，有人采用固定或静止视网膜像实验研究模式识别过程的内在机制。人的眼睛时刻处于运动之中，其中包括我们自己觉察不到的每秒30～70次的生理震颤以及漂移摆动、跳动等。因此，即使人注视一个静止物体，该物体的视网膜像也不是完全固定的，它在视网膜上的位置总是处于不断变化之中，以避免疲劳和适应。如果使一个物体的像严格投射到视网膜同一部位，即排除眼睛的任何运动，那么，对该物体的知觉就会消失，人将看不到这个物体。Pritchard（1961）采用这种技术使物体在视网膜上的成像位置不变，得到物体的固定网膜像。结果发现，在这种情况下，物体的知觉并不是立即全部消失，而是一部分一部分地逐渐消失，而且消失的是一些完整的特征，而暂时保留的图像片段又是一定的模式，如字母、数字或面孔的某一部分。Pritchard 认为，特征似乎是知觉的单元，一些特征或单元的结合构成我们所识别的模式，虽然这种特征的抽取和结合是我们所意识不到的。

Selfridge（1959）用形象的方法将特征说具体化，提出了“鬼域”（pandemonium）模型。“鬼域”的原义是指幻想国度中的一个喧嚣而又混乱的城市。Selfridge 用所谓的“鬼”（demon）代表具有某种特定功能的机制。“鬼域”模型本来也是针对机器的模式识别提出来的，之后被用来解释人的模式识别过程。这个模型以特征分析为基础，将模式识别过程分为四个层次，每个层次都有一些“鬼”来执行某个特定任务。这些层次依照一定顺序进行工作，最后完成模式识别。“鬼域”模型的结构见图3-9。

从图中可以看出，从左向右第一个层次由“映象鬼”对外部刺激进行编码，形成刺激的映象。然后，由第二个层次的“特征鬼”对刺激的映象进行分析，将它分解为各种特征；在分析过程中，每个特征鬼的功能是专一的，只寻找它负责的那一种特征，如字母的垂直线、水平线、直角等，并且需要就刺激是否具有相应的特征及其数量做出明确报告。第三个层次的“认知鬼”始终监视各种“特征鬼”的反应，每个“认知鬼”各负责一个模式（字母），它们都从“特征鬼”的反应中寻找各自负责的那个模式的有关特征，当发现了有关的特征时，它们就会喊叫，发现的特征越多，喊叫声也越大。最后，“决策鬼”根据这些“认知鬼”的喊叫，选择喊叫声最大的那个“认知鬼”所负责的模式，作为所要识别的模式。例如，在识别字母R时，首先由“映象鬼”对R进行编码；然后，“特征鬼”对R做出分析，有关的“特征鬼”分别报告R所具有的特征，如一条垂直线、两条水平线、一条斜线、一条不连续曲线和三个直角。这时一直检测“特征鬼”工作的许多“认知鬼”开始寻找与自己有关的特征，其中P、D和R这三个鬼都会喊叫，然而，只有R鬼的喊叫声最大，因为R鬼的全部特征与前面所有“特征鬼”的反应完全符合，而P鬼和

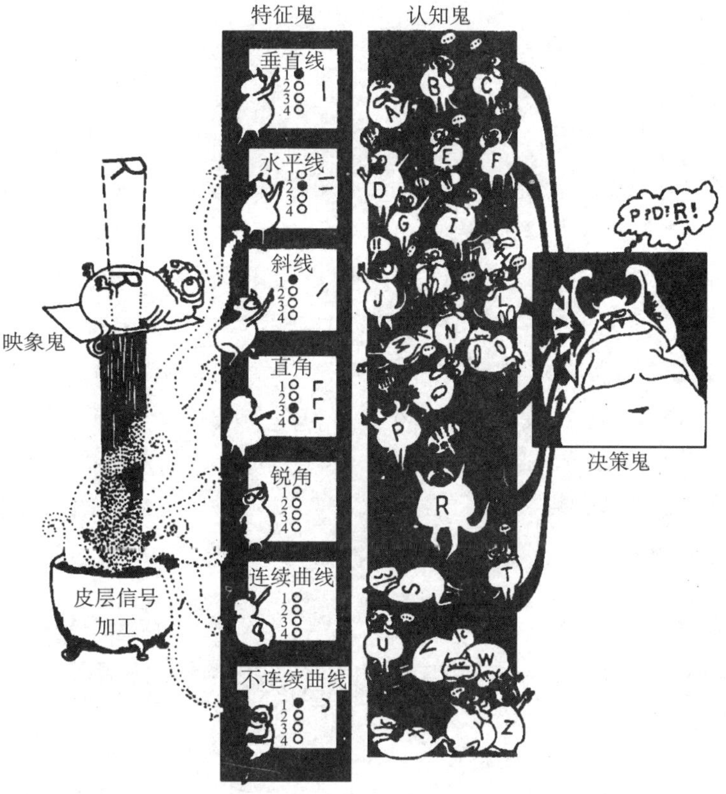

图 3-9 “鬼域”模型示意图

D鬼则有与之不相符合的特征。所以，“决策鬼”就判定R为所要识别的模式。这个模型的特点是将模式识别过程明确地分成四个功能不同的层次，但它的本质与前面说的一般特征分析模型完全一致。

特征说是最受关注的模型之一。按照该模型的观点，模式的存储更节约空间，减少记忆表征负担；使模式识别过程带有更多学习色彩；更符合平行分布加工（PDP）原理，在机器模式识别中也能得到应用。与其他的模式识别模型相比较，它确实具有更加灵活的特点。但它只是自下而上加工的模型，缺少自上而下加工。特征说存在着的最大争论是整体加工和局部加工的问题。它是一个典型的从局部到整体的加工模型。关于知觉加工中的模式识别，拓扑说强调模式识别要首先提取刺激的总体特征或拓扑特征，并且也得到一些实验研究结果的支持。拓扑说是对特征说的最大的挑战，两者的对立构成当前模式识别理论争议的一个焦点，同时，也是关于一般知觉过程的核心争论之一。

扩展阅读

部件识别理论

部件识别理论（recognition by component）是由Irving Biederman提出的一种模式识别模型（Biederman，1987；Biederman & Cooper，1991；Biederman &

Gerhardstein，1993）。该理论认为，物体由若干个部件构成，简单的部件称为“geon”，代表“几何离子”。它们与原子成分极其相似，可以按照不同方式组成不同物体（见图 3－10）。与特征觉察理论中的特征相似，几何离子是一种基本元素，是一些容积，是形状而不是线或角。几何离子之间的关系在决定物体特性中起着关键作用。在识别过程中，首先把复杂对象的结构拆分为简单的部件形状；然后，通过感知或恢复基本几何离子识别物体（对象）。如果出现了足够的信息，我们就能够觉察出几何离子，进而就能识别物体。如果呈现信息的方式使我们不能觉察出独立的原始离子，那么，物体就不能被识别。

Biederman（1987）用图 3－11 检验了这种观点。在 A 中，其轮廓的一大半被形状不规则的阴影遮盖，几何离子不可见，因此，物体识别就比较困难。而 B 中仍是相同的物体，虽然物体一大半也是模糊的，但几何离子依然可见，因此，被试对物体的识别较好［比如，是一只手电筒（C）］。

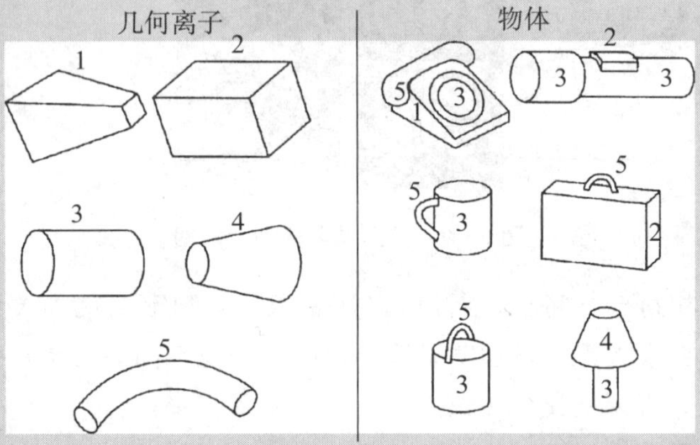

图 3－10　几何离子及其所构成的物体

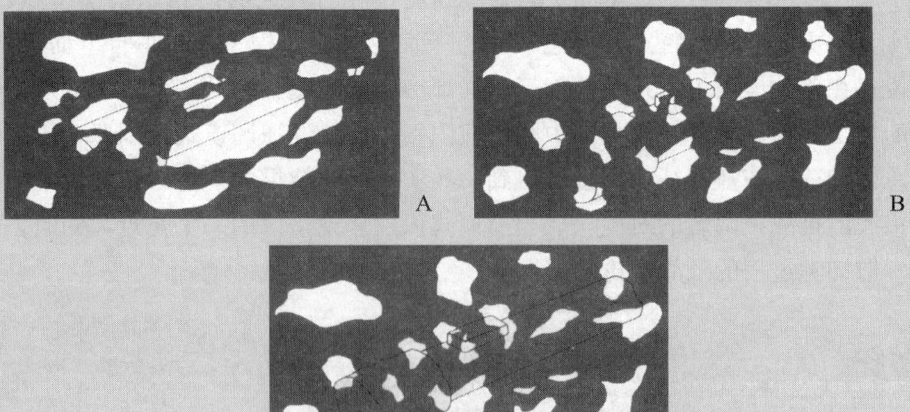

图 3－11　手电筒识别示例

第三节　结构优先效应

过去的知识经验对知觉有重要作用，如上下文效应（context effect）。模式识别也与上下文有密切关系，一个模式常常不是孤立出现的，而是处于与其他模式或刺激的相互联系之中。上下文关系对模式识别的影响也不容忽视。有研究者发现（McClelland & Johnston，1977），识别一个词中字母的正确率要高于识别单独呈现的同一字母，这一现象被称作词优先效应（word-superiority effect）；识别“客体”图形中的一条线段要优于识别结构松散图形中的同一线段或单独呈现的该线段，这种现象被称作客体优先效应（object-superiority effect）；而识别一个完整图形要优于识别图形的一个部分，这是一种构型优先效应（configurable-superiority effect）；此外，还有字母优先效应（letter-superiority effect），即识别组成字母的一条线段要优于识别单独呈现的该线段。这些效应都反映了自上而下加工对模式识别的影响。以下介绍几种典型的结构优先效应。

一、词优先效应

词优先效应由 Reicher（1969）首先在实验中发现。他用速示器给被试呈现一组刺激材料。这些材料可以分为三类（图 3－12）：第一类为一个或两个独立的字母，第二类为一个或两个由五个字母组成的无意义字母串（非词），第三类为一个或两个由五个字母组成的单词。在实验过程中，先给被试呈现一个注视点；然后，短暂呈现一种上述刺激材料；紧接着呈现掩蔽刺激和供选择的两个字母。这两个字母的位置对应于所要测试刺激材料中字母的位置。要求被试判断这两个字母中哪一个是刚才在刺激材料中的此位置上见过的，记录被试的判断正误。当刺激材料为一个字母、一个单词或一个非词时，供选择的两个字母被呈现在相应字母的上方和下方。刺激呈现时间分为短、中、长三种，它们依照被试的反应而定，每个被试得到的刺激呈现时间各不相同。具体测量方法是，测定达到 60％正确辨认率所需的呈现时间为短呈现时间，达到 90％正确辨认率所需的呈现时间再加 5 毫秒为长呈现时间，中等呈现时间为短、长呈现时间的中点值。整个实验采用的呈现时间范围为 35～85 毫秒。实验分为两种：一种提供线索信息，即在每次呈现刺激前，将两个供选择的字母口头告诉被试；另一种则事先不告诉被试，只在刺激呈现之后再呈现供选择的字母。

在 Reicher 的实验中，无论是否事先告诉被试备选字母，识别单词中的一个字母都显著优于识别单个字母或非词中的字母，这显示了字母识别中的词优先加工效应。Reicher 认为，词优先效应不能用单个字母比单词忘得快来解释，因为即使事先将供选择的两个字母告诉被试，也仍然会出现词优先效应。词优先效应也不是因

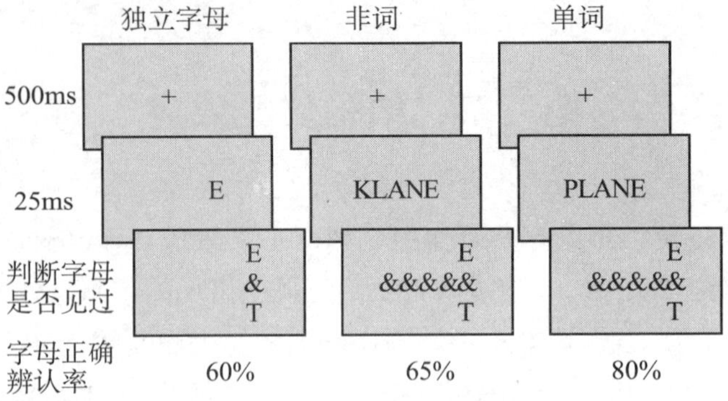

图 3－12　Reicher 的字母识别实验过程示意图

为词在速示器中的刺激面积比字母大，容易看见；因为由四个字母组成的词和非词有一样的刺激面积，而词条件下的辨认成绩高于非词。因此，词优先效应该是由于词具有意义。产生词优先效应的另一个原因可能在于词和字母的编码差异。Mezrich（1973）发现，实验中，被试倾向于在做出反应之前将词读出来，而对单个字母则较少有这种倾向。Mezrich 还发现，如果要求被试将所呈现的词或单个字母都读出来，那么，词优先效应将消失。Johnston 和 McClelland（1973）进一步发现，如果在 Reicher 的实验中不使用掩蔽刺激，词优先效应就不会出现。因此，词优先效应可能是词和单个字母的编码不同所致。词以语音编码为主，而单个字母是视觉编码。视觉编码易受视觉掩蔽的干扰，而语音编码则不受视觉掩蔽的干扰，因而对词中的字母识别要优于单个字母。此外，还可以用整体加工和局部加工说明词优先效应。在上述 Reicher 的实验中，如果将词看作整体，而将单个字母当成局部，那么，词将先得到整体加工，然后再进行局部加工。整体加工的优势使人对词中字母的识别优于单个字母，从而产生词优先效应。

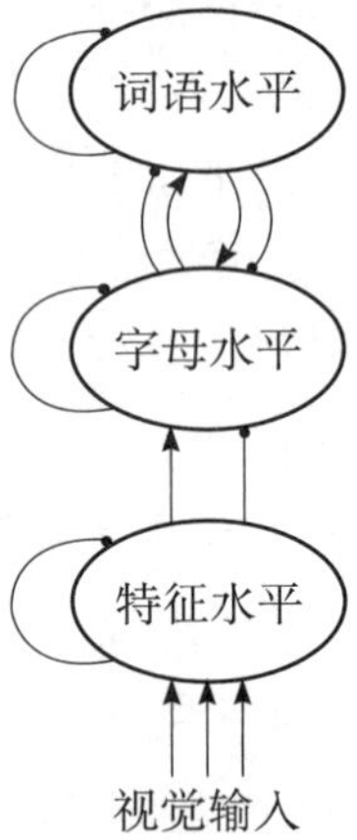

图 3－13　交互激活模型示意图

上述三种解释的出发点不同，都在一定程度上解释了词优先效应。研究者们提出了相应的交互激活模型和过程，见图 3－13 和图 3－14。由此可见，词优先效应是一种复杂的知觉现象，它可能涉及知觉或模式识别过程的不同方面和不同水平的加工，如以过去知识经验为基础的自上而下加工、以信息的内部表征为核心的整体加工和局部加工等。这些解释未必互相排斥，但如何将它们很好地结合起来还需要进一步探索，因为在有些研究中并没有观察到词优先效应。

二、客体优先效应

Weisstein 和 Harris（1974）对不同图形中的线段觉察或识别过程进行了系统

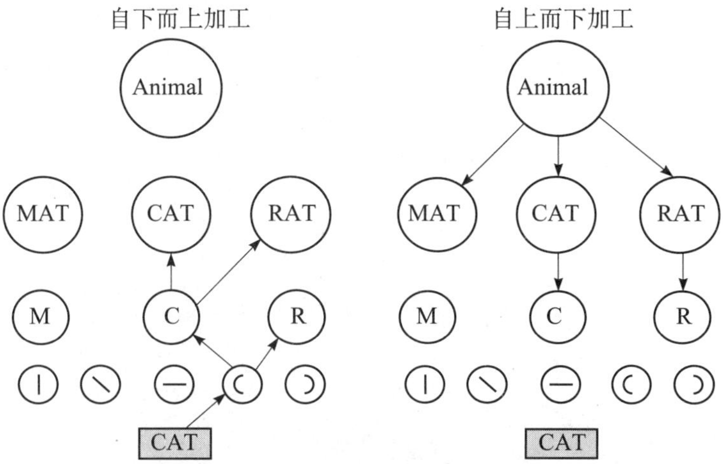

图 3－14　交互激活加工过程示例

研究。他们所使用的刺激材料中含有要觉察的目标线段和一定的背景图形。实验刺激见图 3－15。该图中 a～d 是四个目标线段，它们的长度和宽度均相同，其差别仅在于它们相对于注视点的方位或位置不同；e 是一种背景图形；f～i 是含有这四个目标线段的一组刺激图形；j 是带掩蔽刺激（圆点）的一个图形。从图中可以看出，任何一个目标线段在背景图形中都没有改变其原来的长度和位置。

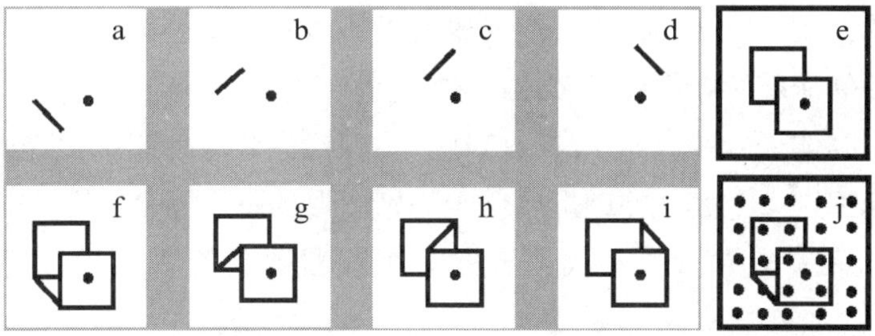

图 3－15　Weisstein 和 Harris 在实验中使用的刺激示意图

在实验中，被试先注视屏幕上的注视点；然后，自己按键开始实验，屏幕上立即出现一个刺激图形，即由一个目标线段和一个背景图形组合起来形成的图形（即图中的 f～i）；随后出现掩蔽刺激并持续 100 毫秒。被试的任务是确认刚才在刺激图形中看到的是四个目标线段中的哪一个，并尽快做出按键反应。被试反应后，主试给予反馈。刺激呈现的时间分三种，根据每个被试在预实验中正确识别目标线段分别达到 50%、60%和 70%所需的呈现时间来确定，其范围为 5～44 毫秒。目标线段、背景图形和呈现时间各条件得到了完全匹配，每种条件组合的刺激出现概率相同，并随机呈现。

实验结果表明，识别结构严密的三维图形中的线段优于组织结构较差图形中的同一线段。这种现象类似于词优先效应。Weinstein 和 Harris 称这种现象为客体优先效应。因为图 3－15 中 e 的上下文图形看起来像一个三维客体，所以，他们认为，三维图形是产生客体优先效应的重要因素。

客体优先效应是指识别一个“客体”图形中的线段要优于识别结构不严密图形中的同一线段或单独的该线段。对于客体优先效应有不同解释。一种观点认为，改变背景图形中注视点的位置，客体优先效应将消失（见图3-16）。然而，注视点位置改变的实验还很少，因此难以做出一般性的结论。

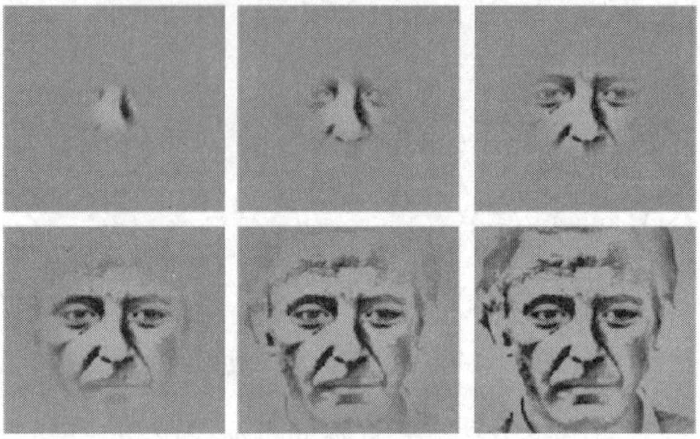

图3-16　不同注视范围的视觉效果示例

另一种观点认为，客体优先效应并不依赖图形的三维性，而是依赖于对图形的整体加工。针对图形整体形状的整体加工先于局部加工，并为局部加工提供基础，使人对目标线段的编码、辨别、注意等局部操作易于进行。另外，有无掩蔽刺激以及掩蔽刺激的性质也对客体优先效应有重要影响。当有掩蔽刺激时，客体优先效应消失；而无任何掩蔽时，则出现客体优先效应。

此外，与客体优先效应相关的效应还有构型优先效应、字母优先效应等。构型优先效应是指识别一个完整的图形要优于识别图形的一个部分（图3-17中的B与C）。字母优先效应是指识别组成字母的一个线段要优于识别单独呈现的该线段

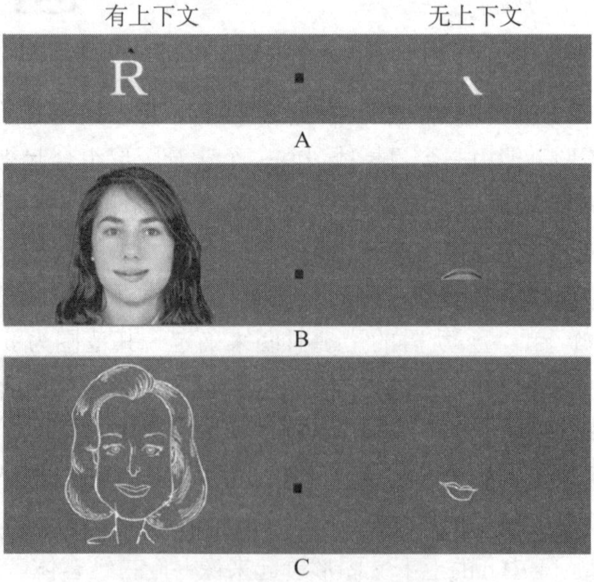

图3-17　构型优先与字母优先示例

（图 3－17 中的 A）。这些效应都表明上下文或整体结构对模式识别的促进作用，它们可以统称为结构优先效应。这种效应与人的知觉组织方式有密切关系，反映了人的知觉和模式识别的重要特点。

扩展阅读

词优先效应涉及广泛的加工过程

Coch 和 Mitra（2010）采用 Reicher-Wheeler 任务（Reicher，1969；Wheeler，1970）的变式对词和假词的优先效应进行了研究，以确定词或假词优先效应的 ERP 指标的时间特点，以及这些指标与正字法流畅性和单个词阅读的标准化行为指标之间的相关性。在实验中，向被试呈现真词（DARK/PARK）、假词（DARL/PARL）、非词（RDKA/RPKA）和由“X”与字母构成的字母串（DXXX，PXXX）。被试的任务是判断两个字母中哪一个出现在字符串中的特定位置（这里迫选字母为 D 和 P）上。结果表明，真词和假词中字母的判断准确性都高于非词或字母串；在 ERP 指标上，正字法规则性和熟悉性早在 100～160 毫秒时窗（P150）就开始出现；词汇特性的作用发生在160～200 毫秒左右（N200）；而对真词和假词的区分要到 300～500 毫秒（N300 和 N400）才能完成。Coch 和 Mitra 进一步分析发现，只有 P150 和 N400 振幅分别与词优先效应的大小、流畅性和标准化阅读成绩之间存在显著相关。Coch 和 Mitra 认为，词和假词的优先效应在 150 毫秒左右就已经开始出现，一直持续到 500 毫秒以后。因此，在阅读能力正常的成年人中，正字法流畅性不仅发生在较低水平的亚词知觉加工中，也发生在高水平词汇加工中。

基本概念

格式塔知觉理论	假设检验理论	生态学理论	结构级差
表征	自下而上加工	自上而下加工	整体加工
局部加工	模式识别	模板说	原型说
特征说	“鬼域”模型	结构优先效应	词优先效应
客体优先效应	字母优先效应	构型优先效应	

本章要点

1. 经典的知觉理论包括格式塔知觉理论、假设检验理论和直接理论或生态学理论。格式塔知觉理论强调，人们通过对刺激的基本特征进行反应，把外界许多孤立的刺激组织成一个有意义的整体。在知觉过程中刺激的知觉形象和它们在中枢神经系统的表现之间存在着对应关系，即知觉现象符合神经系统的特征。假设检验理论认为，已有的知识经验对知觉的影响是多方面的，它主要以假设、期望或图式的形式在知觉中起作用。知觉是一种包含假设检验的构造过程。人通过接收信息、形成和检验假设，再接收或搜寻信息，再检验假设，直至验证某个假设，从而对感觉刺激做出正确的解释。知觉的假设检验理论赋予知觉过程以主动性和智慧性的色彩，它是认知心理学中有一定影响的知觉理论，并得到许多研究的支持。Gibson的直接知觉理论（生态学理论）否认已有知识经验的作用。该理论认为，自然界的刺激是完整的，可以提供丰富的信息，人完全可以利用这些信息，对作用于感官的刺激产生与之相对应的直接知觉经验。人在任何一个位置观察周围空间时，空间都有其特定的光线分布，在周围空间每一点上的光线分布都含有一定的差别。光线分布的结构或表面质地的密度与物体的视网膜像都是按照视角规律变化的，环境中光的这种差别或结构就是视觉的重要刺激物，它包含着空间信息。因此，人可以直接知觉到距离。

2. 表征在人的知觉、记忆、思维和问题解决中都有十分重要的作用。表征是指信息或知识在心理活动中的表现和记载的方式，是信息在头脑中的呈现方式。表征是外部事物在心理活动中的内部再现，既反映客观事物，又是心理活动进一步加工的对象。表征内容和形式之间的关系很重要。表征内容就是表征所传递的信息；而形式就是代码，是所传递信息的载体和形式。根据信息加工的观点，当有机体对外界信息进行加工（输入、编码、转换、存储和提取等）时，这些信息以表征的形式在头脑中出现，表征代表着相应的信息。而结构主义观点则把表征等同于心理结构或认知结构。结构主义认为，表征就是知识及其组织方式，知识以心理结构或认知结构的形式在头脑中存储。对事物的表征不仅存在于知觉过程中，同样存在于记忆、思维等更高层次的心理活动中。

3. 自下而上加工和自上而下加工两个术语来自计算机科学领域。自下而上加工是指由外部刺激开始的加工，即先对较小的知觉单元进行分析，然后再转向较大的知觉单元，经过一系列连续阶段的加工而形成对感觉刺激的理解与解释。与自下而上加工方式不同，自上而下加工则始于有关知觉对象的一般知识经验，通过对事物的一般知识的加工，形成对知觉对象的期望或假设。这种期望或假设制约着知觉加工的所有阶段或水平，包括调整特征觉察器、引导对细节的注意等。

4. 整体加工和局部加工也是知觉过程中的基本问题。格式塔心理学认为，整体大于部分之和，整体决定着其部分的知觉。所以，按照格式塔学派的观点，整体是在其部分之前被知觉的。Navon的一系列实验揭示了知觉加工过程中存在整体特征优先现象，为格式塔理论提供了重要证据。整体特征优先即在知觉加工的过程中，整体加工快于局部加工。即使人们只需要注意局部特征时，也会先知觉刺激对象的整体特征。

5. 模式识别是知觉研究的主要内容，其中视觉模式识别最为突出。模式是指由若干元素或成分按一定关系形成的刺激结构，是刺激的组合。当人能够将某个模式与其他模式区分开，并确认它是什么时，这个模式就被识别，这个过程就是模式识别。模式识别具有复杂性、适应性和习得性等特征。模式识别是人的一种基本认知能力或智能，在人的各种活动中都有重要作用。人的模式识别依赖于感官直接输入的信息（如刺激的强度、刺激的空间与时间分布）和记忆系统中所保存的信息。在模式识别中，同样存在自下而上加工和自上而下加工。模式识别不仅是人生存的重要基础，在现代社会中，它还被广泛地应用到许多领域。

6. 模式识别的理论模型非常丰富，其中包括模板说、原型说、特征说以及部件识别理论等。

模板说认为，在人的长时记忆中存储着许多外部模式的袖珍复本（模板）。这些复本是过去在生活中形成的，它们与外部模式存在一一对应关系。当一个刺激作用于人的感官时，刺激信息得到编码并与已存储的各种模板进行比较；然后，判断哪一个模板与刺激有着最佳匹配；如果两者能够最佳匹配，那么，该模式就得到了识别。

原型说认为，存储在记忆中的不是与外部模式有一一对应关系的模板，而是原型。原型不是某一个特定模式的内部复本，而是一类客体的内部表征，即一个类型或范畴的所有个体的概括表征，它反映的是一类客体共有的基本特征。在模式识别过程中，外部刺激只需与原型进行比较；由于原型是一种概括表征，这种比较不要求严格准确的匹配，只需近似的匹配即可。

特征说认为，模式可分解为各种不同的特征，特征和特征分析在模式识别中起着关键的作用。外部刺激在人的长时记忆中以其各种特征得到表征。在模式识别过程中，首先要对刺激特征进行分析，抽取刺激的有关特征；然后，将被抽取的特征加以合并，并与长时记忆中的各种刺激进行比较，一旦获得最佳的匹配，外部刺激就被识别。在该模型中，模式的存储更节约空间，能够减少记忆表征负担；模式识别过程带有更多的学习色彩。与其他的模式识别模型相比较，它更加灵活。

7. 结构优先效应体现了过去的知识经验在知觉中的重要作用。识别一个词中字母的正确率要高于识别单独呈现的同一字母，这一现象被称作词优先效应；识别一个“客体”图形中的线段要优于识别结构松散的图形中的同一线段或单独呈现的该线段，这种现象被称作客体优先效应；而识别一个完整的图形要优于识别图形的一个部分，这是一种构型优先效应。此外，还有字母优先效应，即识别字母的一个组成线段要优于识别单独呈现的该线段。

《复习思考题》

1. 经典的知觉理论如何解释知觉过程？
2. 知觉信息如何被表征？
3. 举例说明自下而上加工和自上而下加工之间的异同。
4. 为什么整体加工具有优先性？
5. 比较并举例说明各种模式识别理论模型的优劣。
6. 如何通过实验说明结构优先效应与过去的知识经验有关？

第四章

记忆的编码与存储

开卷有益

1. 开学时同学们进行自我介绍，你觉得已经记下大家的名字，但你转头就忘记了，下次见面还是叫不出名字。那么，如何快速记下新同学的名字呢？

2. 对于曾经发生的一件事，为什么共同经历过的人回忆起来内容会有出入呢？

3. 为什么有的时候你感觉自己知道某件事，但是怎么都想不起来，之后它又突然闪现在脑海里了？

4. 对于童年，你总会有一些事记得特别清楚，为什么一些发生在很多年前的事情还让人印象深刻？

学习目标

1. 了解记忆的经典模型和研究范式。

2. 掌握 Atkinson 和 Shiffrin 提出的记忆模型，包括外界信息是如何在感觉记忆、短时存储和长时存储中进行编码，以及这三个过程各自的特征。

3. 掌握短时记忆和工作记忆的特点，以及二者在容量、编码方式上的共同点和不同点。

4. 掌握加工层次模型如何解释记忆的过程，了解相关研究范式和自我参照效应的经典范式。

学习重点

1. Atkinson-Shiffrin 记忆理论模型；短时记忆和工作记忆的特点、编码方式以及二者的联系和区别。

2. 工作记忆的神经基础。

3. 加工层次模型的相关内容。

4. 自我参照效应的相关理论和经典研究范式。

记忆是人类认知过程的重要组成部分，它在人的整个心理活动中始终保持着突出的地位。一百多年来，记忆一直是心理学和认知神经科学最活跃的研究领域之一。记忆研究主要包括两个方面。一个方面侧重于记忆的心理成分，强调传统方法的结构加工成分。例如，在记忆测验中，让被试学习一些文字材料，然后对学习内容进行回忆或再认测验。另一方面侧重于记忆的神经生理基础，特别是脑成像技术的发展，产生了许多具有突破性的研究成果。随着记忆研究的不断深入，两方面研究逐渐汇聚，不断丰富人们对人类记忆过程的认识。

第一节　记忆的早期研究与两种记忆说

一、记忆的早期研究

借助科学方法对人类记忆进行研究，标志着心理学发展到了一个新的阶段。德国心理学家 Hermann Ebbinghaus 是记忆研究的先驱，他于 1885 年出版了第一本关于记忆的实验研究报告。他将记忆作为一个心理过程，使用实验方法，对记忆效果进行测量，为研究记忆的科学的心理学方法奠定了基础。Ebbinghaus 最著名的研究成果是他以无意义音节为识记材料，使用实验方法绘制的遗忘曲线。Ebbinghaus 以自己为被试，使用无意义音节，如 ZAT、BOK 和 QUJ 作为识记材料；学习一定数量的无意义音节之后，分别在 20 分钟、1 小时、8～9 小时、1 天、2 天、6 天和 31 天后回忆这些无意义音节；每种时间间隔下所学习的音节组都不相同。Ebbinghaus 在控制实验误差的基础上，绘制了遗忘曲线。由于他绘制的遗忘曲线是在严格控制条件下完成的，后来的研究者也都在不同实验条件下获得了同样实验结果。因此，几乎所有普通心理学教科书都引用了他的这一研究成果。另外，他的记忆实验研究还包括了序列长度对学习时间的影响、练习对学习的影响以及不同系列顺序项目的学习与记忆等内容。这种起源于 Ebbinghaus 的系列学习（serial learning）范式成为一种标准方法，一直被沿用至今。

在 Ebbinghaus 之后，美国哲学家和心理学家 William James 继续从事记忆结构的研究，并于 1890 年出版了《心理学原理》。在该书中，James 将记忆区分为两种。一种是直接记忆，他称之为初级记忆（primary memory）；另一种是间接记忆，即次级记忆（secondary memory）。James 在内省基础上描述记忆结构，认为初级记忆涉及直接的意识经验，它的再现不需要努力，它是刚刚觉察到的事物的真实再现，因此离不开当前的意识，具有暂时性质；次级记忆是对当前意识以外的过去经验的存储，是永久性记忆，具有长期性质，并且人与人之间的次级记忆能力存在很大的差异。因此，记忆具有永久性和暂时性双重特征。尽管这种划分并未指向在科学验证基础上的两种记忆系统，但这一观点对信息加工理论和现代记忆理论产生了直接影响。七十多年之后，Waugh 和 Norman（1965）对初级记忆和次级记忆之间的关系进行了系统描述，如图 4－1 所示。

二、两种记忆说

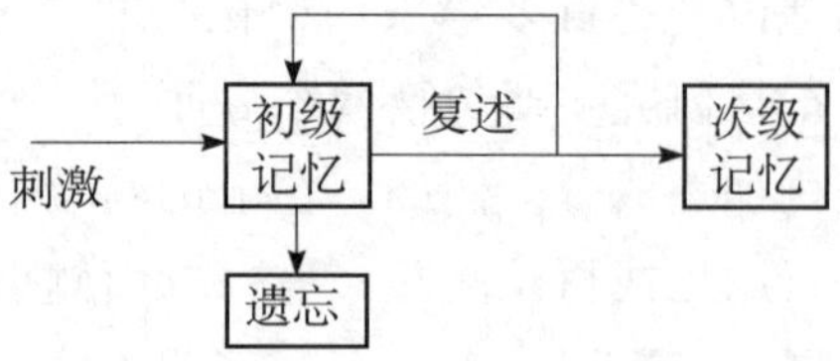

图 4－1　Waugh 和 Norman 的初级记忆与次级记忆模型示意图

随着认知心理学的兴起，短时记忆（short-time memory）的研究在 20 世纪 50 年代中期蓬勃发展起来。大量研究表明，短时记忆在信息容量、编码、保持和作用等方面都与长时记忆不同。这些针对短时记忆的实验研究为初级记忆与次级记忆的区分提供了证据，进而出现了两种记忆说（dual memory theory）。两种记忆说认为，记忆不以单一存储为基础，存在着短时记忆与长时记忆两种不同的记忆，它们彼此独立而又互相联系，形成一个统一的记忆系统。Waugh 和 Norman 是两种记忆说的典型代表，他们借用 James 提出的初级记忆和次级记忆两个术语，最早提出两种记忆系统模型，并首次利用框图来表示这两种记忆系统（见图 4－1）。两种记忆系统理论是二元的：初级记忆是一个短时存储系统，是从次级记忆中独立出来而形成的概念；次级记忆是一个长时存储系统。短时存储系统是使外部信息进入长时记忆的容量有限的缓冲器和处理器。容量以内的信息在短时记忆中可以被短暂保持，通过重复或复述可避免遗忘，并进入长时记忆；在没有复述的情况下，信息在短时记忆中的保持时间大约为 15～30 秒，随后消失。这种丢失不仅与时间有关，也是因为旧信息会被新信息所取代（存储容量有限）。两种记忆说突破了记忆以单一存储为基础的论断的约束，其核心在于长时记忆以外还存在着短时记忆。该理论得到了大量科学研究的证实。

（一）短时记忆的实验证据

Waugh 和 Norman（1965）使用 16 个数字序列探索初级记忆中项目记忆的特点。这些项目以每秒钟 1 个数字（或每秒钟 4 个数字）的速度呈现给被试。最后，给出探测数字，它是序列中某个位置上曾经出现过的数字。探测数字出现时伴随着一个声音，声音提示被试回忆序列中紧跟在探测数字后第一个出现的数字（目标数字）。例如：

7 9 5 1 2 9 3 8 0 4 6 3 7 0 6 0 2（声音）

在这个例子中，正确的回忆是 9（9 在第一次出现的 2 后面）。在这个序列中，有 10 个数字插在目标数字（9）和探测数字（2）之间。Waugh 和 Norman 的方法是在探测数字和目标数字之间使用不同数目的干扰数字，并将它作为一个变量。这种方法可以测量出不同干扰项数目与回忆成绩之间的关系。由于被试不知道哪一个数字将是回忆线索，所以，他们无法将注意集中于任何一个数字，并复述该数字。实验结果见图 4－2。当探测数字和目标数字间的干扰项数目较少时，回忆成绩较好；随着干扰项数目增大，回忆成绩越来越差。Waugh 和 Norman 认为，目标数字和探测数字之间间隔缩小时，回忆成绩提高，这属于初级记忆，即 James 所说的初级记忆的再现不需要努力；相反，间隔增大，回忆成绩下降，说明项目需要从次级记忆中被恢复。

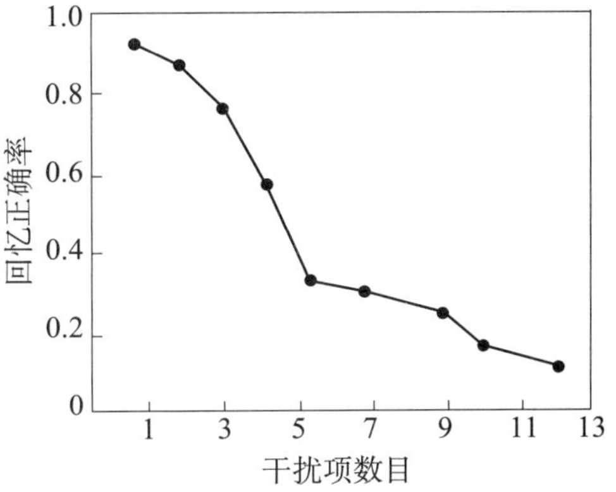

图 4-2 干扰项数目与回忆正确率之间的关系

临床研究也进一步证明了短时记忆的存在。由脑损伤引起的遗忘症患者经常不能回忆起受伤前几秒钟发生的事情，而受伤前几分钟或几小时之间发生的事情仍然被保留在记忆中。这种情况被称为短逆向性遗忘（short retrograde amnesia），它表明某种短暂的即时记忆受到损害，而长时记忆未受到影响。事实上，脑损伤后立即进行的回忆似乎不受影响。Lynch 和 Yarnell（1973）对比了他们分别与脑损伤和未受伤足球运动员的谈话。谈话时间分别为受伤后 30 秒内、3～5 分钟和每隔 5～20 分钟。他们发现，在受伤后立即进行交谈，运动员能够准确地回忆出当时的情景，例如："当我阻碍凌空球时，我被从前面'撞击'了。"但是 5 分钟后，他们就无法回忆起比赛的细节，例如："我不记得发生了什么。我不记得那是什么样的比赛或者我在做什么。它是关于踢悬空球的事情。"这似乎表明，受伤之前发生的事件细节，被暂时存储在记忆中并迅速遗忘，而未能转入永久性记忆中。

生理学研究表明，在学习实验中，当学习之后紧跟着一次电休克（electroconvulsive shock，ECS）时，动物的学习成绩很差，而先前学习的成绩没有受到影响。在白鼠跳台实验中，在铁丝笼内放一个小台子，笼底部通电，强度为中等（白鼠的足部受电击后有难受感觉），然后将白鼠放在台子上。由于跳到笼底时就会受到电击，白鼠很快就学会逃避电击，待在台上，很少再跳到台下。但是，如果在白鼠跳到笼底受到电击后，立即对白鼠的头部施加电休克刺激，则白鼠以后还会继续跳到笼底，这说明白鼠忘记了足部受过电击，未学会待在台子上。如果延长足底电击与电休克刺激之间的时间间隔，则电休克刺激的作用将会降低。这个实验表明，由短时记忆到长时记忆的转换可能受到有无电休克刺激及何时出现电休克刺激的影响。

（二）系列位置效应

早在 20 世纪 20 年代，心理学家就注意到，如果让被试用自己喜欢的顺序回忆一系列项目，将产生特定的系列位置曲线（serial position curve）。最近呈现项目的回忆成绩最好，其次是最先呈现的项目，而中间项目成绩最差。60 年代，系列位置曲线成为短时存储与长时存储存在差异的证据，研究所使用的方法是由 Ebbinghaus 率先采用的自由回忆任务（free recall task）。其具体过程是，先给被试呈现一系列项目（一般为单词），大约每 2 秒一个项目；项目呈现完毕后，要求被试自由回忆刚才呈现过的项目。将回忆结果以项目呈现顺序为横坐标、以正确回忆率为纵坐标就可以获得系列位置曲线，见图 4－3。

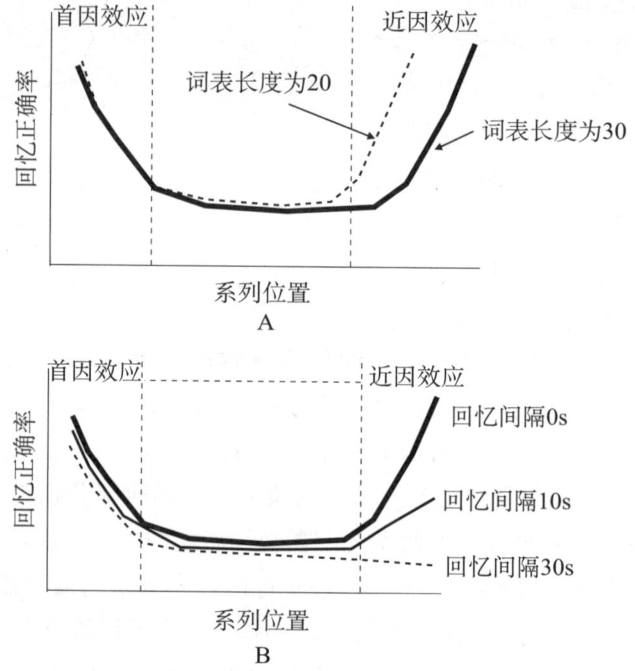

图 4－3　系列位置曲线

系列位置曲线可以分为三个部分。近因效应（recency effect）指系列中最后几个项目回忆得较好；首因效应（primary effect）指系列中开头的几个项目回忆得较好；渐近线（asymptote）指曲线的中间部分，其中的项目的回忆效果最差。两种记忆说可以很好地解释首因效应和近因效应。自由回忆的系列位置曲线反映了两种记忆，具体来说，曲线的起始部分和中间部分反映的是长时记忆，而曲线的结尾部分反映的是短时记忆。对于首因效应而言，系列的起始部分比中间部分保持的时间长，可以得到较多的复述，因而比中间部分的回忆成绩好；对于近因效应来说，系列的结尾部分回忆好是由于这些项目正保持在短时记忆中，近因效应所涉及的系列刺激结尾部分的项目数正与短时记忆的有限容量相吻合，同时，近因效应还与回忆间隔时间有关，当间隔时间增加时，近因效应消失。

扩展阅读

内隐记忆中的系列位置效应

内隐记忆（详见第五章）是指不需要经过有意回想的一类记忆形式，即个体没有意识到的一种记忆现象。传统上对系列位置效应的研究都是基于有意识记忆的。Raanaas 和 Magnussen（2006）第一次利用间接记忆测试证明了内隐记忆中同样存在首因效应和近因效应。Bireta 等（2018）进一步以英语双音节名词为实验材料，在每个试次中依次呈现颜色（4 种）不同的 4 个单词；随后，让被试说出 4 种颜色的呈现顺序（直接测试）；然后，再进行间接测试（内隐记忆测验），即显示 3 个字母，要求被试将头脑中第一个出现的单词写出来。Bireta 等发现，在间接测试中同样存在首因效应和近因效应。然而，如果将两个测试的顺序颠倒，即先进行间接测试（单词补全），再进行直接测试（颜色顺序回忆），那么，内隐记忆的近因效应会增强，首因效应会减弱。因此，在内隐记忆中同样存在系列位置效应，但这种效应会随测试时间间隔而改变。

第二节　Atkinson-Shiffrin 记忆理论模型

Atkinson 和 Shiffrin（1968）在 Waugh 和 Norman（1965）的记忆理论基础上提出了一种基于信息加工的记忆理论。该理论将记忆存储过程分成感觉记忆、短时存储（记忆）和长时存储（记忆）三部分。

一、感觉记忆

来自外部的刺激信息最初以何种形式存储、如何进入长时记忆等问题是记忆研究的基本问题。我们每天都面临大量信息，它们会传至视觉、听觉等系统，并在已存储的知识经验参与下转变成知觉表征。例如，人们在观看电影或电视时能够将相继出现的静止画面看成运动场景，人们在看书时能不受眨眼和眼动的干扰而保持知觉的连续性，这些都有赖于视觉滞留。视觉滞留是指直接作用于感觉器官的外部刺激产生感觉印记之后，虽然刺激的作用停止，但感觉印记能够在极短时间内保持的现象。不仅视觉存在这种现象，其他感觉通道（听觉、触觉、嗅觉、味觉等；见图 4－4）同样存在。感觉滞留现象说明，感觉信息可以短暂保持，这种记忆就是感觉记忆（sensory memory）或感觉登记。因此，感觉记忆是指在物理刺激不再呈现时，信息以一种相对原始的、未被加工的形式在较短时间内保持。感觉记忆的保持虽然十分短暂，但它脱离刺激的直接作用，因此，它为进一步加工提供了充足时间和可能性。该过程对知觉活动本身和其他高级认知活动都有着重要意义。由于人们接收的外部信息主要来自视觉和听觉，对感觉记忆的研究也主要集中在这两个方面，其中视觉的感觉记忆被称为图像记忆（iconic memory），听觉的感觉记忆则被称为声像记忆（echoic memory）。

（一）图像记忆

图像记忆是一种普遍的心理现象，几乎每个人都曾体验过。例如，教师使用投

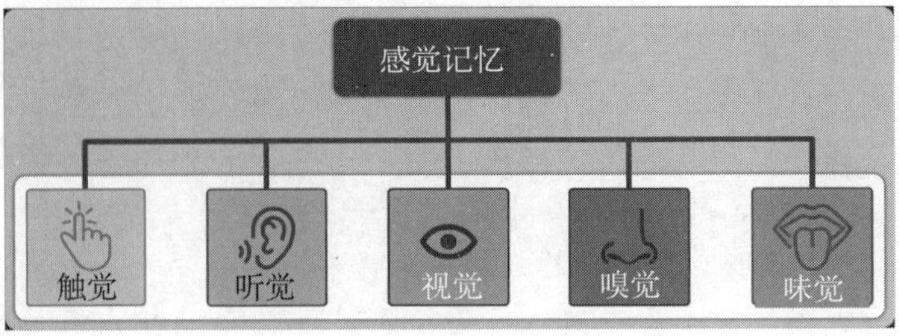

图4-4 感觉记忆的种类

影仪授课，为了检查机器是否正常运转，上课前把一张胶片放在投影仪上，打开投影仪后，又迅速关上。在开启投影仪的瞬间我们看到了投影仪屏幕上的内容，而在关闭投影仪，视觉刺激消失后的一段极短时间内，我们似乎仍然可以“看见”胶片上的内容。这种心理现象在许多严格控制的实验研究中已经得到了证实。

Sperling（1960）的经典实验验证了视觉感觉记忆的存在。首先，他使用速示器给被试呈现字母卡片，见图4-5（A），每张卡片的呈现时间为50毫秒。然后，要求被试立即报告全部看到的字母。这种方法被称为全部报告法（whole report）。Sperling发现，如果使用全部报告法，被试一般情况下只能报告其中的0～4个字母。虽然任务很简单，但回忆成绩却不佳。即使将呈现时间延长到500毫秒，回忆成绩仍没有明显提高。因此，这个问题已不是知觉问题，因为500毫秒已足够感知所有字母。

C	F	X	Z		C	4	F	X	高音
P	L	A	Y		P	L	8	A	中音
N	T	S	K		N	6	T	S	低音
	(A)					(B)			

图4-5 Sperling的全部报告法和部分报告法刺激卡片

因此，Sperling又创造了一种新方法，这种方法是将卡片的上、中、下三行与数字分别匹配高、中、低三种纯音，见图4-5（B）。在卡片呈现之后，立即会听到一个随机呈现的声音信号。要求被试在听到低音时，报告卡片最下面一行字母；当听到高音时，报告卡片最上面一行字母；而当听到的是中音时，则报告卡片中间一行字母。这就是部分报告法（partial report）。与全部报告法的不同之处在于，它只要求被试将所记住字母的一部分报告出来，而不是报告全部。实验时刺激卡片的呈现时间仍为50毫秒。结果表明，不论被试听到的是高、中、低哪种声音信号，他们都能非常准确地报告与之对应的那行的所有字母。事实上，Sperling发现，使用部分报告法，被试平均能够准确回忆出指定行字母的3/4，平均能够回忆出总数的75%以上。这一结果证明，被试一定是存储了字母表中的所有字母，因为他们在听到纯音之前并不知道是哪一种音调，即他们并不知道要报告哪一行字母。

与全部报告法相比，部分报告法提高了被试的回忆成绩。那么，是什么原因导致部分报告时回忆成绩更好呢？Sperling 分析认为，在全部报告条件下，被试实际上看到的字母要多于成功报告的字母。但是，报告时不能将所用字母全部报告出来，报告开始的几个字母时，其余字母的图像就完全衰退或消失了，因而不能被报告出来。这说明该记忆存储系统的容量相当大，但信息保持的时间很短，很快就会消失。Sperling 还发现，如果将声音线索与刺激卡片之间呈现的时距分别设定为 0.1、0.15、0.30、0.50 和 1 秒，其结果是，即时回忆出的字母数为总数的 80%；声音线索延迟 0.15 秒，回忆出的字母数为总数的 70%；延迟 0.30 秒，回忆率下降到 55%；延迟 0.5 秒，回忆率就与全部报告法的结果相近；而当声音线索延迟 1 秒后被试再进行回忆，两种报告法的成绩就没有差别了。

然而，图像记忆存储的位置仍然存在争论。有一些研究者认为，图像存储在眼睛的视杆细胞（明暗感受器）上，而不是在大脑中的某一位置。但另一些研究者证明，图像记忆既保持着黑白线索，也包含颜色信息。此外，如果信息存储在视网膜的光感受器上，那么，当刺激呈现时间较长时，图像记忆应持续较长的时间。但是，当将刺激持续时间加长，增加到 10 毫秒以上时，图像记忆的持续时间却变得更短。因此，图像还是存储于大脑中的某一部位，而不是视网膜的视觉感受器。

（二）声像记忆

声像记忆是针对听觉材料的感觉记忆。Moray 等（1965）最先用实验证明了声像记忆的存在。Moray 等采用类似于双耳分听任务的方法，让被试完成一种“四耳”分听任务。被试可以同时从 4 个不同声源获得声音信息，它们来自不同方向，由一连串随机的字母组成，被试可以区分出声源位置。实验时分别从 2 个、3 个、4 个声源同时呈现 1～4 个字母。刺激呈现完毕后，被试报告他们听到的字母。类似于 Sperling 的全部报告法和部分报告法，Moray 等要求被试报告他们听到的所有字母，或者根据显示牌灯光（每束灯光对应一个通道）提示报告特定通道的字母。Moray 等发现，部分报告的成绩优于全部报告。因此，与图像记忆一样，声像记忆仅仅能在短暂时间内存储信息，听觉系统同样存在感觉记忆。Darwin 等（1972）也用类似于 Sperling 的部分报告法证实了声像记忆的存在。他们采用“三耳人”实验方法，让被试同时听 9 个项目，其中 B、3、F 呈现在右耳，J、6、Z 呈现在左耳，Q、K、9 在双耳同时呈现（被试会觉得声音来自中间）。部分报告时，被试可以根据屏幕上的左、中、右光条，报告相应字母和数字；视觉线索与刺激的时距分别为 0、1、2 和 4 秒。实验结果表明，在声像记忆中，即时报告的平均保存项目为 4.9 个；随着视觉线索与刺激的时距延长，被试保存的项目数量降低；时距为 4 秒时，被试平均保存 4.4 个项目，逐渐接近全部报告的结果。因此，在声像记忆研究中，部分报告法也优于全部报告法。

Glucksberg 和 Cowen（1970）对声像记忆的存储时间进行了估计。他们在被试的左、右耳呈现不同语言信息，并附加追随任务（shadowing task），要求被试重复追随耳（事先指定的那只耳朵）所听到的语言信息。在这种条件下，大部分被试很难记住非追随耳（另一只耳朵）中所呈现的内容。实验者还使非追随耳中偶尔出现一个数字，并不时停止下来，要求被试回答是否听到过数字。Glucksberg 和 Cowen 发现，如果数字出现后立即问被试，被试还可以正确地回答一些数字；但当时间超过 2 秒以后，成绩就迅速下降；而在 5 秒以后，被试就无法检测出数字。因此，Glucksberg 和 Cowen 认为，对未受到注意的数字而言，在 5 秒内声像记忆就会完全消失。

（三）感觉记忆的特征

部分报告法为测量感觉记忆的容量提供了可能性。这种方法补偿了被试对图像表征字母的报告时间，在这段时间内图像表征可能迅速消失而不复存在。另外，由于被试事先并不知道要报告哪行字母，所以，部分报告法可以方便地测量出感觉记忆中的所有信息。

图像和声像两种感觉记忆具有以下特征：（1）当刺激信息（如字母卡片、声音）呈现结束时，如果延缓回忆，则回忆的正确率随延缓的时间延长而降低。然而，两种感觉记忆表现出不同的规律。图像记忆的持续时间在 500 毫秒内，约为 300 毫秒；而声像记忆持续的时间比图像记忆的持续时间要长得多，可达 4 秒。（2）图像记忆的容量大于声像记忆的容量。图像记忆的容量约为所呈现字母的 75%～80%，而声像记忆的容量约为所呈现字母（含数字）的 50%～55%。（3）感觉记忆按感觉信息原有形式进行存储，它是外部刺激的真实复本，它持续的时间取决于刺激呈现的条件和是否有时间对刺激项目进行命名或复述。（4）图像或声像的消失似乎是一种自动的衰退过程。感觉记忆的遗忘是由消退产生的，也与干扰有一定关系。

由于人的感官所感受到的刺激瞬息万变，当选择最重要刺激实施进一步加工时，需要在一个短暂时间内准确地保持感觉刺激。这使一个个刺激的片段整合成一个单一的、整体的知觉。尽管作用时间非常短暂，但感觉记忆为进一步加工提供了基础，在实施一些控制（如注意和复述）的基础上，可以使表征更持久。通过这种方式，外界信息成为记忆表征而被进一步识别和加工。因此，感觉记忆成为一个完整记忆系统所不可缺少的开始阶段。

二、短时存储

当外界刺激通过不同感觉通道（视觉、听觉和触觉等）进入感觉记忆后，信息很快就会衰退，而没有衰退的信息便会进入短时存储（short-term storage，STS）。由感觉记忆传入短时存储的信息经过变换或编码，具有不同于原来的感觉形式，编码形式有听觉、视觉和语义形式。

尽管短时存储中的信息保存时间比感觉记忆信息要长，但是，如果不以某种方式重复，它们会在大约 30 秒之内从记忆中消失。在 Atkinson-Shiffrin 模型中，短时存储有两种功能。首先，它是感觉记忆和长时存储之间的缓冲器。从感觉记忆传入的信息需要一定时间才能进入长时存储。在这段时间内，信息在短时存储中暂时保持。短时存储连接感觉记忆和长时存储，成为它们之间的缓冲器。其次，它是信息进入长时存储的处理器。短时存储中的信息经过复述后进入长时存储，新的信息不断传入，原有信息可能因没有及时进入长时存储而丢失。

短时存储通常被称为“心理工作台”。其他存储中的项目可以被转送到这个工作台上，在此处材料能够以各种方式被精制或转换。短时存储的空间有限，只能同时加工有限信息。因此，在短时存储中加工材料需要分配认知资源。信息在短时存储中保持的时间比在感觉记忆中要长，未复述的材料可以在其中保持约 30 秒。如果信息得不到精细复述和转化操作，它们就会衰退。短时存储的内容有时被等同于我们的意识范围。

Peterson 夫妇（1959）的经典研究可以帮助我们理解短时存储。他们以由三个辅音字母组成的字母串为实验材料（如 MBN），先让被试听一系列辅音字母串；然后，呈现一个三位数，要求被试做倒减数运算，间隔时间分别为 3、6、9、12、15、18 秒；最后，让被试回忆刚才呈现过的字母串。结果见图 4－6。

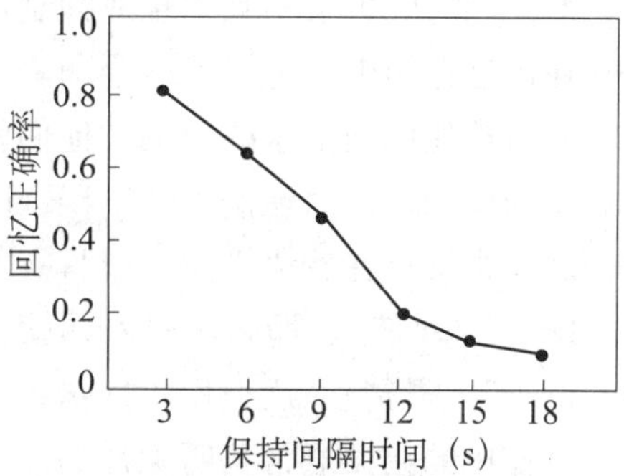

图 4－6　保持间隔时间与回忆正确率之间的关系

Peterson 夫妇认为，在实验中，倒减数运算是一项干扰任务，它使被试未能在其“工作台”上进行复述。复述可以重组短时存储中的内容，如果没有复述，材料可能就会消失。因此，提取失败由衰退引起是比较合理的。另外，著名的系列位置效应也清楚地说明了短时存储的存在以及它的特点。

感觉记忆中的内容并没有真正被组织，认知系统没有对其进行转换，感觉记忆只不过是对刺激原有形式的简单复制；而短时存储中的内容则经过了认知系统的大幅转换和编码，这种编码包括听觉、言语和语言等形式。然而，彻底回答短时存储中的编码问题相当困难，在短时存储中或许听觉（acoustic）、言语（verbal）和语言（linguistic）这三种形式编码都存在，因此可以将短时存储中的编码称为 AVL 单元。

短时存储容量是人们关心的重要问题。大量证据表明，短时存储中的项目主要以组块（chunk）形式存在。组块是按照某种规则或对应于某些熟悉模式所组织起来的一个信息单位。在短时存储中，三个单词衰退的速度与三个字母衰退的速度基本相同。当三个彼此无关的字母进入短时存储时，它们构成了三个组块；而三个单词同样占用三个单位。因此，组块单位可以是字母，也可以是单词。短时存储容量受到刺激材料特征的影响，数字的容量最大，其次是图形，再次是汉字，而位置最小（参见陈辉，1988）。关于短时存储（记忆）的容量，本章第三节将进行更详细的介绍。

三、长时存储

被复述的信息可以由短时存储进入长时存储（long-term storage，LTS），长时存储指信息存储的时间长于1分钟，最长能维持终生的记忆。长时存储中保存着我们关于世界的一切知识，为我们的一切活动提供必要知识基础。在长时存储中，信息被按照它们的意义进行语义编码。长时存储容量很大，进入长时存储的信息也可以长久保持，但由于受到干扰或消退，信息也会丢失或不能被提取出来。虽然进入长时存储中的信息也可能丢失，但与其他两种存储相比，从长时存储中丢失的可能性要小。当再次需要这些信息时，它们可以从长时存储中返回到短时存储，即从长时存储中提取出这些信息并保存在短时存储中。

信息在两种存储间转移的过程就是复述（rehearsal）。复述可以维持短时存储中编码的活力，只要短时存储编码能够经常得到复述，信息就可以保持较长的时间。复述还可以在长时存储中产生与短时存储材料相对应的代码。材料一旦到达长时存储，就会按照意义以语义形式进行组织。记忆代码在长时存储中可以永久存在，但代码之间也会相互干扰或抑制，从而导致信息提取失败。

在记忆存储中，记忆代码会随着时间而改变。如果让被试记忆一组单词，在若干小时后让他们回忆这些单词，他们就会忘记一些单词，而回忆出一些词表上没有出现过的单词，即出现侵入性错误（intrusion errors）。这些“侵入”单词和被遗忘单词之间常常存在着语义关联或具有共同意义。例如，如果学习词表上原有的单词是“boat”（小艇），那么，侵入词就很可能是“ship”（船），而不是“bud”（芽）或“boar”（野猪）。这类侵入性错误与短时存储中的回忆错误有很大不同，因为在短时存储中的错误通常是听觉性的。

神经心理学发现，当大脑受到了由物理、电或化学等刺激引起的强烈创伤时，可能回忆不出创伤之前一段时间内发生的事情。在一些极为严重的情况下，甚至对创伤之前1小时经历的事件也回忆不起来。对因创伤而丧失的记忆内容的恢复有一个比较规律的顺序，这部分记忆中最早（即距事故发生最远）的内容会首先恢复，然后是距事故越来越近的内容。这种记忆丧失被称为逆行性遗忘（retrograde amnesia）。产生这种现象的原因可能在于，如果记忆确实从短时存储转移到长时存储中，那么，记忆代码在转移过程中非常不稳定，刚刚形成且即将转移的记忆代码最容易被破坏。相对而言，那些已经转移的代码则比较牢固，能承受创伤的打击。

Chorover 和 Schiller（1965）的动物实验验证了上述观点。他们把白鼠放在一个距笼底几英寸（1英寸约合2.54厘米）高的小平台上，如果白鼠跳到笼底就给予一次电击。白鼠跳下平台与电击之间的时间间隔可以进行变动。他们设想，如果记忆确实存在转移并容易受到破坏的话，那么，当这种时间间隔很短时，白鼠躲避行为的成绩应该很差；而增加时间间隔就可以促进躲避行为的学习，因为白鼠的记忆系统此时已经将记忆转移到长时存储中并保存了起来。在白鼠受到电击过后24小时，他们将其放回笼子进行记忆测验。实验结果验证了他们的假设。与 10 秒后才受到电击或根本不给予电击的白鼠相比，在跳下平台 10 秒之内施加电击时，白鼠跳下平台的潜伏期更短，说明它们没有很好地记住电击。因此，在 10 秒内受电击的白鼠跳下平台后的记忆更容易因电击而丧失，24 小时后进行记忆测验时，它们会继续犯错误，仍然往下跳。而 10 秒之后才受到电击的白鼠则有可能记住之前的这种经历，因此，它们对于从平台上往下跳就会更加谨慎。Chorover 和 Schiller 认为，逆行性遗忘的梯度约为 10 秒，在这期间短时存储向长时存储转移的记忆内容容易受到破坏。

四、支持 Atkinson-Shiffrin 模型的证据

Atkinson-Shiffrin 模型的结构强调短时记忆和长时记忆的分离以及它们各自的功能，该理论也得到许多研究的支持。Kintsch 和 Buschke（1969）在实验中要求被试按顺序学习 12 个英语单词（学习词表）。他们的理论基础是，短时记忆中的信息按照听觉或声音特征进行编码，而长时记忆中的信息则是按照语义或意义特征进行编码。他们认为，当被试回忆时，词表开始位置上的几个单词应该存储在长时记忆中，因为从它们呈现到回忆之间经历了一段时间；而词表末尾的几个单词因刚刚呈现，它们应该存储在短时记忆中。在第一个实验中，他们试图验证词表序列开始的几个单词是否受到语义因素影响；第二个实验是为了验证词表序列结尾的几个单词是否受到听觉因素影响。实验一中的单词具有语义关联，而实验二中的单词则是在发音上相似。词表序列类似于表 4－1。

表 4－1　Kintsch 和 Buschke 的实验词表

项目	1	2	3	4	5	6	7	8	9	10	11	12
实验一	angry 生气	pleased 高兴	forest 森林	sofa 沙发	ocean 海洋	woods 树林	carpet 地毯	sea 大海	happy 高兴	rug 垫子	mad 疯狂	couch 睡椅
实验二	tacks 大头钉	so 所以	buy 购买	owe 欠	tied 打结	sew 缝制	their 他们的	tax 税收	by 在附近	there 那里	oh 哦	tide 潮汐

第一个词表序列包含彼此之间在意义上相似的几对同义词（如 pleased、happy）。被试学习词表后，实验者提供词表序列中的一个单词，如 pleased，要求被试写出词表序列中紧跟其后的下一个单词。正确的答案应该是 forest。但也有另一种可能，即被试将 pleased 和它的同义词 happy 混淆了，那么，他写出的单词可能是 rug，因为 rug 紧跟在 happy 之后。Kintsch 和 Buschke 通过分析词表序列中单词发生语义混淆的数量发现，词表序列前部单词的语义混淆数量要大于词表序列后部的单词。这一结果证明，词表序列开始处的单词应该存储在长时记忆中，被试按照单词的意义进行编码。第二个词表序列包含几对同音异义词，它们是一些在声音上相似的单词（如 buy，by）。被试学习词表后，实验者同样提供词表序列中的一个单词，如 so。如果被试混淆了两个听起来相同的单词（so 和 sew），那么，当他看到单词 so 时，可

能会回答 their，因为 sew 出现在 their 前面。Kintsch 和 Buschke 发现，听觉混淆在词表序列末尾处出现的数量比在序列开始处更多。这个结果证明序列末尾处的单词按照它们的声音进行编码，存储在短时记忆中。

按 Atkinson 和 Shiffrin（1968）的观点，经常被复述的项目更容易被转移到长时记忆中。Rundus（1971）给被试呈现含有 20 个名词的词表，并让被试在复习时大声念出每一个单词，同时，记录每一个单词被复述的次数以及被试后来能够回忆出的单词数。复述次数与回忆数目之间的关系符合典型的序列位置效应，它包含明显的首因效应和近因效应。序列起始部分单词得到的复述次数比后面单词要多得多。短时记忆和长时记忆之间的信息不断流动，在短时记忆中产生了暂时存储的内容；反过来，这些内容又决定着长时记忆中存储的内容。根据 Atkinson 和 Shiffrin 的理论假设，较早出现单词得到的复述足以将它们转移到长时记忆中，在回忆时它们很容易被提取出来。但是，当被试学习到第六个单词时，由于以往单词的积累，经常复述已经不可能。由此可见，词表序列前部的回忆概率随复述平均次数减少而降低，复述频率似乎能够有效地解释首因效应，而近因效应可以用短时记忆解释。

Atkinson-Shiffrin 模型也得到神经科学研究的支持，尤其是对脑损伤病人的研究，其中最著名的是 H. M. 的病例。神经外科医生在治疗 H. M. 的严重癫痫时，切掉了一部分颞叶和海马体。虽然手术成功治疗了癫痫，但他的记忆严重丧失。H. M. 能够精确回忆出发生在手术之前的事情，并且他的短时记忆也正常。但是，他不能学习或保持任何新信息。例如，他前一天遇到的人，到第二天就不认识了；而且，他最多能按顺序回忆出 6 个数字，这表明他的短时记忆正常，但他缺乏将信息从短时记忆转入长时记忆的能力。K. F. 的病例与 H. M. 大致相反。一次摩托车事故损伤了 K. F. 的部分左侧大脑皮层。他有正常的长时记忆，但他的短时记忆非常有限。例如，K. F. 能够正确地重复句子“The dog bit the man and the man died”（狗咬了那个男人，并且那个男人死了），但却不能重复句子“The man the dog bit died”（那个被狗咬的男人死了）。后面这个句子虽然较短，但是对短时记忆的负荷较大；“the man”（男人）作为主语需要保持在短时记忆中才能在加工下面的三个单词时与动词“died”（死）相结合。这两个病例为研究短时记忆和长时记忆分离提供了有力证据。

Atkinson-Shiffrin 模型尚有不完善之处。虽然多数研究证明短时记忆是听觉代码，而长时记忆是语义代码；然而，也有很多现代研究证明，项目也可以在短时记忆中按照它们的意义进行编码。另外，在长时记忆中对项目的声音也有清晰表征。例如，你可以回忆起昨天在收音机里听到的一首歌的声音。因此，短时记忆主要是听觉性的，长时记忆主要是语义性的；但区别二者的界限并不十分严格。近因效应被认为是短时记忆作用的有力证据，但仍有不少研究者证明长时记忆也存在近因效应。例如，对于很久以前学过的序列，其结尾部分也有较好的回忆成绩。因此，标准的近因效应和长时近因效应可能具有相同的作用机制。另外，病人 H. M. 有正常的短时记忆和不正常的长时记忆，而病人 K. F. 则相反。这两个病例常常被作为区分两种记忆的有力证据。但是，K. F. 病例与 Atkinson-Shiffrin 模型之间依然存在一个矛盾之处。在 Atkinson-

Shiffrin 模型中，信息只有通过短时记忆进入长时记忆后，学习才能发生。而 K. F. 的短时记忆是不正常的，他的长时记忆是怎么形成的呢？Atkinson-Shiffrin 模型促进了大量实验研究，这些研究结果加深了人们对影响记忆的因素的理解（包括学习和记忆策略）；同时，这个模型有助于人们理解知觉、注意、记忆、语言和思维之间的相互关系。从科学研究的发展来看，尽管它不是十分完美的模型，但它是一个非常重要的模型，在它的基础上形成了很多重要的记忆理论，从而将记忆研究向前推进了一大步。

扩展阅读

感觉记忆如何登记外界信息，排除还是共享？

——Atkinson-Shiffrin 模型的扩展

Tripathy 和 Ögmen（2018）扩展了 Atkinson-Shiffrin 模型。他们通过描述记忆系统与生态事件（环境刺激）之间的相互作用，详细说明了事件如何在感觉记忆存储，即感觉记忆不需要对环境信息进行标记（“排斥模式”，exclusive model），还是感觉记忆既要登记当前的感觉信息内容，也要对它们进行标记（“共享模式”，shared model）。

为了证明排斥和共享模式哪个合理，Tripathy 和 Ögmen 采用多目标跟踪（multiple object tracking，MOT）任务的变式。在实验中，每个试次开始时在屏幕的三个随机位置上各呈现一个圆点，静止 1 000 毫秒后，圆点沿直线移动 400 毫秒；然后，沿偏离 30°—180°或逆时针方向再直线移动 400 毫秒；圆点停止运动后，要求被试报告它们当前运动方向。运动方向可以以偏离为界限，分为偏离前方向和偏离后方向。通过分析被试在部分和全部报告条件下的判断结果，Tripathy 和 Ögmen 发现，虽然感觉记忆容量很大，但它仅能加工当前的活跃信息，并不需要对事件进行标记，以便加快视觉信息处理速度；即感觉记忆不需要对环境信息进行标记（“排除模式”），感觉记忆仅专注于当前事件片段。Tripathy 和 Ögmen 通过描述记忆系统如何处理与生态事件相关的信息，将 Atkinson-Shiffrin 模型从实验室条件扩展到生态环境中。

第三节 短时记忆与工作记忆

一、短时记忆

Atkinson 和 Shiffrin 的记忆理论指出，短时记忆和长时记忆是两个相互分离的记忆系统，信息被暂时存储在短时记忆中，经复述才能进入长时记忆。这个理论的关键特征是将短时记忆确定为长时记忆和感觉记忆之间的中转站，即感觉记忆和长时记忆之间的缓冲器和信息进入长时存储的处理器。在人们的生活中，短时记忆的例子很常见。例如，当你看到一个朋友的电话号码，穿过房间来到电话旁边拨打电话时，用到的就是短时记忆系统。在你穿过房间时，为防止遗忘，你一定会不断复述电话号码，一旦打通了电话，你就很容易忘记刚才所拨的号码。由此可见，短时记忆只能持续很短时间。持续时间的短暂只是短时记忆较为明显的特征，对短时记忆的研究内容还包括存储信息的数量（容量）、存储信息的方式（编码）等。

（一）短时记忆的容量（组块）

如果你打算在很短时间内存储信息（如电话号码），那么，究竟能有多少可利用的空间？即在很短的时间内，你能记住多少信息？一百多年来，人们一直在探索着记忆的奥秘。1887 年，Joseph Jacobs 做过一个实验，他给被试大声读一系列无特定顺序的数字；然后，要求他们立即写下他们能回忆出的全部数字。Jacobs 发现，被试能够回忆出数字的最大数量约为 7 个。1956 年，美国心理学家 George A. Miller 在一篇题为《神奇数字 7±2：人类信息加工能力的局限》的著名论文中明确提出，我们在短时记忆中只能保持数量有限的项目，人们能够记住大约 7（加减 2）个项目。在实际情形中，7（加 2 或减 2，依赖于个体、材料和其他环境因素）似乎是人们能在短时记忆中保持的最大基本单元数目，它被称为短时记忆的容量（capacity）。

Miller 使用组块（chunk）描述短时记忆的基本单元。Bellezza 和 Young（1989）将组块更明确定义为一个由少量成分组成的熟悉的认知单元，它是经常使用的固定知觉模式。按照 Miller 的观点，短时记忆大约能够保持 7 个组块的内容。在由数字和字母构成的随机序列中，人们可以记住大约 7 个数字或字母，因而一个组块可以是一个数字或一个字母。但这些数字或字母可以被组成较大的单元。例如，下面 15 个字母组成的字母串："I、B、M、N、F、L、C、C、T、V、J、A、P、A、N"。如果你认真观察这些字母，你会发现它们形成 4 个著名的缩写：IBM（计算机公司）、NFL（美国国家橄榄球联盟）、CCTV（中国中央电视台）、JAPAN（日本）。如果你注意到这 15 个字母对应的四个组织或国家，你会很容易地记住完整的字母串，并形成独立的单元，即组块。整个字母串就可以被容纳在你的记忆广度之内。同样，我们在记忆自己的身份证号码时，也可以使用较大组块帮助记忆，其中自己的生日就是一个大组块。

组块的形成依赖于个体现有的知识储备。一些不熟悉计算机的人会把 IBM 看成是随机呈现的字母。实际上，组块（chunking）是一种信息的组织或再编码，Miller 把形成组块看成是记忆的一个基本过程，是一种非常有效的途径。de Groot（1965）在实验中发现，给象棋大师和新手看一个真实的棋局 5 秒；然后，将棋子移开并要求他们按照原先的棋局将棋子放回原位，象棋大师在第一次尝试时就能将 90%的棋子正确复位，而新手仅恢复了 40%的棋子。但是，如果给他们呈现的不是一个真正的棋局，而是任意摆放的一些棋子，那么，象棋大师与新手能正确复位的棋子数目都很少，两者也没有很大差别。这一结果表明，象棋大师复原棋局的成绩好于新手，是因为他们有更丰富的下棋知识和经验，熟悉许多棋局，有更大的关于棋局的组块；而新手则没有下棋经验，棋局组块相对较小。对随机摆放的棋局而言，象棋大师和新手的组块大小相似，因此，他们的复原成绩接近。总之，组块的作用就在于减少短时记忆中的刺激单位，增加每一单位所包含的信息数量，以便在一定时间内记住更多信息。

（二）短时记忆信息编码

短时记忆的容量和持续时间都非常有限，这些特性促使人们思考，短时记忆中的信息以何种形式保持或存储，即短时记忆的编码问题。就记忆系统而言，编码是指外部信息的心理表征过程。编码内容决定记忆中存储的内容，存储内容又决定回忆的线索，只有有效的线索才有助于对信息的回忆。当一件事情发生时，人们会通过感觉通道（如视觉或听觉）接收到一些信息（如事件发生的时间和地点），但心理表征并不只是对最初刺激的简单复制。因此，区分各种形式心理表征（记忆编码）的不同特征非常重要。有些特征的编码不需要多大努力和有意注意，它是一种自动加工；而另外一些特征的编码则需要努力和有意注意，即控制加工。根据外部信息的形式，短时记忆中信息编码方式有听觉编码、视觉编码和语义编码。

1. 听觉编码

听觉编码是把外部刺激项目以声音形式转换成心理表征的过程。大量实验已经证明短时记忆中听觉编码的重要性。例如，在日常生活中，你拨通电话查询电话号码时，得到所需要的电话号码 14905391，在你打完该电话前，此号码一直被保持在你的短时记忆中。你是如何记忆这个号码的呢？如果没有写下来，你就会不断地默默重复它，这就是在短时记忆中保持数字的听觉表征过程。一般来说，人们通过听觉复述实现对短时记忆中信息的保持。即使是从电话号码簿或网页中找到的号码，仍然会发生相同的听觉复述。因此，短时记忆中听觉编码显得十分突出。

Conrad（1964）发现，短时记忆错误主要源于听觉特征混淆，而不是视觉特征。Conrad 以 6 个字母组成的字母序列为材料，其中有一些字母的发音相似，如 C 和 V、M 和 N、S 和 F 等。实验中向被试呈现 6 个字母 0.75 秒，并要求他们回忆字母的顺序。在实验的第一个阶段，以视觉方式呈现字母序列，并测量被试的回忆错误。结果表明，被错误回忆的字母是那些与正确字母发音相似的字母，而不是形状相似的字母。例如，将 B 误认为 P 或 V，将 V 误认为 B 或 C，将 S 误认为 F 或 X，等等。由于字母是以视觉呈现，而不是以听觉呈现，Conrad 推断，错误并不是发生在最初的视知觉阶段，而是发生在以语音为基础的短时记忆阶段。在实验的第二个阶段，实验者在一个白噪声的背景下，以听觉方式向被试呈现相同的字母序列，并测量被试的回忆错误。结果表现出同样的声音混淆现象。因此，在这两个阶段所发现的混淆错误高度相关。Wickelgren（1965）在一项研究中以听觉方式呈现

8个刺激项目的录音，包括随机顺序的英文字母或数字各4个，如4、N、F、9、G、2、7、P。听觉呈现结束后，要求被试按顺序回忆呈现序列。Wickelgren关注的是被试无法回忆出的字母（或数字），例如，当他们不能在序列结尾处正确回忆出P时，在这个位置上出现的是什么。Wickelgren发现，被试倾向于用听觉上相似的字母或数字替代。例如，可能用B、C、D、E、G、T或V代替最后的字母P，因为所有这些字母都有“ee”的发音；如果用一个数字代替P，很可能是发音相似的数字3（three），因为其中也有“ee”。Wickelgren认为，短时存储中的代码是听觉性的。以听觉和视觉两种方式呈现字母的实验也证明（Wickelgren，1965），即使是对视觉呈现的字母也会产生上述混淆错误，如V可能被回忆为B（不是U）。这类错误由被试在保持间隔中默念字母获得的动觉反馈引起，具有言语（verbal）或语言（linguistic）的性质。Wickelgren在对白噪声背景下产生的替换错误进行分析时发现，这类错误与字母的发音特征（发音时声带是否振动）和发音位置（发音时舌的部位如何）有关。

声音混淆实验的结果可以看作是对短时记忆编码的听觉性质的验证。但是，以往研究证实，阅读常借助于内部言语进行。在实验中记录的喉、舌等有关部位的肌电图可以证实，内部言语虽因言语运动器官受到抑制而没有发出声来，但言语运动器官仍在运动。视觉输入的字母、词语等通过内部言语可以转换为言语运动器官的运动模式，因此，发音方式相似的字母、词语会发生混淆。前面所述的某些声音混淆现象也可能是言语运动或发音的混淆所致。即使是以视觉形式呈现的字母或词，也难以避免内部言语对其加工过程的参与，这表明可能存在言语运动编码或口语编码。但目前还无法区分声音混淆和发音混淆，因此，我们常将听觉（auditory）、言语（verbal）和语言（linguistic）编码统称为AVL单元。

2. 视觉编码

视觉编码是将以视觉形式呈现的外部刺激转换成心理表征的过程，它涉及刺激的外在物理性质。听觉编码在短时记忆中表现得非常突出，但是，当不能进行听觉编码或听觉编码被抑制时，刺激可以按照它们的视觉特征进行编码。Brandimonte等（1992）在实验中将被试分为实验组和控制组。在控制组中，被试看到一组（6张）图片。这组图片不断重复，直至被试记住它们的顺序。接下来的任务是对每一张图片形成一个表象，并将每张图片的一部分定义为特定部分，要求被试从每一个图片中减去其定义的特定部分，再对最后的图像进行命名。例如，一个烟斗减去特定部分应该是一只碗。当最大项目为6个时，控制组被试平均能够命名2.7个项目。实验组被试的任务与控制组相同，但需要抑制听觉编码。当学习原始图片时，要求他们不断重复一个无意义的声音（la-la-la），这种重复的目的是阻止被试对图片的听觉表征；当大声地读la-la-la时，被试便不能同时说糖果或烟斗。实验结果表明，他们完成任务的成绩显著好于控制组被试，平均命名3.8个项目。在听觉编码被阻断时，被试可能更喜欢使用视觉编码。他们会认为，从视觉表象中减去一部分相当简单。相反，在控制条件下的被试更喜欢使用听觉编码，将图片编码为“烟斗”，在减去特定部分时就有一定的困难，因此，完成任务的成绩低于实验组。由此可见，如果剥夺人们的听觉编码，他们将使用视觉编码。

Posner 等（1969）也发现短时记忆中的信息存在视觉编码。在实验中，他们给被试并排呈现两个字母，如 AA（读音和字形匹配）、Aa（读音匹配）、AB（读音和字形不匹配）、Ab（读音和字形不匹配）。两个字母可以同时呈现，也可以在它们之间插入短暂的时间间隔（0.5、1 或 2 秒）。被试通过按键判断两个字母是否相同（AA、Aa 表示相同，AB、Ab 表示不同）。实验结果见图 4－7。从图中可以看出，当两个字母同时呈现时，AA 对的反应时小于 Aa 对；随着两个字母的时间间隔增加，AA 对的反应时迅速增加，而 Aa 的反应时则没有发生大的变化，并且 AA 对和 Aa 对的反应时差距逐渐缩小。Posner 等认为，对相同字母（AA）的判断以它们的视觉特征为基础，而读音相同、视觉特征不同的字母（Aa）通过它们的言语特征进行比较。后一种加工可能需要更多时间。因此，AA 对的匹配在一定程度上是以视觉编码为基础进行的，这个优势持续的时间很短暂。而 Aa 对必须在听觉编码基础上才能进行匹配，需要从视觉编码过渡到听觉编码。Posner 等证实了短时记忆中存在视觉编码，并且短时记忆的某些信息可以有视觉和听觉两个连续的编码阶段。

Solso 和 Short（1979）进一步证明了短时记忆中信息加工的程度差异。他们的实验程序与 Posner 等的实验程序相似。Solso 和 Short 使用的是自然色（绿色、蓝色、红色、黄色、褐色和紫色），因为这些刺激似乎很容易被编码。他们假设，在短时记忆中呈现的颜色至少有三种不同的编码方式。第一种编码是物理性的（如红的颜色），第二种编码是颜色的名称（如“红色”），第三种编码是概念性的（红色的联想物，如血液）。在实验中，颜色呈现后，颜色、颜色名称、颜色联想物同时呈现或延迟 500 毫秒或 1 500 毫秒呈现。如果呈现的颜色在物理、名称或联想物上与另一呈现刺激匹配，那么，被试按键做出反应。实验结果表明，当刺激同时呈现时，反应时由短到长的顺序为颜色-颜色、颜色-名称、颜色-联想物。但是，当两个刺激之间的延迟时间增加时，三种匹配方式的反应时之间的差异减小。在颜色-颜色匹配的情况下，当刺激间的延迟从 500 毫秒增加到 1 500 毫秒时，反应时增加。由此可见，颜色编码似乎发生在名称编码和联想物编码之前；大约 500 毫秒后开始出现名称编码；大约 1 500 毫秒后开始出现联想物编码。

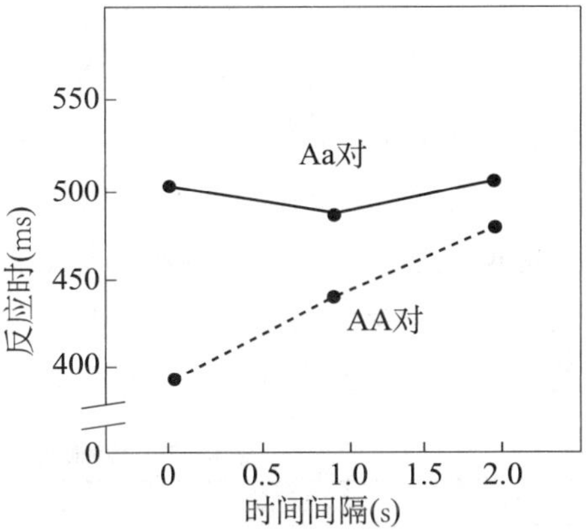

图 4－7 Posner 等的视觉编码实验结果

Posner 等与 Solso 和 Short 的研究都表明，短时存储中的信息加工是平行完成的。当感觉系统觉察到客体（如颜色）时，客体立即就在记忆中进行编码。例如，在以颜色（Solso和Short）和字母（Posner等）为刺激的实验中，首先达到可操作强度水平的编码是物理编码，如颜色-颜色或AA。在刺激被觉察后的前500毫秒，这个编码似乎达到饱和强度，然后开始逐渐衰退。同时启动的名称编码，在大约500毫秒后达到饱和强度。联想物编码最初是微弱的，至少经过1 500毫秒后强度增加。因此，在短时记忆中的信息同样会以视觉形式存在。

3. 语义编码

语义编码是一种与意义有关的编码，不带有任何一种感觉通道特性。那么，语义信息能否在短时记忆中表现出来？Wickens等（1972）最先开展了这方面研究，他们的大部分实验采用前摄抑制范式。前摄抑制指先前学习对随后学习和回忆有干扰，前、后学习的材料越相似，干扰越大。在标准短时记忆测验中，被试先学XCJ、HBR和TSV等项目，并且分别对学习项目进行回忆；如果接着继续学习第四组项目KRN，回忆时就会产生一定困难，因为前面三组项目不断对第四组项目产生干扰。但是，如果将第四组项目的类型从字母改为数字（如529），则记忆成绩将会提高，几乎与回忆第一个项目XCJ的成绩一样高。这种现象被称为前摄抑制释放（release from proactive inhibition）。Wickens等的前摄抑制释放实验材料样例见表4-2。他们在试验1中，给被试呈现由三个相关词组成的序列（如banana、peach、apple）；然后，让他们进行20秒数学计算，以防止复述；之后回忆这三个单词。接着分别完成试验2、试验3和试验4，它们与试验1程序完全一样，只是每次呈现的单词不同。实验材料包括四个不同范畴（蔬菜、花、肉和职业）的单词，控制条件为“水果”组。结果表明，在试验1到试验3的五个不同范畴中被试的回忆成绩逐步下降，表现出明显的前摄抑制。在试验4中，控制条件“水果”组的回忆成绩仍受到前摄抑制的作用而继续下降，但实验条件下的回忆成绩有不同程度的上升，上升最高的是“职业”组。这种现象就是前摄抑制释放。

表4-2 Wickens等的前摄抑制释放实验材料

条件	试验1	试验2	试验3	试验4
水果	banana（香蕉）	plum（李子）	melon（甜瓜）	orange（橘子）
（控制条件）	peach（桃）	apricot（杏）	lemon（柠檬）	cherry（樱桃）
	apple（苹果）	lime（酸橙）	grape（葡萄）	pineapple（菠萝）
蔬菜	onion（洋葱）	radish（萝卜）	potato（土豆）	orange（橘子）
	turnip（芜菁）	beans（豆）	peas（豌豆）	cherry（樱桃）
	corn（玉米）	spinach（菠菜）	okra（黄秋葵）	pineapple（菠萝）
花	daisy（雏菊）	violet（紫罗兰）	tulip（郁金香）	orange（橘子）
	rose（玫瑰）	daffodil（水仙）	dahlia（大丽花）	cherry（樱桃）
	iris（鸢尾）	zinnia（鱼尾菊）	orchid（兰花）	pineapple（菠萝）
肉	salami（意大利腊肠）	bacon（熏肉）	hamburger（汉堡包）	orange（橘子）
	pork（猪肉）	hot dog（热狗）	turkey（火鸡）	cherry（樱桃）
	chicken（鸡肉）	beef（牛肉）	veal（小牛肉）	pineapple（菠萝）
职业	lawyer（律师）	dancer（舞者）	accountant（会计师）	orange（橘子）
	bus driver（驾驶员）	minister（部长）	doctor（医生）	cherry（樱桃）
	teacher（教师）	executive（主管）	editor（编辑）	pineapple（菠萝）

在五种范畴条件下，从试验 4 的回忆成绩中可以看出，控制组继续使用原来范畴的单词，回忆成绩继续受前摄抑制影响。其他四种条件下的回忆成绩则因学习项目和水果之间的语义相似性而有所不同。“蔬菜”组的回忆成绩很差，类似于控制条件的“水果”组，因为“蔬菜”和“水果”是相似的，它们都可食用、长在地上。“花”组和“肉”组的回忆成绩比控制组相对高一些，因为“花”和“肉”各只有一个属性和“水果”相同。“职业”组的回忆成绩是最好的，因为“职业”与“水果”不属于同一范畴。Wickens 等还使用其他不同范畴进行研究，都获得了类似结果。他们的实验结果（见图 4－8）表明，短时记忆可表征范畴意义，并存在某种语义编码，因而其存储也受到前后学习材料的意义联系的影响；否则，就不会在应用同一范畴刺激（水果/水果）时，表现出强烈的前摄抑制；也不会在应用另一范畴刺激（职业/水果）时，出现前摄抑制释放。

Shulman（1970）还在实验中发现，被试在对记忆过的单词进行视觉、语义或语音判断时，语义判断的平均反应时最长，视觉词汇识别的平均反应时最短，两者的正确反应率都高于对探测词的语音判断。因此，他认为，被试在记忆这些单词时，能够充分地利用各种有效的单词信息。意义是信息的一种特征，它也可以为记忆编码服务。有些情况下，意义会使编码更快、更准确。因此，尽管意义在大多数情况下都会出现，但它并不是词汇编码的必要特征。

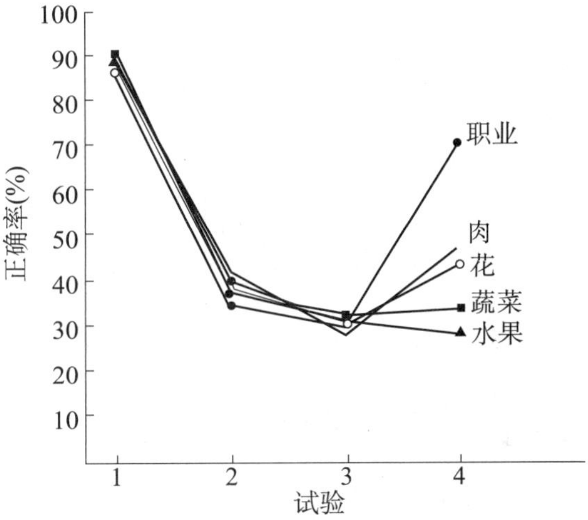

图 4－8　Wickens 等的实验结果

总之，语音、视觉和语义等三种编码在短时记忆中都存在。听觉编码和视觉编码属于感觉编码，它们基于刺激的外部特点；语义编码则比较抽象，是对刺激内部意义的解释，有思维活动的介入，属于高级心理活动的编码水平。三种编码方式并不互相排斥，一个项目可以有多种编码方式。在一定条件下，还可能存在不同编码方式的累加。

二、工作记忆

在进行学习、记忆、思维及问题解决等高级认知活动时，人们需要一个暂时的信息加工与存储机制，它能够保存被激活的信息表征，以备后续进一步加工之用，Alan Baddeley 称这种机制为工作记忆（working memory）(Baddeley & Hitch,

1974；Baddeley，1992）。工作记忆是连续流动的记忆，是由若干短时记忆按时间顺序组合而成的连续系统，短时记忆是它的组合元件或“次级系统”。在信息加工过程中，工作记忆的内容随着时间不断地增减、变动和更新。根据信息加工的观点，在认知过程中，外部刺激经过编码进入记忆系统后，与已经存储的信息进行比较，并找出与之接近的匹配模式；因此，存储在长时记忆中的一部分信息就要再次活跃起来，以完成当前的加工活动。工作记忆包括人当前正在注意的信息和加工这些信息所应用的操作；它是正在进行中的精细认知活动的“工作空间”；它的容量有限，一般不超过7个项目。工作记忆是短时记忆概念的扩充和发展。短时记忆缓冲器对信息进行暂时保存，工作记忆也至少有两种存储缓冲器（或子系统），它们分别是视觉空间模板（负责视觉信息的保持和控制）和语音回路（负责操作以语音为基础的信息）。见图4-9。它的中央执行系统负责协调各子系统之间的活动，并与长时记忆保持联系。因此，工作记忆与短时记忆的区别在于，工作记忆包括心理计算和对计算结果进行存储；而短时记忆则主要强调对最近信息的存储。工作记忆的三个组成部分共同决定了工作记忆中信息的编码、表征、提取等，从而实现对信息的存储与计算。

图4-9 工作记忆模型示意图

（一）中央执行系统

中央执行系统是工作记忆的核心，它是一个能量有限的注意系统（limited-capacity attentional system），控制着语音回路和视觉空间模板以及它们与长时记忆的联系。中央执行系统是工作记忆中最重要且最神秘的组成部分。在最初的模型中，它被简单地当作一个具有一般加工能力的容器，所有与这两个子系统没有直接或特定关系的复杂问题似乎都被归于中央执行系统。Baddeley认为，中央执行系统不是存储器，也不是特定通道操作的加工者。它将资源分配到两个子系统，控制注意和自动化加工，制订整个认知活动的计划。例如，一个学习者如何安排什么时候练习、什么时候想象、什么时候提取信息、什么时候整合信息或什么时候停止加工去完成其他事情等活动都是中央执行系统的工作，它是所有这些活动的“总导演”。具体而言，中央执行系统的功能包括五个方面：（1）注意与抑制——将注意集中在相关信息及加工过程上，而对无关信息及加工过程进行抑制；（2）任务管理——将复杂任务中的具体过程排序，注意在不同过程间转换；（3）计划——制订一系列具体任务，以完成某一目标；（4）监控——更新与检验工作记忆中的内容，以确定序列任务的下一步；（5）编码——根据时间和位置因素对工作记忆中的表征进行编码。在这五种操作过程中，前两种是最基础的部分，它们之间关系最密切。中央执行系统还与年龄关系密切，随着年龄增长，这种功能将变差。

在中央执行系统控制下的加工过程主要包括问题解决、存储与计算、理解以及搜索与比较等。例如，中央执行功能对语言理解有重要作用。在语言理解过程中，架桥推理计算（bridging inference）使当前句子与前面句子之间建立联系，如果缺乏这种推理，信息之间的许多内在联系将丢失。架桥推理计算的关键是获得知识，其有效性取决于读者对句子间意义联结知识的提取。理解语言时，人们在工作记忆中对词串进行多水平编码，同时，也要对加工结果进行存储。阅读广度与理解之间的关系，既反映了阅读中激活的词总量，也反映了读者语言加工的有效性。当我们理解一个句子时，如果没有记住句子中一些关键的词，就很难理解整个句子。例如：

> A familiar example used to illustrate the function of working memory is the storage of a *telephone number* between the time when it is looked up in a phone directory and the time when it is dialed.（一个人们熟知的用于描述工作记忆功能的例子是，在从电话号码簿中查出一个号码到拨出这个号期间内对它的存储。）

句中的代词 it 指的是 telephone number。在最后一个从句“when it is dialed”中的 it 和 telephone number 之间有 15 个词。为了理解这一代词，在阅读者的工作记忆中，代词所指的名词通过延续或恢复被激活。这个例子体现了“读”或“听”被赋予工作记忆的存储功能。工作记忆的存储功能表现为工作记忆广度（working memory span），它是可以被测量的。在测量过程中，被测者阅读一些彼此毫无关联的句子，并回忆每个句子的最后一个词。他们必须存储每个句子的最后一个词，同时，还要理解每个句子，理解过程包括编码字词、评价句子意义、加工句子的结构等。例如，当被测者读完下面两个句子后，回忆这两个句子的最后两个词“anger”（生气）和“lake”（湖）：

> 1. When at last his eyes opened，there was no gleam of triumph，no shade of anger.（当他的眼睛最终睁开时，没有胜利的光辉，也没有愤怒的影子。）
> 2. The taxi turned up Michigan Avenue where they had a clear view of the lake.（出租车转向密歇根大街，那里可以更清楚地看到湖。）

如果被试回忆正确，则接着阅读第三、第四个句子等，直到阅读完七个句子。阅读广度就是所阅读句子的最后一词被成功回忆的最大数目。阅读理解能力随阅读广度的增加而增加，阅读广度高低不同，阅读者的阅读成绩之间存在明显差异。工作记忆广度测验还可以用以评价加工和存储能力。

（二）语音回路

语音回路（或环路）包括一个语音存储器，它可以在记忆痕迹消失前保持几秒钟，是一个类似于无声的复述过程（见图 4－10）。记忆痕迹可以通过提取和重新发音被刷新。语音回路负责以声音为基础的信息存储与控制。它由两个系统组成：一个系统用以存储语音信息；另一个系统是在语音信息存储中，保持信息激活的复述机制。Baddeley和Lewis（1981）将存储语音信息的系统称作内耳（inner ear），把保持信息激活的复述机制称作内部听觉（inner voice）。尽管内耳、内部听觉和外耳、外部听觉并不相同，但它们却有着紧密的关系。根据Baddeley（1986）的观点，语音编码由语音子系统负责，而中央执行系统是许多特殊的子系统之间的桥梁。有研究表明，人们不仅在完成简单任务（如数字广度记忆测验）时采用了以语音为基础的编码，在完成一些较复杂的认知任务（如阅读、理解、推理）时也存在着以语音为基础的编码。

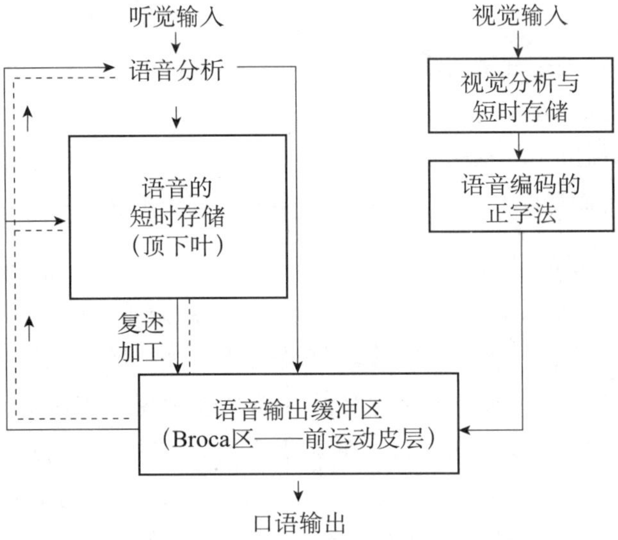

图4-10 语音回路的功能模型示意图

注：听觉信息直接访问语音存储，然后传递到输出缓冲区，以便回忆或复述再加工。视觉信息可以口头记录，再通过复述进入语音库。

在短时记忆中语音编码常常使记忆系统对发音相似的字母产生听觉混淆。记忆中的发音抑制和词长效应证实了记忆中语音编码的重要性。发音抑制技术（articulatory suppression techniques）是让被试在记忆的同时发音，使得语音回路被与记忆任务无关的发音动作占用。这种方法进一步证实了语音回路与语音之间的密切联系。Murray（1965）在实验中要求被试采取不同方式记忆数字串，其中包括保持沉默、不出声但可以动嘴唇、小声低语、大声朗读等。结果表明，被试发出的声音越大，对数字串的记忆越好。Murray（1967）的另一项研究采用发音抑制技术，给被试视觉呈现一串数字；要求一组被试在记忆数字串的同时不停地说"the"这个单词，此时，被试对数字的发音被抑制；另一组被试在没有干扰的条件下记忆数字串。实验结果显而易见，发音抑制条件下被试的成绩要低于没有声音干扰条件下被试的成绩。

关于发音（articulation）作用的证据来自词长效应，即当单词长度从一个音节增加到五个音节时，即时记忆广度就会下降。人们在存储各种信息时，往往倾向于进行口头复述。因此，记忆广度测验是验证语音回路存在的最好方法。Baddeley 等（1975）发现，被试在复述五个单词时，回忆成绩随着音节数量增加而下降。例如，在一个音节的单词（如 wit、sum、harm、bag、top）和五个音节的单词（如 university、opportunity、expository、participation、auditorium）中，由一个音节组成的单词回忆成绩为 4.5 个，而由五个音节组成的单词回忆成绩仅为 2.6 个。此外，影响回忆成绩的关键因素是语音的持续时间而不是音节的数量。长元音词（如 Friday、harpoon）比短元音词（如 wicked、bishop）的记忆广度更小。说话速度与数字广度之间存在一种有趣的关系。汉语中每个数字的发音时间是 265 毫秒，英语是 321 毫秒，威尔士语是 385 毫秒。而就数字广度而言，以汉语为母语者最长（9.9），以英语为母语者居中（6.6），以威尔士语为母语者最短（5.8），即发音时间越短，数字广度越大。因此，在工作记忆中，语音编码是非常重要的；建立语音编码需要花费一定时间，词长效应就是由于在一定时间单元内能复述的长单词比较少而产生的（Baddeley，1998）。

（三）视觉空间模板

视觉空间模板是工作记忆模型中的另一个子系统，这个子系统主要处理视觉空间或时间信息。与语音回路一样，视觉工作记忆容量也是有限的，通常只有 3～4 个物体。这就使得场景中对象颜色的改变、移动或消失都不会引起人们注意，导致“变化盲”。视觉信息可以直接或间接地进入视觉空间模板。例如，当人们看见一幢楼房时，视觉信息就直接进入了工作记忆的视觉空间模板；当人们回想起一幢楼房的细节时，该楼房的信息也会像我们看见它时一样真切，此时，视觉信息便间接地进入视觉空间模板。也可以采用类似于证明语音回路存在的方法证明视觉空间模板的存在。Posner 等（1969）所做的视觉信息编码经典实验已经证明，对物理特征相同的字母的回忆是一种表面的刺激复制过程，即记忆中的内容和看到的刺激相匹配；对于音同形不同的字母对，不仅需要在视觉基础上匹配，还需要一个更花费时间的额外加工过程，即语音加工过程。因此，在短时记忆存储或工作记忆过程中存在着视觉编码。

Baddeley 等（1975）对视觉空间模板存储视觉信息的过程进行了研究。在空间任务条件下，他们要求被试记住听到的句子。为了记住这些句子，他们指导被试想象一个 4×4 网格，并将句子与 4×4 网格中方格的位置联系起来，借助于 4×4 网格的位置来记忆句子。在无意义条件下，被试虽然听到相似的句子，但不能在 4×4 网格中进行编码。被试能够记住大约 8 个空间任务条件下呈现的句子，而只能记住 5 个无意义条件下呈现的句子。由此可见，被试能够借助对 4×4 网格的想象，弥补对句子的记忆。在空间组织中，视觉空间模板能短暂保持信息。

工作记忆中确实存在处理视觉空间信息的独立子系统。在双任务操作范式的基础上，研究者提出了干扰范式（interference paradigm）。这种范式的主要目的是比较被试在没有干扰与有不同类型干扰条件下，主任务操作上的差异。一般来说，被试会表现出领域特异性干扰（domain-specific interference）。如果次任务是言语任务，它会选择性地干扰言语记忆，而不会干扰空间记忆；如果次任务是空间任务，它会选择性地干扰空间记忆而不会影响言语记忆。Baddeley（1990）正是利用这种特异性干扰效应为工作记忆的两个独立成分的存在提供了强有力证据。总之，视觉空间模板具有较大容量，它易受视觉刺激干扰，而不易受听觉刺激干扰。空间序列的表象依赖于视空编码（visuospatial coding），加工视觉刺激会干扰空间序列的视空编码，这种干扰由空间冲突引起。在阅读文章过程中，需要调用空间暂存器，对眼睛运动进行控制，以便把文章编码进工作记忆。

在工作记忆的三个子系统中，中央执行系统最重要。但是，科学家对它的研究在数量和深度上却不如其他两个子系统，因此人们对它的了解相对较少。但近年来，随着对它的研究的不断深入，人们发现，在有些加工中，中央执行系统可以和工作记忆的另两个子系统结合在一起，发挥其“总导演”的协调作用；而在另一些加工中，也可以与另两个子系统分开，独立发挥作用。它可以像一个指挥机构一样运作，整合多方面信息，选择策略。

后来，Baddeley（2000）认识到这个模型的不足，对其进行了修正（见图 4-11）。新模型把工作记忆分为三个层次，第一层是中央执行系统，完成最高级的执行控制过程。第二层是三类信息的暂时加工系统，包括原有模型中的语音回路和视觉空间模板，并提出了一个新的子系统——情景缓冲器。情景缓冲器在工作记忆和长时记忆的子系统之间提供了一个接口。第三层是长时记忆系统，包括视觉语义信息、情景长时记忆和语言等。情景缓冲器是一个容量有限的存储区，与视空模板和语音回路并列，由中央执行系统控制。它的多维编码使得不同系统能够得到整合，从而把信息整合起来形成连续的情景。但情景缓冲区是新提出的假想结构，尚缺乏认知实验证据或神经科学证据的支持。该模型强调了工作记忆和长时记忆之间的联系以及各子系统加工过程的信息整合。

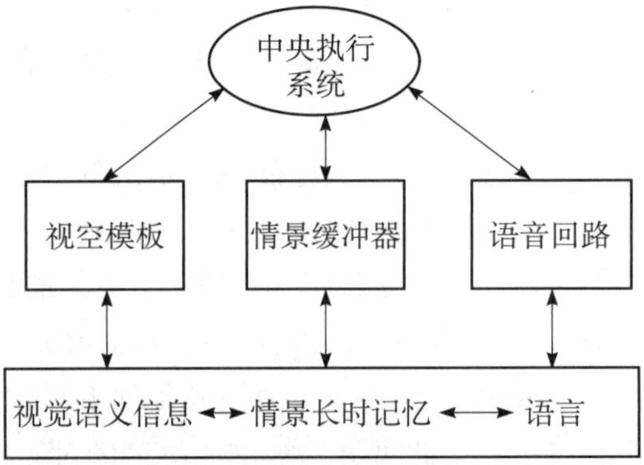

图 4-11　修正后的工作记忆模型

（四）工作记忆的神经基础

近年来，许多研究者使用 ERP、fMRI 等技术，研究工作记忆的神经机制，取得了许多重要成果。研究者们发现，对灵长类动物而言，在工作记忆中，额叶的不同区域负责不同类型的信息。对人类而言，也是如此，前额区内许多区域负责记忆不同类型的信息。Smith 和 Jonides（1997）使用 PET 技术，比较了空间工作记忆和客体工作记忆。他们发现，在记忆条件下，靠近 Brodmann 46 区的右额叶产生了较强的激活。人脑与其他灵长类动物大脑的不同之处在于人脑更单侧化。右半球涉及空间和知觉加工，而左半球涉及语言和符号任务。人在记忆过程中，可能使用口头语言对图形进行编码，以帮助记忆。Jiang 等（2000）发现，许多日常任务要求从熟悉程度相同的备选项中再认出特定客体，而同等熟悉的物体可以激起增强的或衰减的神经反应，这取决于它们的工作记忆状态。大脑额叶对区分靶项目和干扰项目起重要作用，而以脑后部顶间沟和颞下回为主的区域与重复效应相联系。在工作记忆中，这两种不同的神经机制共同参与，使人更有效地完成工作记忆任务，实现对当前相关客体的再认。

虽然 Baddeley（1996）承认中央执行系统可能与额叶活动关系密切，但他对将该区域确定为工作记忆的神经基础仍持谨慎态度，因为额叶活动与许多心理过程都有关。然而，Rosen 和 Engle（1997）推断，中央执行功能可能定位于额叶，尤其是背外侧前额皮层；同时，内侧颞叶和海马体都与编码和提取有关。fMRI 研究证实了 Rosen 和 Engle 的推测，即执行控制与前额皮层有关，而前额皮层与枕叶则共同参与了激活信息的存储（Cohen et al.，1997）。Gabrieli 等（1997）还发现，记忆过程中的信息编码和提取受两个不同的脑区控制，编码与内侧颞区后部有关，而信息提取则与内侧颞区前部有关。Postle 等（1999）进一步发现，工作记忆中的非记忆（nonmnemonic）执行控制过程主要受前额皮层控制，而工作记忆的记忆（mnemonic）存储主要由额叶后部区域控制。这表明，在计算上和神经解剖上的交互作用是可分离的过程。Posner 和 Pavese（1998）通过对工作记忆中词理解的脑机制研究还发现，前额区与单词的词典语义（lexical semantics）有关，后部的颞顶区域则与单词的意义理解有关，信息输入 200 毫秒后就可以激活项目的词典语义，不管激活的意义是否适合；而到 700 毫秒时，仅有适合的含义才能保持激活，ERP 研究结果证明了这一点。此外，额区与工作记忆中的项目重复有关，而与 Wernicke 区紧密相连的较后部的颞顶区域则与言语项目存储有关，额区负责单个词及其声音与意义的查找，而较后部的颞顶区域则负责这些单词被整合后的意义理解。fMRI 研究也表明，特定范围的语义工作记忆能力与左侧前额皮层的后部有关（Gabrieli et al.，1998）。

由此看来，工作记忆的中央执行系统的控制过程主要与额叶活动有关，但也不能排除其他区域的参与。中央执行系统的控制与激活信息的存储这两个过程在神经机制上的分离还缺乏足够证据，人们对工作记忆的执行控制与激活存储功能所对应的脑区是否相同尚存在争论。

（五）工作记忆与短时记忆

Atkinson 和 Shiffrin（1968）指出，短时存储有选择地接收来自感觉登记和长时存储的信息输入。工作记忆概念的提出主要来源于对短时记忆系统特征的研究。在 Atkinson-Shiffrin 多重存储模型中，短时记忆是一个工作系统。它有两个功能：一是作为感觉记忆和长时记忆之间的缓冲器，暂时保持从感觉记忆传入的信息；二是作为信息进入长时记忆的处理器，使信息经过复述后进入长时记忆。然而，Craik 和 Watkins（1973）认为，在短时记忆中经过复述的信息并不能保证进入长时记忆，记忆痕迹的持久性取决于加工深度。因此，短时记忆并不一定是信息进入长时记忆的必需环节。神经心理学的研究结果也对此模型提出了疑问。与此同时，短时记忆对学习也未必是必需的。Shallice 和 Warrington（1970）发现，短时记忆有缺陷的病人的数字记忆广度有所下降，但仍能进行正常的长时学习，而且日常的一般认知技能也基本没有被损害。这些现象用记忆的多重存储模型无法解释。基于这些疑问，Baddeley 提出了工作记忆模型。工作记忆模型吸收了多重存储模型的部分观点，比如认为在短时记忆中可以进行大量的加工与决策。但是，工作记忆模型认为，短时记忆不是一个单一系统，而是一个由不同的独立成分组成的复杂系统。

工作记忆模型确实解决了很多多重存储模型无法解释的问题，但也面临着另一个问题，即工作记忆与短时记忆关系如何。目前，心理学家更多提到的是工作记忆，而非短时记忆。对短时记忆而言，工作记忆仅仅是一种新的称谓吗？即当我们用它完成各种认知任务时，它反映出我们动态地使用短时记忆吗？或者工作记忆不同于短时记忆？目前，还不可能给出一个肯定的答案，对这个问题的争论还将继续。但是，一个比较合理的解释是，短时记忆是工作记忆的一个成分，中央执行系统与短时记忆相互独立，并且分别赋予各种控制策略，如分组和编码策略。中央执行系统的主要功能是对注意的控制。在工作记忆容量方面表现出的被试个体差异，实际上是注意控制方面的差异，只有在鼓励或需要注意控制的条件下被试才能表现出这些差异。注意控制在工作记忆中保持任务目标、计划行为，在注意转移时保持任务信息并阻止与任务无关的信息等方面都非常必要。在注意控制条件下，与中央执行系统相比，短时记忆的作用是保持记忆痕迹，这些信息是典型的语音或视觉代码。因此，它与 Baddeley 模型中的语音回路和视觉空间模板相符。总之，工作记忆的组成成分包括短时记忆的内容以及由中央执行系统管理的注意控制。Baddeley 的工作记忆模型提供了对短时记忆更完整的说明，包括了用于保持和操作声音信息的语音回路、用于保持和操作视觉空间信息的视觉空间模板，以及用于决策的中央执行系统。短时记忆的主要作用是通过使用语音回路和视觉空间模板保持被激活的记忆代码。中央执行系统的主要作用是控制注意、加强注意容量和工作记忆之间的密切联系。

传统观点将 Atkinson-Shiffrin 记忆模型与工作记忆模型对立起来。然而，这种争论更多的是一种观点，而不是现实。工作记忆模型是短时记忆存储和控制过程的一个实例。虽然存在差异，但听觉-言语-语言（AVL）存储和语音回路之间的相似性以及中央执行和控制过程等概念之间的相似性使我们清楚地看到，从实验证据上将它们进行区分并不容易。当然，讨论工作记忆与短时记忆之间的关系还是很有意义的，这可以帮助人们更好理解短时记忆的不同形式、容量限制和控制过程等。

扩展阅读

维持大脑秩序：缘上回和短时记忆中的系列顺序

近年来，认知神经科学技术被广泛应用于短时记忆研究。Guidali 等（2019）采用重复经颅磁刺激（repetitive transcranial magnetic stimulation，rTMS）实验，通过语言、空间、运动等三种序列任务和一种静态模式视觉任务进一步证明，短时记忆中系列顺序信息独立于内容信息，大脑的左缘上回（left supramarginal gyrus，left SMG）参与系列顺序信息抽象表征的存储，是短时记忆网络的关键节点之一。

实验任务分别有以下四种。(1) 听觉-言语数字广度任务。给被试呈现长度随机（1～9 个）的听觉序列，呈现速度为每个项目 1.5 秒；序列播报结束后，被试立即进行回忆，实验者录被试报告的结果。(2) 计算机控制 Corsi 视觉空间跨度任务。在屏幕的 9 个固定位置随机依次视觉呈现 9 个蓝色方块，每个方块呈现 750 毫秒，两个方块之间间隔 750 毫秒；序列呈现结束后，间隔 500 毫秒，然后，出现 9 个白色的方块。被试的任务是用鼠标在方格上点击，以重现这个序列。被试每次选择一个方块，无论正确与否都会得到相应的听觉反馈。(3) 手指敲击跨度任务。以随机顺序播放一系列手指敲击键盘的视频片段，每个片段播放结束后被试在键盘上按下相应的键，以重现视频中的按键系列顺序。食指、中指、无名指和小指分别对应 D、T、U、L 几个键。Z 键表示遗漏。每次按键也都会给予听觉反馈。(4) 视觉模式跨度任务。此任务是控制实验。相继呈现两个由 5×6 个黑白随机排列方块构成的棋盘（各 250 毫秒），中间间隔 200 毫秒灰屏和 1 300 毫秒空白屏幕。被试的任务是通过按键判断两个棋盘是否相同。

实验分成基线和 rTMS 两个阶段。两个阶段间隔时间至少 24 小时。基线阶段没有经颅磁刺激；经颅磁刺激采用离线、低频（1 赫兹）的重复方案。在两个阶段中分别完成上述四种任务。

研究结果表明，刺激缘上回会增加系列顺序错误的比例，刺激额下回（inferior frontal gyrus，IFG）会导致项目错误增加。Guidali 等首次证明了短时记忆中系列顺序信息的存储与材料性质无关；抑制左缘上回活动将会破坏言语、视觉空间和运动广度任务中的系列顺序信息存储，而对内容信息不会产生影响。因此，工作记忆中的系列顺序信息（时间的和空间的）与项目内容之间是分开存储的。

第四节 加工层次模型

一、模型概述

随着对人类记忆研究的不断深入，记忆模型所存在的问题也逐渐显露。针对以往理论的局限，Craik 和 Lockhart（1972）提出了加工层次模型（levels of processing，LOP）。Craik 和 Lockhart 认为，短时记忆和长时记忆之间的区别并不明显。首先，短时记忆的容量不应是 Miller 估计的 5～9 个组块（chunk），而是可能更多。例如，如果把单词形成一个句子，人们能再现 20 个单词以上的字符串，而单词组块（chunking）并不能完全解释这一现象。其次，尽管短时记忆中信息的编码形式以语音为主、长时记忆以语义为主，但在短时记忆中也存在视觉和语义编码，在长时记忆中也有视觉和语音编码。一般来说，长时记忆和短时记忆模型是基于不同记忆结构解释信息加工操作过程的，而 Craik 和 Lockhart 则是以信息加工的操作解释记忆系统，提出了信息加工模型。

Craik 和 Lockhart 认为，基于加工层次的记忆理论可以更好地解释人类记忆过程。记忆与知觉加工联系在一起。作用于人的刺激要经过一系列不同水平的分析，从表浅的感觉分析开始，到较深的、较复杂抽象的语义分析。一个刺激是在较浅状态还是在较深状态得到分析，取决于刺激的性质和用于加工的时间。记忆痕迹是信息加工的副产品，痕迹的持久性是加工深度的直接函数。对一个项目来说，经过较深水平加工后，被遗忘的可能性更小。在加工的早期水平上，来自外界的刺激得到感知和特征分析；在较深水平上，项目可以通过模式识别和意义抽取而得到确认；在更深的水平上，它可能参与被试的长时联想。加工层次越深，语义或认知分析的程度就越大。

Craik 和 Lockhart 认为，记忆的关键是信息被加工的深度。根据加工层次模型，只有刺激材料在较深或有意义的加工条件下被学习时，记忆成绩才能提高。Craik 等曾通过一系列实验证明他们的理论。例如，Craik 和 Tulving（1975）在实验中每次给被试呈现一个词，如 table（桌子），同时就该词提出一个问题，让被试做出“是”或“否”的回答。问题分为三类，分别涉及结构（“这个词是大写的吗?”）、语音（“这个词与 cable 押韵吗?”）和语义（“将这个词放在句子‘他把盘子放在______上’中是否合适?”），这三类问题的加工层次由低到高有所不同。然后，记录被试的回答是否正确。任务完成之后，再进行事先未告知的再认测验。结果表明，单词的再认比例是单词加工深度的函数，单词加工越深回忆成绩越好（见图 4－12）。加工深度的相同效果也反映在对面孔的记忆上：让被试判断人的面孔图片是不是诚实的或面孔图片的性别，发现前者比后者表现出更好的记忆效果。加工水平差异也表现在大脑的反应上。Kapur 等（1994）使用 PET 技术比较了深浅两种加工时大脑的活动特点。浅（知觉）加工任务是让被试判断单词中是否存在一个特定字母（如 a），而深（语义）加工任务则是判断这个单词所代表的物体是否有生命（如 table、dog 等）。被试的深加工记忆成绩明显高于浅加工记忆成绩。PET 结果显示，在大脑左前额区后部，深加工比浅加工有更显著的激活。一般认为，大脑左前额区与记忆操作有关，可能是这类记忆的存储区域。

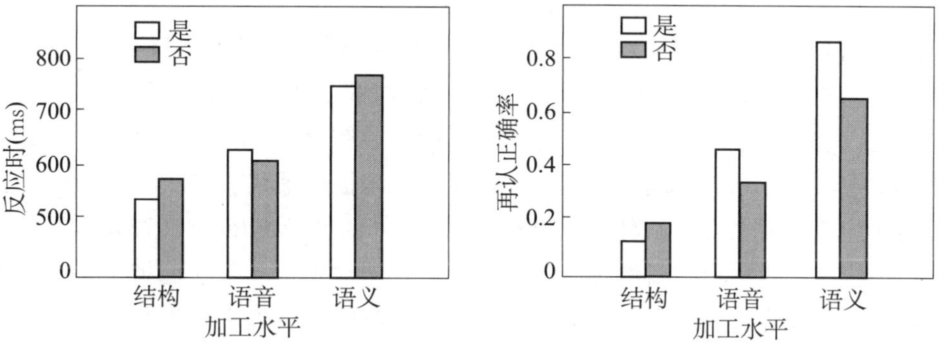

图 4－12　单词再认成绩与加工类型之间的关系

在 Atkinson-Shiffrin 模型中，复述是信息在不同记忆中转换的重要手段。Craik 和 Watkins 进一步将复述区分为保持性复述（maintenance rehearsal）和精细复述（elaborative rehearsal）。保持性复述对刺激进行简单重复，而精细复述则是对刺激进行较深的、更有意义的分析。例如，你看到了单词 book，你可以使用保持性复述，简单地重复这个单词；你也可以进行精细的复述，如想象书的形象或将 book 与其他单词进行联想等。复述与记忆之间的关系依赖于所使用的复述类型。如果使用浅层的保持性复述，那么，增加复述时间将不会对以后的回忆产生影响，简单地重复 book 这个单词五遍很难出现更好的记忆效果。但是，如果使用深层的精细复述，那么，复述时间增加将产生良好的效果。在这段时间中，可以产生更多联想和对刺激的更丰富记忆，以后的回忆将会更准确。

二、研究支持

大量研究证实，比起浅加工，深加工通常能产生更好的回忆成绩。其中涉及生成效应（generation effect）、编码与提取的一致性等问题，它们有助于解释深加工的效果。生成效应指的是，如果被试学习自己生成的项目，其记忆效果就会比学习由其他人提供的项目要好。Slamecka 和 Graf（1978）要求被试在生成条件下找出一个以特定字母开头的词的同义词（语义）或与之押韵（语音）的词。例如，在生成条件下，生成以 o 开头的 sea 的同义词（如 ocean），或者以 c 开头的与 save 押韵的词（如 cave）。在阅读条件下，被试大声地读出词对，如 sea-ocean 和 save-cave。然后，要求被试对这些词对的第二个词（如 ocean 和 cave）进行再认。结果表明，被试在生成条件下的再认成绩好于大声朗读条件下的成绩，在语义条件下的成绩好于语音条件下的成绩。这一结果既体现了生成效应的优势，也体现了加工深度的优势。Burns（1992）认为，生成过程增强了刺激与反应之间联结特征的编码效果。例如，生成词cave作为save的押韵词，保证了被试对刺激与反应（如save-cave）押韵关系的特征编码；而当他们只大声朗读配对词（如save-cave）时，可能没有注意到这些共同的特征。在学习阶段，如果被试对这种押韵关系进行了特征编码，在回忆时被试就可能以此为线索进行提取。

Craik和Lockhart（1972）最初主要强调信息被加工的深度或信息在记忆中的存储方式，并没有对与之相关的上下文以及它与被加工信息的关系等问题进行探讨。因此，就出现了一些仅用加工深度观点所不能完全解释的实验结果。例如，在图4-12中，语音和语义问题中的"是"反应的记忆成绩优于"否"反应的记忆成绩。而从加工深度来说，两种反应没有差别。Craik和Tulving（1975）认为，记忆结果不仅依赖于对项目本身的加工，而且也依赖于对项目上下文的加工。在上述实验中，对语音和语义问题要做出"是"反应的词与问题（上下文）是一致的，它们组成一个整体，一起存储，因而记忆效果好；而要做出"否"反应的词与问题（上下文）不同，要分开存储，所以记忆效果差。在上述实验的结构问题中，词与问题（上下文）的整合没有意义，因而"是"反应并不优于"否"反应。Craik和Tulving巧妙地把项目和上下文加工一致性引入加工层次模型。加工一致性涉及信息表征和存储方式，它对记忆研究非常重要。在此基础上，有人提出，如果提取条件和编码条件相匹配，人们就能回忆出更多材料；当提取任务强调表面信息时，浅加工比深加工可能更有效（K. H. Craik，1976）。这一点与加工层次说最初的表述并不一致。

三、评价

加工层次模型将知觉与记忆联系起来，从信息加工的操作出发，强调学习时所发生心理过程的重要性，主张只有一个记忆系统，而这种记忆有不同加工水平和不同效果。加工层次模型的另一个贡献是它的实际应用价值。如果想要提高记忆力，我们必须采用有意义的深度加工。深加工对回忆的促进取决于两个因素，即特异性加工（distinctiveness）和精细加工（elaboration）。特异性指一个刺激完全不同于其他记忆痕迹（Craik et al.，1986）。刺激项目的特异性会影响记忆编码，因为不寻常或新异事件是项目本身固有的，它们比常规事件更易于区分，因而更易于记忆。Fernandez等（1998）以高频词和极低频词作为区分词的特异性特征，探讨了记忆编码与特异性特征（字频）之间的关系，他们发现，高频词的回忆率明显高于极低频词。精细加工是根据刺激项目意义进行的充足加工，更精细的编码能带来更好的记忆。

加工层次模型也存在一定缺陷。首先，加工深度没有明确、客观的界定指标，无法进行严格检验。其次，加工层次模型类似于循环论证：受到深加工的刺激项目记忆效果好；反过来，记忆效果好的项目得到了深加工。加工层次模型是针对以往记忆模型的缺点而提出的。就目前来看，两者各有所长，将加工层次模型与两种过程理论（多重存储模型）结合起来，也许更能反映记忆的本质特征。

四、记忆的自我参照效应

在 Craik 等检验加工层次模型的经典实验中，被试对刺激材料进行三种不同水平的加工，结果是加工深度越深，记忆成绩越好。那么，如果将仅仅对刺激材料的加工改为对刺激材料与被试本身联系的加工，结果会怎样呢？你是否能够清晰地记得重要的日子，比如自己、亲人或朋友的生日？Kesebir 和 Oishi（2010）发现，朋友的生日和自己的生日越接近，那么，记得的可能性就越大。换言之，能引发与自我相关的内容更容易被记住。Rogers 等（1977）发现，在对语词材料进行参照自我加工时，其记忆成绩往往优于其他水平的加工，即当试图将刺激信息与自己联系起来时，人们便能够回忆出更多信息。Rogers 等将这种现象称作自我参照效应（self-reference effect，SRE）。他们在传统的加工深度范式中加入了一个自我参照任务，即将被试分为结构组、韵律组、同义词组和自我参照组。其中，前三组被试完成典型的由浅至深加工任务。根据加工深度假说，记忆材料在编码时受到的加工越深，记忆成绩越好。而第四组被试完成一种“自我参照任务”(self-reference task)，该任务要求被试将刺激材料在与自我相联系的同时进行编码。例如，在呈现“勤奋”这个词的同时要求被试判断“这个词是否适合描述你”。结果表明，在回忆测验中，自我参照条件下的记忆成绩不但优于语义编码记忆成绩，而且，回忆成绩在四种加工中最高。

自我参照效应的发现激发了许多研究者的兴趣，大多数研究证实了自我参照效应是一种普遍存在的现象，这些研究涉及对不同变量的操纵。首先，对记忆测验任务进行操纵，即采用不同提取方式，如自由回忆、线索回忆和再认等。其次，对不同刺激材料进行操纵，如形容词或名词、具体材料（可以联想从而形成具象的材料）和抽象材料。最后，将不同被试群体（如儿童、青年、成人或老人、抑郁症患者等）作为研究对象。还有一些研究从参照范围上对这一范式进行了扩展，如加入他人参照任务（other-reference task），即将信息与他人（如自己的母亲、公众人物、名人等）相联系进行编码。

研究自我参照效应的经典范式类似于传统的加工层次范式，一般采用学习—测验实验任务，两个阶段的间隔一般以一小时以上为佳，以便形成相对稳定的记忆。然而，当测验任务是再认时，自我参照效应往往并不明显（Symons & Johnson，1997）。Conway 和 Dewhurst（1995）采用 R/K（remember/know，即记得/知道）范式（详见第五章第四节）对此问题进行了探讨。结果发现，以“记得”为特征的再认（R 反应）含有自我指向成分，而基于“知道”的再认（K 反应）几乎没有自我指向成分。因此，简单再认任务将两种不同性质的记忆混淆在一起，无法反映出自我参照效应。与简单再认任务的经典范式相比，R/K范式更适合研究自我参照效应。

（一）自我参照效应的心理机制

一般认为，自我参照效应是加工层次模型在自我领域内的扩展，即自我参照加工是一种比一般语义加工更“深”的加工模式。那么，这种参照自我的深加工与一般深加工相比有哪些优势呢？目前存在两种基本假说，即精细加工说（elaboration）和组织加工说（organization）。

精细加工说认为，自我是一个高度精细化的结构，它一旦被激活，就可与记忆材料和存储在自我结构中的其他信息建立联系，这些联系能够为随后的回忆提供多种通道，从而达到促进记忆的效果，提高记忆成绩。例如，当看到“勤劳”一词并进行自我相关的判断时，被试可能马上联想到自己星期天还曾经帮助家里打扫卫生，直到现在房间里还是窗明几净，一尘不染，或是联想到昨天在学校里老师对自己值日的表扬，等等。在回忆时任何一点线索都可以使被试迅速意识到“勤劳”这个词刚才曾经见过并做出“学过”的反应。此外，精细加工说还认为，人格特征形容词的自我参照效应大于名词；“自我”和“他人”的亲密度越高，自我参照效应越小；具有高度熟悉性、易于联想的记忆材料，自我参照效应更小；在语义编码过程中指导被试进行更精细的加工，自我参照效应也会减小。

而组织加工说则认为，自我参照的加工实际上促进了记忆的组织，使记忆项目之间产生直接联系或在同范畴项目间产生间接联系，从而优化记忆的组织结构，达到提高记忆成绩的效果。Mandler和Johnson（1977）将根据某个标准对一些项目加以归类的过程称为组织化。当看到“勇敢”“胆怯”“正义”“自卑”等词并进行自我相关的判断时，被试往往会产生更强烈的“群集效应”，即将“勇敢”“正义”等词作为和自己相联系的正性特征在记忆中加以组织，形成群集；而将“胆怯”“自卑”等词作为和自己相联系的负性特征在记忆中加以组织，甚至可能将“勇敢”和“胆怯”作为一对对比特征加以记忆。这些群集的形成有助于提高被试在测验时的回忆成绩。

由此可见，精细加工说和组织加工说在本质上并不矛盾，它们都力图将自我参照效应纳入已有的记忆模式并加以解释。目前，一种普遍的观点是将两者结合，把自我参照效应机制看成是精细加工和组织加工的双过程。在大量研究基础上，有些研究者认为，“自我”具有独特的记忆特性，如果自我参照加工本身就“精细”和“组织”了信息，那么，在对信息进行编码时，被试就会有意识地利用这一特性，将无关联信息纳入自我范畴，从而可以极大提高记忆成绩，这是其他记忆方法不可比拟的。

（二）从文化视角看记忆的自我参照效应

Markus和Kitayama（1991）认为，东、西方文化的显著不同导致两种文化背景下个体对自我的看法之间存在明显不同。东方文化背景下，人们的自我概念具有互倚性（interdependent）特征，强调保持自我与他人的关系，自我图式涵盖了母亲等较为亲近的熟人，见图4－13B。而在西方文化背景下，人们的自我概念具有独立性（independent）特征，强调维持自我完整性和排他性，见图4－13A。文化在自我概念和结构上的差异，不可避免地会影响个体的认知、情绪、动机和记忆等多方面的反应和经验。对自我参照效应的研究可以帮助我们从记忆的角度定量地看待这种文化上的差异。

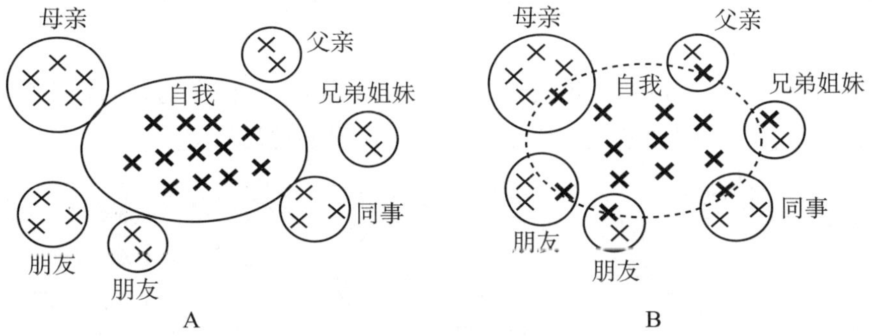

图4－13　不同的自我结构

注：A，独立的自我结构；B，互倚的自我结构。

Keenan和Baillet（1980）在以美国被试为研究对象的实验中发现，自我组的记忆成绩与父母组和语义组都存在显著差异，而父母组与语义组的结果很类似。Conway和Dewhurst（1995）在英国被试中也发现，自我组与母亲组之间存在显著差异。中、西实验结果的对比表明，中国人的母亲表征与自我密切相关；而西方人的母亲与个体自我是相分离的。更有趣的是，这种分离在大脑活动上也表现得非常明显（Zhu et al.，2007）。

（三）自我参照效应的发展

随着年龄的增长，人的自我会经历从生到亡的变化。自我参照效应同样服从这种规律。儿童在4岁（周爱保等，2010）或5岁（Sui & Zhu，2005）时就可以对面孔或物体图片表现出自我参照记忆的优势；而对涉及更高层次的语义加工则需要到7岁以后（Halpin et al.，1984；Pullyblank et al.，1985）。这说明，儿童的自我参照能力与其他认知能力之间存在密切关系。

在基本认知能力日臻成熟之后，自我参照效应也基本稳定。青年人的自我参照效应不具有年龄发展特征（朱滢，张力，2001；杨红升，朱滢，2004a；张力，2005；Cloutier & Macrae，2008；Cunningham et al.，2008；Turk et al.，2008）。但是，记忆的自我参照效应范围却得到进一步扩展，如学习任务和测验任务的编码方式、因变量、任务材料等都会对记忆的自我参照效应产生一定影响。就老年人而言，他们的自我参照效应与年轻人类似（Mueller et al.，1986），只是随着年岁增加，整体记忆效果有所下降（Glisky & Marquine，2009；杨红升等，2004；Gutchess et al.，2005，2007），并对积极词汇的回忆效果要优于消极词汇（Kensinger，2008）。在中国人群中，60岁老年被试的母亲参照记忆优势消失；他们在自我参照、母亲参照、他人参照以及语义加工等四项任务中的再认成绩及R（记住）判断值都显著高于70岁老年人；而两组被试在K（知道）判断上没有显著差异。因此，老年人记忆成绩下降主要体现在情景记忆方面，而语义记忆能力下降速度较慢（杨红升，朱滢，2004b）。年龄超过75岁且平均情景记忆功能低于正常人的老年被试在自我参照加工与语义加工能力方面有所下降，但自我参照加工的优势不受影响（Glisky & Marquine，2009），只不过这种促进作用会随年龄增长而降低（Gutchess et al.，2007）。总之，虽然老年人记忆能力随着年龄增长而衰退，但他们的自我参照效应仍然存在，这对改善老年人记忆能力有着积极实践意义。

扩展阅读

加工水平影响视觉联想记忆的知觉特征

自从Craik和Lockhart（1972）提出记忆的加工层次模型后，大部分研究以言语（字、词或句子等）为材料，少有非言语材料。最近，Ovalle-Fresa等（2021）考察了加工层次模型是否也适用于视觉联想记忆的基本知觉特征。Ovalle-Fresa等让被试记忆物体与颜色的关联、抽象分形（具有自相似性质）与颜色的关联（抑制言语表达），然后进行再认或线索回忆。研究结果表明，深层次加工可以促进物体-颜色关联和抽象分形-颜色关联的再认，同时也有益于物体-颜色关联和抽象分形-颜色关联的回忆。Ovalle-Fresa等认为，视觉联想记忆中基本知觉特征的加工层次效应是可靠的，它也能够适用于非言语材料的加工。

基本概念

两种记忆说	Ebbinghaus	遗忘曲线	初级记忆
次级记忆	复述	短时记忆	系列位置效应
近因效应	首因效应	Atkinson-Shiffrin模型	感觉记忆
短时存储	心理工作台	长时存储	组块
编码	工作记忆	中央执行系统	语音回路
视觉空间模板	加工层次模型	自我参照效应	

本章要点

1. 记忆研究主要包括两个方面。一是侧重于记忆的心理成分，强调传统方法的结构加工成分；二是侧重于记忆的神经生理基础。记忆是人类认知过程的重要组成部分，它在人的整个心理活动中始终保持着突出的地位。最早系统研究记忆的心理学家是Ebbinghaus，他的最著名的研究成果是他以无意义音节为识记材料，使用实验方法绘制的遗忘曲线。他的系列学习范式成为记忆研究的一种标准方法，一直被沿用至今。美国心理学家James在1890年出版的《心理学原理》一书中将记忆区分为初级记忆和次级记忆。Waugh和Norman借用James提出的初级记忆和次级记忆两个术语，首先提出两种记忆系统模型。其中初级记忆表示一个短时存储系统，次级记忆是一个长时存储系统。系列位置曲线是短时存储与长时存储存在差异的有力证据。自由回忆的系列位置曲线反映着两种记忆，曲线的起始部分和中间部分反映的是长时记忆，而曲线的结尾部分反映的是短时记忆。

2. Atkinson和Shiffrin在Waugh和Norman的记忆理论基础上提出了一种基于信息加工的记忆理论。该理论将记忆存储过程分成感觉记忆、短时存储和长时存储三部分。感觉记忆是指在物理刺激不再呈现时，信息以一种相对原始的、未被加工的形式在较短时间内得到保持。感觉记忆包括两个方面：(1) 视觉的感觉记忆被称作图像记忆；(2) 听觉的感觉记忆则被称为声像记忆。通过感觉记忆，外界信息成为记忆表征而被进一步识别和加工，使它成为一个完整的记忆系统所不可缺少的开始阶段。短时存储通常被称为“心理工作台”。其他存储中的项目可以被转送到这个工作台上，在此处材料能够以各种方式被精制或转换。短时记忆的空间有限，只能同时加工有限的信息。如果不对信息进行重复，它们会在大约30秒之内从记忆中丢失。在长时存储中，信息被按照它们的意义进行语义编码。长时存储容量很大，进入长时存储的信息可以长久保持，但由于受到干扰或消退，信息也会丢失或不能被提取出来。

3. 短时记忆是长时记忆和感觉记忆之间的中转站，是感觉记忆和长时记忆之间的缓冲器和信息进入长时存储的处理器。短时记忆中的信息以组块方式存储，其容量范围为7±2个项目。根据外部信息的不同形式，短时记忆中信息的编码方式有听觉编码、视觉编码和语义编码。听觉编码和视觉编码属于感觉编码，它们基于刺激的外部特点；语义编码则比较抽象，是对刺激内部意义的解释，有思维活动的介入，属于高级心理活动的编码水平。三种编码方式并不是互相排斥的，一个项目可以有多种编码形式。在一定条件下，还可能存在不同编码方式的累加效应。

4. 工作记忆模型是由Baddeley提出的。工作记忆包括人当前正在注意的信息和加工这些信息所应用的操作；它是正在进行中的精细认知活动的“工作空间”。它有两种存储缓冲器（或称为子系统），分别是视觉空间模板（负责视觉信息的保持和控制）和语音回路（负责操作以语音为基础的信息）。工作记忆的中央执行系统负责协调各子系统之间的活动，并与长时记忆保持联系。因此，工作记忆与短时记忆的区别在于，工作记忆包括心理计算和对计算结果进行存储；而短时记忆则主要强调对最近信息的存储能力。工作记忆的三个组成部分共同决定了工作记忆中信息的编码、表征、提取等，并共同实现对信息的存储与计算。

5. 加工层次模型是由Craik和Lockhart提出的。该模型认为，记忆的关键是信息被加工的深度。只有刺激材料在较深或有意义的加工条件下被学习时，记忆成绩才能提高。加工层次模型对加工深度没有明确、客观的界定指标，无法进行严格的检验；加工层次模型类似于循环论证：受到深加工的刺激项目，记忆效果好；反过来，记忆效果好的项目是由于进行了深加工。

6. 在回忆测验中，自我参照条件下的记忆成绩不但优于语义编码的记忆成绩，而且，回忆成绩也是最高的。研究自我参照效应的经典范式类似于传统的加工层次范式，一般采用学习—测验实验任务，两个阶段的间隔一般以一小时以上为佳，以便形成相对稳定的记忆。自我参照效应是加工层次模型在自我领域内的扩展，对自我参照效应的理论解释包括精细加工说和组织加工说。另外，自我参照效应存在文化差异。

思考题

1. Ebbinghaus 的记忆研究与后来的记忆研究在方法和思路上有什么区别？
2. 短时记忆的证据主要来自哪一类实验？它是如何进行的？
3. 如何获得系列位置曲线？它说明了记忆具有哪些基本特点？
4. Sperling 如何用实验验证视觉感觉记忆的存在？
5. 感觉记忆具有哪些特征？
6. 如何证实短时记忆中存在组块？
7. 支持 Atkinson-Shiffrin 模型的证据有哪些？
8. 信息在短时记忆中是如何被编码的？如何证明短时记忆中存在视觉编码？
9. 工作记忆是如何工作的？如何证明工作记忆中存在语音回路和视觉空间模板？
10. 工作记忆与短时记忆的关系是什么？
11. 加工层次模型如何解释记忆过程？
12. 文化如何影响记忆？

第五章

记忆的提取和遗忘

开卷有益

1. 在考场上你是如何将记在脑中的知识提取出来，变成试题的答案的？有什么方法能够促进记忆的提取？

2. 你对“汶川大地震”这类自然灾害事件的记忆与对日常事件的记忆有什么不同之处吗？其中的原因是什么呢？

3. 也许你不能够用语言精确描述关于如何打羽毛球的记忆，但你依然能够在球场上击败对手、取得好成绩，这是为什么？

4. 为什么有些事情即使过了很久你也能够记得很清楚？采用什么样的方法能够提高自己的记忆力？

学习目标

1. 结合搜索模型、直通模型和双重模型，了解记忆如何被提取，以及这个过程受到哪些因素的影响。

2. 掌握内隐记忆和外显记忆的区别和联系，并充分理解研究内隐记忆的实验范式。

3. 理解元记忆和错误记忆的本质，领会相关的理论模型、研究范式及影响因素。

4. 熟悉遗忘的研究和理论观点，理解遗忘背后的原因。

学习重点

1. 记忆提取的过程和关键影响因素；内隐记忆的特点、相关理论观点和研究范式。

2. 不同的启动方法之间的差异；元记忆和错误记忆的产生机制。

3. 遗忘过程的影响因素，以及遗忘的关键理论模型。

4. 定向遗忘背后的原因，以及不同类型的遗忘症。

认知心理学从信息加工角度将记忆过程可分为编码、存储和提取三个阶段。早在20世纪20年代末，Wolfgang Köhler（1929/1947）就将记忆划分为以下三个方面：（1）学习与回忆痕迹的形成；（2）学习与回忆期间对这些痕迹的保持；（3）回忆过程。从Köhler的观点来看，回忆是记忆研究的核心，因为学习与信息保持都涉及对目标的回忆。回忆就是提取，提取是对记忆效果的检验和对刺激信息的使用。因此，记忆的关键过程是提取。

第一节　提取——记忆的关键过程

在记忆过程的编码、存储和提取三个阶段中，编码是记忆事件的前提，是学习与记忆的重要阶段。编码与存储将我们的大量经验以一定方式存储在大脑中。提取的作用在于必须使这些过去存储的经验转换成有意识的经验，没有这一阶段，记忆就不会发生。已编码和存储，但从不提取的经验并没有体现出它们的价值，因为这些信息并没有改变个体行为。因此，对记忆来说，编码与存储是必要条件，但不是充分条件。提取在这一转换过程中起着非常重要的作用。

一、提取的概念

记忆经常被比喻成一个大图书馆，特别是当信息以某种结构体系的形式存储，并且其提取依赖于最初“分类”或编码时，记忆与图书馆更加相似。在图书馆中，以书的大小或封皮颜色为分类标准的存储方法很难帮助我们找到一本特定内容的书。因为相同大小或颜色的书可能内容不同，或者相同内容的书具有不同大小和颜色。因此，有效的目录与检索系统能使读者非常方便地找到所需要的书籍。与图书馆类似，人类的记忆也需要一种高效的信息存储方式，以便根据不同目的提取出这些信息。

信息被编码和存储之后，可以通过不同方式被提取。然而，存储的信息总比我们能报告出来的信息多。虽然有些信息被保存在记忆中，却不能被提取出来。人们从来没有真正忘记学习过的材料，关键问题是不能从记忆中提取它们。为什么记住的信息不能被提取呢？这个问题至今还没有得到真正解答。不过，人们发现，有时记住的材料在一种情况下不能得到回忆，但在另一种情况下却会显示某种影响，这取决于不同的提取方式，具体表现在以下三方面。

首先，不同外显提取方法之间存在差异。我们每个人都有这样的经历，在一种场合不能回忆的事情，却能在另一种场合回忆出来。尽管这可能是记忆的固有特征，但不同测量方法会造成记忆之间的差异是不争的事实。其中，最明显的例子是回忆测验和再认测验的成绩并不相同。例如，Mandler等（1969）在实验中发现，被试能回忆38%的单词，而再认率却高达96%，虚报率是7%。这说明，虽然被试不能回忆所有单词，但并没有忘记它们。

其次，学习和测验之间存在相互作用。记忆测验成绩不仅依赖于测验条件，而且也依赖于测验条件与学习条件之间的关系以及测验环境与学习条件之间的关系。当我们再次回到多年前非常熟悉的地方时，我们已经忘记的大量事情会重新浮现在眼前，重新唤起我们对往事的回忆。显然，这是由于以往见过的情景的再现，使我们对回忆产生了更多线索，促进了回忆。这种学习和测验之间相互作用的效果已经被大量研究所证实。例如，Godden 和 Baddeley（1975）选择 16 名潜水员作为被试，分别让他们在陆地和水下学习 40 个单词。学习后，让潜水员分别在陆地和水下回忆所学过的单词。结果显示，当回忆测验的环境与学习时的环境一致时，被试的记忆成绩更好（见图 5－1）。这表明，潜水员学习单词时，将学习内容与水中或陆地的一些环境元素联系在一起。在一致环境中回忆，将产生更多联想，提高回忆成绩；而在其他的环境中提取所学内容相对困难些。人们会遗忘以往学习的内容，可能就是因为随着时间推移，人们丢失了使他们能够回忆起这些内容的线索。

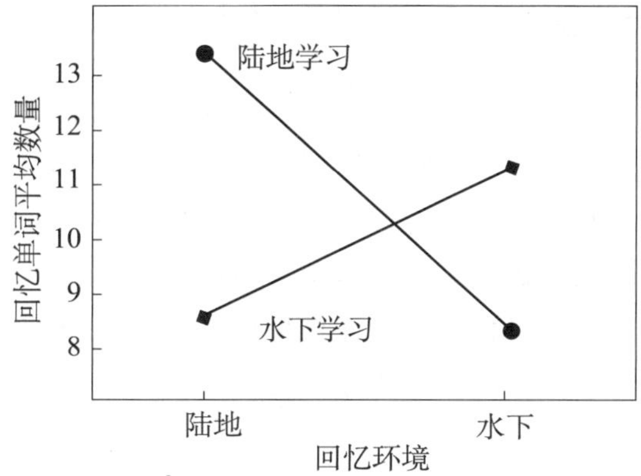

图 5－1　单词回忆数量与学习、测验之间的关系

最后，记忆可以用内隐的方式来测量。内隐记忆测量最初来自对遗忘症患者的实验观察。Graf 等（1984）将被试分为实验组（遗忘症患者）和控制组（正常被试），让被试在有意义加工条件下学习词表（用 5 点量表判断对词的喜欢程度），然后进行自由回忆、线索回忆和词干补笔三种测验。结果表明，正常被试的自由回忆、线索回忆和词干补笔三种测验的成绩分别是 0.37、0.69 和 0.49，而遗忘症患者的成绩则是 0.15、0.58 和 0.57。在自由回忆和线索回忆测验中，两组被试的记忆成绩有显著差异，而两组的词干补笔测验成绩没有显著差异。遗忘症患者外显成绩很差，但他们仍保留着记忆能力，使用特定的测验方法还是可以成功提取。不仅如此，这种现象在正常被试中也普遍存在。词干补笔测验反映了一种自动的、不需要意识参与的记忆。这种记忆的特点是，人们并没有觉察到自己拥有这种记忆，但它却在特定任务中表现出来。Graf 等将这类记忆称为内隐记忆（implicit memory），而把传统的、需要有意回忆的记忆统称为外显记忆（explicit memory）。总之，内隐记忆是测验中无须有意回忆、依靠经验完成记忆提取的过程，而外显记忆则是在测验中有意提取先前经验的过程（Schacter，1987）。

二、记忆的测量

通过不同方法测量记忆效果能反映记忆的不同方面。例如，一个人意识到的经历属于外显记忆，而经历过但意识不到的事件则属于内隐记忆。记忆的测量方法可以分为直接测量和间接测量两类。直接测量是对语义记忆（运用语言所必需的记忆）和情景记忆（对特定情景中发生事件的记忆）的测量。这种记忆测验也被称为外显记忆测量，它是对事件和情景的外显反应。直接测量方法包括自由回忆、线索回忆、再认。记忆的间接测量并不需要被试意识到自己过去的经验，也不需要参考某个特定情景或情境，但能够反映这个经验的存在。间接测量方法通常包括知觉辨认、词干补笔、技能学习等。这种方法也被称为内隐测量方法，而且越来越受到重视。

（一）记忆的直接测量方法

自由回忆是一种常见的记忆直接测量方法。这种方法要求被试将事先呈现的刺激材料复述出来或写下来，例如"请回忆刚刚学习过的前两列单词中的第一个字母""请回忆刚刚呈现的图片"。这种回忆没有任何提示或暗示，也没有任何线索帮助提取。因此，简单的回忆提供了一种对所保持信息的评估。一般认为，这种评估会低估保持的信息。在回忆过程中，可以按呈现顺序回忆所记忆的材料；也可以不考虑学习时材料呈现的顺序，按任意顺序回忆。在后一种方法中，可以非常有效地反映出被试对材料的心理组织特点。回忆是个相对复杂的过程，回忆任务中包含的各种信息都可能成为记忆提取的重要指标。回忆的另一个变式是线索回忆。在线索回忆任务中，给被试呈现相关的提取线索，该提取线索与学习过的目标材料存在关联。例如，要求被试回忆"冰面-寒冷"词对中的后一个词"寒冷"，那么，前一个词"冰面"就是线索，它和目标词"寒冷"相联系。有时候在学习过程中并不呈现线索，只在回忆测验中呈现，它和目标项目在语义或语音上存在相关，比如要求被试回忆学习序列中与单词（如"玻璃"）发音相同的单词。

再认是另一种普遍使用的直接测量方法。再认测验类型也有许多，但它们的基本模式都类似，即将先前学过的刺激材料与未学过的材料混合在一起（两者的比例一般是1∶1)，让被试判断哪些是先前学过的、哪些是未学过的，也就是做出"新"或"旧"的判断。例如，学习一组双字词：教师、黑板、操场、课桌、学生、粉笔；再认时添加一些未学过的新项目：树木、窗户、建筑、火车、板擦、作业。将新旧项目随机混合呈现，让被试判断哪些学过、哪些未学过。从这些词中不难看出，当判断树木、建筑时，很容易判断为新词；而判断板擦、作业时的难度就大一些。因此，学过与未学过项目特征之间的相关程度决定测验的难度，测验成绩很大程度上取决于新旧项目之间的相似度。类似于信号检测论，这种测量方法中的反应也分为击中（对学过项目的肯定）、正确拒绝（对未学过项目的否定）、虚报（对未学过项目的肯定）和漏报（对学过项目的否定）。再认测验成绩通常可以用三种方式表示：击中与正确拒绝次数占测验项目总数的比例、新旧项目的辨别力 d'（$Z_{击中}-Z_{虚报}$）和 Pr 值（击中率－虚报率）。此外，有时被试对自己的答案相当自信，而有时仅是一种猜测。为了更好地了解这种差异，可以让被试对正确答案进行置信等级评估。这种评估能提供一种独立于记忆测量的判断标准，可以被看成是记忆强度指标。

通常情况下，再认成绩优于自由回忆。心理学家把这种现象归因于再认记忆测验通常能提供大量线索，有利于提高记忆成绩。但事实并非如此简单。例如，被试通过使用记忆策略生成其他线索，从而提高自由回忆成绩。而再认测验成绩也在很大程度上依赖于测验提供的线索和干扰强度。因此，再认和回忆测验成绩依赖于多种因素。

（二）记忆的间接测量方法

Ebbinghaus 的节省法或重学法属于记忆的间接测量方法，这种方法特别适合在回忆成绩很低或不能回忆任何内容情况下的记忆评估。使用这种方法时要记录测验和背诵次数或者对最初材料进行学习所用时间。学习材料可以是一列单词，也可以是涉及手眼协调的简单技能。具体做法是，在被试学习达到要求后，根据实验要求选择适当时间间隔，要求被试完成最初的学习任务并对其进行回忆。两次测量成绩之间的差别提供了学习者所保留的信息数量。因此，这种方法特别适合儿童、遗忘症患者或有某种学习缺陷的人。

词干补笔也是一种间接测量方法。在这种方法中，学习完目标单词后，给被试呈现一些测验单词，这些单词中缺失一些字母，要求被试填写出所想到的第一个单词。比如，_ s _ ch _ l __ y（psychology，心理学）。实际上，在完成任务时，被试并不需要完全意识到这是先前学习过的单词。此外，还有许多间接测量方法，如知觉判断、偏好测验、明度辨别、词汇判断、启动、阅读旋转和字体旋转等。

就记忆的测量方法而言，对记忆的直接测量并不仅仅限于外显方法，也可能包含对内隐记忆的测量；同样，间接测量方法也可能会包含有意回忆成分。因此，在记忆（尤其是内隐记忆）研究中，如何排除两者之间的交叉影响非常重要，这需要通过严密的实验设计加以控制。在后来的研究中，研究者们进一步将间接测验进行分离，区分出与概念驱动有关的间接测验（如类别联想）和与数据驱动有关的间接测验（如词干补笔），二者的分离进一步完善了内隐记忆和外显记忆分别对应间接测验和直接测验的推论。

三、提取与信号检测论

再认是一种直接测量记忆的方法，但被试在判断过程中不可避免地会对项目进行猜测，而不是真正记住了该项目。当对一个新项目不置可否时，就有可能把它看成是曾经记过的项目（虚报）。因此，在被再认为目标的项目中，既包含肯定是目标的项目，也包含猜测为目标的项目（有时猜对，有时猜错）。为解决这一问题而使用的置信评估量表可提供一种独立于记忆测量的判断标准。置信评估量表可依据实验要求区分出不同等级，如从 1 到 5，1 为完全没有把握，而 5 为有绝对把握。

为什么会产生虚报呢？首先，再认是被试的主观判断，旧项目和新（干扰）项目之间往往会产生混淆，从而导致被试做出错误判断。其次，被试以自己对项目熟悉程度的自然感觉为基础做出判断。一个在最近学习中出现过的项目看起来非常熟悉，被试用这种熟悉度推断他们是否见过这个项目。而没在学习中出现过的项目，也可能由于其他原因而熟悉，于是导致虚报。除了上述两种原因外，项目自身的某种特性也可能使新项目看起来像学过的项目。在学习序列中的项目可能会提供更多信息，以表明它是学过的，而不在学习序列中的项目有时也会提供很多表明它是学过项目的信息，从而也导致虚报。

如前所述，利用信号检测论可以进一步解释人在辨别两类刺激时的决策过程。在再认记忆的项目分布中，假设存在目标项目（信号）和干扰项目（噪声）两种正态分布，见图 5－2。图中左侧为噪声分布（干扰项目分布），右侧为信号分布（目标项目分布）。两种分布分别反映了特定项目具有特定证据（“是”“否”判断）的概率。大部分目标项目比干扰项目具有更多证据。在分布中存在着重叠区域，该区域说明，有些干扰项目比另一些目标项目显现出更多的目标证据。

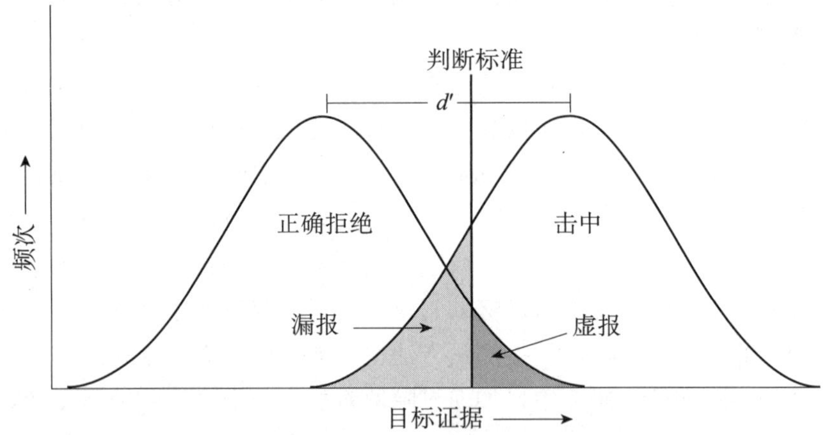

图 5－2　再认记忆实验中目标项目与干扰项目证据的分布

再认过程中，被试要确定一个区分目标和非目标的标准。如果项目在反应标准以上，它就被接受成为目标；相反，它就被认为是干扰项目。由图 5－2 可见，在目标项目分布中，与标准以上的目标项目对应的是击中。在干扰项目分布中，与标准以上的干扰项目对应的则是虚报。击中和虚报在各自分布中的概率可以用来计算感受性。在信号检测论中，感受性（d'）指两个正态分布曲线的平均值之间的距离，它以标准差为单位。实际上，它就是虚报率对应的 Z_N 分数与击中率对应的

Z_{SN}分数之差（$d'=Z_N-Z_{SN}$）。

信号检测论不仅仅可用来描述实验中某个项目是否曾经学习过，这种判断也涉及日常生活中的记忆决策。当我们判断以前是否曾经见过眼前某个人时，我们会对这个人面孔的熟悉感进行分析，并努力确定它是否具有高熟悉性。如果是高熟悉性，我们就会将他与以前见到的面孔相联系；如果是低熟悉性，我们就会将他与陌生人的面孔相联系。

在再认记忆测验中，被试成绩是从目标中辨别出干扰项目难度的函数。如果目标项目是单词而干扰项目是数字，再认测验成绩会很好。在这种情况下，两类正态分布平均值的距离非常远。相反，如果干扰项目与目标项目非常相似，再认测验成绩将会非常差，两个分布之间距离很近。例如，当干扰项目与目标项目在语义上非常相似时，被试的再认成绩一定很差。

四、提取的原则

记忆的关键阶段是提取，我们通过提取将那些经历过的经验转化成有意识经验。没有提取，记忆就不会发生。当然，提取也遵循一些规律和原则。

（一）范畴化

范畴化（categorization）是指将材料组织成类别或一个统一体，从而使信息更容易被提取。范畴化之后的材料更有利于记忆，即使让学习者学习随机混合的刺激材料，仍然会产生这种范畴化。例如，让被试学习由动物、人名、职业和蔬菜四类词混合构成的词表时，被试仍倾向于按类别进行回忆。他们将动物词划分在一起，蔬菜词分在一起，依此类推。有时即使材料没有被明显地组织，被试也会对其进行主观分类，以促进记忆效果。

（二）编码特异性

编码特异性（encoding specificity）原则由 Thomson 和 Tulving（1970）提出。它是指当刺激材料首次进入长时记忆时，刺激材料依据上下文以特殊形式得到编码。因此，信息编码方式对上下文具有特殊意义。在回忆时，如果被试有效地利用了编码时的信息，那么，他们就能很好地回忆。此外，在此过程中，信息的各个方面都可以作为有利于提取的线索。Tulving 和 Thomson（1973）用实验证明了编码特异性原则。他们给被试呈现一系列用大小写字母书写的单词，要求被试记大写单词（靶词）。其中，给实验组被试呈现大小写词对，如 hot-COLD（热-冷），并告诉他们小写字母单词是线索词。线索词可以是与靶词有高度相关的词（如 hot-COLD），也可以是与靶词无关的词（如 ground-COLD）。但在控制组中，不向被试呈现线索词，只呈现大写词（如 COLD）。在回忆时，无论线索词与目标词的关联性高或低，线索词对被试的回忆都有很大的帮助，实验组被试的回忆成绩都好于控制组。因此，在回忆过程中，线索词起了很重要作用。即使在编码时呈现的是关联微弱的线索词，在回忆时也能变成提示的线索而产生促进作用。

当然，一个单词（如 black）在无上下文情况下呈现时，它可能以其最主要意思被编码（与 white 相关）。所以，“white”被看成一个有效的提取线索，而其他有微弱联系的词（如 train）就不是有效的提取线索。然而，当“black”在编码时与有微弱联系的“train”以上下文的方式呈现时，被试很可能会形成对靶词的更有特异性的编码（如可以设想 a black train）。这时，微弱关联词“train”就成为一个更有意义的提取线索，而曾被认为是有效的其他联系便完全失去意义。很明显，即使是与材料无关的信息，在编码时也可以变成有效线索。

（三）线索超负荷

线索超负荷（cue overload）原则由 Roediger 和 Guynn（1996）提出。它的基本观点是，当提取线索与其他任何记忆项目不相关并且可以高度区分时，提取线索最有效。例如，我们对富有戏剧性的不同寻常事件的记忆要比常规的平凡事件好。与 Hermann Ebbinghaus 类似，Linton（1982）对自己的记忆进行了持续六年的研究。她每天以简短语言记录当天发生的两个事件，并作为记忆材料，每个月对自己的记忆进行测验。记忆测验程序如下：每个月的检测项目从每天积累的项目中随机抽取，在阅读了随机配对的两个项目事件描述后，估计它们发生的时间顺序并重新写出每个项目的日期。然后，简单地对自己的记忆结果进行分类，并且重新评价每个项目的明显不同之处。Linton 发现，一些项目很容易被重新提取，如所有类似“我第一次做×××”的描述（如去纽约、拜见著名的心理学家等）非常不容易被忘记。但是，有些项目却很难回忆，尤其当被记录的描述不属于单一的、可区分的事件时更是如此。由此可见，当提取线索非常独特时，它的提示效果最好。

五、提取的关键因素

（一）存储与提取的概念区分

在记忆研究中不可避免地要涉及编码、存储和提取三个过程，以及它们之间的关系。通常的研究方法是控制其中两个，而探讨另一个过程的活动规律。例如，当研究编码或学习时，便会使存储与提取条件保持恒定，只改变编码或学习情景；其他情况以此类推。记忆的三个过程相互作用、缺一不可，但为什么提取是关键呢？Tulving 和 Pearlstone（1966）通过使学习和存储过程恒定，只对提取过程进行操纵，从而将存储和提取过程分离。在学习过程中，他们让被试对一组单词进行分类，提取形式是自由回忆和线索回忆（线索是类别范畴）。与自由回忆相比较，被试在线索回忆测验中能回忆更多单词。Tulving 和 Pearlstone 根据这一结果将记忆中的信息区分为可利用（available）信息与可提取（accessible）信息。

自由回忆、线索回忆、再认或其他测验形式仅仅是对在特定提取情景条件下哪类信息能够被提取的估计。记忆测验并不能告诉我们记忆中存储了什么信息、有多少信息，更确切地说，提取结果只反映了存储的一部分信息，实验心理学家就是运用不同测验对可提取信息进行测量的。因此，提取是对存储信息的使用，是记忆的关键过程。

（二）编码—提取范式

记忆中可利用信息与可提取信息并不相同，可提取信息只反映记忆中存储的一部分信息。Roediger 和 Payne（1983）发现，被试在线索条件下所回忆的信息是自由回忆条件下的两倍，因此自由回忆很难反映“全部的记忆存储”。当然，即使使用线索回忆，也可能低估了“全部的记忆存储”，也许还有其他更有效的线索回忆方法可以帮助获得更多存储信息。就编码与提取的关系而言，Tulving（1983）提出了非常经典的编码—提取范式。在这一范式中，两种编码条件（A 与 B）与两种提取条件（X 与 Y）相互交叉（见图 5－3）。如果只考虑其中一列（如 X 列），那么，就是编码实验，即操纵编码条件，而提取条件保持恒定。在实验心理学研究中，大约 80%的记忆实验属于纯粹的编码实验。它们都是操纵一个或多个自变量，使用单一的测验类型检验其编码效应。如果只考虑图 5－3 的一行（如 A 行），它就是提取实验，即编码条件保持恒定，而变化提取或测验条件。比较自由回忆与线索回忆的实验就属于纯粹的提取实验。

就一些记忆理论而言，最重要的是使用完全编码—提取设计，即同时控制编码与提取条件。图 5－3 仅仅给出了 2×2 的编码—提取范式，即编码条件（A、B）和提取条件（X、Y）各有两个水平。实际上，编码和提取的水平是根据实验要求设计的，可以是 2×3、2×4 或 3×4 等。通过编码—提取范式可以进行以下比较：(1) 同样的编码条件对不同提取方式是否具有同样效果？例如，当编码操纵对自由回忆产生一定效应时，它对线索回忆、再认、内隐记忆测验是否也会产生同样效应？(2) 不同编码条件是否会在同样提取方式下产生相同结果？例如，当语义编码提高再认测验中的再认率时，在非语义编码条件下，是否也有同样效果？(3) 编码—提取范式提供了同时研究编码与提取之间交叉效应的可能性。

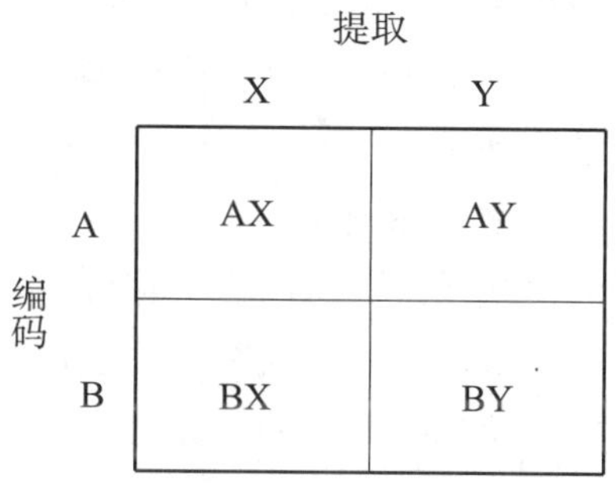

图 5－3　编码—提取范式示意图

行为研究已经证明了编码过程和提取成功之间的关系。例如，深加工研究表明，深层编码比浅层编码能带来更好的提取成绩（Craik & Lockhart，1972）。例如，与说明单词中是否有字母 T（正字法编码）相比，判断一个概念（如一个词或一幅图）代表的是有生命还是无生命项目（语义编码）的再认记忆成绩更好。脑成像研究表明，大脑的左下前额皮层是完成这些编码工作的关键脑区。此外，心理学家还发现，深层或语义加工可以产生更高比例的“记得”，而浅层加工则能够提高“知道”反应概率（Tulving，1985）。因为这两种提取与不同意识状态有关，所以，它们具有不同的神经活动模式。

（三）提取模式

Tulving（1983）在讨论线索情景效应时提出了提取模式（retrieval modes）的概念。他认为，要提取情景必须满足两种条件，即认知系统必须处在提取模式条件下，并且存在一个适当的内部或外部线索。例如，学生每天走进教室，看到教室中的黑板和板擦，他们不会因此而去想很多其他事情。但是，如果让他们以“黑板和板擦”为线索回忆一件事情（处在提取模式中），他们就会回想起发生在过去的一段经历，例如，自己在值日时，如何使用板擦。

自从 Graf 和 Schacter（1985）明确内隐记忆概念之后，研究者们都着重使用不同记忆提取模式去分析内隐记忆与外显记忆的区别。在外显测验中，让被试依据线索回忆过去事件；而在内隐测验中，则要求被试在看到线索时，报告首先想到的第一个反应项目。外显提取是人们有意识地回忆或再认，而内隐提取则是不需要意识参与的过程。因此，有意提取与偶然提取正是外显与内隐的区别。

在内隐与外显记忆研究中，要防止提取模式与其他因素，特别是线索类型相混淆。Graf 与 Mandler（1984）在早期的内隐与外显记忆研究中，控制提取模式本身而使学习情景与测验等其他因素保持恒定。他们认为，在使用词干（word stem）作为线索时，标准的加工操作水平会影响外显回忆成绩，但不影响词干补笔（word stem completion）这一内隐测验的成绩。后来，Roediger（1990）进一步将这一结论推广到词段（word fragment）测验。

总之，在记忆测验中，当其他因素（如编码、保持、测验条件）保持恒定时，提取模式或提取意向非常重要；在提取过程中，通过指导语控制提取模式是记忆研究的关键；另外，仅有相关的过去经验或明显的线索还不能保证对过去经验有效提取，要达到提取目的，还必须处在一种适当提取模式之下。

（四）提取体验

提取模式影响提取体验。当被试处于外显或内隐提取模式条件下时，他们对过去经历的回忆涉及不同提取体验。Tulving（1985）最早通过“记得”或“知道”范式（remember/know paradigm）研究了一种特殊的提取体验。他认为，情景记忆的重要特征是它与一种“记得”的主观感觉体验有关。他发现，被试能够很容易区分这两种认知状态。在“记得”状态下，被试能够有意识回忆起先前经历事件的细节，并回忆起事件所引起的瞬间感觉或者由事件所联想起的其他事件。而在“知道”状态下，被试可能感觉一个项目似曾相识，并相信它是刚刚呈现过的，但不能回忆它的具体细节。例如，虽然一个人完全不记得面前某个人的名字，也不记得他最后一次出现在什么地方（空间上）和什么时候（时间上），但他仍能认出这个人的面容。因此，这两种加工的主要区别在于，“记得”（即回想，recollection）涉及对学习事件特定背景信息的提取，而“知道”（即熟悉性，familiarity）则不涉及。因此，人们可以通过“记得”和“知道”这两条途径体验过去的经历。

在Tulving看来，“记得”与“知道”可以用于回忆研究。回忆是外显或情景记忆的最纯粹表现，它可能反映了“记得”（情景记忆）与“知道”（与语义记忆有关）的某种组合。在再认记忆实验中，研究者经常使用“记得”或“知道”研究范式。例如，加工水平对“记得”效应有很大影响，但对“知道”的影响很微弱。下面通过一个典型的实验了解一下“记得”或“知道”范式的研究过程。

Roediger和McDermott（1995）编制了一种学习词表。它以16个词为一组，其中15个词被呈现给被试（称作诱饵词），有1个词未给被试呈现过（称作关键词）。诱饵词和关键词之间有较高的语义联系。例如，给被试呈现door（门）、glass（玻璃）、pane（长方块）、shade（阴影）、ledge（壁架）、sill（门槛）、house（房子）、open（打开）、curtain（窗帘）、frame（结构）、view（景色）、breeze（微风）、sash（窗格）、screen（屏幕）、shutter（百叶窗）等15个诱饵词，所有这些词都与关键词window（窗户）有联系，但window没有被呈现。Roediger等发现，被试会很频繁地回忆起window这个词，它被回忆的概率与呈现过的其他词（如house、open）一样，甚至更高。接下来的再认测验使用的是一个标准化词表，词表对无关词和未呈现的关键词进行了有效控制。被试的任务是判断每个词是“旧”（学过）还是“新”（未学过）。如果是“旧”，继续对单词做出“记得”或“知道”的判断。结果（见图5-4）显示，正确再认旧项目的比率为0.79，其中0.57是“记得”、0.22是“知道”。不相关的诱饵词的虚报率是0.14，其中“记得”占0.03，“知道”占0.11。由此可见，被试虚报无关诱饵词的一般模式是“知道”而不是“记得”。但被试对关键词的反应则完全不同，对关键词（window）的虚报率是0.81，其中“记得”判断是0.58，几乎与学过词的比率相等。如果关键词呈现在学习系列中，则它的回忆成绩高于学习系列中其他项目的回忆成绩；如果在学习系列中没有呈现过，那么，它的回忆成绩也接近于其他项目。

总之，在记忆研究中，使用“记得”或“知道”范式，可以确切地判断哪些学习项目是被试“记得”，哪些是“知道”而不是真正记得。这种区分体现了提取体验在记忆研究中的重要作用。不论我们记得的东西与真正发生的事件是否一致，提取体验都能决定我们的实际记忆结果。

（五）重复提取

对一个事件编码与存储后，在提取该事件时，无论结果正确还是错误，提取都可以引起对它的回忆。提取过程通常被认为是学习与记忆过程的终点。但是，在人们的生活中，许多事件是被重复提取的。我们可能不断地重复回忆发生在我们生活中的重要的、激动的、尴尬的或其他情绪性的事件。这种重复提取的效果如何呢？Bjork（1975）认为，对一个事件的提取不是中性的，它会影响随后的回忆，提取

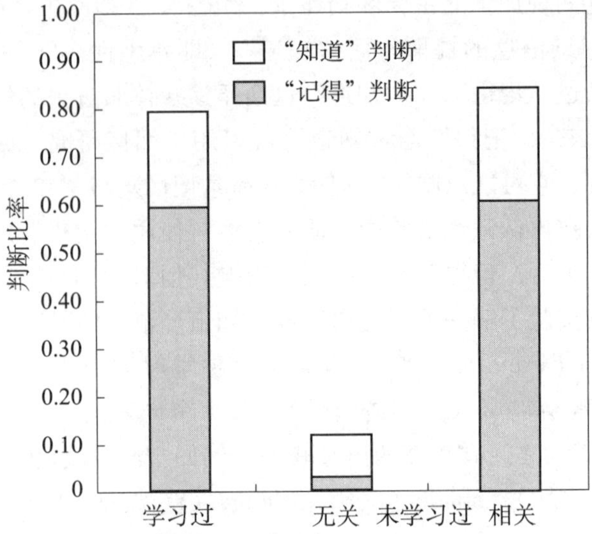

图5-4 不同条件下“记得”与“知道”判断的比率

是记忆修正器（memory modifier），对一个事件的成功提取将会促进将来对它的回忆。这一现象通常被称为测验效应（testing effect），即对项目成功回忆与再认有利于后来对它的回忆与再认。当然，事件的成功提取也促进了进一步的编码与存储。在测验效应中，主动提取比被动重复更有利于随后的记忆（Karpicke & Roediger, 2008）。近十多年来，人们也越来越关注测验效应背后的加工机制。经典的测验效应研究通常将被试分为两组，他们都先学习一些项目。然后，其中一组被试对项目再学习；而另一组被试接受测试，尽可能多地提取学过的项目。随后再对两组被试进行最终测试。结果显示，学习—测试组比学习—学习组的最终测试成绩更好。

Pyc和Rawson（2010）用中介有效性假说（mediator effectiveness hypothesis）解释测验效应产生的原因。他们认为，在测试过程中，线索与目标之间通过单词、短语或概念等联系起来，即产生中介；相对于再学习，这些中介更有可能在随后被提取和解码，从而增加目标的回忆。使中介有效的关键因素在于：(1) 提示时中介具有可回忆性；(2) 中介能够从记忆中引出目标。因此，测试过程有效强化了中介的作用，增强了提取线索效用，从而提高了回忆成绩。此外，精细提取理论和情景背景理论（episodic context account）也分别从不同角度对测验效应进行了解释。精细提取理论认为，在提取时对提取线索相关的语义信息进行精细加工，使得测试优于再学习。情景背景理论则认为，测验效应的产生并不是由于语义相关信息的激活，而是由于时空背景信息的回想。

总之，测验效应的理论解释还存在众多争议，还有些现象无法解释。例如，在提取过程中，错误信息也会参与到提取中。Bartlett（1932）让被试连续重述和回忆“幽灵的战争”故事；然后，将被试重述的故事与最初的故事进行对照。通过分析被试的错误，他发现了著名的重复再生（repeated reproduction）现象，即被试在回忆过程中会增加错误回忆内容。由此可见，对事件的错误回忆也会增加后来对它进行进一步错误回忆的可能性，即对错误回忆有提升效应。因此，提取过程有“好”与“坏”两个方面，它可能促进，也可能阻碍随后的保持。特殊事件的提取能使这些事件将来再次被回忆的可能性增加，但也可能阻碍对其他相关事件的回忆。

扩展阅读

大脑通过内侧颞叶和新皮层之间的连接振荡提取所记忆的内容

将先前经历过的事件存入脑中是人类的一种直觉性心理技能，但我们大脑中的神经回路如何完成这种技能仍然是未解之谜。神经系统通常采用振荡方式在神经元群体之间传递信息。通过解析单个神经元的动作电位可以精确定位神经元群体之间信息活动的时间序列。Vaz 等（2019）采用人类颅内电生理记录技术，考察了大脑不同区域之间高频振荡同步性与记忆提取的关系。ripple 节律是动物在慢波睡眠或清醒静止时，其海马区场电位表现出的 110～200Hz 高频节律性振荡，它通常叠加在场电位中较大幅度的去极化尖波上，形成尖波-ripple 复合体。Vaz 等发现，与控制条件相比，成功提取条件下内侧颞叶（medial temporal lobe，MTL）-时间关联皮层间 ripple 节律的发生率和强度会有所增加。Vaz 等认为，大脑不同区域之间的动态相互作用在调节复杂认知过程中具有重要意义；内侧颞叶-时间关联皮层间 ripple 节律可能是一种精确定位不同记忆神经元群体活动的生物标志物。对这些神经信号的进一步研究将有助于我们理解情景记忆的神经基础，为改善记忆功能干预措施奠定基础。

第二节　记忆的提取模型

传统的观点认为，短时记忆的信息提取是将短时记忆中的项目回忆出来，或者是当项目再次呈现时能够再认。短时记忆容量有限，信息保持时间也非常短暂，因此，提取任务很容易完成，这使人们感到短时记忆的信息提取过程很简单。然而，有相当数量的研究表明，短时记忆信息提取过程相当复杂，它涉及许多问题。因此，研究者们也提出了许多不同理论假说和模型。

一、搜索模型

Sternberg（1969）运用反应时法，开展了一项经典的记忆提取研究。实验中向被试呈现一系列短时记忆容量以内的、不同长度的项目，称作记忆集（memory set)；接着呈现一个测验项目，让被试报告这个项目是否包含在记忆集中并记录被试的反应时。Sternberg 推测，如果被试需要对短时记忆中所有识记项目进行逐个（系列）扫描后才能对测验项目进行“是”或“否”判断，那么，被试进行正确判断所需的反应时应随记忆集大小而变化，如图 5－5 所示；相反，如果被试按平行方式扫描，那么，记忆集大小不会对反应时产生什么影响。实验结果显示，反应时随识记项目的增加而增加，即反应时是记忆集大小的函数。因此，Sternberg 认为，短时记忆信息的提取方式是系列扫描。

如果是系列扫描，那么，是采取从头到尾的方式对记忆集中所有项目都进行检查，即从头至尾扫描（exhaustive scanning）或穷尽扫描，还是一遇到测验项目就终止扫描，即自我终止扫描（self-terminating scanning）呢？Sternberg 的实验结果支持了从头至尾的系列扫描方式，即被试在发现测验项目后，仍然继续把剩余项目和测验项目进行比较。Sternberg 认为，由于比较过程和决策过程是分不开的，比较过程非常迅速，而决策过程费时较长，为提高工作效率，与其比较一次做一次判断，不如全部检查完毕后再做判断更经济。

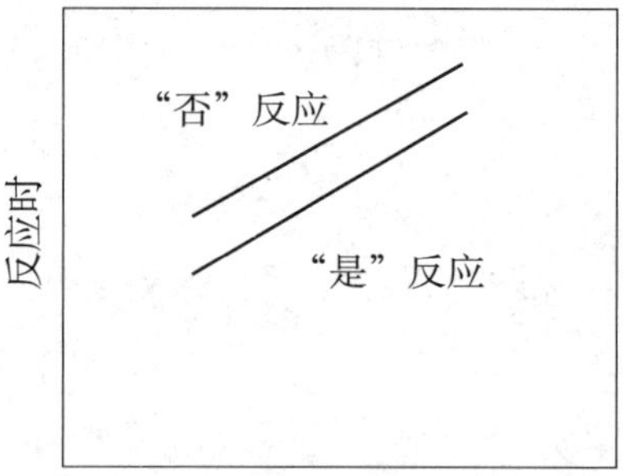

图 5－5　记忆集大小与反应时之间的关系示意图

短时记忆研究还发现，在扫描过程中，信息加工速度与材料性质或信息类型有一定关系：加工速度随着记忆容量增大而提高，容量越大的材料，扫描也越快。不同类别材料的加工速度与记忆容量都存在差异，见表 5－1。

表 5－1　不同材料的加工速度和记忆容量

材料性质或信息类型	加工速度（ms/项目）	记忆容量（项目数）
数字	33.4	7.70
颜色	38.0	7.10
字母	40.2	6.35
字词	47.0	5.50
几何图形	50.0	5.30
随机图形	68.0	3.80
无意义音节	73.0	3.40

总之，Sternberg 将短时记忆中的信息提取看成是从头至尾的系列扫描过程。然而，其他心理学家认为，Sternberg 在实验中最多只用了 6 个数字，识记项目数太少，容易得到反应时和记忆项目数量之间的线性关系。如果应用较长的识记项目系列，则会出现系列位置效应，即系列开始部分和末尾部分的项目比位于中间的项目提取得快些。

二、直通模型

直通模型（direct access model）认为，短时记忆中信息的提取并不按照扫描方式进行，大脑可以直接通达项目在短时记忆中的位置，进行直接提取。短时记忆中每一个项目均有一定的熟悉值或痕迹强度，提取时可以据此做出判定。每个人在大脑内部都有一个判断标准，当熟悉值高于这一标准时就做出“是”反应，低于这一标准则做出“否”反应。熟悉值与标准的偏离程度越高，做出“是”或“否”反应的速度也越快。直通模型得到了一些研究的支持。例如，对常见词的反应快于偏僻词，因为常见词的熟悉值比较高；对重复出现项目的反应慢于未重复项目。直通模型可以解释系列位置效应（首因效应和近因效应）；然而，它无法解释为什么反应时会随记忆项目数的增加而线性增加，也无法解释短时记忆如何知道识记项目所在位置等问题。

三、双重模型（混合模型）

Mohs 等（1973）将搜索模型和直通模型结合起来，提出了短时记忆提取的混合模型。该模型认为，每个探测项目在主观熟悉量表上都有一个值，分别处于不同激活水平。人们在主观上有两个判定标准，一个是“高标准”（C1），一个是“低标准”（C0）。如果某个项目的熟悉值高于 C1，人们便迅速做出“是”反应；如果某个项目的熟悉值低于 C0，人们便迅速做出“否”反应。这是一个直通的过程。但是，对于一个熟悉值介于 C1 和 C0 之间的词，则要进行系列搜索才能做出相应的反应。双重模型显得比单一的搜索模型和直通模型更灵活。但该模型在“项目熟悉性”内涵的界定、错误的形成和如何进行系列扫描等方面还不清晰。

扩展阅读

提取定向改变自传体记忆的神经激活模式

在提取不同类型记忆内容时，大脑如何运作呢？有研究者发现，当人们在大脑中检索自传体记忆时，分布广泛的神经网络都将激活，以构建相应的记忆表征。梁丽娟和张力（2009）采用 rTMS 技术证明，左、右背外侧前额叶在自传体记忆的时间属性、情绪性和自我属性的神经机制上均有不同功能表现。因此，由于激活模式的不确定性，记忆的重构也会随神经网络的活动而产生偏差。Gurguryan 和 Sheldon（2019）假设，在提取概念和背景信息时，神经系统的不同区域将被激活，并产生不同的功能连接。Gurguryan 和 Sheldon 在 fMRI 实验中，首先让被试提取自传体记忆，然后让他们对该记忆中的关键概念或上下文信息进行回顾，最后让他们使用这种内容（概念或上下文元素）详细描述一个新的自传体记忆。研究结果表明，在上述不同提取条件下，神经活动水平存在差异，尤其在使用回顾的内容构建新的自传体记忆时；上述差异分别表现在楔前叶、后扣带皮层、角回及左前额皮层等广泛区域。Gurguryan 和 Sheldon 的研究进一步说明，从自传体记忆中提取的内容将系统性改变再次提取时大脑的活动方式和时间顺序。

第三节　内隐记忆

一、概述

走在嘈杂的大街上，我们可能并不知道别人在说什么。但是，如果别人的谈话中提到了你的名字，也许你会很快觉察到。这说明，尽管你不知道旁边人的说话内容，但他们说的话已经进入大脑并得到了加工。那些没有听清楚的信息，由于没有达到“觉醒”的阈限值，便被挡在意识之外，很难被觉察到。而像名字这样的特殊信息，由于达到了阈限值，就容易被觉察到。由此可见，在大脑活动中，除了具有可以知晓、有意识的信息加工方式外，还具有未被知晓、无意识但确实存在的信息加工方式。前者常被称作信息的“外显加工”方式，后者则被称作信息的“内隐加工”方式。

在记忆过程中，也有一种记忆通过内隐方式运行，即内隐记忆（implicit memory）。内隐记忆是指对先前经验不需要经过有意回想的一类记忆形式，是某些记忆成分开始工作而个体并没有觉察到的一种现象。它只在特定任务操作中才能够自然地表现出来。内隐记忆现象是在遗忘症患者身上首先被发现的。1845 年，英国医生 Robert Dunn 发现，一位因溺水昏迷而患遗忘症的妇女，虽然已完全忘记了自己曾学过做衣服这件事，但不久后她在学裁剪衣服时却无意中表现出某些裁剪技艺方面的记忆痕迹。1889 年，Sergei Korsakoof 等对遗忘症患者的记忆现象进行系统研究后发现，一位接受过电休克治疗的遗忘症患者早忘了曾受过电击这件事，但当再次见到电击仪时，他却流露出相应的恐惧行为。1911 年，Édouard Claparède 用一根藏在手中的针去刺一位毫无防备的 Korsakoof 综合征患者，这让她相当痛苦。在治疗结束后，尽管已忘记了遭受针刺这件事，但她却拒绝与为她实施治疗的 Claparède 握手。20 世纪 60 年代，Warrington 和 Weiskrantz（1968）发现，这种现象在大部分遗忘症患者身上有所表现。他们没有意识到自己拥有对某方面的记忆，但他们在完成有关任务的操作时却表现出了记忆效果。后来，对正常人群的大量研究发现，启动效应是普遍存在的，这是一种自动的、不需要有意识回忆的记忆现象。Graf 和 Schacter（1985）把这类记忆称为内隐记忆，而把传统的、需经有意识回忆的记忆统称为外显记忆（explicit memory）。

区分内隐记忆和外显记忆的依据是有无意识参与，但两者是相对的。因此，内隐记忆特征是在与外显记忆的比较中表现出来的。内隐记忆在以下几个方面与外显记忆有明显的差别。(1) 加工深度对内隐记忆和外显记忆的影响不同。加工深度不影响内隐记忆，但对外显记忆则有非常明显的影响。(2) 内隐记忆和外显记忆的保持时间不同。内隐记忆随时间延长而发生的消退要比外显记忆慢得多，内隐记忆的保持时间要明显长于外显记忆。(3) 记忆负荷变化对内隐记忆和外显记忆产生的影响不同。外显记忆的数量和准确性会随着记忆项目增多而降低，内隐记忆则不受这种影响。(4) 呈现方式改变对外显记忆和内隐记忆会产生不同影响。感觉通道的改变会严重影响内隐记忆的成绩，而对外显记忆效果没有影响。(5) 干扰因素对外显记忆和内隐记忆的影响不同。外显记忆很容易受到其他无关信息干扰，而内隐记忆不容易受外在刺激干扰。

二、内隐记忆现象的理论解释

内隐记忆是一种非常微妙的心理现象，它具有多样性和复杂性。目前还很难有一种理论能够全面解释内隐记忆现象，但这方面的尝试一直没有停止过。阈限说是最早用于解释内隐记忆的理论，该理论认为，内隐记忆是由于记忆痕迹过于微弱，达不到外显记忆所需要的强度（即激活值过低）而产生的。然而，越来越多的证据否定了这一假说。因为许多对外显记忆有较大影响的因素（如加工水平、学习时间）都不影响内隐记忆；同时，内隐记忆测验成绩与外显记忆成绩的关联性也较弱。目前，激活理论、多重记忆系统理论和适当迁移加工理论在解释内隐记忆方面有较大影响力。

（一）激活理论

激活理论认为，启动效应是记忆系统中统一的固有预存表征或知识结构的暂时激活。激活是一个自动化过程，它独立于建立新的情景记忆痕迹所需的精细加工，不受精细加工影响；与主观需要和意图、练习、反馈等因素无关；没有个体差异和年龄差异；也不受应激或其他同时性加工要求的影响。在内隐记忆测验中激活的表征瞬间呈现于头脑中，它不包含先前情景记忆中关于项目发生的前后关系信息，因而无助于情景外显记忆。预存心理表征的激活加强了其成分之间的关系并提高了表征的可获得性。激活理论可以解释许多内隐记忆现象，如启动效应不依赖于精细加工，在一定条件下正常被试和遗忘症患者的启动效应迅速下降，以及严重的遗忘症患者能够启动预存表征的熟悉项目，而对无预存表征的非词或无关词不产生启动，等等。但是，该理论无法解释遗忘症患者对新信息的启动效应和正常被试对新获得的联想启动效应，以及某些情况下启动效应的持久性。

（二）多重记忆系统理论

多重记忆系统理论（multiple memory system theory）改变了过去将记忆视为一个单一系统的观点，因为它将记忆看作由不同操作系统组成的复合系统。每一操作系统都由若干特定加工过程组成，在理论上每个记忆系统都有其特定的神经机制与行为指标，内隐记忆和外显记忆分属不同记忆系统。Squire（1987）将记忆分为陈述性记忆系统和非陈述性记忆系统（程序性记忆）两大类型（见图5-6）。陈述性记忆系统包括事实记忆和事件记忆，是有意识的或外显的记忆，并且是唯一能进入意识的可察觉记忆；它是对由加工或操作所得的新数据结构的清晰表征。非陈述性记忆系统包括各种启动效应。在程序性系统中，记忆由内部加工操作或程序变化状态表征，如技能学习及条件反射。内隐记忆和外显记忆分属非陈述性记忆系统和陈述性记忆系统。一般来说，陈述性记忆系统（包括边缘系统的神经结构）负责外显（或意识）记忆，而程序性记忆系统则是运动技能、启动、经典条件反射和其他学习形式的基础。多重记忆系统理论将记忆与某种神经结构或过程联系起来，较好地解释了遗忘症患者外显记忆受损而内隐启动效应仍然存在的现象，但无法解释遗忘症患者对非词的零启动和对新获得事件与词汇的内隐提取。

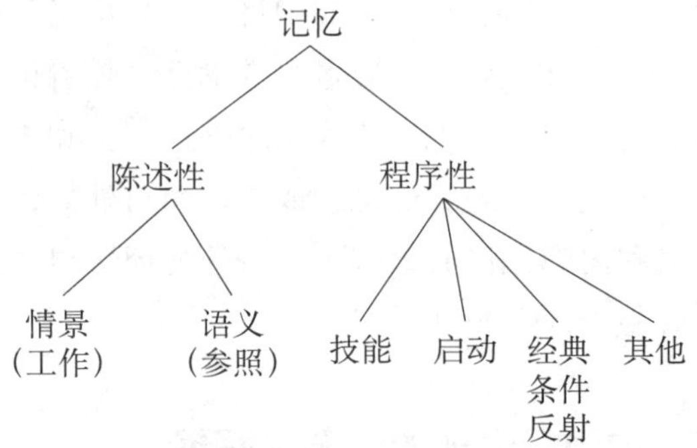

图5-6 Squire的不同记忆系统理论假设图示

（三）适当迁移加工理论

Roediger（1990）从认知心理学的角度提出了适当迁移加工理论（transfer appropriate processing theory，简称加工说）。该理论认为，标准外显记忆测验和内隐记忆测验之间的许多分离可能反映了测验所需要的不同认知加工。相对于假设内隐和外显测验对应不同记忆系统，加工理论假设记忆测验由不同加工过程构成，测验间的分离反映了不同加工过程。由于外显记忆测验和内隐记忆测验需要不同提取类型或运用不同信息，所以，两类记忆测验在学习中的获益也不同。如果不同任务需要不同提取操作，那么，这些操作的成功率就取决于它和最初编码操作的相互吻合程度；如果测验与编码的认知操作相同，则提取成绩更好。因此，不同任务要求不同加工，从而导致内隐记忆与外显记忆分离，记忆的分离揭示了在学习—测验中加工操作的重叠程度。外显记忆测验（如再认）倾向于对语义、精细化或概念性信息的提取，是自上而下的概念驱动加工；而内隐记忆测验（如极短暂地呈现单词）倾向于以知觉特征为基础的提取，属于自下而上的信息驱动加工。由于强调内隐记忆的情景基础，该理论可以解释启动效应的持久性、联想效应、对项目语境关系的敏感性、学习—测验的交互作用等，但无法解释短暂的激活、遗忘症患者的启动效应对预存表征的依赖性，以及正常被试在新旧表征上启动效应的差别。

三、内隐记忆的研究范式

（一）任务分离范式

任务分离范式由 Tulving（1983）首先提出。在心理学领域，实验性分离范式最早为神经心理学家采用，是用以研究脑损伤病人心理功能的重要方法论工具。任务分离范式一般通过改变测验指导语，生成两种记忆任务，即间接测验和直接测验。直接测验法用于测量外显记忆能力，要求被试有意识或主动提取先前经验，以完成当前任务，如传统的自由回忆、线索回忆以及再认都是任务分离法中常用的直接测验。间接测验法不需要直接回忆先前经验，被试并未意识到某些经验对当前任务的影响。间接测验法的种类很多，用于内隐记忆的间接测验法主要有补笔测验、辨认测验、拼写测验、联想测验、决策测验等几类。实际上，间接测验的数目远不止这些，大多数任务可以转换为间接测验，只要具备以下两个条件：(1) 在学习阶段，被试接触了相关信息；(2) 在测试阶段，指导语强调立刻反应并且保证被试没有有意识提取。根据自变量的选择和操纵，间接测验又可以分为与言语信息有关的间接测验（如词干补笔、残词补全、模糊字命名、词汇判断和单词确认等）、非言语信息的间接测验（如图形完成、图片识别、残图命名、物体判断、偏好判断、面孔命名等）、新异联系的间接测验（如非相关词对联系、词或非词与其颜色的联系、物体-位置联系等）、数据驱动与概念驱动间接测验等。

间接测验的关键是，不能让有意识回忆与基于熟悉度提取的作用混合在一起，从而影响测验结果。解决这个问题的一个重要措施是通过指导语控制被试的提取策略，通常采用缩短测验时间、施加较大时间压力、分散注意力、在学习和测验之间增设干扰作业、用口头反应代替书面反应等方式进行控制。有些研究者还在测验结束后对被试进行问卷调查，了解被试在测验过程中是否意识到测验结果与学习的关系，把意识到关系被试的测验结果与未意识到关系被试的结果进行比较分析。但是，无论采取何种措施，都无法完全消除内隐记忆对直接测验的影响，同时也无法消除外显记忆对间接测验的影响。

（二）加工分离范式

任务分离范式为我们提供了区分内隐记忆和外显记忆的手段，并以此证实了内隐记忆的存在。然而，任务分离法并不能完全消除有意识加工和无意识加工之间相互污染的问题。不仅有意识加工会影响间接测验，而且无意识加工也会影响直接测验。因此，直接测验所测量到的不是纯粹的有意识加工，而间接测验测量到的也不是纯粹的无意识加工。为了更加纯净地提取有意识加工与无意识加工，Jacoby

(1991）对内隐记忆与外显记忆的实验性分离进行了改进，提出了加工分离实验程序。加工分离程序的思想源于再认记忆的双加工模型（Mandler，1980）。该模型认为，再认的心理加工机制可以分为两种：熟悉性提取和意识性提取。Jacoby认为，无论是直接测验，还是间接测验，都包含外显加工与内隐加工的共同作用。因此，使用任务分离程序对内隐记忆与外显记忆进行分离存在着自身无法克服的矛盾；内隐记忆与外显记忆的分离应当建立在加工分离基础之上，而不是通过测验任务进行分离。

加工分离程序的总体思路是，用两个彼此对立的测验（包含测验与排除测验），使有意识加工和无意识加工的作用方向相反，进而达到把内隐记忆与外显记忆分离开的目的。根据测验类型的不同，加工分离实验程序可以分为启动型和再认型两类。启动型加工分离程序是在学习了一个项目之后进行排除与包含测验。在包含测验中要求被试用学习阶段学习过的内容完成测验任务，如果想不起来，也可以用头脑中出现的第一个可能的答案完成任务。在包含测验中，控制加工与自动加工的作用方向是一致的。被试既可以通过有意识加工回忆出来的内容完成任务，又可以根据通过无意识加工产生的熟悉感而使用学习过的内容完成任务。而在排除测验中，则要求被试不能用前面学习过的内容完成任务；此时，控制加工与自动加工的作用方向不一致。当能有意识回忆出学习过的内容时，被试就会将这些内容从反应中排除出去；如果被试仍用学习过的内容完成任务，则是无意识熟悉感在起作用。再认型实验程序则是在学习阶段呈现两种学习内容，把呈现过的内容和未呈现过的内容混合在一起，然后进行测验。包含测验要求被试将所有学习过的内容判断为“旧”，将未呈现过的内容判断为“新”。排除测验要求被试只将第二个学习内容判断为“旧”，而将第一个学习内容和未学习过的内容判断为“新”。这样就第一个项目而言，在包含测验中控制加工和自动加工的方向是一致的，而在排除测验中控制加工和自动加工的方向则相反。

四、启动效应

启动效应（priming effects）是内隐记忆的主要形式之一，它是执行某一任务对后来执行同样或类似任务的促进或抑制作用。研究启动效应的实验一般都包括两个阶段。首先，呈现一系列刺激，如词、图形、面孔等；然后，在测验阶段呈现残缺的知觉或语义刺激（如残词、模糊的词、快速呈现的词或图等），要求被试命名或辨认。测量指标是被试的认知倾向、操作速度或准确性，如反应时、正确率等。若被试对先前呈现刺激的命名时间或辨认正确率与未学过的控制刺激不同（增加或减少），那么，先前呈现的刺激就对后来刺激产生了启动。启动有以下几种。

（一）知觉启动、直接启动或重复启动

知觉启动是在提取线索与启动项目在知觉特性上有关，而与加工水平无关条件

下进行的启动，常用的任务有词干补笔、知觉辨认、快速命名、残词补全等。在直接启动（direct priming）中，测验项目与学习项目相同，因此，也被称为重复启动（repetition priming）。这与传统的记忆测量方法不同，它不要求被试有意识地回忆学习过的信息，而是对任务的操作结果进行测量。

在词干补笔方法中，首先，让被试学习一系列单词；然后，给被试提供一个单词表，词表里的单词只有前三个字母，要求被试将后面缺失的字母填写出来。学过单词填对的概率与未学过单词填对的概率之差为启动效应。知觉辨认则是让被试先学习一系列单词，然后，将学过的单词与一些新的词随机混合，再用极快的速度逐一呈现给被试，要求被试读出这些词。典型的结果是学习过的词读出来的概率高于未学习过的词，两者的概率之差就是启动效应。残词补全和词干补笔类似，只是对测验中使用的单词随机去掉一些字母，要求被试填上这些字母。学过单词填对的概率要高于未学过单词的概率，两者之差为启动效应。此外，还有残图识别、物体命名等测验。

（二）语义（概念）启动

一个启动刺激词对随后出现的相关目标词在发音或词汇识别上的促进作用就是语义启动（semantic priming）或概念启动（conceptual priming）。通常情况下，启动词和被启动词之间没有知觉关联性，而只在语义上相关。语义启动的最大效应不是立即发生的，它们之间关系的建立需要300毫秒时间。适当提示可以帮助产生预测。正确预测可以加速语义启动（易化）；而预测失败，则需要更长时间进行语义启动（抑制）。语义启动测验包括类别范例生成（category-exemplar generation，CEG）、自由联想等。

类别范例生成理论是对内隐学习的一种解释，它揭示了内隐学习与内隐记忆具有同构性。在复杂系统控制任务中，被试会试图建立起所有输入和输出的“对照表”，并根据当前情景在这张“对照表”中搜索最可能匹配的项目，然后，再据此进行反应。复杂系统对内隐学习的控制类似于内隐记忆中的词干补笔任务，即根据当前情景补全“对照表”中的反应。人工语法学习中的反应就基于某些特定范例。例如，在配对联想学习范式中，将两套由不同语法生成的字母串与英语单词配对；两套字母串的差异并不明显，它们分别与描写新环境或旧环境的单词配对。如果事先告知被试区分线索，他们就能够区分符合语法与不符合语法的字母串；相反，被试则不能区分。因此，被试能够用类比方法存储范式并进行归类。而内隐记忆中的重复启动观点对范例理论的解释是，事件的范例被编码和被提取是启动效应的必要条件。

自由联想由Francis Galton于1879年首先开创。其方法是以听觉或视觉方式给被试呈现一个刺激（词或图片），要求被试尽快地说出头脑中浮现的词或事实。在应用自由联想时，事前对被试的反应与刺激之间的关系不加任何限制，但一般要求只以语言方式（单词形式）反应。自由联想分为不连续自由联想和连续自由联想两种。在不连续自由联想中，呈现一个刺激词后，要求被试立即以其头脑中浮现的第一个词反应。例如，刺激词为“狗”，被试头脑中浮现的第一个词为“猫”，就以“猫”做反应。在连续自由联想中，呈现一个刺激词后，要求被试以一系列词或事实做反应，即前一个联想的反应词或事实作为下一个联想的刺激，不断地联想下去，如：“狗—猫—马—马车—轮胎—橡皮—橡皮擦……”自由联想一般以联想的反应时、同一类联想反应重复数、反应词的质量作为指标。自由联想也是精神分析学家常使用的一种诊断技术和治疗方式。在进行迅速联想时，被试往往会暴露出内心潜隐的思想。这样就可以发掘病人压抑在无意识中的致病情结或矛盾冲突，把它们带到意识中，使病人对此有所领悟，并重新建立现实性的健康心理。

（三）负启动

负启动（negative priming）最早由 Dalrymple-Alford 和 Budayr（1966）在 Stroop 色词研究中提出。但负启动作为抑制分心物的方法却始于 Tipper（1985）的研究。负启动效应是指当前一个刺激中的干扰项作为后一个刺激中的目标项呈现时出现的抑制作用，即当上次显示（启动试次）中被忽略的干扰项成为下次显示（探测试次）中的目标项时，被试对该目标项的反应时增加；如果被抑制的词后来变得与任务有关，那么，被试对后来刺激的命名要相对困难。因此，在刺激选择期间，如果一个被忽略刺激的内部表征与抑制相联系，那么，对随后一个要求相同内部表征的刺激的加工就会被削弱。

Tipper（1985）在负启动实验中向被试呈现用红、绿颜色书写的两个部分重叠的字母。红字母为目标字母，要求被试又快又准地读出该字母；绿字母为分心字母，要求被试忽略它。实验设置三种条件：（1）控制条件，即每个试次中目标字母和分心字母都不同；（2）分心字母启动条件，即启动显示中的分心字母在探测显示中作为目标字母；（3）重复分心字母条件，即分心字母保持不变。结果显示，分心字母在启动条件下的反应时显著长于控制条件，因为在探测显示中的目标字母在启动显示中受到抑制，对此字母的反应受到影响。Tipper 还发现，这种抑制也可以产生扩散。他们在实验中向被试呈现两个上下放置的普通物体的素描图，一个是绿色（作为分心物），另一个是红色（作为目标）。当探测显示中的目标是启动显示中的分心物时便会出现负启动效应。有趣的是，当探测显示中的目标是与启动显示中分心物有语义联系的其他物体时，如启动显示中的分心物是“狗”，而探测显示中的目标是“猫”，对“猫”的反应时也会延长。这是类似于激活的扩散抑制，因为在此实验中对分心物的抑制显然已扩散到了它的语义上的“邻居”那里。

负启动范式作为一种实验技术在选择性注意机制研究中得到了广泛应用之后，也出现了许多变式。这类实验一般都是成对显示，前一次显示称为启动显示，后一次则称为探测显示，每种显示均包含目标和分心物两类刺激，要求被试对目标进行反应，同时忽略干扰刺激（即分心物）。在实验条件下，探测显示中的目标与启动显示中的分心物有关；在控制条件下，这两种显示中的刺激无关。探测显示中的目标与启动显示中的分心物之间的关系会影响被试对探测目标的反应。当二者有联系时，探测显示中的目标由于在启动显示中作为分心物而受到抑制，这种抑制将持续到探测试验中，影响被试完成探测目标反应任务。因此，二者有关联时比无关时反应要慢。通过与控制条件相比，被试在实验条件下对探测目标反应的延长可作为负启动效应的测量指标。

产生负启动效应的原因比较复杂，一般认为，可能有以下原因：（1）反应压制（response suppression），即外显反应受到压制；（2）认知去活化（cognitive deactivation），即认知活动性降低；（3）编码协调（code coordination），即在探测显示中看到的目标与真正的目标产生混淆；（4）认知阻塞（cognitive locking），即被忽略刺激的表征无法进入反应机制；（5）S-R 映射（stimulus-response mapping），即启动和探测试验的反应要求相同，导致反应混淆；（6）情景恢复（episodic retrieval），即所恢复的过去情景不恰当。

扩展阅读

外显记忆和内隐记忆是否都会随年龄增长而衰退？

记忆在人类婴幼儿期获得大量知识和技能过程中有至关重要的作用。其中内隐记忆从早期开始就存在，从 9 个月开始稳定（Vöhringer et al.，2018）。杨治良和周颖（2003）认为，内隐记忆和外显记忆存在发展性分离：在文字再认中，意识的作用在小学高年级（11 岁左右）达到最高点，从初三开始逐渐降低；而相应的无意识贡献水平则没有明显的年龄差异。就老年群体而言，老年人的内隐记忆与外显记忆也不相同，无论是项目性内隐记忆还是联想性内隐记忆，与青年人相比，都没有减退（李川云，吴振云，1997）。不过，无意识只在老年人的文字材料记忆中所起作用大于非文字材料（郭秀艳，2002）；另外，内隐熟悉性会干扰老年被试的工作记忆任务成绩（刘英杰等，2014）。

如果内隐记忆不会随年龄变化而发生改变，那么，人们就可以设法对记忆衰退进行有效干预。Ward 等（2020）采用连续再认任务（continuous-identification-with-recognition，CID-R），阐明了年龄对内隐记忆（启动）的影响以及内隐记忆与外显记忆（再认记忆、来源记忆）的关系。在 CID-R 任务的每一个试次中，对一个单词或一个物体进行再认判断之前，被试都会对它们进行识别。此外。Ward 等还对注意和加工深度进行了操纵，以揭示其对年龄效应的影响，并将来源记忆（提取与项目呈现时相关的上下文细节）作为额外的外显测量指标。结果表明，随着年龄增长，外显记忆和内隐记忆都明显下降。

总之，虽然年龄对内隐记忆的影响还存在争议，但对由衰老引起的阿尔茨海默病的研究表明，由于患者的额叶功能减退，不仅工作记忆、注意、执行功能受损伤，而且概念启动的内隐记忆损害也很明显（郭翠萍等，2018）。因此，与外显记忆一样，内隐记忆也会随年龄而衰退。

第四节　元记忆

一、概述

元记忆的英文是 metamemory。其中，“meta”源于希腊文中的介词和前缀“meta-”，意思是 after、beside、with、among、beyond、adjacent 或 self 等。在认识论中，前缀“meta-”是 about（关于）的意思，中文译为“元”。因此，“meta-cognition”被翻译成“元认知”，“meta-memory”即元记忆，“meta-thinking”为“元思维”等。

（一）元认知的概念

元认知概念由美国发展心理学家 Flavell（1976）提出。Flavell 将元认知定义为“关于认知的知识和对认知的控制”。简单而言，元认知是“对认知的认知”“对思维的思考”。例如，当我知道自己学习数学比学习英语更困难时，我就在使用元认知。因此，元认知既是个体关于自己认知活动、过程、结果以及与之有关的知识，也是对自身认知活动的计划、体验、监控和调节。

Flavell（1979）将元认知划分为元认知知识、元认知体验和元认知监控等三个成分，它们相互联系、密不可分。

1. 元认知知识

元认知知识是关于影响自己认知过程与结果的各种因素及其影响方式的知识，其中包括：关于认知主体的知识，如自己的兴趣、爱好、能力、学习特点等；关于认知对象的知识，如材料、任务以及认知活动等；关于认知策略的知识，如注意策略、记忆策略、想象技巧以及认知重构等。

2. 元认知体验

元认知体验是认知活动中主体产生的认知体验或情感体验，它包括肯定和否定两个方面。例如，预感失败导致焦虑，预感成功便产生喜悦；从失败中获得教训，从成功中获得经验。

3. 元认知监控

元认知监控是元认知的核心。在整个认知过程中，认知主体根据元认知知识、体验等积极地对认知活动进行及时、主动的监测、调节，以期达到预定目标。元认知监控分为：计划——选择适当的策略和正确的资源配置；控制——理解与领悟任务；评价——评估任务的效果和效率。

在实验心理学中，元认知是人们对记忆强度的判断，以及通过判断引导行为的过程（Nelson & Narens，1990）。在认知神经科学领域，元认知控制被看成是前额皮层的功能，前额皮层通过接收其他脑区的信号并通过反馈回路实施控制功能（Dunlosky & Bjork Eds.，2008）。而在人工智能及建模领域，元认知被用以描述人对死亡的理解，或者是自我意识。在教育心理学和发展心理学领域，元认知的研究最为广泛，尤其集中在学习过程和学习动机方面。由于元认知具有主动性、调节性及迁移性等特点，它能够对个体行为产生有效反馈，从而促进个体认知能力，甚至人格的发展。

（二）元记忆的概念

元记忆是元认知的一种重要形式，它是关于自身记忆能力的内省知识和记忆中的自我控制。元记忆研究始于 Hart（1965）所做的关于知道感（FOK）的研究。直到十多年后，Flavell（1976）提出元认知概念，元记忆才被纳入记忆心理学的一般范畴。

元记忆包括对记忆系统内容、功能的认识和评价，以及对记忆过程的监控（杨治良等编著，1999）。这种对记忆的自我意识在人们的学习和记忆中起着重要作用。例如，学生要判断自己是否掌握了学过的知识，以便安排学习时间，就需要对自己的记忆效果做出评价。

二、元记忆结构

元记忆是一个复杂的认知系统，包括元记忆知识、元记忆监测和元记忆控制等三个部分。首先，元记忆知识是个体所具有的一切与记忆活动有关的知识，包括记忆中有关记忆者特点的知识、记忆目标和记忆内容的知识以及记忆策略和记忆方法的知识等。它还涉及对自己记忆能力的评估、对自己记忆特征的认识，以及自己与他人记忆的差异和在记忆活动中的自我效能感等。其次，元记忆监测是对记忆状态的监测性判断，并伴随着情感体验。元记忆监测可以区分为回溯性监测和预见性监测：前者是对回忆或再认答案正确与否做出的信心判断，后者是对学习容易度、学习成绩和知道感等的判断。最后，元记忆控制是在元记忆监测的基础上，激活已有元记忆知识，对记忆过程进行有意识组织和调节的过程，主要包括识记策略和回忆策略的选择、学习时间的分配等。元记忆的三个部分相互联系、相互制约。元记忆知识是所有元记忆过程的前提和基础，对记忆过程进行监测和控制，都要以掌握一定元记忆知识为前提；而元记忆监测和控制也可以激活元记忆知识。三者协调工作，形成一种综合心理能力，在记忆活动中发挥作用。

Nelson 和 Narens（1990）将人类认知过程区分为两个各具特点而又相互联系的水平，即元水平和客体水平。人的记忆过程也可以分为元记忆和客体记忆。客体记忆是个体对客体信息的加工过程，包括编码、存储和提取。而元记忆则是个体对客体记忆的认识、评价和监控。根据信息的流向，记忆过程包含两种主要的关系和作用，分别称为“控制”和“监测”。如果信息是从元水平流向客体水平，则为控制作用；相反，则为监测作用。

三、元记忆现象

（一）记得与知道

在记忆过程中，我们并非能够非常清晰地提取所有信息，因为我们对不同信息的意识程度存在差异。例如，在记忆实验中，学习一个词表，并告知将进行再认测验。一段时间的学习之后，再给被试一系列单词，并在每个词后面提出一个很简单的问题：“这个单词在你刚才看过的词表上吗?”要求被试回答“是”或“不是”。被试在回答时，对于有些单词，可能记得自己曾见到并仔细思考过，因此，回答“是”。这就是一种自知的外显记忆，即“记得”（remembering）。然而，有时被试会觉得，我记得这个词在词表上，但又想不起曾如何见过它，它看起来很熟悉（实际上还是有某种意识体验），有一定把握可以确定它在词表上出现过，因而也回答“是”。这就是失知意识，它是一种“虽然我不能确切地想出来，但我知道它在词表上”的感觉，即“知道”（knowing）。Tulving（1985）对自知意识（autonoetic consciousness）和失知意识（anoetic consciousness）做了区分。自知意识指当我们想到自己记住了某事或物时，头脑中所产生的一种意识状态，它是回忆性的，并有具体情节；而失知意识是语义性和非回忆性（non-recollective）的。知道感（feeling of knowing，FOK）是指相信某种信息能从记忆中提取出来，但现在又提取不出来的一种心理状态，它发生在记忆提取失败之后。其经典研究范式是回忆—判断—再认（recall-judgement-recognition，RJR），基本思想是将元记忆水平的 FOK 判断与客体水平的标准测验进行相关检验，用相关程度表明 FOK 判断的准确性。

Rajaram（1993）用典型实验说明了“记得”与“知道”的记忆过程。在实验中，要求被试阅读 160 个单词并以两种方式进行加工，即对一半单词进行语义加工（语义联想），对另一半单词则是要找出与它们押韵的词。一小时后再进行一项外显再认，被试除了要回答是否见过这些单词以外，还要进一步说出自己是真正“记得”它们，还是虽然不记得但“知道”它们曾经出现过。如果被试在再认某个单词时能清楚地记得它曾在词表上出现过，则做“记得”反应，即“记得”判断；当被试再认出某个单词曾经在所学的词表中出现过，但却不能清楚地回忆出它实际出现时的一些情况时，则做“知道”反应，即“知道”判断。结果显示：（1）“记得”单词具有非常明显的加工水平效应，即语义加工单词要比押韵加工单词的再认率更高；（2）“知道”反应刚好相反，押韵条件下“知道”的词比语义加工条件下“知道”的词更多。Rajaram 认为，如果进行“记得”判断，被试心里可能在想：“我记得这个单词，当时我的任务是给它找同义词。”因此，当记得某个单词时，被试更有可能对该词进行语义加工而不是找与它押韵的词。而“知道”判断则可能是：

"啊，我不记得这个词了，但我知道它在词表上出现过。"因此，被试在学习时更有可能是在找押韵的词，而不是生成同义词。"知道"反应并不是特定记忆内容的复活，更可能反映知觉性质，甚至具有推论性。当某物看起来似乎曾经见过或者自认为应该见过时，被试就会说"我知道它"。"知道"可能也并不简单地只是一种较弱的"记得"，而很可能是一种具有自身规则和作用的独特提取状态。因此，知识也可以是通过知觉或推论过程积累起来的信息。

（二）前瞻记忆

人们在叙述经历过的事情时，使用的是回溯记忆（retrospective memory）。回溯记忆是对过去已发生事件或行为的记忆，如老师在上次课上所讲的内容是什么或昨天与谁一起看电影等。这是传统记忆心理学研究的主要内容。然而，我们也常常制订将来的行动计划，如明天去哪里上课、后天要参加什么会议等。这同样需要我们的记忆参与。心理学家称之为前瞻记忆（Prospective memory）。前瞻记忆是对预定事件或未来要执行行为的记忆，它对人们的生活影响也较大。在日常生活中约50%～70%的记忆失败与前瞻记忆有关。Einstein 和 McDaniel（1996）指出，前瞻记忆包含两个主要成分，即前瞻成分和回溯成分：前者指个体必须记住在适当时机去执行一项活动，而后者指个体必须记住要执行的活动内容及时间。前瞻记忆的成功提取有赖于两种成分共同执行，两者缺一不可。

1. 前瞻记忆的分类

目前，心理学家主要从以下三个维度对前瞻记忆进行分类。

（1）长时前瞻记忆与短时前瞻记忆。这是根据记忆内容发生时间长短进行的分类。家长记得每年给孩子过生日时，就使用了长时前瞻记忆。很明显，长时前瞻记忆中包含一个重要的回溯记忆成分，如孩子在哪一天出生，甚至还包括更多细节，如孩子是在上午出生还是下午出生。而短时前瞻记忆任务更类似于警戒或注意（Meacham，1977），即时性更强。例如，学生放学回家后，仍然记得老师布置的作业。

（2）新异前瞻记忆与习惯化前瞻记忆。在日常生活中，前瞻记忆任务的使用频率并不相同。一种是新颖的、陌生的前瞻记忆，随着任务的完成，执行目标行动的意向也消失，例如下课后把借的书还给同学。这是一种短暂的前瞻记忆。习惯化的前瞻记忆相对持久，它是通过练习而形成的一种习惯，因而几乎从不会遗忘。例如，让儿童记得每天早上起床之后和晚上睡觉之前刷牙就是在培养他们的习惯化前瞻记忆（Berg，2002）。

（3）基于事件的前瞻记忆与基于时间的前瞻记忆。在前瞻记忆内容中主要包含事件（做什么）和时间（何时做）。基于事件的前瞻记忆任务是指某个特定事件触动了意向行为的执行。例如，在选择反应时测验中，被试要记得屏幕上出现红色方块时按左手键，出现绿色方块时按右手键。而基于时间的前瞻记忆任务是指记得在某个特定的时刻或时间段之后完成意向行为，如记得半小时后给某人回电话。Sellen 等（1997）发现，基于事件的前瞻记忆任务成绩优于基于时间的前瞻记忆任务成绩。基于时间的前瞻记忆需要较多自我发动的加工过程，它比基于事件的前瞻记忆需要更多注意资源（Cherry & LeCompte，1999）。此外，Kvavilashvili（1992）还提出了基于活动的前瞻记忆。基于活动的任务是指在完成某件事（目标线索）后去做另外一件事（目标任务），如吃完饭后给老同学打个电话。显然，基于活动的前瞻记忆与其他类型之间存在相互重叠。到目前为止，对前瞻记忆的研究多集中于基于事件的前瞻记忆，而对其他类型的研究则相对较少。

2. 前瞻记忆的研究方法

研究前瞻记忆的方法包括问卷调查、现场实验、实验室实验以及情景模拟等。目前，实验室实验似乎更加普遍。在实验中，告诉被试将要完成一项安插了前瞻记忆任务的基本实验任务。例如，要求被试在基本任务中，如果看见某些特别的目标事件（如目标词）就完成某个任务（如按某键）。基本任务起到一种干扰作用，它不是实验的真正目的。在完成基本任务（干扰任务）过程中，会出现前瞻记忆任务；如出现“目标词”，被试就要对它做出反应。反应的正确率或反应时便可以作为前瞻记忆任务成绩。实验法的优点是可操作性强，对各个变量的作用的探讨也更为深入。这种方法既可以有效控制实验变量，也可以精确记录与任务有关的各项成绩，比较适合基于事件的前瞻记忆任务（Einstein & McDaniel，1990）。但是，实验法的生态效度不高。对此，情景模拟则是一种更有效的方法。使用情景模拟法对前瞻记忆进行研究时既可以对现实生活进行模拟，又可以对额外变量进行严格控制，因此具有较好的信度和效度。当然，情景模拟法也有不足，它对实验设计的要求较高，这种方法不适用于重复测量。

3. 前瞻记忆的理论模型

前瞻记忆的理论模型有以下几种。

（1）熟悉—提取模型。McDaniel 和 Einstein（2000）用熟悉—提取模型解释前瞻记忆。McDaniel 和 Einstein 认为，再认包括熟悉和提取两个过程，熟悉过程可以提醒被试想起要做某事，当指导语没有要求被试进行再认判断时，具有较高熟悉值的目标事件将被自动加工，提取该事件包含的相关信息；具有较低熟悉值的目标事件则被拒绝；而处于两者之间的目标事件将启动恢复该事件相关信息的提取过程。

（2）自动激活模型。该模型认为，前瞻记忆在线索事件作用下自动被激活。在记忆系统中，前瞻记忆的前瞻成分与回溯成分连在一起，前瞻记忆的执行意向使大脑形成一种待激活状态。当线索事件被意识到时，有关信息可以自动触发前瞻记忆，将执行意向付诸行动。前瞻记忆任务之后，“线索事件”与“目标行动”之间建立了一种联结，并保持一定激活水平。而在进行其他活动时，前瞻记忆的执行意向从工作记忆中消失，联结的激活水平也随之降低。当线索事件再次出现时，联结会重新被激活；如果它达到一定激活水平，则可以再次完成目标行为（郭纬，贺莉，2005)。

(3) 注意—搜索模型。该模型强调注意的作用。在前瞻记忆任务中，线索事件吸引了注意。注意在记忆系统中进行搜索，并对线索事件的意义进行判断。如果确定线索具有一定意义，就会实现前瞻任务的执行意向。注意—搜索模型将前瞻记忆任务的内部加工过程分为被动认知和主动控制两个阶段。被动认知是不占用注意资源的自动加工，而主动控制则是针对外界环境和记忆系统本身的控制加工（张利增，2005)。

(4) 多重加工模型。多重加工模型认为，前瞻记忆任务既有自动加工，也有主动的策略加工。当任务较简单时，只需要自动加工即可完成前瞻记忆任务；而当任务较复杂时，不仅需要自动加工，也需要主动加工（策略加工或控制加工)。自动加工基本上不消耗认知资源，而控制加工需要投入一定认知资源。在自动加工中，线索事件自动激活前瞻记忆；而在控制加工中，则是主动利用认知策略对线索事件进行监控（McDaniel & Einstein，2000)。

4. 前瞻记忆的影响因素

前瞻记忆受到许多因素影响，有个体内在因素（如年龄)，也有外界刺激因素（线索事件）等。

(1) 年龄。一般而言，人的记忆能力随着年龄增长会有所变化，前瞻记忆也是如此。在儿童发展过程中，前瞻记忆水平随年龄增长而提高（Kerns & Price，2001；王永跃等，2005)，其中14～16岁时发展最快（刘伟，黎琳，2007)；然而，当达到一定年龄（如接近成年）时，前瞻记忆的年龄效应将不再显著（李寿欣，宋艳春，2006)。前瞻记忆同样存在老化现象（Rose et al.，2010)，其中主要表现在基于时间的前瞻记忆方面（Yang et al.，2011)。此外，在自然条件下老年人的前瞻记忆好于年轻人，而在实验室却相反（Aberle et al.，2010)。不过，年龄因素在任务重要性、线索提示及记忆类型等方面表现出不同的影响模式（Ihle et al.，2012)。

(2) 线索事件。在前瞻记忆的不同理论模型中，线索事件是重要前提。因此，它也是影响前瞻记忆的主要因素。在前瞻记忆过程中，特殊线索事件容易吸引注意力，从而增强执行意向。例如，较为陌生的线索事件引起的前瞻记忆水平更高（Einstein & McDaniel，1990)。当然，对低熟悉性线索事件的注意程度也非常关键，集中注意的前瞻记忆水平要比不集中注意的前瞻记忆水平更高（Scullin et al.，2010)。此外，具体线索下比概念性线索下的前瞻记忆成绩更好（van den Berg et al.，2004)。由此可见，线索事件的特殊类型及性质对前瞻记忆成绩的提高起着非常重要的作用（李寿欣等，2005)。

除上述因素外，还有许多因素（延时、人格、智力、情绪、药物以及遗传等）也会对前瞻记忆产生影响。例如，A型人格者的前瞻记忆成绩高于B型人格者（孙莹莹，2006)，高言语能力者的前瞻记忆成绩高于低言语能力者（Cherry & Le-Compte，1999)，高焦虑者的前瞻记忆成绩比其他人群低（Harris & Cumming，

2003）。

（三）学习判断

学习判断（judgment of learning，JOL）是元记忆监测的重要组成部分，它是学习者对自己记忆成绩的一种预测，也是一种前瞻性判断。学习判断体现了个体对自己学习和记忆效果的了解程度，以及对自己学习和记忆活动的控制能力。按照发生时间的不同，学习判断可分为即刻学习判断（immediate JOL）和延迟学习判断（delayed JOL）。即刻学习判断是在学完某一项目后，立即预测在以后回忆测验中能否正确回忆所学项目；延迟学习判断则是在学完部分或者全部项目后，再对所学项目能否被回忆的预测。典型的学习判断实验范式是学习—判断—回忆。例如，在延迟学习判断中，被试先学习一组联想词对（线索词—目标词）；然后，随机呈现线索词，让被试预测自己能正确回忆与之对应目标词的可能性（一般使用 100 分等级，0 表示完全不能回忆，100 表示完全能够回忆），即判断等级；最后，只呈现线索词，让被试回忆与之对应的目标词。

学习判断的准确性是其核心之一。准确性是指预测回忆成绩和实际回忆成绩之间的一致程度，分为绝对准确性和相对准确性。绝对准确性反映了人们对自己能否正确回忆一组项目的预测能力，即学习判断是否出现高估或低估；可以通过计算预测成绩与实际成绩之差（计算差异分数），或者以预测成绩为横坐标，实际成绩为纵坐标绘制出的函数曲线（校准曲线）进行描述。在校准曲线坐标系中，对角线是诊断线。校准曲线越接近诊断线，说明预测越准确。校准曲线在诊断线之上或之下分别表示低估或高估。相对准确性则反映了项目学习判断值与回忆成绩之间的关系，即不同项目对回忆成绩的预测能力。例如，高学习判断值（如 90%）项目的回忆可能性是否比低学习判断值（如 30%）项目更高。通常以回忆成绩和学习判断值之间的 gamma 相关系数作为相对准确性指标。

影响学习判断的因素有以下三方面。

（1）学习材料。不同学习材料的学习判断之间存在差异。例如，有意义词对的学习判断值高于无意义词对；同时，材料的主观流畅性高，学习判断值也会增加。

（2）学习过程。其中的因素主要有学习条件、判断时提取到的信息量以及练习等。例如，过度学习反而降低了学习者的自信心，学习判断值也随之下降；而练习可以提高学习判断的相对准确性。

（3）学习者。其中的因素包括编码策略、主观体验等。例如，剥夺学习者自己解决问题的主观体验，导致他们不能利用这种体验做判断，其判断准确性下降。

四、元记忆理论

元记忆有不少理论假设，下面介绍几个有代表性的假设。

（一）痕迹接通说

Hart（1965）提出的痕迹接通说（trace access mechanism）认为，虽然被试在回忆提取中失败（未能提取出全部信息），但对所要回忆项目的痕迹仍有部分接通，FOK 判断就是以这种接通为前提的。痕迹包括阈下痕迹强度的水平、在痕迹中残留的语义或物理特征等。在痕迹接通说中，目标提取假说是目前被广泛研究的一种。该假说认为，FOK 判断等级高低取决于所识记目标项目的记忆强度，或由可提取的记忆存储中目标的信息量决定；FOK 判断和标准测验中的再认和回忆一样，都由目标信息本身决定，可以被看作记忆存储的一个准确指标。FOK 判断等级随记忆对识记词的强化而变化，可以说明预测的标准测验成绩差异。在较为困难的任务中，虽然有时不能成功提取信息，但这种提取活动本身会激活该项目的记忆痕迹，进而启动随后的情景记忆和语义记忆。

（二）推论说

推论说（inferential mechanism）由 Nelson（1984）提出。该理论认为，FOK 不是由目标本身残留痕迹的接通引起，而是依赖于记忆中的其他相关信息。这些相关信息包括存储在长时记忆中的情景信息、最初的启动信息和目标回忆线索的相似性，以及被试关于提取的一般知识。因此，在进行 FOK 判断时，并未监测到未回忆出的靶子信息本身，FOK 判断根据所要提取项目以外的信息推论所要提取项目本身信息的记忆情况，而这种推论是产生 FOK 判断的基础。按照这种观点，FOK 判断所依据的是与靶子信息相关的信息，而标准测验中的回忆和再认所依据的是目标信息本身，它们是两种不同性质的状态。因此，FOK 判断似乎不可能预测回忆和再认成绩。

（三）线索熟悉性假说

“线索熟悉性”是指人们在做 FOK 判断时，关于线索的“知识”或“熟悉性”。它可以用间接指标（如线索项目的学习遍数）或直接指标（如对特定线索项目的回忆成绩）表示。线索熟悉性假说（cue familiarity hypothesis）由 Reder 和 Ritter（1992）提出。他们认为，元记忆判断基于个体对问题或线索中信息的熟悉程度，而不是目标本身的可提取性。个体对比较熟悉的问题更倾向于做“知道”判断，而对不熟悉的问题则更可能判断为“不知道”。因此，元记忆判断的关键是线索（问题）熟悉性，而非目标本身的可提取性。我国学者韩凯和施晓斌（1997）、罗劲和林仲贤（1998）也分别验证了这一假设。

（四）可获得性假说

可获得性假说（accessibility hypothesis）由 Koriat（1993）提出。该假说认为，FOK 判断依赖于与目标有关信息的可获得性，建立在可获得信息的数量和强度基础之上。在进行FOK判断时，人们不能直接监测大脑中的信息是否正确。FOK判断所依据的信息存在于提取过程之中，无论何时搜寻记忆中的一个目标，都会有许多信息聚在意识中，这些线索包括目标的片段、语义推论、目标的情景信息以及由其他资源激活的信息流。决定FOK判断准确性的因素包括两个主要方面：（1）信息激活或可提取的数量决定了FOK判断等级；（2）信息被激活的强度，提取的容易性、有效性、特异性和持久性决定了正确提取的比率。因此，学习遍数是影响信息保持强度的主要因素，随着学习遍数的增加，FOK判断的准确性也明显增加。FOK判断的准确性随目标的激活强度增加而提高，随内隐语义网络中固有信息的激活强度增加而降低。总之，FOK判断的准确性取决于这两种激活强度的综合作用。

（五）竞争说

Shreiber和Nelson（1998）通过竞争说解释FOK判断的产生机制。竞争说认为，线索和目标引起的启动都会影响元记忆判断。当呈现刺激作为线索时，与线索有关的邻近概念会迅速被启动，并由线索自动扩散到目标。记忆系统对所有启动项目都很敏感，并能够根据启动信息量做出判断。来自邻近概念的竞争又很大，它们之间的相互干扰将导致判断准确性降低；因而，启动的临近概念越多，判断准确性越低，目标越不容易被回忆。总之，目标集较小时的FOK判断准确性要高于较大目标集。

元记忆是一个复杂的提取过程。虽然研究者提出的一些理论可以从不同侧面解释其中的一些判断过程，但仍然存在一定争论，在研究的材料、方法及外部效度等方面还需要改进。认知神经机制的研究也许可以为元记忆过程提供更加全面的解释。

扩展阅读

元记忆是单一能力，还是多重监控能力？

元记忆是监测和控制个人信念、知识和记忆等认知过程的能力。元记忆的基本问题之一是：元记忆监控到底是一种单一的能力，还是多种专门化能力的总和？为了回答这一问题，McDonough等（2021）通过分别建立元记忆的单一测量模型和专门测量模型，计算个体对不同刺激的监测判断准确性及自我评分，并创建结构方程模型进一步厘清其中的影响因素。研究结果表明，不论是针对外显记忆还是内隐记忆，元记忆监测都应该是一组相关的认知技能，而不是某种单一能力；尽管元记忆的每个监控判断都相互关联，但监控可能由两种不同能力组成，一种发生在最初的编码阶段，另一种发生在提取阶段。因此，元记忆监控可以分为基于编码和基于提取的两个相互独立过程。

第五节　错误记忆

一、Bartlett 的研究

在日常生活中，我们经常会遇到这样一些情况：错误地回忆起没有经历过的事情，或者回想起来的事情与过去真实情况不符，这种现象可以称为错误记忆。1932 年，Frederic Bartlett 在《记忆：一项实验与社会心理学研究》一书中详尽介绍了一系列记忆实验研究，并提出记忆具有建构的特征。在其中一项实验中，他让被试阅读印第安民间故事“幽灵的战争”，然后让被试在不同时间间隔后对该故事进行回忆。Bartlett 发现，随着时间推移，被试的记忆出现了大量错误。被试会在故事中增加一些内容，使其听起来更合理和连贯；在多次重复回忆后，被试的记忆发生了系统性失真，对该故事的记忆发生了扭曲。Bartlett 将这种重复回忆的方法称为重复再生（repeated reproduction）。再生是对记忆中材料正确且机械的生成；而重构则是在回忆过程中主动填充那些缺失的片段，在此过程中经常会发生错误。对有丰富意义材料（如故事或现实生活事件）的记忆更容易导致重构过程，易发生错误；而对较为简单材料（如无意义音节或词表）的记忆则更容易导致再生过程，比较准确。Bartlett 认为，任何记忆都是在已有图式（即在过去经验基础上形成的信息分类的方式）基础上进行的。当这些图式与正在记忆的内容相冲突时，人们便会歪曲记忆内容以适应头脑中原有的观念，或者说适应已有的图式。因此，记忆是一个积极主动的过程，记忆具有建构的特征，在回忆中人们会使用已有的经验及图式对原始材料进行建构并对其进行解释，从而重新生成所记忆的内容。

Bartlett 的研究为后来的记忆研究奠定了重要基础。20 世纪 60 年代末起，研究者们先后使用句子、散文段落、系列幻灯片或录像等材料进一步验证了错误记忆现象的存在。其中，Loftus 和 Palmer（1974）的研究标志着错误记忆研究进入了新阶段。他们先让所有被试共同观看一段关于汽车交通事故的简短录像。然后，要求被试回答一些问题，其中包含的一个关键问题是：“当两辆汽车______时，汽车的时速大约为多少公里?”不同组被试阅读的横线位置上的动词不同。一组被试阅读的动词为“碰撞”（contacted），另一组被试阅读的动词为“撞毁”（smashed），控制组被试则不会被问及关于汽车时速的问题。结果表明，三组被试对汽车的速度估计明显不同。“碰撞”组被试对汽车时速的估计平均值为 50 公里，而“撞毁”组被试对时速的估计平均值提高到 65 公里。一个星期以后，向三组被试询问同样的问题：“在上次的录像中，你是否在交通事故现场看到了撞碎的玻璃?”“碰撞”组被试中有 14%的人做了肯定回答，而“撞毁”组被试中则有 32%的人做了肯定回答。

事实上录像中并没有撞碎的玻璃，因而被试的肯定回答均是错误的。Loftus 和 Palmer 认为，动词“撞毁”或“碰撞”分别向被试暗示了不同程度的损坏，进而使被试根据其记得的损坏程度改变了对撞车事件的记忆。动词“撞毁”意味着更大程度的损坏，因而使被试在以后更可能“记得”并不存在的碎玻璃。因此，诱导性问题改变了人们对事件的记忆。

二、研究范式

Loftus 和 Palmer（1974）的研究为我们提供了一种研究错误记忆的方法，这种方法后来被称为误导信息干扰范式（misinformation effect paradigm，MEP）。该范式的标准程序是：首先，让被试观看关于某事件的录像或幻灯片。然后，向实验组被试提供含有误导的信息以及与该事件有关的其他描述或问题，而控制组被试则不会接收到误导信息；有时会在一段时间间隔后，要求被试根据记忆回答一些问题。最后，对被试回答的准确性和自信水平进行分析。通常的结果是，接收到误导信息的被试对事件信息的记忆要比控制组下差，而且该效应受很多因素影响。Loftus 和 Palmer 的研究不仅对记忆理论做出了重要贡献，也将心理学对错误记忆乃至记忆的研究从实验室研究成功地延伸到现实研究领域，如目击者证词的可靠性、被压抑的童年期记忆等，并取得了丰硕成果。

当然，使用其他范式研究错误记忆时，也会产生类似现象。Deese（1959）最先使用词表学习范式发现了强大的错误记忆效应：对词表中项目正确回忆的可能性取决于该项目和其他项目的语义关联程度。Roediger 和 MeDermott（1995）采用无误导信息的词表学习范式，在简单学习—测验任务中同样发现了很强的错误记忆效应。后来，研究者们将“学习—自由回忆”扩展为“学习—回忆—再认”，并最终形成了 Deese-Roediger-MeDermott（简称 DRM）研究范式。最初的 DRM 范式中共包括 36 个词表，每个词表由一个未呈现的目标词（也被称作关键诱饵，如“寒冷”）及与它相联系的 15 个学习项目（如“冬天”“冰雪”“霜冻”“感冒”“发抖”等）组成。由于词表中每个项目均与一个未呈现过的关键诱饵存在语义联系，DRM 范式也被称为集中联想范式（converging associate paradigm）。

DRM 范式与误导信息干扰范式分别代表了两种不同的研究取向。DRM 范式关注的是严格实验室控制条件下对单词的错误记忆，而误导信息干扰范式则更关注相对现实条件下对事件的错误记忆。DRM 范式下的错误记忆完全来自个体内部的联想过程。例如，在 Bartlett 的“幽灵的战争”实验中，被试对记忆中故事的描述更合理、更符合英国的传统文化，反映了个体内部的已有图式对记忆的影响。而误导信息干扰范式下的错误记忆则来自外界信息的干扰。例如，在 Loftus 和 Palmer 使用该范式所进行的研究中，向被试提供的关于先前经历事件的误导信息改变了被试的记忆。因此，可能存在两种类型的错误记忆，即产生于个体内部加工的记忆和产生于个体对外部信息的加工的记忆。

三、影响错误记忆效应的因素

近年来，研究者们采用DRM范式及其多种变式并通过控制各种不同实验变量发现，错误记忆效应受到多种因素的影响。一方面，该范式中所使用学习词表的一些特征会导致错误记忆效应发生变化。在DRM范式中，词表的一个重要特征是所有项目均与一个未呈现过的关键诱饵之间存在语义关联，高度语义关联是错误记忆产生的关键。另一方面，对词表中信息的编码、保持和提取存在影响的因素同样会对错误记忆产生作用，而且，这些因素的影响不是孤立地分别作用于编码、保持和提取的各个阶段。

影响编码阶段（学习阶段）的一些因素可以对后来的错误记忆效应产生不同作用，其中既包括对词表学习之前的指导语操纵，如预警、加工水平等，也包括词表呈现期间的一些不同操纵，如呈现时间、呈现方式、呈现通道、分散注意和重复学习等。

在记忆信息的保持阶段，关键问题是学习和测验之间的时间间隔（即保持时间间隔）是否会导致不同水平的错误回忆和错误再认，对关键诱饵的错误记忆是否存在着与真实记忆一样的遗忘效应。

提取过程可能导致错误回忆和错误再认现象。因此，测验阶段影响先前词表记忆信息提取的一些因素也会使错误记忆效应出现不同程度变化。测验效应、重复测验、测验情境、指向性遗忘、来源监测等因素都可能对关键诱饵的错误记忆产生不同作用。其中，测验效应指先前测验对后续测验成绩的促进作用，测验情境是指在测验阶段可能对关键诱饵的错误再认产生影响的一些背景因素。然而，这些因素对错误记忆的潜在影响尚未定论。

四、错误记忆的产生机制

在DRM范式及其变式中，研究者向被试呈现由多个词组成的词表，并且这些词均与一个从未呈现过的词（即关键诱饵）有很强的语义联系。该范式的一个内在逻辑是：人们对事件的记忆存在关联，如果两个事件之间存在语义相关或联想，那么，加工一个事件的同时就会激活另一个事件。该范式中的一个重要因素是关联性，即关键诱饵与学过项目之间存在的高语义相似性或联想，它是DRM范式能够成功引发错误记忆的关键变量。那么，这些实际上并未真正学习过的关键诱饵是如何被错误地回忆或再认出来的呢？在大量研究的基础上，研究者提出了不同的理论模型，试图揭示错误记忆的产生机制。

（一）想象

越来越多的证据表明，想象可以造成错误记忆。当想象某件事情时，人们可能会产生“想象膨胀”，想象出没有发生过的事情，并相信它曾经发生过。Goff和

Roediger（1998）通过实验证明了这种效应。在实验一中，Goff 和 Roediger 将实验分成三个阶段。(1) 编码阶段。让被试对 72 个简单的“活动”描述进行听、听并想象或听并亲自动手完成等三种加工操作。例如，被试可能会听到“折断牙签”，或者听并想象“折弯铁丝”，或者听到并实际完成“拉耳垂”的动作。(2) 想象阶段。该阶段在编码阶段过后 24 小时进行。再次呈现编码活动中的“活动”，并伴随着一些新的“活动”。要求被试对这些事件进行 0、1、3 或 5 次想象（0 表示不要求进行想象）。(3) 测试阶段。在第一阶段过后 14 天进行。给被试呈现编码阶段的所有 72 句行为描述以及只在第二阶段呈现的新项目。另外，还有一些以前没有见过的项目，要求被试回答是否曾听过这些行为描述。而在实验二中，Goff 和 Roediger 将想象操作分别安排在编码后立即、1 天、7 天和 14 天进行，同时进行测试。结果见图 5-7。

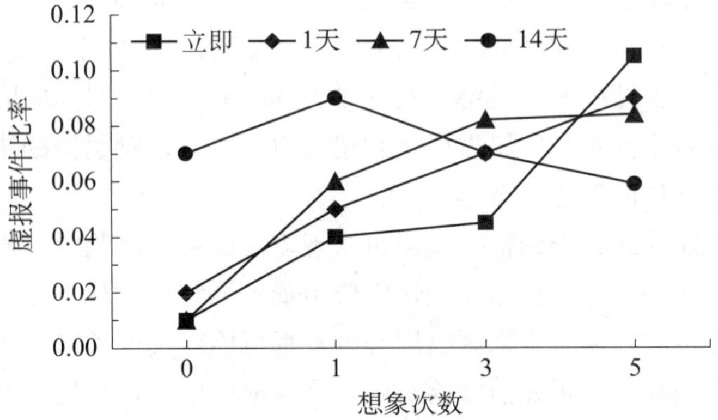

图 5-7　不同间隔时间的虚报事件比率（想象膨胀）随想象次数的变化

结果表明，增加第二阶段想象次数可以提高被试判断自己在第一阶段曾亲自动手操作的概率，即使他们实际上并没有这么做：不仅把仅仅听过的事件判断为动手做过的概率有了提高，而且将在编码阶段没有出现过的行为描述判断为曾做过的概率也有了提高。总之，对这些事件的想象增强了被试把某些未发生的事件报告为曾经发生过的自信度。

（二）模糊痕迹理论

Brainerd 和 Kingma（1985）为了解释推理与记忆之间的关系，提出了模糊痕迹理论（fuzzy trace theory，FTT），随后 Reyna 和 Brainerd（1993）对该理论进行了扩展，并将其用于解释错误记忆。模糊痕迹理论认为，记忆不是经验的单一表征，而是包括两种痕迹，即表面痕迹和要点痕迹。表面痕迹记录的是经验的表层信息，是对刺激表面细节的描述；而要点痕迹记录的则是经验的语义或概念及细节的一般概括，代表刺激的意义。这两种记忆表征相互独立，要点记忆并非从表面记忆中抽取而来，二者平行编码、独立存储。事件的表面和要点表征的持续性存在差异，表面痕迹容易受到干扰，并会随着时间推移而迅速衰退；要点痕迹则相对更加持久。尽管要点痕迹不容易随着时间而发生改变，但它们缺乏特异性，不容易区分。因此，事件的表面和要点表征分别独立起作用，它们在遗忘率和特异性上均有所不同。而且，表面和要点表征都可以使人们将特定材料（如词、句子、图片等）归为曾经直接学习过的材料。

根据模糊痕迹理论，经历过的事件及其来源分别基于不同的记忆表征。人们对事件的记忆中包含了表面和要点两种痕迹，而事件的来源则仅取决于表面细节。在记忆中同样存在对事件来源的记忆，来源记忆的遗忘会导致来源混淆或错误归因。因此，产生错误记忆的原因在于：（1）对事件的表面记忆的遗忘；（2）对事件来源的表面细节的遗忘；（3）提取时用要点记忆代替了表面记忆。由于对事件本身的表面记忆很容易随时间推移而受到破坏，使得提取困难，被试会转向根据要点表征进行提取，最终可能导致错误记忆。事件的来源也是表面痕迹，也会随着时间推移与最初事件发生分离，有时事件的来源要比事件本身更迅速地随时间而被遗忘，于是产生了记忆混淆。当然，遗忘是一个逐渐衰退的过程，随着时间推移，事件来源和事件本身的表面记忆都会逐渐衰退。通过重复呈现可以使已经衰退的记忆痕迹得到恢复，但有时在重组过程中也会发生错误。在有些情况下，当被要求按照表面痕迹进行回忆时，被试有可能错误地提取了要点记忆。这是由于事件的要点记忆非常强大，从而导致它们被错误地当作表面记忆而提取。

模糊痕迹理论是一种对抗加工理论，即在错误记忆中存在两种不同加工过程（表面提取和要点提取），它们对错误记忆效应有着相反的作用。对两种记忆痕迹的区分使得模糊痕迹理论能够在一定程度上很好地解释多种错误记忆现象，并使这一理论得到了很多研究的支持。该理论有助于加深人们对错误记忆产生机制的理解，当然，它仍然需要进一步完善。

扩展阅读

颞极的语义表征能够预测错误记忆

在日常生活中，错误信息和先前的概念知识都可以导致错误记忆。然而，在一些场合，错误记忆可能会产生非常严重的后果。例如，法律诉讼中的目击者证词非常依赖于记忆的准确性，错误记忆一旦出现，可能直接影响判决结果。使用概念以抽象方式赋予事物意义并保存在记忆中是人类的一种独特能力。尽管概念知识对人类认知很重要，但认知心理学已经证明，许多错误记忆都是由语义干扰造成的。到目前为止，人们对大脑如何运作以实现上述功能还知之甚少。

为了更好地理解这一过程，Chadwick 等（2016）采用 fMRI 技术和集中联想范式（DRM 范式），考察了被试在完成词汇记忆任务时的大脑活动模式。Chadwick 等发现，被称为大脑“语义中枢”的颞极（temporal pole）区域的活动可以预测错误记忆（见图5-8）。此外，每个个体的颞极区域内都有部分独特的语义代码，而这种独特的代码可以预测记忆错误的特殊模式。最后，Chadwick等还证明，同样的神经代码也可以预测真实记忆的变化，这与错误记忆的自适应观点一致。总之，语义知识神经表征与错误记忆之间存在明显关联，要点（概念语义知识）加工错误导致记忆扭曲，从而支持了模糊痕迹理论。

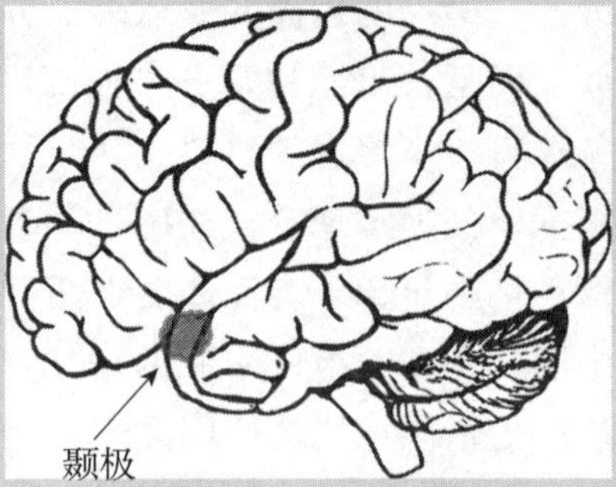

图5-8　左侧颞极的神经重叠与错误记忆

第六节　遗忘

一、遗忘的一般研究

遗忘是记忆的重要方面，没有遗忘就没有记忆。记忆的保持和遗忘是一对矛盾，它们相互依存。保持是将获得的知识经验在头脑中存储和巩固的过程，是实现回忆或再认的重要条件。但是，识记内容并非都能被永久保存下来，在保持过程中还会发生遗忘。遗忘是一种与保持相反的心理过程，遗忘内容正是未能保持或不能提取的，保持内容则是未被遗忘的，可以被成功提取。

信息在记忆中的保持可以产生量的变化，也可以产生质的改变。量变是忽视记忆中不重要的信息，而使具有重要意义的特征保存下来，从而使记忆内容简略、概括、匀称和合理。为了使记忆内容更加合理、完整，人们也会将某些未曾出现过的特征添加其中，形成新的记忆结构，使记忆产生质的变化。记忆内容的质变常常受到个人的经验、心向、动机等影响。这种现象不仅表现在语词材料记忆中，也经常出现在物体知觉过程中。Bartlett（1932）曾采用图形重绘的方法测试记忆质变的情形，见图5-9。图中左侧的图0为刺激图形，先给被试中的第一个人看，要求他凭记忆将该图绘出来；再将第一个人所绘的图给第二个人看；看完后同样凭记忆将所看到的图绘出来；然后，给第三个人看；如此继续，直到第18个人为止。图中1、2、3、8、9、10、15、18八个图形就是该实验中第1、2、3、8、9、10、15、18个被试所绘的图画。从这些图画中可以看出，被试的记忆内容在量上并未减少，反而增加了；从记忆内容的质上看却发生了很大变化，变化的方向越来越显示出图画的意义，与原图的差异也越来越大。总之，记忆中信息的保持不论在量上还是在质上，都不是一种被动的印记形成，而是复杂的主动加工过程，人们这样做的目的就是防止遗忘。

遗忘是信息提取不出来或提取错误。遗忘可分为暂时性遗忘和永久性遗忘两类：前者指已经转入长时记忆的内容一时不能被提取，但在适宜条件下还可能恢复；而后者则是指不经重新学习永远不能恢复。遗忘也是记忆巩固的一个条件，如果一个人不遗忘那些不必要的内容，要想记住和恢复必要的材料是困难的。

图 5－9　记忆过程中图形的变化

如前所述，Hermann Ebbinghaus 最早对遗忘现象进行了研究并描绘出了著名的遗忘曲线。为了使学习和记忆尽量避免受到旧经验的影响，他用无意义音节作为记忆的材料，把识记材料学到恰能背诵的程度，经过一定时间间隔再重新学习，以重学时节省的诵读时间或次数作为记忆指标。实验结果见表 5－2，根据这些实验结果绘成的曲线图，就是 Ebbinghaus 遗忘曲线（见图 5－10）。从曲线图中可以看出，遗忘的进程是不均衡的，在识记后的最初阶段遗忘速度很快，以后逐步变慢。这就是人们常说的遗忘规律。

表 5－2　不同时间间隔的重学节省百分比

时间间隔	重学后诵读时间节省百分比
20 分钟	58.2
1 小时	44.2
8 小时	35.8
1 天	33.7
2 天	27.8
6 天	25.4
31 天	21.1

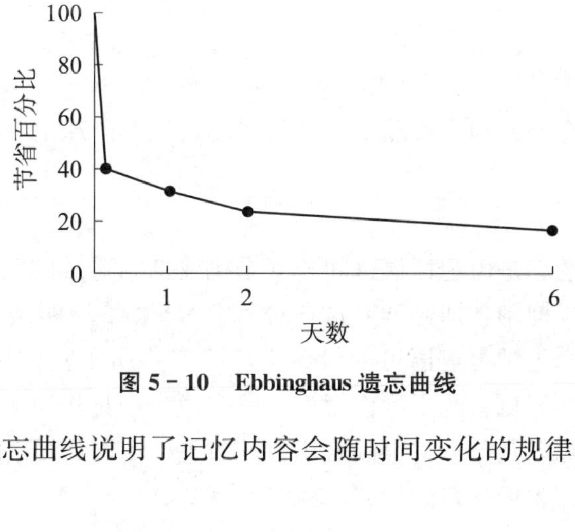

图 5－10　Ebbinghaus 遗忘曲线

Ebbinghaus 遗忘曲线说明了记忆内容会随时间变化的规律。此外，影响遗忘的因素还有：

（1）材料的性质与数量。一般认为，对熟练动作和形象材料遗忘得慢，而无意义材料比有意义材料被遗忘的速度要快得多；在学习程度相等的情况下，识记材料越多，忘得越快，材料少，则遗忘较慢。

（2）学习的程度。识记一次没能达到无误背诵，称为低度学习；如果达到恰能成诵之后还继续学习一段时间，便是过度学习。实验证明，低度学习材料容易被遗忘，而过度学习材料比刚好能背诵材料的记忆效果要好一些。当然，过度学习有一定限度，研究表明，过度学习达到 150%，效果最为经济合理（Driskell et al.，1992）。

（3）材料的系列位置。在回忆系列学习的材料时，回忆顺序有一定规律性。例如，Murdock（1962）要求被试学习 32 个单词，然后，进行回忆，回忆时可以不按原来的先后顺序。结果显示，最后呈现的项目最先被回忆出来，其次是最先呈现的那些项目，而最后回忆出来的是词表的中间部分。在回忆的正确率上，最后呈现的词遗忘得最少，其次是最先呈现的词，遗忘最多的是中间部分。在回忆系列材料时发生的这种现象叫系列位置效应。最后呈现的材料最易回忆，遗忘最少，叫近因效应。最先呈现的材料较易回忆，遗忘较少，叫首因效应。这种系列位置效应已被许多实验所证实（见图 5-11）。

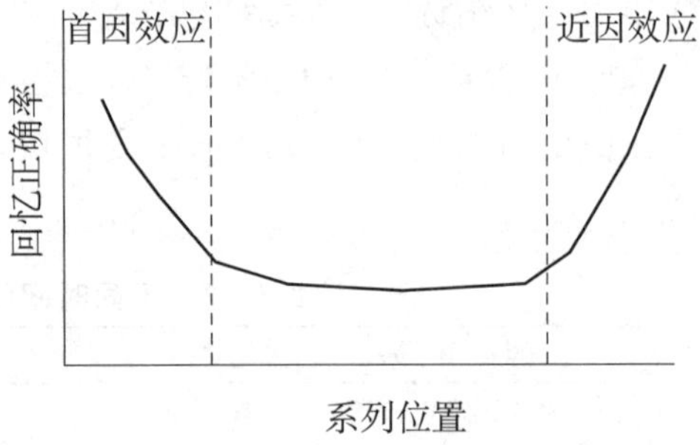

图 5-11　系列位置效应示意图

（4）态度。记忆者对识记材料的需要、兴趣等也对遗忘速度有一定影响。有研究表明（Kensinger & Corkin，2003；McGaugh，2000；Pessoa，2008），人们最先遗忘的是那些在生活中不占主要地位的、不引起个人兴趣的、不符合个人需要的事情，而人们需要的、感兴趣的、具有情绪信息的事物则遗忘得较慢，如人们更容易记住哪些与个人生存或切身利益有关的内容。另外，经过个人努力、主动组织的材料遗忘得较少，而对机械重述材料的记忆效果较差，遗忘得更多。

二、遗忘的理论

人们对产生遗忘的原因有着非常浓厚的兴趣，经典的理论有以下三种。

（一）干扰说

该理论认为，遗忘是由记忆痕迹间相互干扰或抑制造成的。干扰性抑制主要有两种情况。一是前摄抑制，即先学习材料对后学习材料的干扰作用。例如，先学习英语再学习拼音，则先学习英语可能对后学习拼音产生干扰作用。二是倒摄抑制，即后学习材料对先学习材料的干扰作用。一般来说，干扰作用的大小与两种材料的相似程度、时间间隔以及所学材料的巩固程度有关。中等相似程度的两种学习材料相互之间干扰最大；先后学习的材料间隔时间越长，干扰越小；学习的材料巩固程度越高，产生的干扰也越小。

（二） 痕迹消退说

条件反射学说认为，记忆是形成暂时联系并留下痕迹的过程。当不再受到强化时痕迹就逐渐削弱和消退，遗忘就是痕迹消退的结果。在感觉记忆和短时记忆中，未经注意或重复的信息可能由于痕迹衰退而被遗忘。痕迹消退说是对遗忘的形象描述，尚缺乏足够证据支持。此外，有些遗忘现象也很难用这种观点解释。例如，人们可能会记起幼年时发生的事情，却会忘记昨天发生的事情。

（三） 动机遗忘说

弗洛伊德在给精神病人施行催眠术时发现，许多人能在催眠状态下回忆起早年生活中的许多事情，而这些事情在平时却回忆不起来。弗洛伊德认为，这些经验之所以不能被回忆，是因为回忆它们会使人痛苦、不愉快和忧愁，因而这些记忆被无意识地压抑。这种现象被称为动机性遗忘。根据弗洛伊德的观点，这种遗忘常是无意识动机所致，是个体心理自我保护的一种手段。

三、定向遗忘

（一）什么是定向遗忘

定向遗忘（directed forgetting）的概念由 Muther（1965）首先提出，也被称作指向性遗忘，有时又叫有意遗忘（intentional forgetting）。定向遗忘与自然遗忘不同，强调遗忘的有意性和指向性，它是检验有意遗忘的一种重要方式。有意遗忘实验的关键在于要求被试记住所呈现材料中的一部分，而忘记其他部分。如果存在有意遗忘，那么，当要求被试只回忆指定的记忆项目时，很少有指定遗忘的项目能被回忆出来；当要求被试回忆所有项目时，指定遗忘的项目被回忆出来的可能性低于指定记忆的项目。在上述实验范式基础上，研究者们提出了两种研究定向遗忘的程序，即词表法（list-method）和项目法（item-method）。词表法要求被试学习两组词表，在学习第一组词表后，对一部分被试呈现要求遗忘的指导语，如“前面学习的内容只用于练习，不需要记住，请尽量记住下一组词表中的词”，对另一部分被试则要求继续记忆。前一组被试为遗忘组（F 组或 F-R 组），后一组被试为记忆组或控制组（R 组或 R-R 组），两组之间的差异可反映定向遗忘程度。项目法则是在呈现每个词后，再随机给被试呈现要求记忆或遗忘的指示线索，通过比较被试回忆记忆项和遗忘项的成绩来确定是否存在定向遗忘效应。

（二）定向遗忘机制

信息加工观点将记忆分为信息输入、存储和提取等三个阶段。那么，定向遗忘的产生原因也可能源自记忆的不同阶段。因此，心理学家提出了以下三个有关定向遗忘机制的理论。

1. 系统差异选择性搜索理论

系统差异选择性搜索（set differentiation-selective search）理论由 Bjork（1972）和 Epstein（1972）提出。该理论认为，记忆系统中存在着两个功能相互独立的子系统，即记住（R）和遗忘（F）系统。在记忆测验中，为了确定目标项目，被试会停止搜索记忆系统中不适合的子系统，而有选择地搜索合适的子系统以完成测验，这样就可以降低两个系统之间的相互干扰，从而提高测验成绩。在定向遗忘中，遗忘线索对记住项目有重要意义。如果被试能清晰地分辨已存储的记住系统和遗忘系统，并且优先搜索到记住项目的概率高于遗忘项目，那么，记住项目的成绩就会明显优于遗忘项目，定向遗忘效应也就会显现出来。

2. 选择性复述或编码理论

有研究者认为（Bjork，1972；Epstein，1972；MacLeod，1975），定向遗忘效应是记住项目比遗忘项目的编码更为精细的结果。当记忆指示标识（线索）出现时，被试会对刚才呈现过的项目进行有意复述；而当遗忘指示标识出现时，却不会去复述，这就使得记忆项目的编码比遗忘项目更加精细。因此，选择性复述（selective rehearsal）或精细编码是造成定向遗忘的原因。根据这一理论，指示标识使得对项目的加工停止或变得更加精细；如果让被试去记住一个项目，被试就会开始对该项目进行精细加工；如果让被试去遗忘一个项目，则精细加工会立即停止。

3. 提取抑制理论

Elmes 等（1970）采用连续对偶联想程序，提示被试去遗忘词表前面的词对，而记住词表后面的词对。结果显示，记住项目的回忆成绩显著高于遗忘项目，而遗忘词对和记住词对的再认成绩一样好。Elmes 等认为，上述记忆过程主要涉及项目的提取而不是编码和复述。因此，遗忘项目在提取阶段受到抑制，使其成绩显著低于记住项目；由于记忆中编码的项目受到了抑制或减弱，被抑制的项目不能被回忆起来，便产生了定向遗忘，这就是提取抑制（retrieval inhibition）。简单而言，提取抑制就是遗忘指示标识抑制或阻碍了项目提取。提取抑制是项目提取时阻碍项目恢复的一种抑制过程，即遗忘指令对学习过的项目产生了一种抑制，在记忆提取时会阻碍或抑制对目标项目的选择，造成遗忘项目比记忆项目更难提取，记住项目的成绩显著高于遗忘项目，于是出现定向遗忘效应。

四、遗忘症（记忆缺失）

人脑遭受外伤或产生器质性病变，有可能造成失忆。如脑外伤、癫痫、脑肿瘤、脑中风以及阿尔茨海默病等都可能会导致人脑失去记忆。这些脑部器质性疾病或脑外伤会导致大脑存储记忆部位受损，破坏记忆的形成，使新的记忆无法巩固，从而出现刚刚经历的事情马上就忘掉的现象，这种记忆缺失就是遗忘症。遗忘症是一种记忆障碍，患者对一定时间内的生活经历记忆全部或部分丧失，但他们的短时记忆和智力均正常。遗忘症主要表现为顺行性遗忘（anterograde amnesia）和逆行性遗忘（retrograde amnesia）。

（一）顺行性遗忘

顺行性遗忘是指脑受损后被试学习记忆新知识的能力下降，大脑对损伤后发生的事情很难形成或不能形成新的记忆，不能回忆损伤之后一段时间内经历的事情，但对损伤之前发生的事情记得很清楚，包括儿时的记忆等。因此，它是大脑损伤之后的记忆丧失，遗忘时间和疾病或损伤同时开始。顺行性遗忘患者的短时记忆和长时记忆存储系统完好，只是缺少了把短时记忆转化为长时记忆的能力。

顺行性遗忘多发于急性突发事件之后，如外伤、心脏病突发、缺氧或癫痫突发。患者表现为学习记忆新知识的能力下降，无法保持新信息，自己刚刚说过的话、刚刚经历过的事情马上就忘记，不能学习任何新的知识。顺行性遗忘患者记得事故发生前的一切，如自己是谁、做过什么、最后时刻出了什么问题等；他们保存着以前形成的一切技能，如开车、书写、某些专业技术，甚至射击、格斗等；他们一般也没有情绪和智力障碍。因此，除了会忘记眼前的事情外，他们在其他方面都和正常人一样。

（二）逆行性遗忘

逆行性遗忘是指对脑损伤之前事件的记忆障碍，又称为远期记忆障碍。这是损伤之前记忆的丧失，患者不能回忆损伤之前一段时间经历的事件。颅脑外伤患者经常出现这类症状，对意外事故发生前的事件和经历有间隔不等的记忆丧失。逆行性遗忘是一种与药物镇静催眠作用相关的副作用，表现为服药后不能记忆信息。所有镇静催眠药物都有逆行性遗忘副作用，其遗忘程度与药物种类及药物的血浓度有关。药物剂量越高，它在血中浓度越高，遗忘也越严重。

逆行性遗忘通常伴有神经病理性变化，如阿尔茨海默病。大多数影片中大脑受伤导致遗忘的情节说的就是这一病症。例如，脑部受到撞击后无法记起从前的事情。逆行性遗忘中丧失的记忆通常会在一段时间里逐渐恢复。但有些患者同时有顺行性和逆行性两种遗忘症状，如果病情较为严重，患者只能做一些简单机械的工作；尽管如此，他们也没有办法描述自己在做什么。

在逆行性遗忘研究中，最常用的测验大致有两种。一是公众事件测验。测验选取不同年代国内外著名人物或事件，要求被试回忆或再认，或要求被试辨认著名人物或事件的名称。二是自传性记忆测验。测验要求被试描述自己所经历过的生活事件。这种测验难于判断回忆准确性以及实验数据定量分析困难，因此较少被采用。

除上述两种遗忘症外，还有以下几种形式的遗忘症。

（1）选择性遗忘，即遗忘内容经过高度选择，以满足特殊感情的需要。例如，完全忘记某一重大事件的经过，以至彻底否认此事曾经发生过。

（2）分离性遗忘，即一方面表现出严重的遗忘，另一方面又表现出从事各种复杂活动的能力，能够有条不紊地照顾好自己。这种遗忘形式表现出患者曾经发生的遗忘与其显示的知识能力之间存在着明显矛盾与分离。

（3）阶段性遗忘，即对过去生活中某一阶段的事件与经历完全不能回忆。被遗忘的经历大多与强烈的愤怒、恐惧、羞辱等情景有关，该阶段事件通常是患者不愿回忆或不愿谈及的。这类遗忘是心因性的，也可能起因于颅脑外伤。心因性遗忘可以完全康复，它是大脑皮层功能暂时受到抑制所致，大脑并没有受到器质性损害。通过催眠暗示等心理治疗之后，此种遗忘症状可以完全消失。

扩展阅读

遗忘源于注意缺失？

现代社会中，“注意力经济”在人们生活中扮演着越来越重要的角色。原因在于随着数字媒体和技术的爆炸式发展，这些设备已经成为人们获取信息的重要途径；信息传播者想尽办法吸引人们的注意并使他们记住这些信息，从而提高信息传播的效率和范围。而认知心理学研究也表明，注意与记忆之间存在着密切联系。由此可见，数字文化兴起同样面临着长期存在的科学问题，其中包括：为什么人类有时会记得，而有时又会忘记？为什么有些人的记忆力比其他人更好？

Madore等（2020）采用目标定向的编码—提取范式，使用ERP、眼动追踪等方法，探讨了遗忘与自发注意缺失（spontaneous attention lapses）之间的关系。

首先，Madore等利用提取阶段数据分析记忆之前的瞬间注意缺失与编码、提取以及遗忘的神经活动之间的关系，分别用刺激呈现前的脑电α功率和瞳孔变化作为注意指标；通过任务成绩和问卷测量进一步量化特质水平的持续注意。然后，计算注意指标与记忆成绩之间的相关。结果表明，特质水平注意指标对注意的神经活动指标和记忆成绩之间，以及多重媒体任务（media multitasking）和记忆之间的关系具有调节作用；记忆之前一段时间注意持续性缺失与编码和提取时的神经信号减少以及遗忘行为都有关；繁重的多重媒体任务导致注意缺失，而注意缺失又会引起遗忘。总之，人们之所以会遗忘或有些人会遗忘得更多，是因为在开始记忆那一刻之前的一段时间内注意力减弱或注意偏离了所记忆的材料。

基本概念

提取	记忆的测量	直接测量	间接测量
信号检测论	编码特异性	线索超负荷	内隐记忆

外显记忆	搜索模型	系列扫描	自我终止扫描
直通模型	任务分离范式	加工分离范式	启动效应
元记忆	记得或知道	前瞻记忆	错误记忆
遗忘	定向遗忘	顺行性遗忘	逆行性遗忘

本章要点

1. 提取是对记忆效果的检验，是记忆的关键过程。信息被编码和存储之后，可以通过不同方式被提取。记忆的测量方法可以分为直接测量和间接测量两类。直接测量是外显测量，它包括自由回忆、线索回忆、再认。间接测量属于内隐测量，包括知觉判断、启动、阅读旋转和字体旋转等。两种测量方法并不是截然分开的。直接测量方法中也可能包含对内隐记忆的测量，间接测量方法中也可能包含有意回忆的成分。采用信号检测方法可以避免猜测造成的测量误差。提取过程遵循范畴化、编码特异性以及线索超负荷等原则。提取的关键因素包括存储与提取的概念区分、编码—提取范式、提取模式、提取体验以及重复提取等诸多方面。

2. Sternberg 运用反应时法进行的实验，提出了一个经典的记忆提取的研究范式。Sternberg 认为，短时记忆信息的提取是系列扫描，即采取从头到尾的方式对记忆集中的所有项目都进行检查，也叫从头至尾扫描或穷尽扫描。而直通模型则认为，短时记忆中信息的提取并不是通过扫描的方式进行的，大脑可以直接通达所要提取的项目在短时记忆中的位置，进行直接提取。Mohs 等提出的混合模型试图将搜索模型和直通模型结合起来。该模型认为，每个探测项目在主观熟悉量表上都有一个值，处于不同激活水平，人们根据某种主观标准对项目是否学过进行判断。

3. 内隐记忆是指对先前的经验不需要经过有意回想的一类记忆形式，是某些记忆成分开始工作而个体并没有觉察到的一种现象。内隐记忆是一种非常微妙的心理现象，它具有多样性和复杂性。内隐记忆测验成绩与外显记忆成绩的关联性较弱。在阐释内隐记忆方面比较有影响力的理论包括激活理论、多重记忆系统理论和适当迁移加工理论。内隐记忆的研究范式包括任务分离范式和加工分离范式。启动效应是内隐记忆的主要形式之一，它指的是执行某一任务对后来执行同样或类似任务的促进或抑制作用。启动有以下几种：知觉启动、直接（重复）启动、语义（概念）启动及负启动等。

4. 元记忆研究始于 20 世纪 60 年代 Hart 所做的关于知道感（FOK）的研究。直到 Flavell 提出元认知概念，元记忆才被纳入记忆心理学的一般范畴。元记忆是一种元认知，它是关于个体记忆功能的内在知识和对记忆过程的自我监控，包括对记忆系统的内容、功能的认识和评价以及对记忆过程的监控。元记忆包括元记忆知识、元记忆监测和元记忆控制等。元记忆理论有很多，其中有代表性的理论包括痕迹接通说、推论说、线索熟悉性假说、可获得性假说以及竞争说等。

5. 早在1932年，Bartlett就发现，任何记忆都是在已有图式（即在过去经验基础上形成的信息分类的方式）基础上进行的。记忆是一个积极主动的过程，具有建构的特征，可以对原始材料进行建构并对其进行解释，从而重新生成该内容。然而，这种构建也会出现偏差，即错误记忆。在错误记忆研究中，研究者通常采用误导信息干扰范式或集中联想研究范式。测验效应、重复测验、测验情境、指向性遗忘、来源监测等因素都可能对错误记忆产生不同作用。错误记忆产生的机制有两方面解释：一是想象，即对事件的想象增强了被试把某些未发生的事件报告为曾经发生过的自信度；二是模糊痕迹理论，该理论认为，经历过的事件与其来源分别基于不同的记忆表征，对事件的记忆中包含了表面和要点两种痕迹，而事件来源的记忆则仅取决于表面细节。

6. 记忆的保持和遗忘是一对矛盾，它们相互依存。Ebbinghaus遗忘曲线说明了记忆内容会随时间变化的规律。此外，影响遗忘的因素还有：(1) 材料的性质与数量；(2) 学习的程度；(3) 材料的系列位置；(4) 态度。人们解释遗忘的经典理论有以下三种：(1) 干扰说；(2) 痕迹消退说；(3) 动机遗忘说。Muther首先提出定向遗忘（指向性遗忘或有意遗忘）的概念。定向遗忘强调遗忘的有意性和指向性，它是检验有意遗忘的一种重要方式。有关定向遗忘机制的理论包括系统差异选择性搜索理论、选择性复述或编码理论以及提取抑制理论。遗忘症（记忆缺失）是指人脑遭受外伤或有器质性病变造成的失忆。遗忘症主要表现为顺行性遗忘和逆行性遗忘。

思考题

1. 提取在记忆中具有怎样的作用？如何才能完成提取？提取应符合怎样的原则？
2. 记忆的测量方法有哪些？
3. 影响提取的关键因素有哪些？
4. 提取的模型有哪些？
5. 内隐记忆与外显记忆有何差异？
6. 哪些理论可以解释内隐记忆现象？
7. 内隐记忆的研究范式有哪些？
8. 不同的启动方法之间有何差异？如何采用启动的方法研究内隐记忆？
9. 元记忆产生的机制是什么？
10. 错误记忆产生的原因是什么？
11. 影响遗忘的因素有哪些？
12. 定向遗忘是如何产生的？遗忘症有哪些类别？

第六章

长时记忆中的知识组织

开卷有益

1. 记住一个英语单词容易，还是记住一个开学典礼的场景容易？为什么？我们在回忆与人交谈的场景时，双方交谈的内容和当时的场景内容在记忆中是分开存储还是一起存储？

2. 学习 10 个意义相近的英语单词和学习 10 个内容完全不同的单词时，哪一组单词更容易混淆？为什么？

3. 我们使用的各种词语、数学公式或绘画技巧等分别如何在记忆中存储？它们存储的最小单元是什么？

学习目标

1. 掌握情景记忆和语义记忆的区别与联系。

2. 了解心理词汇和语义组织的简单模型。

3. 掌握语义网络模型，包括层次网络模型、激活扩散模型和理性思维适应性控制（ACT-R）模型等。

学习重点

1. 情景记忆和语义记忆的区分，长时记忆与表象系统和言语系统的关系。

2. 知识组织的语义网络模型，包括层次网络模型、激活扩散模型和理性思维适应性控制（ACT-R）模型等。

人的记忆能够保持多长时间？长时间保持的记忆容量有多大？这类问题是记忆研究中的重要问题。但更为重要的是：这些信息在记忆中是如何被组织和存储的，即记忆中信息组织的方式是什么？这是因为信息的组织方式直接决定了记忆能够保持的时间和数量等。在短时记忆中，信息编码方式有言语的，也有视觉的。由于长时记忆中存储的信息类型可分为情景记忆和语义记忆，其中的信息编码与组织的形式将更加复杂。本章将详细讨论长时记忆中信息组织的几种理论模型，包括语义组织的简单模型和语义网络模型等。

第一节　情景记忆与语义记忆

一、情景记忆与语义记忆的区分

与其他记忆相似，长时记忆也涉及各种不同事物。这些信息的性质不尽相同，它们分别属于不同类型。根据长时记忆中信息的类型，Tulving（1972）将长时记忆分为情景记忆和语义记忆。情景记忆接收和存储关于个人特定时间的场景或事件，以及关于这些场景或事件的时间-空间联系信息；语义记忆是运用语言所必需的记忆，它是一个心理词库，是一个人所掌握的符号（文字）、概念（意义或指代物）和关系（规则、公式）以及操纵它们的算法知识。简言之，情景记忆是对个人在一定时间发生的事件的记忆，总是与个人生活中特定的时间或地点相联系，具有自传体性质，如昨天在图书馆看书、上星期和同学聚会等。而语义记忆则是对语词、概念、规则和定律等抽象事物的记忆，如对语词的意义和语法规则、化学公式、物理定律、乘法规则以及各种科学概念的记忆。语义记忆所存储的事物不依赖于个人所处的某个特定时间或地点，语义记忆中的事物总是可用一般定义描述。语义记忆包含事物的意义，存储着我们运用语言所需要的信息。这些关于意义的信息即被称作语义信息。

情景记忆和语义记忆不仅存储的信息不同，而且在其他方面也存在差异：（1）情景记忆以个人经历为参照，以时间空间为框架；而语义记忆则以一般知识为参照，可有形式结构，如语法结构。（2）情景记忆处于经常变化的状态，易受干扰，所存储的信息常被转换，不易提取；而语义记忆却较少变化，不易受干扰，比较稳定，较易提取。（3）情景记忆存储特定时间的个人事件，其推理能力弱；而语义记忆存储一般知识，其推理能力强。

二、长时记忆的编码——表象系统与言语系统

Paivio（1975）从信息编码的角度将长时记忆分为表象系统和言语系统。表象系统以表象代码存储关于具体客体和事件的信息，而言语系统以言语代码存储言语

信息。这两个系统既彼此独立又互相联系。这就是两种编码说或双重编码说。然而，长时记忆的信息编码问题还存在争论，争论的焦点在于语义编码以外是否还存在表象编码。语义代码是一种抽象的意义表征，具有命题（proposition）特征，又被称为命题代码或命题表征。表象代码是记忆中事物的形象。人的视觉表象特别发达，视觉表象被看作一种主要的表象代码。与语义代码不同，表象代码有着与实际知觉相似的性质，并且与外部客体相类似，表象代码是一种类比表征。

Tulving 和 Paivio 对长时记忆类型的划分并不相同。前者着眼于信息类型，后者则强调信息编码形式，但 Paivio 划分的表象系统和言语系统同样与信息类型有密切关系。表象系统存储的是具体事件，它与情景记忆有某种相似性；言语系统存储的是言语信息，它与语义记忆有某种相似性。情景记忆和语义记忆一样，也可以由命题进行表征。但是，目前提出的情景记忆与语义记忆的机能差别未必适用于表象系统和言语系统。

第二节　知识组织的网络模型

在生活中，我们要记住大量信息，如电话号码、歌词、不同人的面孔以及各种专业知识等。因此，我们需要一个容量巨大的长时记忆系统。面对如此众多的信息，我们怎样才能迅速查找到它们呢？怎样在这个拥有海量信息的“图书馆”里确定某条信息的位置呢？事实证明，我们不仅能从记忆中提取这些信息，而且能够毫不费力且快速地提取，有时甚至连我们自己也觉察不到。

一、心理词汇

人脑中存储着大量所掌握的词，每一个词就好像是词典中的一个词条，其中包含着有关这个词的各种信息。这些信息大致分为三类：（1）语音；（2）词及其句法特征，以及它在句子中和其他词的关系，如这个词是名词还是动词、在它前后可以和哪一类词相配等；（3）意义。总之，知识是个体内部固有的，我们可以通过某些行为看到它的基本结构。内部词汇就像一本心理词典，它是关于单词的有组织的知识，被称作心理词汇（mental lexicon）。研究心理词汇的主要方法是词汇获得（通达）（lexical access）。

词汇获得旨在通过测量被试在回答有关词汇的问题时所需的时间，了解词汇的组织特点；即以系统的方式改变词汇，测量获得词汇过程的时间差异，从而对词汇的内部组织特征做出某种推论。具体做法是要求被试对他们所阅读的词进行判断。词汇单元的可获得性存在差异，这可能与项目出现或使用频率有关。新近出现过的项目可促进随后项目的获得，这就是重复启动（repetition priming）。词汇项目通过唤起与其语义相关的成分而变得容易提取；当认知系统激活一个项目时，这种激活将促进（加速）随后与其具有语义关系的项目的获得，即语义启动。

在词汇获得过程中，词汇的表象由几个相对独立的成分组成，词汇获得所获取的信息是词的意义或语义表象。词义的激活可以易化与该词有语义相关的词的再认，词的语义表象激活可以维持一段时间。另外，词的声音或外形成分也可能处于激活状态。许多词汇获得任务中都包含情景和语义记忆。心理学家对词的意义在心理词汇中的存储方式做了不同假设，如语义网络、原型等。我们在理解句子中的词时，首先要利用这个词的声音表象；然后，在头脑中检索出这个词的句法特征和语义特征信息。在心理词汇中找到这个词之前，这个词对听者来说是没有意义的。人们对词在心理词汇中的组织排列方式也有不同猜测。有人认为，它是基于词的使用频率，使用频率高的词排在前面，因此，检索这类词所需的时间少；有人认为，它也像一般词典一样，是根据语音排列的。目前，这些问题尚存在争议。

我们知道，当前信息和已有信息之间的联结提供了提取路径，可以使记忆搜索变得容易。那么，这种联结究竟是什么呢？认知心理学家认为，记忆联结提供的不仅仅是提取路径，联结本身就是记忆。例如，你知道自己母亲的名字，这一信息存储在你的记忆中。在这一联结里，有些内容代表母亲，有些则是名字的声音模式。因此，这些联结不是记忆的附属品，联结本身也是记忆的内容。其他知识同样如此，所有知识都是通过蔓延的网络来表征的。

很长时间以来，记忆网络概念在哲学和心理学领域被广泛讨论。而随着认知心理学的出现，网络模型开始以信息为主体，网络概念也发生了根本变化。用来描述长时记忆中知识组织的理论之一就是网络模型，它遵循联结主义范式。经典的网络模型包括层次网络模型和激活扩散模型。

二、语义组织的简单模型

（一）特征比较模型

特征比较模型（feature-comparison model）（Bock，1976；Rips et al.，1975）认为，一个项目的意义被作为一组语义特征保存在记忆中。这些特征分为两类：属性特征和定义特征。属性特征是一个项目的典型特征，对其描述时不一定是必需的（例如，与大多数鸟一样，知更鸟也能飞）。定义特征在定义一个项目时则必不可少（例如，知更鸟有羽毛，所有鸟都有羽毛）。特征比较模型包含两个连续的比较阶段。在第一阶段，一个项目的属性特征和定义特征都要与目标类别中的属性特征和定义特征进行比较。如果比较结果足以判断两者相似或不同，则立即确定项目是否为类别的成员；否则，就必须进行第二阶段加工。在第二阶段，将比较所有定义特征，但不比较属性特征。比较之后，便可以做出明确判断。见图6-1。

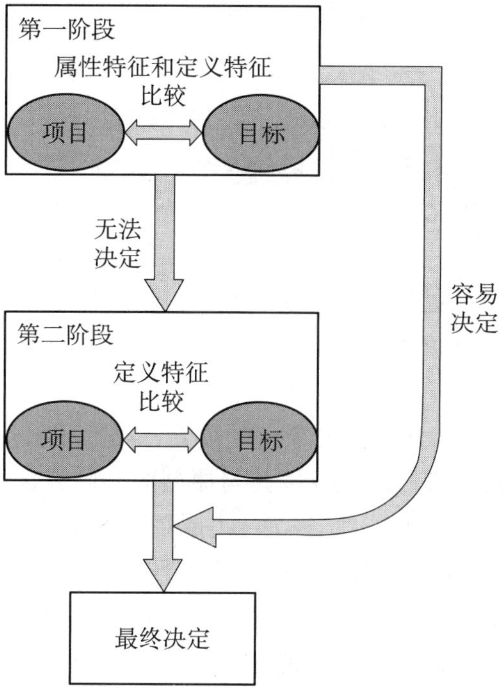

图 6-1 特征比较模型示意图

（二）样例理论

样例理论（exemplar theory）（Medin & Schaffer，1978；Smith & Medin，1981；Murphy，2016）认为，信息在记忆中的存储取决于它与已有样例之间关系的密切程度。人类记忆将客体和概念分别放在不同范畴中，当遇到新客体时，大脑能够将它放入适当的范畴中。例如，桌子有各种形状和大小，但它们的共同点是都有腿、顶部是平面。因此，人可以将餐桌、电视桌和医疗检查台等都放进"桌子"这个范畴中，从而可以对客体进行分类，而不必单独分析和标注每一个新项目，这样便简化了人的思维过程。见图 6-2。样例理论虽然比较直观、简单，但缺乏对信息的抽象加工，违背认知经济原则，记忆存储的效率较低。

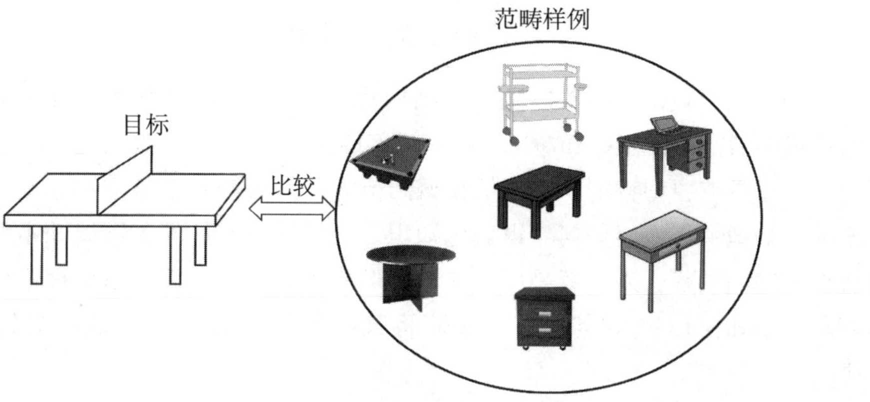

图 6-2 范畴样例比较示例

（三）原型理论

原型理论（prototype theory）（Rosch，1975；Rosch & Mervis，1975）起源于对自然类别的研究。该理论认为，知识是以原型为核心构建起来的抽象自然范畴，原型是对范畴成员的理想化抽象表征。原型具有以下特性：（1）原型是范畴样例，如典型效应。（2）原型只是一个参照点，不太典型的成员也可以被看成是典型的。（3）原型被启动后，判断速度更快；启动对原型的作用大于对非原型的作用。（4）在一个句子中，原型可以代替范畴名称。（5）原型与范畴中的成员拥有共同属性。

与形式范畴不同，自然范畴具有模糊的边界，成员可以相互重叠；范畴中的有些成员比其他成员更具代表性。成员按其与原型的共同特征数量进行分类。例如，如果知更鸟是鸟类的最佳样例，那么，它就是原型。如果另一个动物与最佳样例（知更鸟）拥有许多共同属性，那么，它也是鸟类（范畴）的成员。

按照原型理论，范畴是在“基本水平”（或基本范畴）上形成的。例如，如果问“你坐在什么上?”，那么，一般人都会回答“我坐在椅子上”（基本范畴），而不是“坐在电脑椅上”（下位范畴）或者“坐在家具上”（上位范畴）。在某一范畴内，不同概念之间的距离并不相同，核心成员处于非核心成员中间，构成了范畴空间。见图6-3。

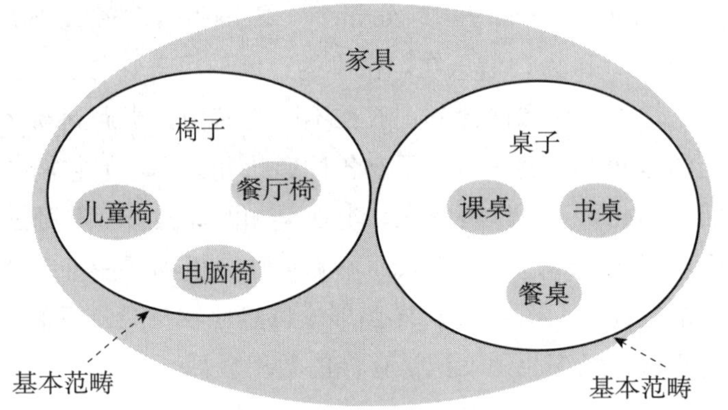

图6-3 范畴空间示例

原型理论将知识组织看成是一种结构化组织（范畴），虽然在自然范畴和人工范畴形成中得到验证（Cantor et al.，1980），但仍然存在一些问题。首先，并不是所有概念都具有原型特征，有些抽象概念范畴（如信仰）很难穷尽。其次，原型理论不能很好地解释人们如何获得概念知识。人们似乎不仅仅了解属性本身，也很了解属性之间的关系。人们就是用这些信息形成范畴的。最后，原型理论也不能很好地解释人们如何形成特定范畴，如何将某些物体归为一类，另一些物体归为另一类。

三、语义网络模型

（一）层次网络模型

层次网络模型（hierarchical network model）是 M. Ross Quillian 在 1966 年完成的博士论文中提出的早期网络模型之一。最初，该模型关注的是语言而不是知识组织。后来，Collins 和 Quillian（1969）对此做了一些修改，创造出可被验证的语义知识模型。该模型是认知心理学中的第一个语义记忆模型。由于它原本针对言语理解的计算机模拟而提出，所以它也被称作“可教的言语理解者”（teachable language comprehender，TLC）。后来它也被用来说明人的语义记忆，并因其具有层次网络结构而被称作层次网络模型。在这个模型中，语义记忆的基本单元是概念，每个概念具有一定特征。有关概念按逻辑的上下级关系组织起来，构成一个有层次的网络系统，如图 6－4 所示。图中圆点为节点，代表一个概念；带箭头的连线表示概念之间的从属关系。连线还表示概念与特征的关系，它指明各级概念分别具有的特征，把代表各级概念的节点联系起来，并将概念与特征联系起来，构成一个复杂的层次网络。在这个网络中，连线就是具有一定意义的联想。

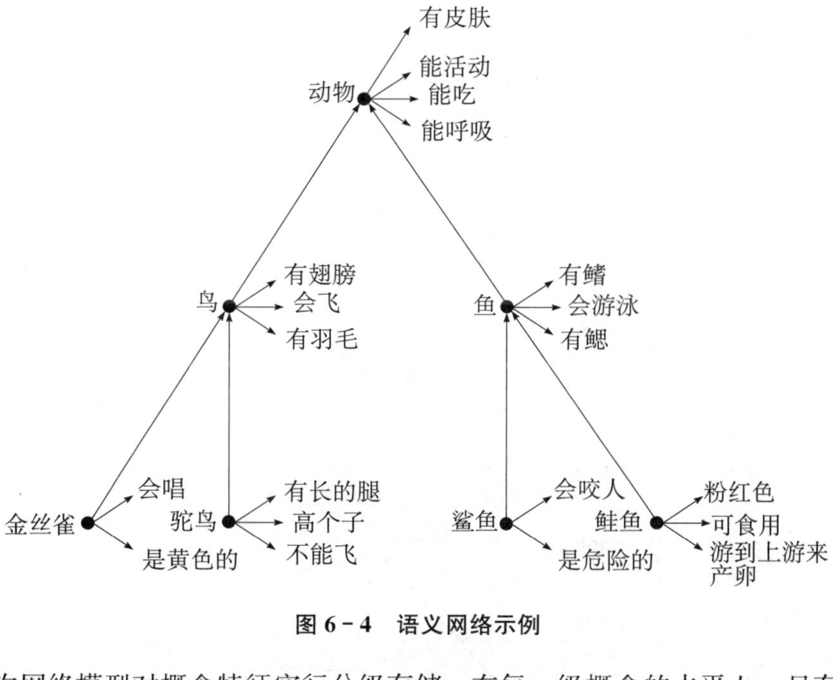

图 6－4　语义网络示例

层次网络模型对概念特征实行分级存储。在每一级概念的水平上，只存储该级概念独有的特征，而同一级各概念所具有的共同特征则存储于上一级概念水平上。在该模型中，由于概念按上下级关系组成网络，每个概念和特征都在网络中处于特定位置，一个概念的意义或内涵要由该概念与其他概念和特征的关系决定。因此，层次网络模型的核心是概念按逻辑上下级关系组成网络。

该模型假设，模型中的每个节点都从属于其他一些节点，如金丝雀是一种鸟，鸟是一种动物；每个节点都具有一个或更多特征，表示为“具有”关系，如鲨鱼具有会咬人的特征。节点是表象概念而不是词，心理事件的表象比单词本身复杂得多，知识获取由交叉搜索完成。“记忆搜索”是在网络节点间的搜索。搜索是在模型节点间按照箭头所指方向进行的一种运动，联结约束了搜索的程度或范围。

层次网络模型的搜索过程开始于特定节点；然后，呈扇形展开。扇形展开是平行的，这就意味着认知过程在同一时间扫描与开始节点相连的所有节点。搜索没有能量限制，搜索速度并不因为从某一节点发出的联结数量多而降低，从开始节点扇形扩散到三个节点与仅扩散到一个节点所用的时间相等。对于在搜索中触接的每个节点，扫描处理器留下一个指向搜索起始节点的标记。如果来自不同节点的扇形搜索过程在搜索中相遇，就形成一次交叉。当发现一个交叉时，认知过程就检查所有标记节点，从而决定它们的联结从起始点到所有被搜索节点的路径。一旦这种路径确定，TLC就可以应用推论程序判定它是否“知道”那个事实。虽然假设交叉搜索是以平行方式进行的，然而，它需要时间从一个节点移动到另一个节点。因此，两个起始节点之间的语义距离越长，TLC验证陈述所需要的时间也就越长。

Collins和Quillian进行了一系列实验验证这个模型。实验材料是一些简单的陈述句，每个句子的主语都是层次网络中最低水平的一个具体名词，而谓语则取自不同水平。这些句子又可分为两种性质：一是特征句，如“金丝雀会唱”；二是范畴句，如“金丝雀是鸟”。按照句子水平和性质整理的实验结果见图6-5，其中范畴句有下列三个：

S_0：金丝雀是金丝雀。

S_1：金丝雀是鸟。

S_2：金丝雀是动物。

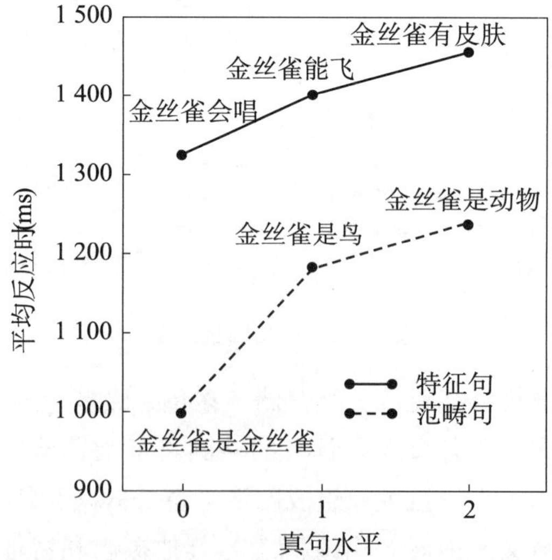

图6-5 Collins和Quillian的实验中不同句子的判断时间

验证 S_0 句所需要的时间较少，因为搜索过程开始于同一节点，很快产生交叉；对 S_1 句而言，搜索过程必须扩散一个水平，对这个句子的验证需要较多时间；而在验证 S_2 句时，搜索过程必须扩散两个水平，验证需要更长时间。虽然这三个句子有上下级关系，但我们对它们却持有相同期望。

然而，该模型并不能解释所有现象。首先，难以用它来解释熟悉效应。有时虽然两个节点之间距离较远，但如果两者之间关系密切，即熟悉性高，那么，范畴效应就会消失。其次，层次网络模型还难以解释典型性效应。所谓典型性效应是指对一个范畴或概念中典型成员的判断要快于对非典型成员的判断。另外，层次网络模型对否定判断的解释也比较困难。例如，同一范畴两个词的距离（在同一水平内扩散）近于不同范畴中的两个词（扩散两个水平），但判断两个词属于同一范畴（肯定）比属于不同范畴（否定）需要更长时间。

（二）激活扩散模型

激活扩散模型（spreading activation model；Collins & Loftus，1975）也是一种语义记忆模型，但该模型中的概念并不是以层次结构方式存在，而是以其语义相似性或联系为中介被组织起来。不同概念之间通过它们的共同特征数量形成联系，它们之间具有的共同特征越多，概念间的关系就越密切，回忆时就更易相互激活。虽然激活扩散模型不完全排除逻辑层次关系，但更多倾向于横向联系。概念内涵通过与它联系特别紧密的概念来确定。激活扩散模型不仅放弃了逻辑层次结构，也放弃了分级存储原则。该模型假设，概念间已经获得了某种联系，即个体事先已经获得某种知识，因此，激活扩散模型是一种预存模型。

与层次网络模型相比，激活扩散模型的加工过程要复杂得多（见图 6－6）。首先，它有两个关于结构的假设。一是联结两个概念的连线长度具有重要意义。连线越短，概念联系越紧密。例如，“小汽车”和“卡车”具有紧密联系。二是上下级

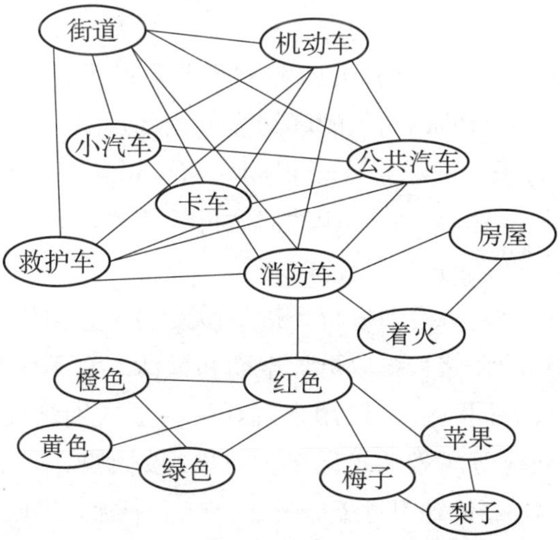

图 6－6　激活扩散模型的加工过程示例

关系以“是一种”的联结表示。例如，从“公共汽车”到“机动车”的联结就属于这种类型。同时，也包括一些“不是一种”的联结。因此，该模型能迅速判定某些紧密联结的概念不具有上下级关系。

该模型在工作过程中，当搜索到节点时，存储于其中的知识状态就会发生改变，即搜索活动激活被搜索的节点。此时，该节点的知识就非常容易获得。节点激活依赖于多种因素，如记忆者的搜索策略等。高度联系的节点激活具有一定的不随意性。一个节点被激活后，激活就沿着高强度连线辐射，以激活其他节点。激活扩散的远近取决于最初激活的强度以及从最初激活到当前节点的时间，节点间的语义距离也会影响激活扩散的结果。如果最初激活的是一个异常的或偏僻的概念，那么，激活的节点就不会很多；相反，就会有许多节点被激活。总之，激活从一个节点向另一个节点扩散，一个节点被激活后，它又可以作为动力源，继续使得激活在网络中扩散，因此，这是一种激活的扩散过程。

例如，在判断“金丝雀是鸟”时，会同时激活两个概念，它们分别从不同通路进行搜索，以形成不同性质的交叉激活。同时，人们会对从不同通路得到的肯定和否定证据进行加减运算。如果计算结果达到某一标准，则通过；若达不到这一标准，则判断为伪。因此，激活扩散模型不仅仅具有搜索过程，同时还伴有计算过程。虽然它是预存模型，但信息的提取和应用主要依靠计算。

在现实生活中，不同词所激发的联想是有差异的，如麻雀和鸭嘴兽。人们平时想到或看到麻雀的机会更多，对麻雀更熟悉，所以，“麻雀”这个节点同其身体部位之间的联结就更强更多。就像自行车轮毂，有很多辐条发散出来，概念的这种特征叫发散度。“麻雀”发散度高，而“鸭嘴兽”发散度低。当一个节点被激活时，同它相连的所有节点都同时接收到能量，但能量是有限的，节点越多，分到每个节点的能量就越少。

发散度对记忆的提取会产生怎样的影响呢？Anderson 和 Bower（1973）在实验中让被试学习一组描述人位置的句子，如“医生在银行”“消防员在公园”“律师在教堂”以及“律师在公园”等。在这组句子中，有些角色只出现在一个位置上，而有些角色则在两个位置上出现；同样，有些地点只有一个人，而有些地点则有两个人。Anderson 和 Bower 通过这种方式控制了节点的发散度。对被试来说，实验者所描述的这些事实都是新的，句子的联结强度也都从零开始。实验者通过控制被试的学习过程来控制句子的联结强度，得到一组发散度不同而联结强度相同的节点。在被试记住这些句子后，实验者让他们做再认测验，要求尽快判断句子是否学习过。结果显示，发散度低的句子反应时更短。

激活扩散模型对层次网络模型进行了进一步发展，它用语义间的各种特征联系取代层次结构，使信息的存储和提取更加全面和灵活。它不仅与层次网络模型一样能够说明范畴大小效应，同时也可以用来解释一些层次网络模型难以解释的现象，如熟悉效应及典型性效应等。激活扩散模型可以很好地解释遗忘的干扰说。干扰是因为新旧知识混在一起，新旧知识竞争能量便会产生干扰。提取失败和干扰是两种不同的机制，都可导致遗忘。但现在看来，两种机制是分不清的，提取失败是干扰造成的。但我们也不要过于强调发散度的影响，因为通常新知识会易化旧知识的提取。

（三）思维适应性控制模型

实际上，事物之间的关系有成千上万种，绝不限于相等和从属，还有相反、相似等。如果每种关系都只有一种联结类型，模型就很难运行，因为它缺乏简洁性。为此，认知心理学家们不断地寻求更好的机制来表征复杂思想。Anderson（1976）将人类联想记忆（human associative memory，HAM）与产生式系统（production system）相结合，提出了思维适应性控制（adaptive control of thought，ACT）模型。ACT 模型是一种将知识表征与信息加工相结合的认知心理学模型。与激活扩散模型中以概念为存储单元不同，ACT 模型将命题（proposition）看成是知识的最小单元并存储在相应节点中。如“小孩喜欢吃糖”是一个命题，而“小孩”则不是。命题像一个句子，但它比句子更抽象。一个命题可用不同句子表示，于是就有不同的联结模式。

ACT 模型的工作机制包含以下假设。

（1）强度假设：每个联结都有一个特定强度，新形成的联结强度较低；但每次被使用之后，该联结强度都会增加。

（2）激活假设：在任何时候，长时记忆中只有一小部分节点处于激活状态，而所有其他节点则不是。

（3）激活扩散：激活从活跃的节点扩散到与它相连的非活跃节点。两个节点之间的联结越强，激活就越有可能沿着该联结传播；激活的传播能力有限，因为一次激活的联结越多，传播到这些联结上的激活量就越少。

（4）抑制假设：在整个网络中激活会周期性地被抑制，即所有节点和联结都被停用。

（5）活动列表假设：活动列表上最多可以保留 10 个节点。活动列表中的节点不会被抑制，因此，只要它们处于列表中，它们就保持活动状态。

ACT 模型认为，记忆中所存储的内容并不完全是所看到或听到的，而是存储的意义；记忆提取是一个重建过程。ACT 模型可以很好地解释解释语义启动和舌尖现象（虽然存在很多联结，但激活很弱）。然而，ACT 模型假定信息按顺序（串行）进行加工，同时，还无法全面模拟人类记忆。

后来，Anderson 等（2004）将 ACT 改进为 ACT-R，其中 R（rational）代表“理性的”，并试图建立一个人脑模型，以分析和预测人类的行为。ACT-R 是一种认知结构，它映射出更高级认知过程的功能以及人们如何处理信息并采取相应行动。Anderson 把 ACT-R 模型编成了计算机程序。在 ACT-R 模型中，命题表征如图 6－7所示。椭圆代表命题本身，与椭圆相连的是命题中的不同元素，

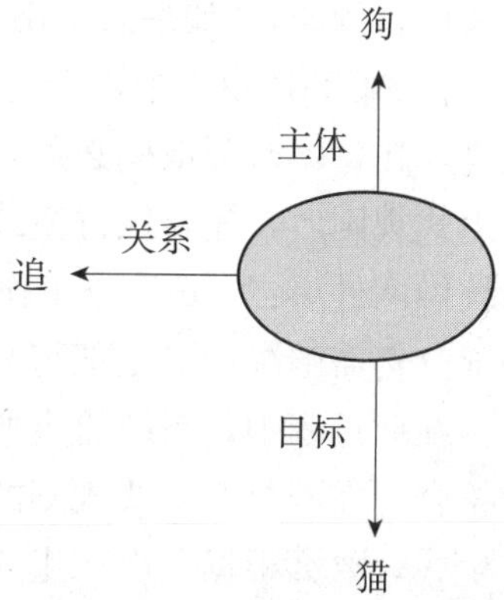

图 6－7 ACT-R 模型中单个命题的表征示例

它们包括“猫”“狗”和动作“追”。箭头表示节点间的联结，箭头上的标识说明联结的性质。我们也可以把这个简单的小网络扩大，用来表征复杂知识（如图6-8所示），如把“狗啃骨头”命题镶嵌在一个大命题之中；这个大命题表征着我们关于狗的知识，例如，狗是什么、它长得什么样、它喜欢干什么等。

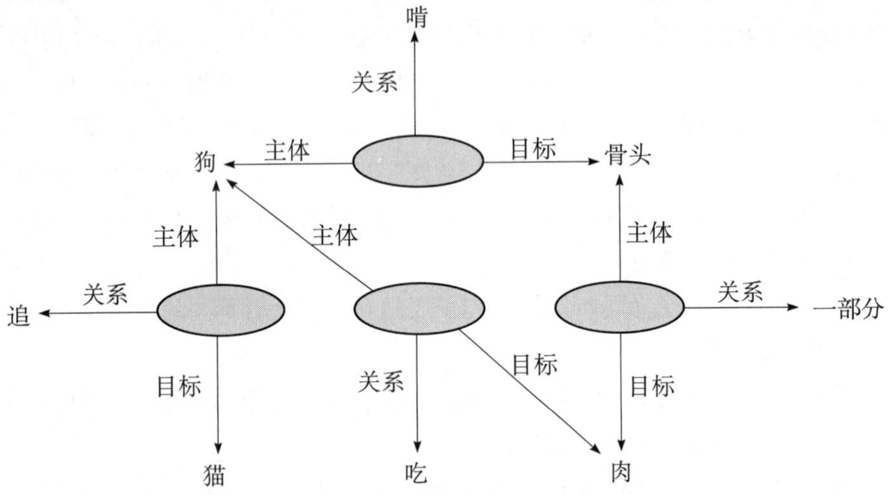

图6-8　ACT-R模型中复杂命题的表征示例

在表征一个具体的情景或物体时，ACT-R模型区分了类节点和具体节点。类节点是一个抽象的类别，而具体节点则是一个具体事例。ACT-R模型还区分了无时间性的事实（如“小丽买衣服”）和具体陈述（如“小丽上周六去商场买了一件衣服”），为体现这一点，ACT-R模型引入了表征时间和地点的节点。因此，命题网络不但能表征语义记忆，也能表征情景记忆。

ACT-R模型的独特之处在于，它用命题表征知识。ACT-R模型对程序性知识和陈述性知识的表象进行了区分：陈述性知识的表象为“组块”，而程序性知识的表象为产生式系统。产生式系统由产生式规则组成，每个产生式规则均表述为“如果—那么”形式，或者是“条件—行动”对。规则中的“如果”部分指明规则运用的条件，例如，“如果天下雨，那么，带上你的雨伞”。

在ACT-R模型中，产生式系统由目标来组织。产生式可以有多个相关的目标，但是，在每一时刻至少必须有一个目标处于激活状态。产生式系统执行完一个特定产生式规则后，还要执行模式匹配来决定下一步执行哪个产生式。在模式匹配中，系统做两件事：一是检查工作记忆中的内容并且记录问题的哪一部分已经解决和哪一部分仍需解决；二是把与当前状态相匹配的产生式规则应用于仍需完成的问题部分。在此过程中，系统检查所有的“如果”陈述，即条件，以发现它同当前的哪部分符合。在两个产生式规则的条件都满足的情况下，系统要么执行具有高优先级的产生式，要么根据上次产生式执行的情况，执行上次没有执行的规则。在产生式系统中还有两个重要的动作，即“点火”（firing）和“循环”（cycle）。当产生式规则的部分行为被执行后，系统就被“点火”；通过“点火”，从模式匹配到冲突解决步骤的顺序构成活动“循环”。

拓展阅读

神经网络模型

人工神经网络（artificial neural network）研究在20世纪80年代中期得到了飞速的发展。1982年，加州理工学院的物理学家John J. Hopfield提出了Hopfield人工神经网络模型，他将能量函数概念引入人工神经网络，开拓了人工神经网络用于联想记忆的新途径。人工神经网络可模拟人类部分形象思维能力，是模拟人工智能的一条途径，利用人工神经网络可以解决人工智能研究中所遇到的一些难题。人工神经网络的应用已经渗透到多个领域，在计算机视觉、模式识别、智能控制、非线性优化、自适应滤波、信息处理、机器人等方面取得了突破性进展。

人工神经网络理论吸收热力学、数学、模糊以及混沌等方法构建了多种模型。这些模型在本质上体现了分布式系统的基本性质。神经网络模型力图将神经系统活动过程与认知过程结合起来，亦称作分布式（distributed）或者非符号式（non-symbolic）加工。由于是分布式加工，每部分网络完成一小部分功能，而不是一个复杂的总体分析。就像大脑一样，先是各个小部分被激活，每一小部分负责一个简单任务，各个小部分的平行加工汇总在一起就产生了复杂的知觉。

（一）实际和理想神经元的活动

1. 实际神经元的活动

神经元具有动作电位。每个神经元与周围的神经元紧密相连。特定神经元之间的联结有兴奋和抑制两种。没有动作电位的神经元只是简单地等待放电，并从其他神经元接收输入。当输入超过神经元的放电阈限时，神经元将沿着轴突“释放”电冲动，这种“放电”就是动作电位。每个神经元冲动都可以传递到周围的几千个皮层神经元，但是，神经元信息的强度并不因为与它联系的邻近细胞的数目而改变，信号从不会由于与邻近细胞的联系而削弱或减弱，虽然信号强度不一定总是正的。

Kohonen等（1981）认为人的大脑有如下特点：(1) 大脑的神经元虽然在结构上相同，但是它们的排序不同。排序不是指神经元位置的移动，而是指神经元的有关参数在神经网络接收外部输入刺激过程中产生的变动。(2) 大脑中神经元参数在变动之后会形成特定参数组织，具有这种特定参数组织的神经网络对外界的特定事物特别敏感。(3) 大脑皮层分成多个不同的局部区域，各个区域分别负责某种专门的功能，如听觉、视觉、思维等。(4) 大脑中神经元的排序受遗传决定，在外界信息刺激下，神经元不断接收输入信号，不断执行各种整合过程，形成经验信息，从而对大脑皮层的功能产生自组织作用，形成新功能。

2. 理想神经元的活动

在神经网络中，用神经节（neurode）代表神经元；神经节按层次排列，底层为“输入”层，顶层为“输出”层。输入层的每个神经节与输出层的神经节之间存在着联系，研究者用正号和负号表示输入层和输出层神经节之间的兴奋和抑制联结。节点之间的联结建立了激活传导通路。如果两个神经节由一条线相连，那么它们之间将产生某种影响；如果两个神经节之间没有连线，那么它们将相互独立地运作。一般假设，神经节是一个非常简单的处理单元。每个单元向其他单元发送兴奋性或抑制性信号，单元之间的相互作用则表示单元之间存在的约束，这些单元的稳定激活模式就是问题的解。

（二）传递函数

传递函数把输入信号传到系统中，并且描述输入信号在整个系统中扩散的途径。输入信号在整个系统中的传导可以用数学函数表达。而在真实的神经网络中，信息通常是以动作电位的方式在神经节之间传递。

MuCulloch和Pitts（1943）提出了一个简单的神经网络（见图6-9），在这个神经网络中，他们假设：（1）如果输入单元 X_1 处于激活状态（强度为1），则单元 X_1 输出0.3的激活。（2）如果输入单元 X_2 处于激活状态（强度为1），则单元 X_2 输出−0.3的激活。（3）如果输入单元处于非激活状态，则输出非激活。（4）输出单元 Y 通常是所有输入单元激活的总和。

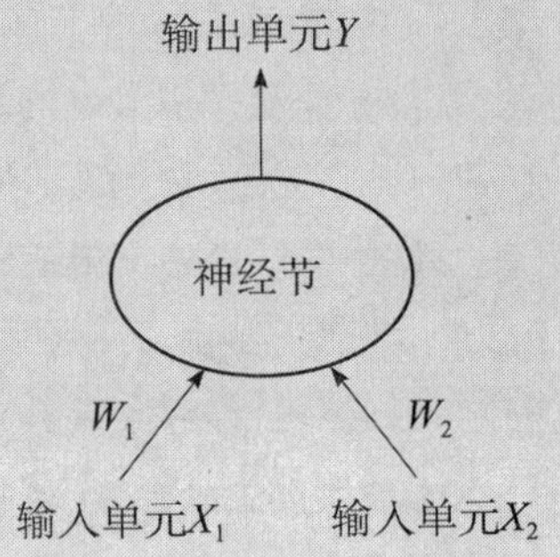

图6-9 一个简单的神经网络

神经节的传递函数为：

$$\text{输出单元 } Y=\sum(\text{输入单元 } X_i\times\text{权重 } W_i)$$

如果我们把输入单元和输出单元之间联结的强度描述为两个神经节之间联结的“权重”（weight；在这个例子中为0.3和−0.3），那么，输出 Y 可以计算如下：

$$\begin{aligned}\text{输出单元 } Y &= (\text{输入单元 } X_1\times\text{权重 } W_1)+(\text{输入单元 } X_2\times\text{权重 } W_2)\\ &= 1\times(0.3)+1\times(-0.3)=0.3-0.3=0\end{aligned}$$

然而，如果仅仅输入单元 X_1 处于激活状态，那么，我们可得到：

$$\text{输出单元 } Y=(1\times0.3)+0\times(-0.3)=0.3+0=0.3$$

神经节能够被“训练”并执行各种认知计算。“训练”能改变从输入到输出间的权重。众多神经节可以按照一定规则构成较为复杂的神经网络（见图6-10），神经网络能够实现某种功能，并且具有学习与适应的能力。

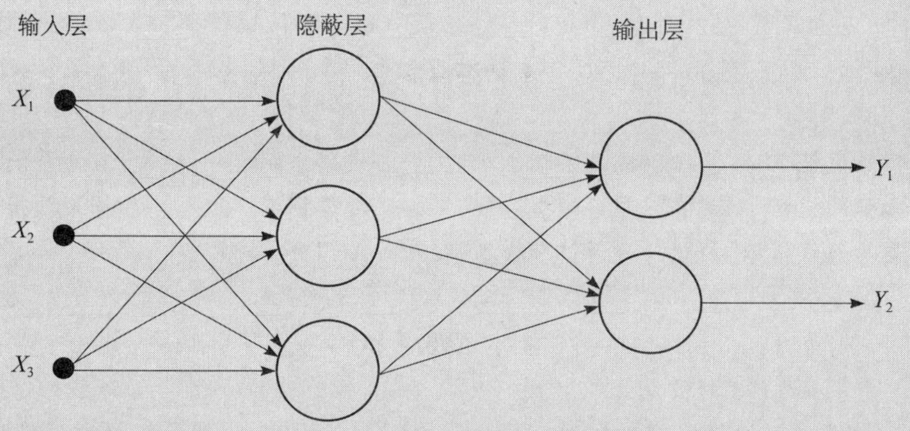

图 6-10　一个复杂的神经网络

（三）神经网络的特性及缺点

神经网络有着自己的基本属性，这些属性反映了神经网络的特性，其中包括：(1) 非线性。人的思维以非线性方式运作，因此，人工神经网络模拟人的思维也应是非线性的。(2) 非局域性。人的行为具有整体性，神经网络以大量的神经节联结模拟人脑的非局域性，它的分布式存储就是非局域性的一种表现。(3) 非定常性。神经网络是模拟人脑思维运作的动力学系统，它根据不同时刻的外界刺激对自身的功能进行修改，因此是一个实时变化系统。(4) 非凸性。神经网络的非凸性是指它具有多个极值，即系统具有不止一个较稳定的平衡状态。这种属性会使系统的演变多样化。因此，神经网络具有以下能力：(1) 高度平行处理能力。神经网络因利用大量神经元模仿生物神经系统而具有高度平行处理的能力。(2) 学习与记忆能力。神经网络通过调整网络的权重值来学习并记忆输入与输出的关系。(3) 容错能力。网络有大量的联结，当部分联结失效时，网络依然可以提供相当正确的输出。

神经网络也存在不少缺点：(1) 神经网络中间变量（即隐蔽层）可以是一层或两层，数目也可设为任意数目，而且有学习速率等参数需设定，因此，它的工作相当费时。(2) 类神经网络以迭代方式更新联结值与阈值，计算量大，相当耗费计算资源。(3) 神经网络的解有无限多组，无法得知哪一组为最佳解。(4) 类神经网络训练过程中无法得知需要多少神经节，太多或太少神经节均会影响系统准确性，因此，往往需要不断尝试才能得到适当的神经节个数。(5) 神经网络以建立数值结构（含加权值的网络）的方式学习，其知识结构是隐性的，缺乏解释能力；而归纳学习以建立符号结构（如决策树）的方式学习，其知识结构是显性的，具有解释能力。总之，在神经网络模型中，如何用几个相关成分激活认知路径，实现认知操作，如词义判断、同音词辨认（如“家”与“加”），怎样获得有效的传递函数，如何提高模型的准确性与灵活性等问题都需要进一步研究。

基本概念

情景记忆	语义记忆	表象系统	言语系统
知识的组织	网络模型	心理词汇	词汇获得
层次网络模型	激活扩散模型	ACT-R 模型	

本章要点

1. 根据长时记忆的信息类型，Tulving 将长时记忆分为情景记忆和语义记忆。情景记忆是对个人在一定时间发生的事件的记忆，情景记忆保持的信息总与个人生活中特定的时间或地点相联系，具有自传体性质。而语义记忆则是对语词、概念、规则和定律等抽象事物的记忆，如对语词的意义和语法规则、化学公式、物理定律、乘法规则以及各种科学概念的记忆。Paivio 从信息编码的角度将长时记忆分为表象系统和言语系统。表象系统以表象代码存储关于具体客体和事件的信息，而言语系统以言语代码存储言语信息。这两个系统既彼此独立又互相联系。这就是两种编码说或双重编码说。

2. 内部词汇就像一本心理词典，它是关于单词的有组织的知识，被称作心理词汇。研究心理词汇的主要方法是词汇获得。心理词汇可被视为一种记忆网络。网络模型以信息为主体，遵循的是联结主义范式。经典的网络模型包括层次网络模型和激活扩散模型。层次网络模型对概念的特征相应地实行分级存储。在每一级概念的水平上，只存储该级概念独有的特征，而同一级的各概念所具有的共同特征则存储于上一级概念的水平上。由于概念按上下级关系组成网络，每个概念和特征都在网络中处于特定位置，一个概念的意义或内涵要由该概念与其他概念和特征的关系来决定。因此，层次网络模型的核心是概念按逻辑的上下级关系而组成网络。激活扩散模型中的概念以其语义相似性或联系为中介被组织起来。不同概念之间通过它们的共同特征数量形成联系，它们之间具有的共同特征越多，概念间的关系就越密切，回忆时就更易相互激活。虽然激活扩散模型不完全排除逻辑层次关系，但更多倾向于横向联系。概念内涵通过与它联系特别紧密的概念来确定。激活扩散模型不仅放弃了逻辑层次结构，也放弃了分级存储原则；概念间已经获得了某种联系，即个体事先已经获得某种知识，因此，激活扩散模型是一种预存模型。

3. 理性思维适应性控制（ACT-R）模型用命题来表征知识。ACT-R 模型对程序性知识和陈述性知识的表象进行了区分：陈述性知识的表象为“组块”，而程序性知识的表象为产生式系统。产生式系统由目标来组织。产生式可以有多个相关的目标，但是，在每一时刻至少必须有一个目标处于激活状态。产生式系统执行完一个特定产生式规则后，还要执行模式匹配来决定下一步执行哪个产生式。

思考题

1. 如何区分情景记忆与语义记忆？
2. 心理词汇在长时记忆中有何意义？
3. 根据层次网络模型，知识在记忆中是如何被组织的？
4. 激活扩散模型是如何运作的？
5. 思维适应性控制（ACT）模型如何解释记忆过程？

第七章

视觉表象与视觉记忆

开卷有益

1. 在我们的大脑（心理）中，各种知识以何种方式存在？大脑用什么形式表示各种知识？不同表示方式对我们的认知活动会产生怎样的影响？

2. 当我们想到汽车时，头脑中出现的汽车形象与真实汽车完全一致吗？为什么？人可以通过想象让头脑中的汽车拐弯吗？人可以通过意念控制一辆真实汽车吗？如果能控制，需要哪些条件？

3. 也许我们会记住很久以前的一个场景，它可能非常生动，历历在目。我们是如何记住它的？跳水运动员在起跳之前如何在头脑中重复（“过电影”）跳水动作？

学习目标

1. 掌握知识表征的含义、分类和特点，掌握知识表征的计算模型和空间模型。

2. 掌握表象的特性和分类，了解心理旋转、心理扫描研究，掌握表象的双重编码理论和 Kosslyn 的表象计算理论，了解表象与其他心理过程（内省、知觉）的关系。

3. 掌握视觉短时记忆与长时记忆以及它们之间的关系，掌握视觉复述的特点与过程。

学习重点

1. 知识表征的含义、分类和特点；知识表征的理论模型。

2. 表象的特性和分类；表象研究中的心理旋转和心理扫描；表象的双重编码理论和 Kosslyn 的表象计算理论。

3. 视觉短时记忆与长时记忆；视觉复述的特点与过程。

视觉是接收并加工外界信息最多的感觉通道。大脑如何将这些视觉信息长期保存下来也是记忆研究的重要方面。以视觉方式呈现的外界材料包括形状、体积、质地、颜色以及大小等，它们带有显著的直观性和鲜明性。人的记忆都是从形象记忆开始，如儿童出生 6 个月左右就能够认知母亲和辨识熟人的面貌等，形成了视觉形象记忆。因此，视觉形象感知是记忆的基础，视觉形象记忆是由感知到思维必不可少的中间环节。本章将深入讨论视觉信息在记忆中的表征特点、视觉表象如何被操作以及视觉记忆的基本性质等。

第一节 表征

表征（representation）或表征系统是人们知觉和认识世界的一套规则。Jerome Bruner（1966）认为，在人类智慧生长期间，有三种表征系统在起作用，它们分别是动作表征、图画表征和符号表征，即人们通过动作或行动、图画或映象以及各种符号认识事物。这三种表征系统的相互作用是认知发展或智慧生长的核心。这三种表征系统实质上是三种信息加工系统，人类就是凭借这三个系统认识世界的。

一、知识表征

表征一词在英语中的本意是某（些）事物和属性能代表、表现另一（些）事物和属性，它具有代表、表现、表达等含义。表征可以描述某一客观事物，如“天才”“军舰”等；它也可以用来描述事物的过程，例如，在向他人描述（表征）一种新方法或技术时，可以用论文、说明书、图片或示范等形式表示这些方法或技术。因此，同一事物（如“鸟”）在人的长时记忆系统中可能以不同形式存在。如果以鸟的表象形式表征，则属于视觉表征；如果以鸟的定义形式表征，则属于命题表征。这些不同表征形式所具有的共同信息被称为表征的内容，而不同表征形式被称为编码。同一种知识，在大脑中既可以用表象编码，也可以用抽象符号编码。大多数情况下，人们兼用两种编码方式，即所谓知识表征的双重编码。

由于每个人已有的知识经验、情感与个性特征不尽相同，每个人在大脑中对同一种知识的表征也存在差异。通过对知识表征中基于模型推理的认知和计算的研究，可探讨大脑工作原理。现代认知心理学的研究表明，人类的空间推理主要基于模型，而不是基于规则。心理模型通过知觉输入或自然语言描述而建构，它是从一种表征形式向另一种表征形式的转换。心理模型表征事件的一种状态，其结构与表征事件状态的结构之间具有同构关系。心理模型不同于其他表征形式，它可以通过被清晰表征的信息的数量来测量。然而，心理模型不如视觉表征具体，它忽略了诸如形状、大小等特征。但与命题表征相比，心理模型更加具体。心理模型研究大多基于情景的文本描述和空间信息提取。例如，人们运用形式逻辑计算实现对语言的理解和推理。心理模型推理和逻辑表征推理之间的差异在于：基于模型的推理是语义的，它依赖于替代模型的建构和检测，每一模型表征着事件的一种单一状态，语义标记相当于单个实体；而基于逻辑的推理则是按照句法规则，运用句法规则形式得出结论。表征类型多种多样，也可以从内部和外部两个维度划分，详见图 7－1。

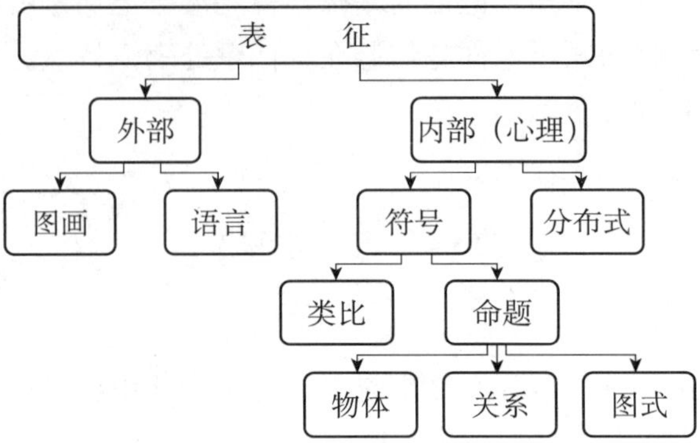

图 7－1　表征类型

二、计算模型

知识表征的计算模型是一种计算表象，是视觉-空间推理的工具和方法。它可产生表象或从长时记忆中回忆表象，并进行操纵、转换、扫描、建构空间类比关系以及模式匹配等计算。在计算模型中，知识表征是对表象的重构，它能促进视觉和空间信息的提取。它所提取的信息以内隐形式存储在长时记忆中，提取这些信息产生的表象相当于真实物理情景的表征或类似于视觉形式操纵的抽象概念。计算表象的知识表征图式把视觉和空间推理区分开，将它们看成两个独立的表征。空间推理更多依赖于情景中的其他物体，以它们为参照物；而视觉思维则主要标明表象的本身属性，即“是什么”。上述关系可以通过对视觉情景的分析加工过程得以建构，也可以从长时记忆的描述中重构出这种关系。

在计算模型中，知识表征可分为描述性表征和描绘性表征两种。描述性表征是对信息的长时存储。在表征图式中，描述性表征是一种框架语言（framework language），每一框架都包含着表象的重要信息，包括命题和程序性知识。表象是一种有结构的组织，在较复杂情景中下一级表象作为元素出现。在图式中存在着表象层级，它们可提供属性关系和表示表象的复杂结构。因而描述性表征的存储空间较大，但它并没有包含表象对所有信息的加工过程。

描绘性表征仅在表象活动时存在，如在视觉和空间信息加工过程中。描绘性表征可以以视觉为特征，也可以以空间为特征。前者所形成的表象特征清晰，并且能够提供形状、相对大小等特征编码。而空间表征则能详细说明情景内物体的排列，保存空间拓扑特性，但较为复杂，缺乏灵活性。

三、空间模型

空间模型是一种基于模型推理的知识图式，它通过符号排列描绘外在客体及其相互关系。在排列表征中，符号排列的结构与所表征对象的结构一致。如果排列中的符号和外部世界中相应位置上的实体之间存在对应关系，那么，世界是可以通过排列进行表征的。排列表征为空间中的归纳推理提供了基础。因此，外部世界可以被定义为一系列实体，以及由客体标定的一系列空间关系。排列表征是一种多维符号排列。一个符号可能占有一个以上的位置，但每一位置最多包含一个符号。基本的对应原则遵循布尔排列函数。如果所有世界关系在集合中都以相应的排列函数来表征，那么一个排列表征就是一个关于世界的模型。

世界是有层次的，可以被分解成多重水平，因此，人们对世界的心理表征也是有层次的，即心理模型是一种有层次、有组织的结构；而推理可能发生在基于心理模型中部分关系的不同水平上，按归纳或类比方式进行。归纳推理是从个别到一般的加工过程，运用归纳也可以对空间概念进行有效归类。类比推理通常基于事件并系统提取、改造先前经验。它通过计算相似性，将已知知识迁移到要解释的领域。由于空间类比取决于结构相似性或空间相似性，两个排列模型之间的空间相似性可以按符号及其共同关系程度进行度量。

扩展阅读

表征过程

表征过程（representational process）是一种较为复杂的心理现象。从纯粹心理活动角度而言，表征过程是用于代表或表示事物的基本认知活动，包括：(1) 基本认知过程——获取和存储知识；(2) 符号表征——符号化，通过联想或实例表现其他看不见的东西，如“长城是中华民族的象征”；(3) 典型化或范例化——形成一种有代表性或典型的模式；(4) 描绘——通过图画表示；(5) 拟人化——将物体赋予人类形态或特征；(6) 心理意象——形成事物的心理表象。人脑在知觉外在物体时，神经系统如何将这些光学信号转换成意识（见图 7-2）一直是心理学家们最关心的心理学问题之一。

在视觉过程中，视觉系统通过几何要素图（Marr，1982）或大范围恒量编码（Navon，1977）对外部世界进行表征，在物体与相应的内部表征之间建立一阶关系（first-order relation），即通过物体与其内部表征之间的相似性将两者联系起来。然而，科学家们发现，人脑对外部世界的表征与外部世界并非严格对应，两者存在巨大差异。因此，这种一阶关系并不能准确描述人脑对外部世界的表征特性。于是，有心理学家提出二阶同构论（second-order isomorphism），

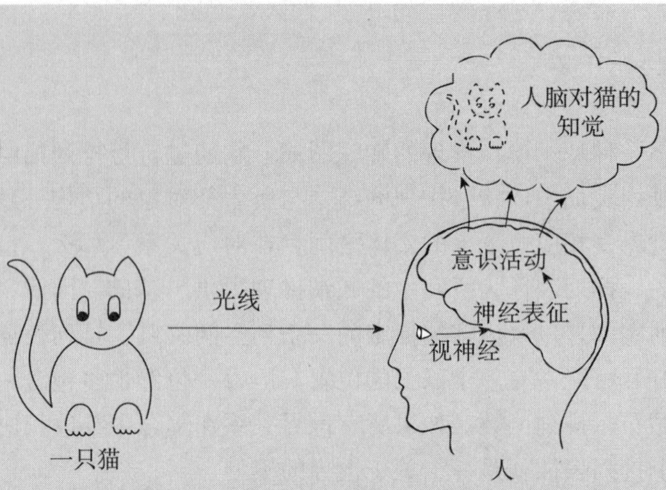

图7-2　一只猫在人脑中的表征

认为外部刺激间的相似性和内部表征间的相似性之间存在同构关系（Shepard，1984）。

基于上述认识，视觉表征相似性观点被广泛应用在计算机识别和人工智能领域（Edelman，1998）。此外，认知神经科学对神经系统在完成心理活动时的表征过程也开展了深入研究。例如，就表征相似性而言，颞下皮层（infero-temporal cortex，IT）神经元的反应具有以下特点：（1）每个细胞对不同角度的偏好刺激都会有所反应，但反应强度随测试刺激与偏好刺激之间相似性的降低而减弱；（2）少部分细胞活动所包含的信息足以完成对新刺激的分类；（3）运用多维定标方法，可以从少数细胞的反应中重构出相应的刺激模式。总之，认识神经水平的表征是揭开心理表征奥秘和发展人工智能的必经之路。

第二节　表象

一、表象的特性和分类

17世纪英国哲学家John Locke等认为，表象（imagery）是思考的元素。19世纪末期，英国心理学家Francis Galton首先对表象进行了测量。他主要研究表象在性别、年龄等方面的个体差异。20世纪初，由于行为主义的反对，表象研究停滞下来，直到60年代才重新兴起，并且成为认知心理学研究的重要内容。当前，人们对表象的研究主要集中在视觉表象上。认知心理学认为，表象是人在心理活动过程中产生的形象，是信息编码的一种主要形式。例如，人在感知客观事物时，事物的形象被保存在头脑中，形成对事物的记忆表象。记忆表象经加工、改造、分解和重新组合，转化为新形象，便形成了想象表象。视觉表象和听觉表象都属于记忆表象。

表象具有直观性和概括性两个重要特征。表象的直观性说明，表象以生动具体的形象存在于头脑中，就像看到、听到、闻到或尝到某个事物或事物的某种特征一样。因此，表象与感知觉类似，具有形象的特征。表象是在感知觉基础上获得的，离开感知觉，人的表象便无法形成。例如，天生双目失明者就没有颜色的表象，天生聋哑者就没有声音的表象。然而，表象的直观形象与知觉的形象有所不同：知觉形象比较鲜明生动，而表象的形象较为暗淡模糊；知觉形象比较稳定持久，而表象的形象不稳定，易变动；知觉形象完整，而表象的形象不够完整，时而出现这一部分，时而出现另一部分，甚至有些部分被丢失。总之，表象只反映事物的大体轮廓和一些主要的表面特征，没有感知所得到的形象那样鲜明、完整和稳定。表象的概括性反映了同一事物或同一类事物在不同条件下多次被感知所表现出来的一般特点。因此，表象比知觉有更大的概括性。根据表象的对象范围，表象可被分为个别表象和一般表象。某一具体事物的表象属于个别表象，如“自己的手机”的表象；某一类事物的表象是一般表象，如“手机”的表象。这两类表象互相联系，个别表象常可成为一般表象的核心。

由此可见，表象的直观性说明它与感知相似；而从它的概括性来看，它又类似于思维。表象可能是从感知到思维的过渡环节。表象使人的认识过程脱离具体事物，摆脱知觉的局限，为概念形成提供了感性基础。表象是想象的基础，想象的基本材料是表象，想象是人脑对已有表象进行加工改造而创造新形象的过程。没有表象就无法进行想象活动，表象贫乏的人，想象也不可能丰富。另外，表象在记忆中的地位也非常重要。人们需要记忆的内容包括具体知识与抽象知识两大类。具体知识主要以表象方式存在，而抽象知识则是概念、原理，存储在大脑中的知识大多数以表象形式出现。有人推测，在人的记忆中，形象信息量与词语信息量的比例约为1 000∶1。人们从记忆中提取信息时，也多以表象形式完成。因此，表象是记忆的重要前提和基础。

从表象产生的感觉通道来看，它可分为视觉、听觉、嗅觉、味觉、触觉以及运动等表象。视觉表象是最常见的表象形式。它是视觉获得的事物形象在头脑中的浮现。例如，物体的形状、大小、颜色、空间等形象在头脑中再现。大多数人能够把看见过的事物以视觉方式保持在头脑中，但这种印象通常比较模糊，缺少细节。然而，也有一些人能够保持着一种几乎同照片一样清晰的视觉形象，他们只要对一张图画看上 30 秒钟左右，即使图画被拿走，仍然能够在摆放图画的地方“看见”这幅画的形象。他们能详细地把它描述出来，甚至能将画面上最不显眼的细节描绘得清清楚楚，这种现象被称为“遗觉像”。遗觉像是一种类似知觉的非常鲜明的表象，它多见于儿童身上，到青年期后就逐渐消失了。

听觉表象是由听觉器官获得的声音表象，主要有言语听觉表象和音乐听觉表象。言语听觉表象在人们分辨语音、语调时起重要作用，是人们学习和掌握语言的基础。音乐听觉表象可以帮助人们更好地掌握歌曲和乐曲，提高人们的音乐鉴赏能力和音乐创作能力。著名音乐家贝多芬，在双耳失聪后仍能创作出伟大的交响乐曲，他的音乐创作能力就是来源于他的音乐表象能力。

嗅觉表象、味觉表象和触觉表象分别是相应的感觉器官对相应刺激形成的表象。运动表象与运动感觉相联系，它是人们头脑中产生的关于动作和动作系统的形象。例如，跳水运动员在跳每个动作前会沉思一会儿，将动作在头脑中“过”一遍。人们在产生运动表象时，相应部位的肌肉和骨骼可能会出现轻微运动。

由于人们的实践活动不同，每个人在其表象的清晰性、完整性和稳定性上会存在差异。画家的视觉表象特别发达，音乐家则偏于听觉表象，而面粉工人又偏于触觉表象。表象的广度也有个别差异。例如，有的人看完一幅画后只能有大概轮廓的模糊表象，有的人则能把画中的细节在表象中清晰地重现。

总之，表象是对场景的一种表征，这种场景包括所有距离关系。实际场景中相近的点在表象中也互相接近；同样，分离的点在表象中也互相分离。因此，表象维持着真实场景中的空间层次，维持着所表征信息的大小、形状及多种空间关系。表象是对场景的描绘而不是描述，它直接代表了场景的几何学特性。

二、表象的研究

（一）表象的研究方法

与其他心理现象类似，虽然表象很早就被人们注意到，然而，由于研究方法的限制，只是在近一个世纪以来，心理学家才开始对表象进行系统研究。Galton 采用内省法，让被试描述自己的表象，然后评价它们的生动性。他发现，自我报告的表象与一般感觉相类似。然而，在采用自我报告法研究表象时，不可避免地存在着被试描述方法的差异。有些人在描述自己的表象时相当谨慎，而另一些人可能会很夸张。被试如何选择所描述的内容就决定了被试的报告结果，即研究结果反映的不是表象本身，而是被试如何选择所描述的表象。因此，需要一种更加客观的表象评价方法，它不依赖于自我报告所固有的主观特性。

近五十年来，表象研究采用了一些更客观的评价方法。这些方法主要是让被试快速从表象中读取一些信息或以某种方式操作表象，通过比较不同条件下的反应准确性和速度，可以验证有关表象本质的假设。与自我报告法相比，这种基于时间测量（反应时）的研究方法可以提供更精确的表象特性。反应时法可以探讨表象中哪类信息重要、哪类信息不重要。例如，如果让你用一段话描述一只猫，你可能会提到猫的一些显著特征，如胡须、爪子等。文字中可能不包括“猫有头”这样显而易见的事实。但是，如果让你描述一只猫的轮廓，猫的头就显得非常重要。这是因为头所占的空间很大且向上抬起；而爪子和胡须所占空间小，因而就不是很显著的部分了。

（二）心理旋转

心理旋转是一种将想象中的自我或客体进行旋转表征的能力，也可以把它看成一种评定空间智力的重要指标。心理旋转以心理表象为基础，并对心理表象进行旋转操作。通过心理旋转，可以将我们头脑中的映象按一定速度旋转任意角度。由于心理旋转的速度相对恒定，所以，旋转角度越大，所需时间也越长；旋转角度越小，时间就越短。

20 世纪 70 年代初，Shepard 和 Metzler（1971）做了一个著名的心理旋转实验。在实验中，他们用三种刺激作为材料，即平面对、立体对和镜像对（旋转无法重合）（见图 7－3）。实验要求被试判断所看到的一对图经过旋转后能否重合，记录被试的正确反应时。实验结果显示，无论是平面对还是立体对，被试的反应时变化趋势都相同；两对图的方位差越大，信息加工时间越长；方位差每增加 53 度，反应时就增加 1 秒。由此可见，心理旋转过程是存在的，旋转的速度为 53 度/秒。Shepard 和 Metzler 认为，被试在辨别图形时，需要对头脑中存储的相应表象做旋转运动，随着图形旋转度数的增加，反应时也相应延长。因此，人脑中的表象具有动态特点，它可以按人的需要运行。Shepard 和 Metzler 的实验证明，表象能够真实反映物体特点，它是真实物体的类似物；表象加工类似于知觉真实物体时的信息加工。

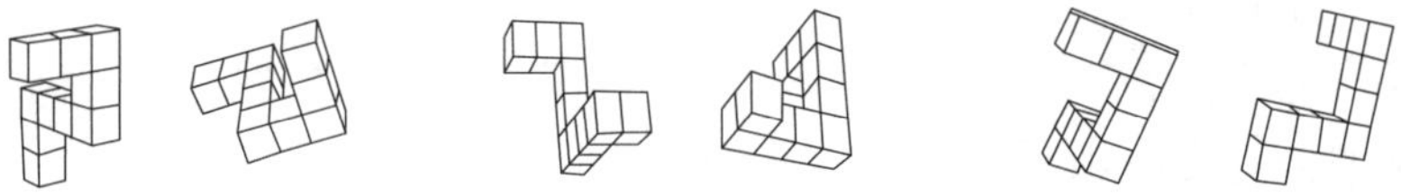

A. 平面对　　B. 立体对　　C. 镜像对

图 7－3　Shepard 和 Metzler 在实验中使用的心理旋转材料

Cooper 和 Shepard（1973）以字符为刺激材料对心理旋转进行了进一步研究。他们让被试判断一个朝向不同的正写或反写字母“R”能否旋转成为正立的字母（见图 7－4 左侧）。实验结果如图 7－4 右侧所示。根据实验结果，他们认为，当样例旋转角度小于 180 度时，表象旋转沿逆时针方向进行；而当样例旋转角度大于 180 度时，表象则沿顺时针方向旋转。Cooper 和 Shepard（1984）又以多边形为实验材料，进行了类似实验。他们发现，无论是否具有前行信息，被试都会进行心理旋转操作，然后再进行正反位、匹配等反应。这个实验进一步表明了心理旋转的心理真实性。

心理旋转过程是连续的还是跳跃的呢？Metzler（1973）在以往研究基础上，根据 53 度/秒确定延缓时间，采用延缓呈现刺激材料的方法对这一问题进行了探讨。实验结果表明，无论是平面对还是立体对，被试的判别反应时都基本恒定，并随两个刺激材料方位差的增大而有所增加。因此，Metzler 认为，心理旋转是连续进行的。

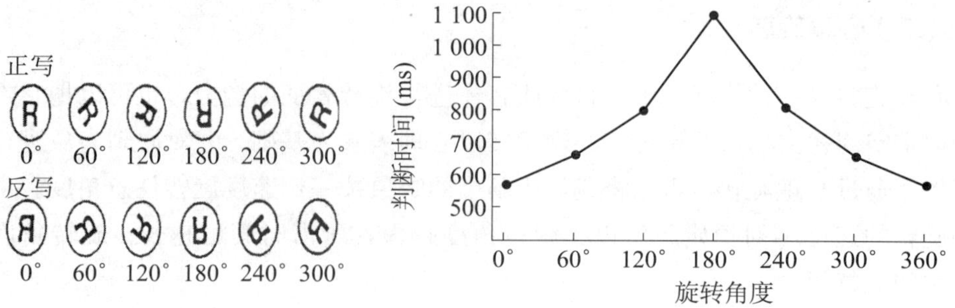

图 7-4　Cooper 和 Shepard 的心理旋转实验材料及实验结果

总之，心理表象的实质是一种类比表征，表象与外部客体有着同构关系。同构是指内部表征机能与外部客体结构联系是相似的，如心理旋转与客体的物理旋转。Shepard（1984）称这种同构为“二阶同构”。表象与外部客体的同构关系犹如锁与钥匙的关系，虽然实体不同，但在机能上却存在着一一对应关系。表象与知觉在机能上是等价的，表象是记忆表征，但信息来自知觉。心理旋转是表象理论的重要组成部分，心理旋转的实验研究有力地说明了表象是一种独立的心理过程。

（三）心理扫描

Kosslyn 等（1978）最早对心理扫描进行了实验研究。在一项实验中，他们要求被试构建一个视觉表象，并对这个表象进行加工，如同用内部“眼睛”对它进行扫描，以确定其中的客体或其空间特性（如大小、方位、位置等），并记录被试扫描所需要的时间。实验用图见图 7-5 和图 7-6。

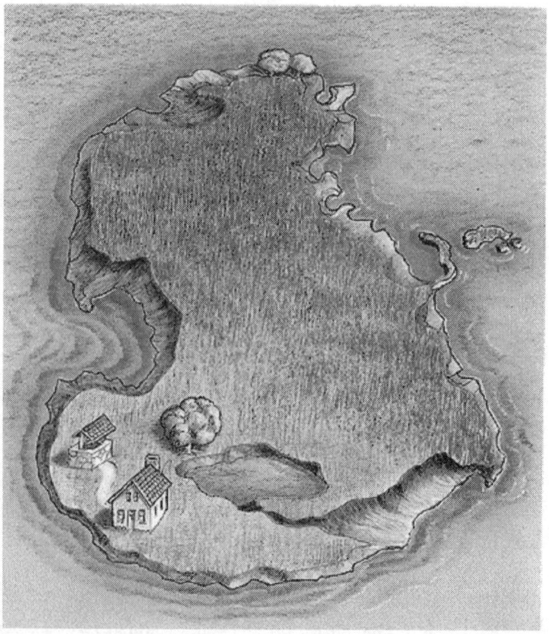

图 7-5　Kosslyn 等用于研究心理扫描的小岛地图

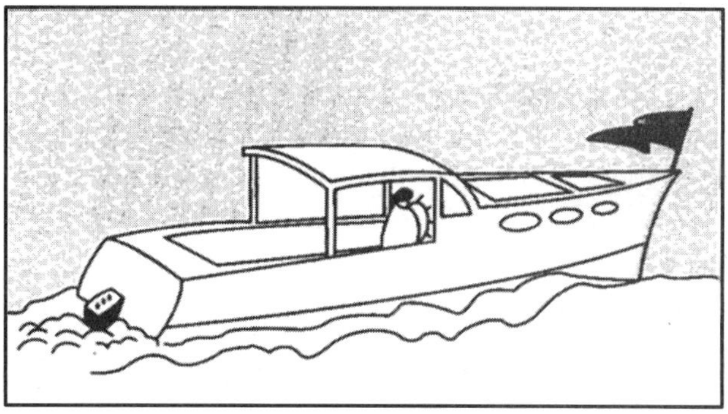

图 7-6 Kosslyn 等用于研究心理扫描的小船

在 Kosslyn 等的研究中，最为著名的表象操作现象分别是距离效应和大小效应。在距离效应实验中，实验者要求被试“注视”图中某一物体并形成表象点。然后，请被试判定主试所说的另一物体是否为图中物体，并记录被试的反应时；或者要求被试在心理注视点和目标点之间“画”一条最短线路，记录被试所用时间。实验结果表明，两点之间距离越长，反应时也越长，这种现象就是距离效应。

在另一些实验中，Kosslyn 等通过训练使被试形成四个颜色不同的正方形表象，它们的大小各相差 6 倍。实验时主试先说出一种颜色和一种动物，要求被试把该动物想象得与颜色框一样大。然后，让被试对动物身上是否具备某一特征进行真伪判断，并记录被试判断的反应时。实验结果表明，表象的物体越大，则被试对其特征进行真伪判定所需的反应时越短，即评定主观表象较小的客体要难于较大的客体。因此，表象过程存在大小效应。正如在客体知觉过程中，小客体总不如大客体容易看清楚。另外，表象还可以像望远镜一样，将物体的远近距离和大小联系起来。远处物体显得小，而近处物体显得更大些，如图 7-7 所示。

图 7-7 表象中的物体远近与大小之间的关系示例

以 Kosslyn 为代表人物的表象存在论者认为，表象与现实客体知觉相似，视觉表象中的客体也有大小、方位、位置等空间特性。Kosslyn 等的研究既证实了在心理活动中心理扫描的存在，又证实了表象与现实客体知觉的相似性。

三、表象的理论

（一）双重编码理论

双重编码理论（dual code theory）由 Paivio（1969）提出。Paivio 将心理表象看成“物体不在眼前时，其知觉特征的内化回忆”，并认为它对词语记忆具有重要意义。双重编码理论认为，大脑中存在两个功能独立却又相互联系的认知系统，它们分别是言语系统（verbal system，来自语言经验）和非言语系统（nonverbal system，心理表象系统）。言语系统处理语言信息，将语言信息以字符为基本单位编码并存储在文字记忆区；而非言语系统则处理非语言信息，这些信息以视觉形象编码为主，以表象作为基本单位，信息编码完成后被存储在图像记忆区，这些信息也在对应的语言记忆区留下文字对照版本。

两个系统能直接被特异刺激激活。物体或物体形象激活非言语系统，而词语激活言语系统，即非言语系统处理的是图形、知觉上的信息，言语系统处理语言所传达的信息。尽管两个系统在功能上相互独立，但它们之间紧密相连，互相传递信息，相互关联地工作。词语材料（如单词“苹果”）通过言语系统的作用，可激活表象系统，导致词语指称的物体进入心理表象。反过来，与心理表象有特殊关系的材料也可用词语来表达。Paivio 发现，如果给被试以很快速度呈现一系列图画或字词，那么，被试回忆出来的图画数目远多于字词的数目。这说明，表象信息加工具有一定优势，即大脑对于形象材料的记忆效果和记忆速度优于语义材料，如果学习材料同时通过言语和视觉（或空间）两个通道输入大脑，记忆会变得更加容易。

双重编码理论将加工过程分为三种。

（1）表征加工（representational processing）。表征加工是指语言刺激直接激活言语表征，非语言刺激直接激活非言语表征，即一个刺激会产生与其相适应的特殊代码，直接激活言语的或非言语的表征。例如，单词“铅笔”首先会激活言语系统中的代码；同样，一个铅笔的图像也会首先激活视觉系统。人们朗读（命名）书面词汇的速度要慢于重复词汇的语音，原因就在于朗读词汇比重复词汇语音多了一个从视觉向听觉的转换过程。

（2）参照加工（referential processing）。参照加工是指言语刺激激活非言语系统或非言语刺激激活言语系统。想象一个单词代表的物体和命名一个物体都是参照加工。参照加工是一种间接加工，它需要从一个符号系统转换到另一个符号系统，利用非言语系统激活言语系统或者相反，使两个加工系统之间产生相互作用。例如，当我们听见“狮子”这个词时，视觉系统会被激活，产生视觉心理表象，如同言语系统“看见”一个视觉图像一样。这种联系说明两个系统不是孤立的。

(3) 联想加工 (associative processing)。在同一系统内，不同项目的联想加工表征相互激活。这种加工通常发生在词汇联想或非语言情境触发相关联的非语言记忆（图像）中，如说出描述人快乐的词汇，或想象出苹果有哪些种类等。联想加工和参照加工之间的差异还很难量化，如两种任务下的反应时差异，但它们在理论上是两种不同类型的加工过程。

上述三种加工并不是相互独立的。有时一种任务也许只需要其中一种加工，而有时则需要几种加工过程共同参与。对刺激熟悉度的简单识别或判断仅需要表征加工；命名图片和想象文字名称的形象就需要参照加工；言语自由联想既需要言语表征加工，也需要言语联想加工；当要求被试对一张图片进行言语联想（如对一张女孩的图片说“男孩”）时，可能就同时需要进行表征、参照和联想三种加工。

总之，双重编码理论将大脑对不同类型信息的加工联系起来，一个系统“听见”一个单词或“看见”一个图像都会激活另一个系统中相应的一些信息，从而使信息变得更加容易保持和理解。双重编码理论可用来解释许多认知现象，如记忆、问题解决、概念学习和语言习得等。在许多智力理论中，空间能力都是非常重要的内容；另外，大量通过视觉获得的形象信息也涉及空间知识。因此，根据双重编码理论，同时采用视觉和言语方式呈现信息，可以增强信息识别与提取效果。

（二）表象计算理论

Kosslyn (1980) 提出的表象计算理论对构成表象的要素，以及表象产生的机制进行了详细阐述。该理论认为，表象包含表层表征 (surface representation) 和深层表征 (deep representation)。表层表征出现在短时记忆中，类似于图像表征，它保留了客体的位置、方位及大小等空间特征，如同屏幕显示一样。深层表征则存储在长时记忆中，用于生成表层结构。深层表征又分为本义表征 (literal representation) 和命题表征 (proposition representation)。本义表征说明某一客体是什么样子，命题表征用于解释客体。

Kosslyn 认为，深层表征是表层表征的基础，由深层表征可以生成表层表征，这主要涉及以下四个过程：(1) 图示过程 (picture process)，将深层表征转换为视觉短时记忆中的表层表征。(2) 发现过程 (find process)，在视觉短时记忆中搜索某个特定客体或其组成部分。(3) 放置过程 (put process)，实现各种必要操作，使客体或者其组成部分被放置在所在表象的正确位置上。(4) 表象过程 (image process)，对上述三个过程的活动进行协调。在视觉表象扫描中，扫描时间会受到与表象对应的刺激大小影响，即使扫描的几何距离相等，不同视角大小条件下的扫描时间仍存在显著差异。在 4 度到 10 度视角范围内的心理扫描时间显著短于该范围之外的扫描时间，6.5 度左右是视觉表象扫描的最佳视角。这种效应说明，在对表象进行操作过程中，记忆因素不可缺少。

四、表象与其他心理过程

（一）表象与内省

虽然对心理表象的探讨由来已久，但对它进行系统研究的时间还不到一个世纪。Francis Galton是最早的研究者之一。他让被试描述自己的表象，然后评价它们的生动性。从本质上来说，Galton让被试用内省方法报告心理表象内容，他所获得的自我报告表象结果与一般感觉一致，即被试报告表象更多像是在观察一幅图画。在表象中，情景的表征来自方位和距离，被试可以很快报告出表象的颜色和结构等细节。因此，心理表象似乎是“能被人脑的‘眼睛’观察到的图画”。

然而，Galton还发现，虽然有许多被试能够描述出非常清晰的图画，但还有一些被试报告出的表象非常简单，甚至根本没有表象。他们的自我报告很少提到表象的颜色、形状和观察角度，缺少视觉特性。为什么会产生这种个体差异呢？这种差异也许不仅仅是由表象本身的差异造成的，也可能是内省方法造成的。也许用更客观的方法才能够评估个体表象差异。

（二）表象与知觉的相互作用

视觉表象和视觉刺激有着密切联系。那么，表象和知觉是否也存在联系呢？Segal和Fusella（1970）让被试探察微弱模糊的视觉刺激或细微的声音，被试的任务是判断两个信号之间是否存在差异。被试在两种条件下完成上述任务，一是在探测目标之前就形成一个视觉表象，二是在探测目标之前就形成一个听觉表象。研究者假设，表象和知觉存在部分重合，即两种活动使用同一种心理结构和心理加工过程。因此，如果加工过程或结构被表象所占据，它们就不能被应用于知觉，反之亦然。如果被试同时进行表象和知觉这两种心理加工过程，就会发生相互的竞争。结果发现，被试形成视觉表象干扰了看的过程，形成听觉表象干扰了听的过程。Farah（1985）则进一步发现，表象和知觉利用了共同的机制，其中一个的活动可以启动（正启动或负启动）另一个的活动。视知觉和视表象具有相同的脑结构，它们主要产生于枕叶上的神经细胞和神经回路（引自Forrester et al.，2015）。因此，失去了知觉颜色或细节能力的脑损伤病人通常也失去了表象事物颜色或细节的能力。知觉两点的视敏度与表象两点的视敏度存在显著相关。

（三）表象不是图画

虽然表象与图画存在一定相似性，但两者之间存在着本质区别。图画看起来是什么取决于观察者的知识经验等心理状态，不同人从两可图中看到的内容截然不同。虽然人的心理表象也存在不确定性，但它是被重新组织和解释过的图画的再现。

Chambers 和 Reisberg（1985）给被试呈现一系列两可图，确保他们明白两可图的意义，并能够对这些图形进行重新解释。然后，在给他们呈现两可图一段时间后，把图形移开。被试的任务是对刚才呈现的图形形成心理表象，一旦表象形成，就要求他们对所形成的表象进行重新解释，就像对两可图进行重新解释一样。结果发现，被试很难将两可图的表象转换成另一种形状，如难以发现表象中的鸭子同时还是一只兔子（见图 7－8）。但是，如果表象失败之后立即给他们一张白纸，让他们画出表象的图形，并仔细看自己画出的图，那么，所有被试都能以合适的方式重新解释自己画的图。因此，用表象完全不能重新解释的两可图可以通过图画加以重新解释；表象不是图画，表象与知觉一样是被解释过的、有组织的描述，不能被重新解释。

图 7－8　两可图示例：鸭子还是兔子？

扩展阅读

表象的知觉活动（加工）理论

表象的知觉活动理论（perceptual activity theory of imagery）起源于 20 世纪 60 年代。70 年代以后，随着图画理论（picture theory）和描述（命题）理论（description theory）之间的矛盾日益尖锐，知觉活动理论逐渐被人们重视（Thomas，1999）。知觉活动理论不是将信息加工理论作为表象形成的基础，而是将表象形成看成一种主动知觉（active perception）过程。主动知觉系统是一种典型的机器人系统，它不仅仅停留在计算层次上。机器化的感知能力不是用来建立关于周围环境的复杂内部模型，而是为了获取当前控制其行为所需的任何信息。主动知觉过程几乎可以同时通过一系列快速微感知（microperceptions）和微反应（microreactions）来加工外界刺激的各种特征，进而完成对它们的识别与分类。但这并不会在头脑中产生相应的表象（图画或描述），而是一种知觉经验。因此，与机器人一样，知觉活动理论不是将知觉看成一个将信息输入大脑并最终转换成适当心理信息模式的过程，而是一个持续不断主动探寻环境的过程，见图 7－9。

在表象形成过程中，图式是一种计算好的数据结构，它的活动方式与知觉过程的活动方式大致相同。图式会通过特定路径向知觉工具发出一些“命令”（选择性激活），而知觉工具对图式活动的交互控制则会逐渐减弱甚至丧失。

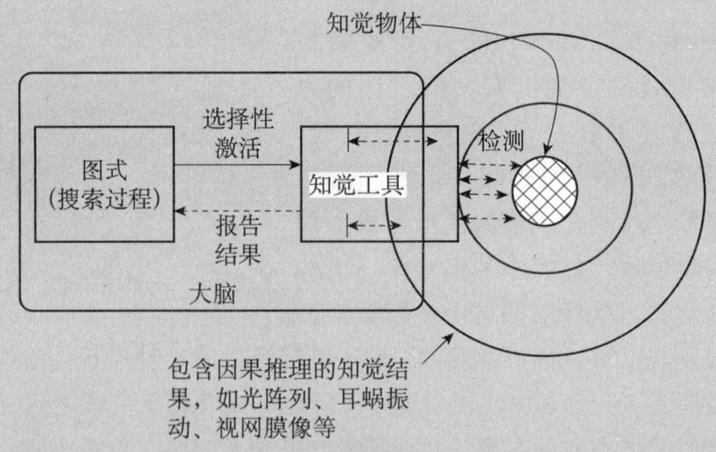

图 7-9　表象的知觉活动理论示意图

注：虚线箭头表示在感知过程中操作，但在形成表象过程中可能会被抑制或减弱。

第三节　视觉记忆

记忆系统中的视觉信息存储是记忆的另一个重要过程。视觉记忆包括两个截然不同的系统，即视觉短时记忆（short term visual memory，STVM）和视觉长时记忆（long term visual memory，LTVM）(Phillips & Christie，1977；Walker & Marshel，1982)。视觉短时记忆反映主动控制过程，即视觉化（visualization）过程。视觉化过程需要一般资源，但由于资源竞争，它与知觉之间相互干扰。视觉长时记忆反映通过记忆而获得的能够长期保持的图形知识。在一项实验中，Avons 和 Philips（1980）先呈现给被试一个新的视觉刺激，然后，分别测量在没有干扰刺激且间隔时间较短和有干扰刺激的情况下的视觉再认。当呈现时间从 60 毫秒到 200 毫秒变化时，STVM 成绩迅速提高；而 LTVM 成绩则在呈现时间从 60 毫秒到 2 600 毫秒时变化不大，刺激消失后的 400～2 700 毫秒之内，LTVM 成绩没有增加。因此，Avons 和 Phillips 认为，视觉记忆的两个成分是可以分离的。除了上述两种形式的记忆以外，早在 20 世纪 60 年代初，George Sperling 就提出了感觉记忆（也叫瞬时记忆）的概念，这种记忆的特点是：可将感觉信息存储几百毫秒，保持感觉信息原有的直接编码形式，具有鲜明的形象性，其容量大于 9 个项目（引自王甦，汪安圣，1992）。

一、视觉短时记忆

Baddeley（1992）把短时记忆（工作记忆）分成两个子系统，它们分别是语音回路（articulatory loop）和视觉空间模板（visuo-spatial sketchpad，VSSP）。Farmer 和 Berman（1986）对短时记忆中的两个子系统之间的关系进行了研究，他们发现，语音抑制（articulatory suppression）对当前的言语推理存在影响，而对空间推理无影响；同样，空间抑制（spatial suppression）只对空间推理产生影响。而 Morris（1989）却认为，语音抑制影响视觉短时记忆的作业成绩，语音与 VSSP 联合起来，共同完成作业任务。不论无关视觉刺激的复杂性如何，它对 VSSP 作业成绩的影响类似于无关言语刺激对序列言语回忆所造成的影响。在刺激呈现后的 20 秒内，这种效应都非常强烈（Toms et al.，1994）。不仅如此，甚至在理解所呈现的课文时，人们也使用了工作记忆中的 VSSP 成分（Kruley et al.，1994）。因此，短时记忆中的两个子系统之间相互作用，VSSP 对短时记忆成绩有重要影响。

研究表明，在短时记忆系统中，视觉系统可以存储形状复杂的表征信息（如字母等）、未经语法分析的模式（unparsed pattern）和未分类的表征信息，视觉信息间是相互覆盖的（Logie，1986；Frick，1988）。快速呈现的图形在呈现时可以被理解，但很快就会被遗忘（Intraub，1981）。视觉系统的概念性短时存储能力可以达到保持一个以上的图形；在呈现速度很快的情况下，大概为三个图形（Intraub，1984）。Cornoldi 等（1991）发现，盲人也可以进行 VSSP 作业，只是他们的存储容量比视觉正常者的平均容量小一点。但是，即使在正常人中，VSSP 容量也存在个体差异，有的甚至比盲人还要小。Frick（1985）对同时呈现和序列呈现两种条件下的视觉刺激加工进行了比较。结果发现，人们对同时呈现的视觉刺激进行加工时，使用视觉短时记忆；而对序列呈现的视觉刺激进行加工时，不使用视觉短时记忆。图形短时记忆不仅取决于刺激呈现时间，还与刺激消失后的加工时间（复述间隔）有关（Weaver & Stanny，1978）。

二、复述

复述是信息从短时记忆向长时记忆转移的重要途径。然而，对于图形记忆中是否同样存在复述机制曾经有过争论。Shaffer 和 Shiffrin（1972）认为，图形不能被复述，除非一直看着它。后来，Graefe 和 Watkins（1980）在实验中先给被试成对呈现图形（分别为人类面孔、场景、随机形状和简单的素描等），两对图形之间有“复述间隔”，在每一复述间隔开始时，告诉被试复述前一对中的一个图形，但在再认测验中两个图形都要被再认。结果表明，有再认线索图形的再认成绩比没有再认线索图形的再认成绩好。复述间隔对无再认线索的图形没有促进作用。因此，Graefe 和 Watkins 认为，图形同样可以被复述。当两个图形之间的间隔时间延长时，记忆成绩也随之提高（Intraub，1979；Weaver，1974）。Proctor（1983）进一步发现，图形记忆中是否存在复述的关键因素是刺激呈现后的间隔时间长度是否随机。当刺激的出现和消失不确定时，有意复述将消失。因此，Proctor 认为，Shaffer 和 Shiffrin 所用的复述间隔长度是随机的，所以，他们的结论不具有普遍性。图形同样可以被复述，图形信息也可以经过复述从短时记忆进入长时记忆。

复述可以提高再认准确性、降低反应时。在图形消失之后，加工形式有三种：（1）如果图形来自不同范畴，就要对这些图形进行标识（label）；（2）通过表象对图形进行再现；（3）对图形进行言语描述。在没有要求的情况下，被试可能使用视觉表象和言语编码进行复述（Read，1979）。复述可以提取图式，它的促进作用决定于视觉所表象图形的特性，而图形表象所需时间约为 1 500 毫秒（Madigan & Rouse，1974）。Hitch 等（1995）提出了一个视觉刺激由短时记忆进入长时记忆的加工模型（见图 7－10），认为图形信息进入长时记忆的途径是言语加工和表象生成，但并没有说明哪一种方式更为有效。

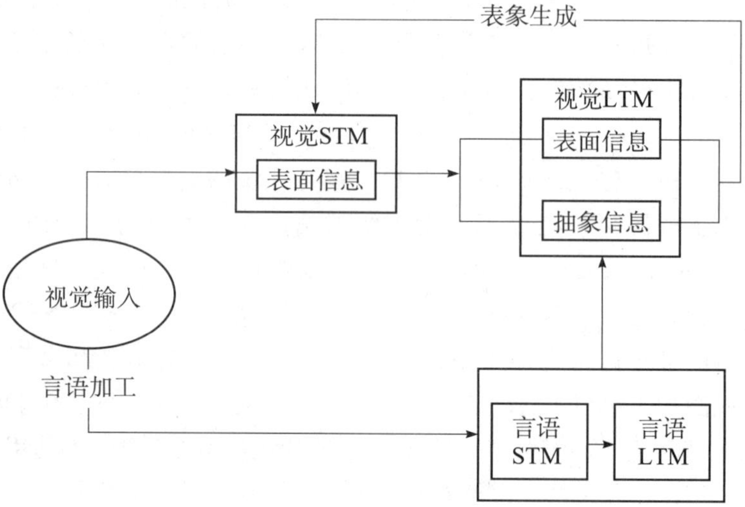

图 7－10　图形信息进入长时记忆系统的途径示意图

注：STM，短时记忆；LTM，长时记忆。

视觉化过程可以没有记忆因素参与（Avons & Phillips，1980）；但是，在没有视觉化过程的情况下，仍然存在着很强的视觉记忆（Kroll & Ramskov，1984）。Walker 和 Marshall（1982）用视觉启动方法证明了视觉记忆效应的存在。这一效应表明，视觉系统不需要主动视觉化过程来阻止痕迹消退或被后来的刺激所覆盖。图形的概念性编码是对知觉过程中输出结果进行操作，它可以脱离原来的图形或其图符（icon）。一个图形被识别后，如果要把图形信息转移到更永久的记忆中，必须进行概念性编码。

三、视觉长时记忆

通常情况下，我们所讨论的表象主要是短时记忆中的表象。那么，长时记忆中的视觉信息以何种方式被加工呢？例如，当形成大象的一个表象时，就需要利用已有的有关大象的知识。那么，这种知识是什么？它是如何在长时记忆中表征的？同样，如果你觉得一幅图画很熟悉，可能因为你发觉这幅图画与你以前看到过的图画相似。那么，这种记忆的本质又是什么呢？

（一）信息编码与表征

长时记忆中的表象信息是如何存在的呢？Kosslyn（1980，1983）认为，心理表象在记忆中以一种零散的形式存储。因此，为了形成表象，首先要激活"表象框架"的代码，以描述图形整体形状；然后，为框架增加具体细节。表象包含许多不同部分，形成表象需要花很多时间，这就如同拼积木一样，一块块逐步拼凑而成；表象者能够控制表象形成的进度和完善程度。在建立表象过程中，表象者要从长时记忆中提取相关信息的表象文件，每一个文件都包含构建心理表象所需要的信息，它们是关于构建心理表象框架和如何添加具体细节的信息。那么，在表象文件中信息是如何表征的呢？一种可能是表象文件包含一些类似指导语的内容，就像实验者指导被试通过合适的方法构建表象一样。但是，指导语本身不是图形化的信息，而是句子。

虽然对长时记忆中信息的表征和编码形式有一定争论，但基本上可以认为，长时记忆中的信息分别是以情景（或表象）方式和语义方式被存储的（王甦，汪安圣，1992）。一般说来，长时记忆中的视觉信息以一种简单方式表征，即言语标签。例如，在记忆颜色时，如果用一个名称作为标签，对它的记忆就变得很容易。在Carmichael等（1932）的经典实验中，主试给被试呈现图7－11中的A。一半被试被告知这是一副眼镜，另一半被试则被告知这是一个哑铃。然后，让被试尽可能仔细地重新回想他们刚才看到的图，并把它画出来。结果表明，被告知为眼镜的被试画出来的图更像眼镜（B），而被告知为哑铃的被试则画出一个哑铃（C）。由此可见，被试记住的是言语标签而不是图画本身。被试在提取过程（画出所看到的图）中，重新构造了基于记忆标签的图画。因此，在有些情况下存储在记忆中的视觉信息不是通过表象编码的，而是基于对看到物体的描述。这种策略表现为，当有一个合适标签时，记忆就会改变；但策略也会带来反作用，人们可能以一种歪曲的理解进行复述，或者可能仅仅以他们所选择的东西来描述。

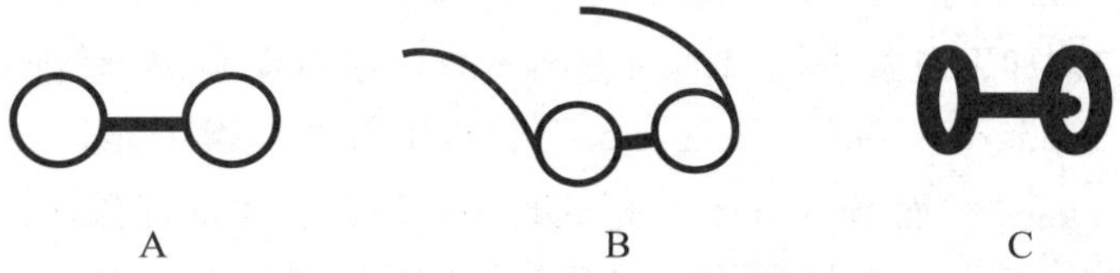

图7－11　Carmichael等的实验材料（A）及被试所画的图（B和C）

Deffenbacher等（1981）认为，记忆中的词、图形和人类面孔这三类信息以三种不同的形式存在。第一类包括共同物体及其名称，它们较少受干扰（至少在短时记忆阶段如此），但容易长时遗忘。第二类包含复杂图画，这类信息既容易长时遗忘，也容易受干扰。第三类是面部图形，它们虽然容易受到干扰，但不易长时遗忘。Burton 和 Bruce（1992）认为，当看到一张熟悉的面孔时，并不一定能够回忆起他（或她）的名字，这可能说明名字和其他语义信息是分开存储的；如果缺乏其他信息，名字就不能被提取。但在多数情况下，如果有名字信息，便可以较容易地回忆出面孔模式。Phillips 和 Christie（1977）在研究视觉记忆的成分时发现，在非言语模式记忆中，同样有近因效应，视觉短时记忆可以保持一个模式信息（pattern），但不能激活长时记忆。除近因效应以外，图形记忆中还有序列位置效应、记忆集大小效应等。但这些效应与言语加工过程中的相应效应有质的差别（Hanna & Loftus，1993）。因此，在长时记忆中，确实存在视觉编码，图形特征可以按一定方式被直接存储。

（二）记忆系统中图形信息的提取

在长时记忆中，图形的特征（如颜色、形状等）可以单独获取（Hanna & Remington，1996），被提取的记忆内容特征（如感知特点、编码过程中的认知操作等）都可以引起有意识回忆。如果在提取中可以获得感知和语义信息，就可以产生回忆，并且记忆者也能够意识到过去经验。当不能获得这些信息，只能获得其他信息（如语言信息）时，则仅能提取对过去事物“是否熟悉”的信息，而不是信息的具体特征。再认记忆的有意识回忆取决于再认过程中所激起的记忆特征。当这些特征包括感知的、语义的以及学习过程中的认知操作等信息时，则此类再认记忆属于回忆。这表明回忆、资源控制以及记忆加工过程中的意识参与等因素之间存在重要联系。在搜索过程中，并非所有的特征都被使用，被试能够灵活地改变搜索的特征。对单个特征有选择地搜索是视觉搜索策略之一（Kaptein et al.，1995）。Glaser 夫妇（1989）让被试采用命名、大声朗读和分类等任务对词-词、图-图进行匹配。结果表明，词分类慢于图形分类。他们认为：（1）语义记忆系统和词典（lexicon）系统是独立的；（2）词可以优先通达词典，图形则先达到语义网络。在图形和词的加工中存在着图形优先效应，这种优先效应并不是由于对图形进行了双重编码，而是由于先对图形进行了语义编码而造成的（Stenberg et al.，1995）。而 Snodgrass 和 McCullough（1986）则认为，视觉的相似性线索是图形优先效应产生的原因。信息提取与其在记忆系统中的存储形式有关。Stenberg 等与 Snodgrass 和 McCullough 在图形、词加工过程中得出的结论不一致，这可能是由于他们所研究的是不同记忆阶段。Snodgrass 和 McCullough 所谓的相似性线索可能指的是短时记忆或知觉阶段的加工特性，而 Stenberg 等指的则是长时记忆中的现象。

除信息本身特性外，记忆者的内在因素也会对记忆提取产生影响。例如，观察者在回忆一幅图形内容时往往会出现偏差，回忆出的图画信息要比图画的实际信息多。这种现象叫作边界扩展（boundary extension）效应。预先给予提示可以减少这种效应，但这种效应不可能被消除（Intraub & Bodamer，1993）。另外，期望对图形加工有明显作用，图形的期望大小与实际大小相差越大，反应时越长（Cave & Kosslyn，1989）。所以，在图形记忆中，同样有主观经验和推理等因素的参与。

扩展阅读

表象能够帮助记忆

长时记忆中的视觉信息与表象有关，因此，无论表象如何存储都会影响长时记忆，进一步而言，表象可以改变长时记忆，可以激发表象的材料比不能激发表象的材料更容易记忆。Paivio及其同事（Paivio et al.，1968；Paivio & Smythe，1971）在实验中首先让被试对一系列名词是否容易激发表象进行等级评定（1～7级），然后要求被试记忆上述已评过等级的名词。结果表明，学习表象等级高的词［如“church”（6.63）、“elephant”（6.83）］比学习表象等级低的词［如“context”（2.13）、“virtue”（3.33）］更容易。由此可见，表象提供了一种组织材料的方式，通过表象可以改善记忆。

为什么表象能够改善记忆？一种可能的解释就是，表象材料通常是高表象词，在记忆中被“双重编码”。当从记忆中提取信息时，有些信息既有言语代码又有表象代码，这就提供了找到信息的双重机会，因而简化了记忆搜索过程。表象记忆法的原理也是如此，这种记忆法鼓励人们形成两种不同形式的代码，以帮助回忆。Paivio（1971）指出，记忆中的有些信息（如语义关系）很容易通过符号存储和提取，而其他形式信息（如大小、形状等）则更容易通过表象存储和提取。

也有许多心理学家反对双重编码理论。他们认为，容量巨大的长时记忆系统能够容纳各种各样的内容；在该记忆系统中，每项内容都有自己的独有特征和功能形式，表象和言语记忆完全交织混杂在一起。Friedman（1979）在实验中给被试呈现一些场景图片，如厨房或院子的空地等。图片还包括一些与环境不匹配的物体。例如，在厨房图片中有炉子和烤面包机，但也包含一些不常见的东西，如壁炉等。然后，让被试做再认测验。在再认测验中，被试要区分原来看过的图片和被改动过的图片。在有些测试图片中，场景中与环境匹配的物体做了修改。例如，被试可能看到测试图片上一个不同种类的炉子出现在原来炉子的位置上。结果显示，被试很少注意到这种变化，他们仍倾向于把这些图片看成原来看到过的图片。原来的图片和修改过的图片都与厨房图式一致，两者都是基于图式的记忆。而与此同时，被试总是能够注意到场景中不常见物体的变化。例如，如果让被试先看有壁炉的厨房而测试图片没有壁炉，被试很容易觉察到这种变化。这也是基于图式的过程。壁炉不符合厨房这个图式，所以，在记忆中会被特别关注。Friedman还在实验中记录了被试看第一步所呈现图片时的眼动轨迹。结果表明，被试注意不常见物体的时间是注视常见物体时间的两倍，即场景中不常见物体更吸引被试注意。因此，图形记忆与其他记忆有所不同，这也许是不同记忆形式错综交织造成的结果。

基本概念

视觉表象	表征	计算模型	空间模型
心理旋转	心理扫描	双重编码理论	视觉短时记忆

本章要点

1. 表征或表征系统是人们知觉和认识世界的一套规则。表征可以用来描述某一客观事物，也可以用来描述事物的过程。同一种知识，在大脑中既可以用表象编码，也可以用抽象符号编码。大多数情况下，人们兼用两种编码方式，即所谓知识表征的双重编码。通过对知识表征中基于模型推理的认知和计算的研究，可探讨大脑工作原理。心理模型通过知觉输入或自然语言描述而建构，它是从一种表征形式向另一种表征形式的转换。

2. 在计算模型中，知识表征是对表象的重构，它能促进视觉和空间信息的提取。它所提取的信息以内隐形式存储在长时记忆中，提取这些信息产生的表象相当于真实物理情景的表征或类似于视觉形式操纵的抽象概念。在计算模型中，知识表征可分为描述性表征和描绘性表征两种。空间模型是一种基于模型推理的知识图式，它通过符号排列来描绘世界的实体和关系。

3. 视觉表象和听觉表象都属于记忆表象。表象具有直观性和概括性两个重要特征。表象的直观性说明它与感知相似；而从它的概括性来看，它又类似于思维。从表象产生的感觉通道来看，它可分为视觉、听觉、嗅觉、味觉、触觉以及运动等表象。表象是对场景的一种表征，这种场景包括所有距离关系。实际场景中相近的点在表象中也互相接近；同样，分离的点在表象中也互相分离。因此，表象维持着真实场景中的空间层次，维持着所表征信息的大小、形状及多种空间关系。表象是对场景的描绘而不是描述，它直接代表了场景的几何学特性。表象的研究方法包括自我报告、时间测量等。心理旋转和心理扫描是研究表象的重要手段和成果。它们都说明表象是可以进行心理操作的。视觉表象中的客体存在大小、方位、位置等空间特性。

4. Paivio的双重编码理论认为，大脑中存在两个功能独立却又相互联系的认知系统，它们分别是言语系统（来自言语经验）和非言语系统（心理表象系统）。两个系统能直接地被特异的刺激激活。双重编码理论将加工过程区分为表征加工、参照加工和联想加工三个层次。而Kosslyn的表象计算理论认为，表象包含表层表征和深层表征两个主要因素。表层表征出现在短时记忆中，深层表征则存储在长时记忆中。深层表征是表层表征的基础，由深层表征可以生成表层表征。

5. 表象与其他心理过程存在密切关系。Galton让被试用内省方法报告心理表象，其内容与一般感觉一致，即被试报告表象更像是在观察一幅图画。Farah 进一步发现，表象和知觉利用了共同的机制，其中一个的活动可以启动（正启动或负启动）另一个的活动。视知觉和视表象具有相同的脑结构，它们主要产生于枕叶上的神经细胞和神经回路。

6. 记忆系统中的视觉信息存储是记忆的另一个重要过程。视觉记忆包括两个截然不同的系统，即视觉短时记忆和视觉长时记忆。视觉短时记忆反映主动控制过程，即视觉化过程。视觉化过程需要一般资源，但由于资源竞争，它与知觉之间相互干扰；视觉长时记忆反映通过记忆而获得的能够长期保持的图形知识。

思考题

1. 知识是如何被表征的？
2. 计算模型和空间模型是如何运作的？
3. 表象具有哪些特性和类别？
4. 研究表象的方法有哪些？
5. 心理旋转和心理扫描的实验证据有哪些？
6. 表象的心理机制是什么？
7. 表象与其他心理过程有何联系？
8. 表象与记忆之间有何联系？

第八章

语言和言语

开卷有益

1. 人可以使用语言互相交流，动物之间也可以通过某种方式进行交流。例如，蜜蜂利用“舞蹈”来告诉同伴可以到哪里去采蜜，有的动物通过发出某种叫声来告诉同伴危险正在来临。那么，蜜蜂的舞蹈或其他动物的叫声和人类的语言有什么不同吗？

2. 日常交流中，我们的语速有时是很快的，某些发音可能是不清晰的，说出的句子也常常是不完整的，但是，我们一般都能很好地理解他人所表达的意思，这种现象说明了什么？

3. 听别人讲故事时，我们不仅要理解听到的每句话的含义，还会脑补大量细节，这对于我们理解故事有什么作用？

4. 人在说话时可能会出现各种口误，你认为口误可以反映出什么？

学习目标

1. 理解语言的性质和结构，初步认识语言加工和大脑的关系。

2. 掌握口头和书面言语知觉的特点和规律，了解各种单词识别理论关于单词识别机制的基本观点。

3. 掌握关于句子理解机制的不同观点；了解影响语篇理解的主要因素。

4. 理解言语产生的心理过程。

学习重点

1. 语言的定义和性质。

2. 言语知觉和理解的规律。

3. 单词识别和句子理解理论的基本观点和局限性。

人类的优势之一就在于拥有语言能力，在人类文明和个体智慧的发展中，语言都发挥了非常重要的作用。很多人会把自己的语言能力视作理所当然的本能，因为我们每天都在使用语言和理解语言，并没有觉得这有什么特别之处。但是，人工智能专家告诉我们，语言活动的复杂性远远超出我们的想象，因此，要建立一个可以像 4 岁小孩那样不费力地理解语言（无论是书面的还是口头的）的电脑系统是非常困难的。

语言对人类认知来说是至关重要的，我们所取得的信息大部分来自口头或书面言语，而且我们还用语言来提问、阐明问题、说明结论等。难以想象，如果没有语言，生活会是什么样子。在本章中，我们将首先着眼于语言的性质、特征和结构，然后探讨口头和书面言语的知觉和理解问题，最后讨论言语是如何产生的。

第一节　语言的性质和结构

一、语言是什么

对于什么是语言，我们都有一些直觉的观念，但要精确地表述它却并不是一件容易的事情。我们可以简单地说，语言是一种有结构的符号系统。其中，符号是指代表其他事物的事物。不管是在口头上还是在书面上，词都是一种基本的语言符号，是语言的基本结构材料。由词组成句子，由句子而成段落、篇章，每个层次上的组合都须遵循一定的规则。但是，只了解这样一个简单的定义显然还不够，因为根据这个定义我们不容易回答下面这样的问题：猴子的交际系统是语言吗？蜜蜂的“舞蹈”能告诉同伴可以到哪里去采蜜，它是语言吗？聋哑人的手势是语言吗？要回答这些问题，进一步界定语言的特征是必要的。

（一）语言的交流性

语言的主要功能是交流。使用语言，一个人可以表达自己的思想和感情，而其他人也能通过语言来理解我们的所思和所感。不过，虽然语言具有交流性，但并非所有的交流都是通过语言进行的。交流也可以通过非语言的形式，如姿势（用手势指示方位、鞠躬以示尊敬等）、目光（如蔑视的目光或引诱的目光）、触摸（如握手、碰撞和拥抱）等来进行。再比如，鸟类可以用歌声和叫声来宣告领土的边界和吸引配偶，蜜蜂可以使用精巧的舞蹈来告诉同伴发现了新的食物来源。鸟类和蜜蜂的这种行为显然是交流，但鸟类的叫声和蜜蜂的舞蹈却并不是语言，因为它们的行为并不具备语言的其他几个特性，如生成性、任意性等。

（二）语言符号的任意性

语言是一种符号系统，但是，语言符号和它所代表的事物之间却不一定具有某种必然的、逻辑的联系。也就是说，语言符号和它所代表的意义之间的关系是任意的，是约定俗成的。人类最初武断地用一定的语言符号指示了一定的事物，语言以此为基础而产生。例如，人类最初给脚上穿的东西命名时，不见得非得叫它“鞋子”，如果愿意也可以叫它“奶牛”。虽然有些拟声词，比如汉语中的“布谷”“叮咚”“嘎嘎”，表明了事物的某些特征，但是在大多数情况下，代表一种事物的语言符号与这种事物没有必然的相似性。这样，我们才可能使用语言符号来指示当前不在眼前的（如九寨沟）、从未有过的（如龙）或无法触摸的（如真理、正义）思想、观念、过程、关系等。不过，蜜蜂的舞蹈却不具有这种任意性，因为它们舞蹈中的身体动作表示蜜源的特征。例如，食物来源的方向直接由蜜蜂舞蹈的方向来表示，而距离则是由舞蹈中蜜蜂摆动的速度来表示。

（三）语言的结构性

语言符号具有多个层次，最底层是一套音位，它是一种语言中能够区分意义的最小的语音单位。在音位之上还有语素、词和句子。在每个层次上，都存在着一定的组合规则。因此我们说，语言是由音位、语素、词、句子等按一定规则组成的系统。随意组织的音位、语素或词等通常是没有意义的。音位或语素以可接受的方式组成词，词按一定规则组成句子，句子以可接受的方式组成段落、语篇。只有符合一定规则的符号系统，才是人们在交际时可以接受的语言。当然，不同的语言可能遵循不同的规则。例如，汉语中的“我吃饭”符合汉语语法，能表达一个确定的意义，但在日语中要表达同样的意义，就得把词序改成“我饭吃”。

（四）语言的生成性

语言的生成性是指人类具有无限地、创造性地产生语言的能力。虽然我们对一种语言的使用是受限制的——我们必须使用特定的符号系统和遵循特定的规则，但是，使用一种语言中有限的语音，我们可以创造出无限多的有意义的词，使用词和组织词的规则，我们又可以创造出无限多个独特而有意义的句子和短语，这些语句也许是我们以前从未说过或听过的。事实上，我们中没有人能事先听过所有我们能产生的句子。此外，在表达特定观点时，尽管不同的语言可能在容易度、清晰度和简洁度上有很大的不同，但是每种语言似乎都具备表达任何观点的潜力。然而，蜜蜂的舞蹈却不具有这种生成性，因为它仅仅是传递了食物源的信息——舞蹈不能够告诉其他蜜蜂在采蜜的途中可以看到一个有意思的景象，蜜蜂也不能借助于舞蹈来和同伴就食物源开个玩笑。

（五）语言的动态性

语言的生成性会带来语言的动态性和演变性，单个的语言使用者会创造出新的词和短语并更改语言的用法，而更大群体的语言使用者要么接受、要么拒绝这些改动。因此，语言总是在不断地演变着，它不断地培育新词与新的表达方式，而同时淘汰无用的词和表达方式。现代英语从中世纪英语演变而来，而中世纪英语从古英语演变而来。语言所产生的是对日常生活有用的词，流行文化趋势、大众传播、广告、医药、技术和科学是新的词和短语的重要来源。一种语言在与其他语言的接触中也经历着变化，总体上说，当文化之间相互作用时，在一种语言中有用的词会被借用到另一种语言中，例如美国英语中就充斥着大量的借用词。另外，像生物物种一样，有些语言也面临着灭绝的危险，而有些语言已经消失。

尽管各种语言间有很多不同，但它们也有一些共同的属性。并且，无论哪一种语言，它最主要的功能都是促进我们建构对环境的心理表征的能力，这一心理表征能使我们理解环境并能就此进行交流（斯滕伯格，2006）。

二、语言的结构

如同化学家分析构成化合物的分子成分那样，语言学家也把语言分解为更小的成分。为了更好地理解大量的语言现象和讨论语言问题，下面对语言的结构进行分析。

（一）音位

语音是语言的物质载体。在一次发音中从音质角度切分出来的最小的语音单位叫作单音或音素（phone）。如 yinsu（音素）就可切分出 y-i-n-s-u 这样 5 个音素，但注意不要把音素和字母等同起来，例如英语 foot（脚）中包含 f-u-t 共 3 个音素，汉语拼音 zui（最）中包含 z-u-e-i 共 4 个音素。

不同的语言有不同的声音。在一种语言中，能够区别意义的最小的语音单位叫作音位（phoneme）。一个音位表示语言中被知觉为相同的一类声音。比如英语中的音位/p/，它是由一组发音特点相近但又不完全相同的声音组成的。要体会这一点，你可以把手放到离你的嘴唇 2～3 厘米远的地方，然后大声说出“put the paper cup to your lip”。你会觉得当你念出“put”和“paper”中的/p/音时，有一股很小的气流喷出，而当你念“cup”和“lip”中的/p/音时，没有气流喷出。但是，在英语中这两种/p/音之间没有意义区分，因此，它们属于同一音位。再比如，英语单词 home 包括三个音位：/h/、/o/和/m/。这三个音位中的任何一个发生改变，都会使词义发生变化。例如，用/p/替换/m/，单词就变成了 hope。在汉语普通话中，/a/、/ɑ/、/æ/出现在相同的语音环境中时并不引起意义的变化，因此，它们虽是不同的音素，但属于同一音位。

英语有大约 40 个音位，主要由辅音和元音组成。一些语言有更多的音位（比如，有些非洲土语的音位可以达到 60 个），也有一些语言有较少的音位（比如，夏威夷语有大约 13 个音位）。不同的音位是根据音位规则进行结合的，也就是说，一种语言的音位规则规定了这种语言中音位的组合方式。例如，英语中/t/不能跟在/b/后出现，在英语中没有以 bt 开头的单词。而且，并非所有的可接受的音位组合都有意义。wuf在英语中是可接受的音位组合，但却没有意义。因此，语音系统中包含了在这种语言中有意义的一组音位和一组规则，这些规则具体指明了音位应该如何顺次结合。

（二）语素

语言等级的下一个成分是语素（morpheme），也称词素。它是语言中最小的语义构成单位，是词的组成要素。例如，“人民”有两个语素，即“人”和“民”；英语单词unbaked有三个语素，即前缀un，词根bake，和后缀ed。有一种语素或者只能独立成词，或者既可以独立成词又可以同别的语素组合成词，这种语素被称为自由语素。例如，“书”就是自由语素，既可以独立成词，也可以同别的语素组成“书籍”等词。另外，还有的语素不能够独立成词，只能和其他语素组合成词，这种语素叫作黏着语素。例如，“企业”中的“企”、“技术”中的“技”、“学者”中的“者”等就属于黏着语素。在英语中，bio（生物，生命）和er（从事某工作的人）等也是黏着语素。语素按一定构词规则结合成词。音位和语素都是词的建筑材料。

（三）词

在日常口语和书面语的交际过程中，人们可以自由使用的单位都是词（word）。如前所述，词是由语素构成的。在词中体现词的基本意义的语素叫作词根。加在词根上面表示附加意义的语素叫作词缀。由一个语素构成的词叫单纯词，由两个或两个以上语素构成的词叫合成词。另外，我们还可以根据词的句法功能把词分成不同的词类，如在汉语中词包括名词、动词、形容词、副词、数词、量词、代词、连词、介词、助词、叹词等词类。上述词类又可以概括为两大类：实词和虚词。实词具有比较实在的意义，在现代汉语中实词包括名词、动词、形容词、副词、数词、量词和代词。而连词、介词、助词、叹词等是虚词，它们不具有实在的词汇意义，但具有语法意义，能够表示实词之间的关系或者句子的语气。

许多心理学家相信，学习语言的人会在头脑中形成一个“心理词典”（lexicon），他们在心理词典中存储单词的有关信息。也就是说，一个人的心理词典包含了他所知道的关于某个单词的所有信息，如它的发音、意义、书写形式和它的句法作用等。因此，单词识别就像是在一本词典中查一个词，当我们知道了那个词是什么的时候，我们就通达（或说提取）了它的所有信息，如它的意义、怎样拼写等。那么，当我们看到或听到一个词的时候，我们是怎样通达它在词典内的信息的呢？我们怎么知道一个词是否存储在那里？理解口头的和书面的单词有什么不同吗？语言心理学家对心理词典的组织和词汇通达的过程进行了大量研究。

（四）句子

句子（sentence）是由词按照一定的句法规则组成的、可以表达比较完整的语义的语言结构单位。句法规则类似于音位规则，它规定了语言中不同单词或短语组合成为“合法”句子的方式。句法关注的是句子的结构，主要涉及的是如何根据各种语言的语法手段（如词序、词的构形、语调等）把词组织起来形成句子。

分析句子结构和意义的一种有用的工具是树状图，它能帮助我们分清一个句子的等级结构和组成成分，图 8－1 就是一个树状图的例子。从图中可以看到，句子“The young girl cried sadly”（这个小女孩伤心地哭了）由名词短语“The young girl”和动词短语“cried sadly”构成。其中，名词短语由冠词“The”＋形容词“young”＋名词“girl”组成，动词短语由动词“cried”＋副词“sadly”组成。

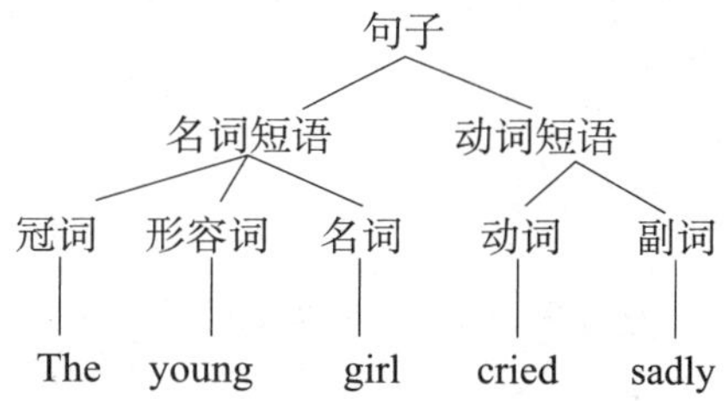

图 8－1　一个简单句子的树状图

三、语言和脑

人类的语言活动与人脑有着密切的关系。人类大脑分成左右两个半球，大约96％的人主要利用左半球进行语言加工。但是，大脑左右半球哪些不同可以解释语言加工的左侧优势仍然是一个谜（安德森，2012）。

早在 1861 年，法国医生 Paul Broca 就通过对因中风而引起失语症的患者的研究发现了左半球加工语言的一个特定脑区。该脑区位于左半球额叶的后下方，与控制嘴部运动的脑区相邻，后被命名为 Broca 区。Broca 区损伤严重者几乎不能产生任何言语，而损伤较轻者尚能产生有意义但是不合语法的言语。接着在 1874 年，德国医生 Carl Wernicke 又在两个中风患者身上发现，左半球颞上回后部区域损伤会导致严重的言语理解能力受损，该脑区后来被命名为 Wernicke 区。Wernicke 区损伤的患者除了有理解方面的问题，有时还会产生符合语法但是没有意义的言语。

除了额叶的 Broca 区和颞叶的 Wernicke 区之外，顶叶靠近 Wernicke 区的角回和缘上回在语言加工中也很重要。另外，皮层下的杏仁核、扣带回、左海马体等的损伤也会导致某些语言加工方面的问题。例如，杏仁核损伤的患者在加工危险的和威胁性的言语时可能有困难。在 Adolphs 等（1999）的一项研究中，杏仁核受损的患者 S. M. 在识别消极句子的情绪唤醒水平上有严重障碍，她把表达生气和恐惧的句子评定为“放松的”。

近年来，随着研究的逐渐深入和脑成像技术的广泛应用，研究者开始从探讨单词和句子加工所激活的脑区逐渐转向考虑更为复杂的语段加工，并发现复杂的语段加工实际上涉及更大范围的脑区和更多的认知加工过程（Mason & Just，2006）。

拓展阅读

使用损伤—症状映射方法揭示大脑中的核心语言系统

考察脑损伤位置与言语缺陷之间的关系，有助于揭示支持语言功能的关键大脑系统。Broca区和Wernicke区就是基于损伤的方法（lesion method）被发现的。而损伤—症状映射（lesion-symptom mapping）是传统损伤方法的现代版本（Bates et al.，2003；Mirman & Thye，2018）。对于有不同程度言语缺陷的一组患者，研究人员首先使用非侵入性神经成像方法为每一位患者定位其脑损伤，然后针对脑的每一小块区域，检验有损伤的人是否比没有损伤的人（因为他们的脑损伤出现在不同的位置）有更严重的缺陷。

近年来，一些研究者使用损伤—症状映射和数据驱动分析方法考察了中风所导致的失语症（如Fridriksson et al.，2018；Halai et al.，2017；Mirman et al.，2015）。这些研究识别出了支持语言加工的四个认知系统（语音、语义、流畅性和执行功能）及其神经基础。其中，语音系统被区分为语音识别亚系统和语音产生亚系统。如图8-2所示，语音识别缺陷与从后部扩展到前部上颞叶的腹侧通路的损伤有关，而语音产生缺陷则与主要包括顶下叶和额叶区域的背侧通路的损伤有关。语义缺陷与前部颞叶损伤有关，包括颞极、颞中回和颞上回的中前部分；另外，中风后语义缺陷也与白质通路（特别是下部额-枕神经束和钩束）的损伤有关。流畅性是指迅速、平稳地产生连贯言语的能力，它的缺陷与脑岛、额区下部和中央前区的损伤有关。

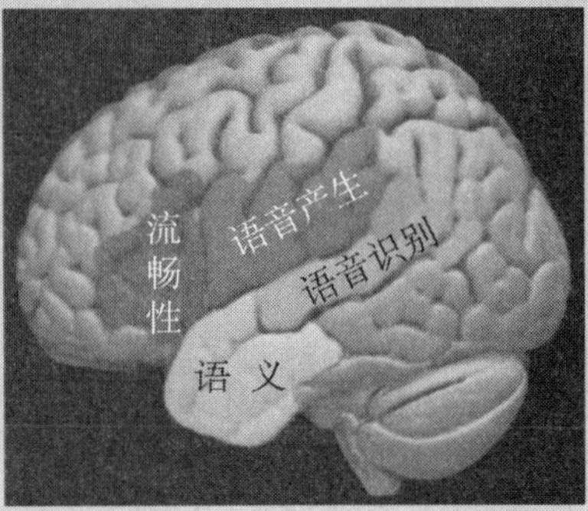

图8-2 语言加工的关键脑区

资料来源：Mirman & Thye，2018。

第二节 言语的知觉

个体运用某种语言与其他人交流思想的行为及其结果（即个体说或者写的行为以及所说或所写的话）通常被称为言语。言语是个人的活动，是一种心理现象。人类的言语活动主要包括口头言语和书面言语两大类。从起源上说，口头言语的出现要比书面言语早得多，在我们的日常人际交往中也发挥着更为重要的作用。但是，不管是聆听一个人的谈话，还是阅读一篇文章，其中许多理解过程是很相似的。不过，口语知觉和阅读之间存在的差别也是显而易见的。比如，在阅读时单词能作为一个整体被读者看见，而听别人说话时单词的不同语音成分是在不同时间点上被听到的；比起书面言语，口语所提供的信号通常更模糊和不清楚；由于说过的话一般不会被重复，所以听他人讲话对记忆的要求要比阅读书面文字更高一些。本节中我们先来讨论口语知觉的相关问题，然后再谈谈书面言语的知觉。

一、语图分析

我们可以把声波看成一股能被人耳感知的能量，利用语图仪（speech spectrograph），就可以形象地分析这种能量，也就是把声波转换成一幅图，通过该图我们可以了解声波的频率、强度和声音持续时间等特征。由语图仪绘制出来的结果图叫作语图。图 8-3 展示了九张语图，上面三张是单元音的，中间三张是双元音的，下面三张是单词的语图。

语图中的纵轴表示频率，频率取决于发音体在单位时间里的振动次数，单位为赫兹（Hz）。多数语音的频率在 100 赫兹和 6 000 赫兹之间，通常女性的声音比男性的声音频率高，儿童的声音频率更高。横轴表示音长，即发音体振动的时间，单位为秒或毫秒。一般情况下，元音的音长要比辅音长。标记的深浅表示声音的强度或响度，颜色越深，声音越强。声音的强度主要取决于声波的振幅，发音体的振动幅度越大，声音就越强。

在语图上你可以看到一些深颜色的层，这是一些声音能量带，它们处于不同的频率范围内，我们称之为共振峰（formants）。第一共振峰，即最下面的共振峰被标记为 F1，图 8-3 中的语图上各显示了 3～5 个共振峰。在单词 tool 的语图上，你可以看到，F1 位于 1 000 赫兹以下，F2 在 2 000 赫兹左右，F3 在 3 000 赫兹左右。

单元音是可以根据头两个共振峰的相对位置来区分的。例如，从图 8-3 中我们可以看到，“ee”的特征是 F1 很低，F2 很高；而“ae”则包括两个频率很接近的共振峰。应该注意的是，共振峰的频率受声道的大小和形状影响，所以，男性、女性和儿童说的同一个元音会有不同的频率值，但是，我们仍然能辨别它们。这就说明，人对元音的识别，主要依靠的不是共振峰的绝对频率，而是共振峰彼此之间关系的模式。

与单元音相比，发双元音时的口腔变化要更为复杂。发双元音时实际上是发出两个元音，二者之间平滑过渡，其共振峰也从一个元音过渡到另一个元音，这种移动叫作共振峰过渡。例如，“ai”有一个从低频到高频的过渡，“au”有一个结束于低频的过渡。共振峰过渡反映了发音器官的活动，这些活动在辅音的发音里比在元音里更为迅速而尖锐。实际上，孤立的元音并没有共振峰过渡，只是表现出相对平稳的模式，称为稳定状态。在日常口语里，元音很少处于稳定状态，元音都会向周围辅音做相当尖锐的过渡。例如，在单词的语图上，元音并没有显示出稳定状态，而是受到周围辅音的影响。

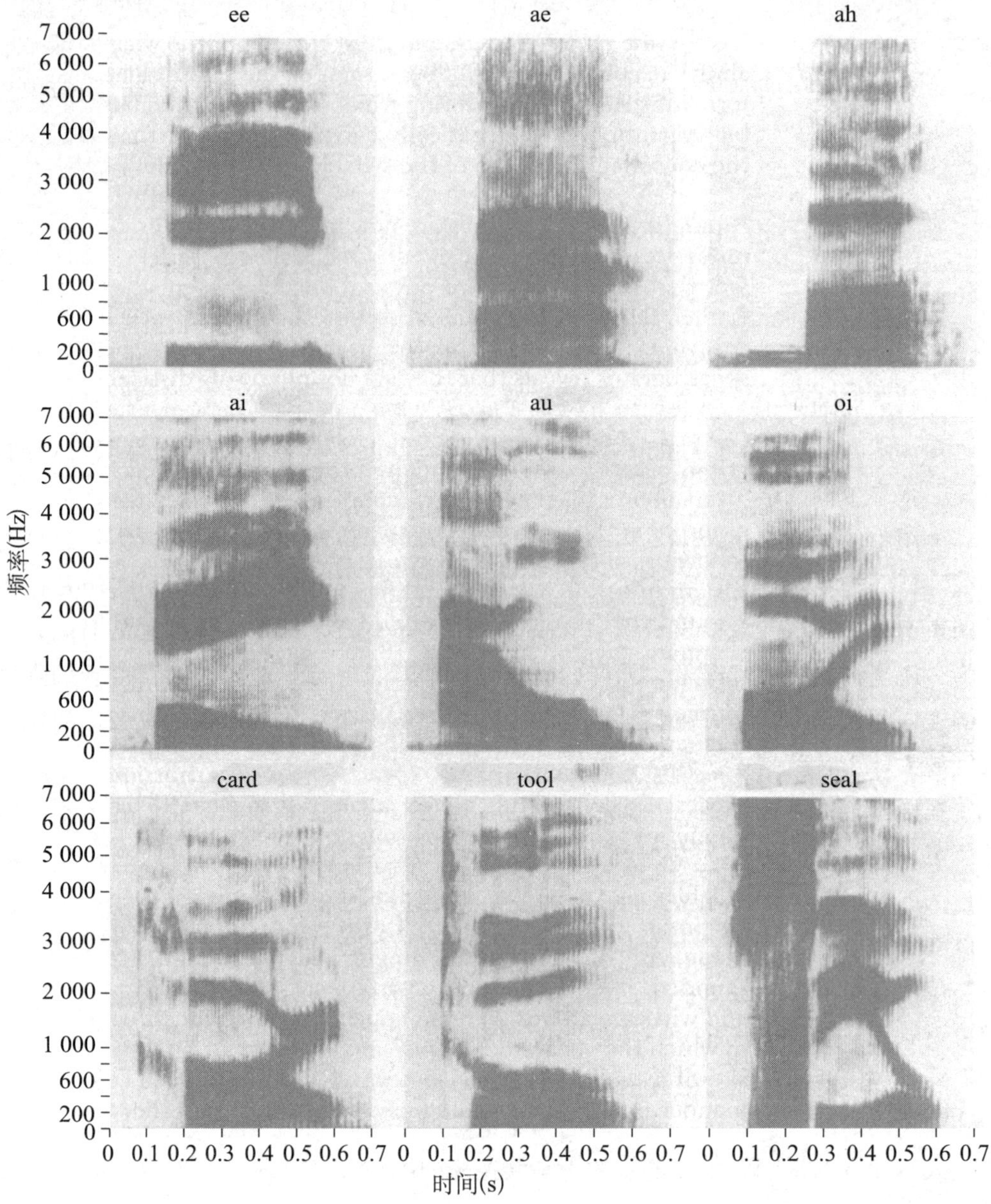

图 8-3 语图示例

资料来源：卡罗尔，2007。

辅音在语图上表现为一系列不同的模式。例如，在单词 seal 的语图上，可以看见与/s/相联系的一个高频能量柱。口塞辅音，如/t/和/d/，最明显的特征是，其语图上呈现出一条与空气压力突然释放（爆破）相联系的薄的垂直线，如图 8-4 所示，从各种口塞辅音向邻近元音共振峰的过渡中可以比较容易地把它们辨别出来。

对语图的分析研究告诉我们，在一个音节里面，元音和辅音是协同发音的，即第一个音素的发音影响到第二个音素，与第二个音素发生重叠，第二个音素的发音也影响到第一个音素的发音。例如，bill、ball、bull、able 等词中的/b/，其发音就

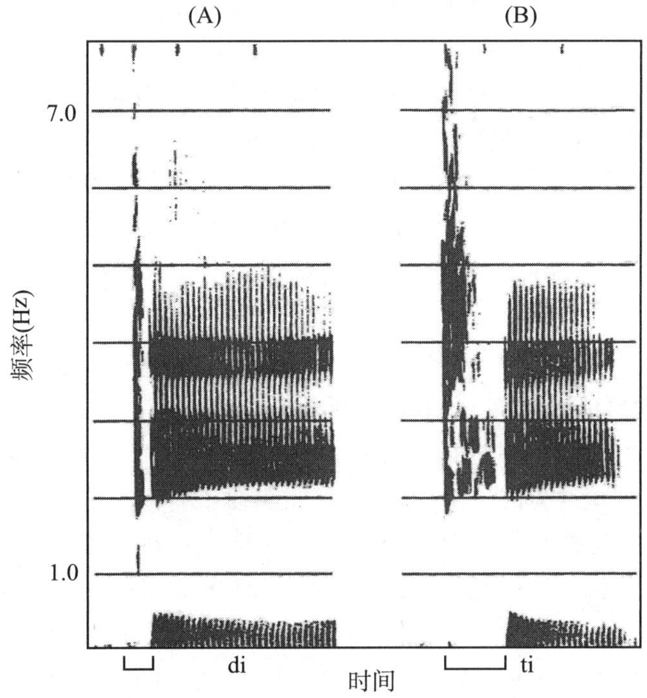

图 8－4　音节/di/和/ti/的语图

资料来源：杰伊，2004。

要受到前后音素的影响。在前面的语图中，我们也可以看到这一点。比如，在 seal 的语图中，你会发现，开头的/s/音节混合进了中间的元音中。至于中间的元音从哪开始，/s/在哪结束，图上的显示并不清晰。因此，我们可以说，语音信息从讲话者到听者的传递是一个平行过程，而不是一个音素接着一个音素的串行过程。

语音信息的平行传递增加了语音知觉的难度，但对讲话人和听者都有好处。对讲话人来说，这意味着，与清晰地、分别地发出每个音素相比，言语可以更快地产生。对听者来说，关于一个音素的信息可以散布到邻近的几个音素上，使其在任何一个时间都能获得不止一个音素的信息。

二、语音知觉的范畴性

现在，请你试着发一下/tip/和/dip/这两个音节的音。你是否发现，发这两个音时口腔和嘴唇的动作是相同的？那么，这两个音节的差别是什么呢？/tip/音节以清辅音开头，后面跟着一个元音，/dip/音节则以浊辅音开头。发音时，在声道封闭打开和声带开始振动之间有一个时间间隔，这就是嗓音启动时间（voice onset time，VOT）。实验表明，VOT 是区分位于音节开头的清、浊塞音的最好线索。在以浊辅音开头的音节/dip/中，声道封闭打开后，声带的振动几乎总是立即开始（VOT 为 0 毫秒）；但是在像/tip/这样以清辅音开头的音节中，却有一个 40～60 毫秒的延迟（VOT 为 40～60 毫秒）。那么，听者会利用 VOT 来识别语音吗？答案是肯定的。

在 Yeni-Komshian 和 Lafontaine（1983）的实验中，他们给被试听一些合成的语音刺激，每个刺激都以辅音/t/或/d/开头，并跟着一个元音/i/，VOT 从 0 到 60 毫秒有七个水平，即 0、10、20、30、40、50 和 60 毫秒，然后让被试来识别听到的是/di/还是/ti/。结果显示，被试把 VOT 等于或小于 20 毫秒的所有刺激都识别为/di/，把 VOT 大于 30 毫秒的刺激都识别为/ti/，VOT 等于 30 毫秒的刺激，有时被识别为/ti/，有时被识别为/di/，显然，它是/ti/和/di/之间的边界。当要求被试判断一对刺激是否相同时，VOT 在 30 毫秒以下的所有刺激都被认为是相同的/di/。辨别刺激的这种结果模式被称为范畴知觉。

语音的范畴知觉指的是这样的现象：以/d/为例，VOT 在 0 到 30 毫秒之间的所有音位变体都被知觉为同一个音位/d/。也就是说，有一类声音，听起来是一样的，我们不能轻易地把它们彼此区分开来，但是，在/d/音里有一个界限，一旦越过了这个界限，它就会被知觉为另一个音位，即/t/。范畴知觉的本质是，我们对同一范畴的不同语音有很差的分辨力，但是对不同范畴的语音，就能很好地分辨（杰伊，2004）。例如，对于日本人来说，/l/和/r/属于同一个范畴，听者很难区分它们；但对中国人来说，这就是两个不同的范畴，听者可以较好地进行区分。

当然，范畴间的界限并不是固定的，它对语境因素比如言语速率很敏感。知觉系统似乎能适应快的言语速率，以至于我们可以把有短的 VOT、正常语速下应该被知觉为/d/的一个音在快语速下被知觉为/t/。也就是说，如果周围言语足够快，一个绝对短的 VOT 可以被看成是相对长的。

言语知觉的范畴性使一些学者相信，言语知觉是一种特殊的知觉，言语声音的知觉过程不同于其他声音的知觉过程。当然，也有学者仍然把言语知觉视为普通的知觉。关于这一问题，目前还存在争议。

三、连续语音知觉中的加工过程

语图分析虽然向我们清晰地显示了语音的各个特征，但是它并不能告诉我们，在人类的语音知觉中这些特征起多大作用以及是如何起作用的。并且，在日常的言语活动中，我们知觉的并不仅仅是单个的语音，而是由一个个语音组成的单词、句子或句子的序列。事实上，人类的语音知觉比我们想象的要复杂得多，绝非仅仅依赖于语图上所显示的几个特征。下面我们就来看看连续语音知觉中所涉及的一些加工过程。

（一）自下而上加工和自上而下加工

自下而上加工是指从原始的感觉信息开始加工，直至发现刺激所代表的概念或思想。举个例子，在语音知觉中，把听到的音位/l/加到/pu/上，你就知道是单词 pull，而不是 push。你从接收到的感觉信息开始分析，直到得出结论，这就是自下

（数据）而上（概念）的加工。

自上而下加工是指从一个概念开始，把它与输入的信息进行匹配。在语音知觉中，当你听到朋友说“春天到了，街两旁的桃花都……”，你就有了对下面要说的话的预期，应该是动词，可能是“开了”。在你听到这个词之前，你已经有了关于它的语境信息，听到“开了”这个词，是对你的预期的证实。

语音知觉由听觉信号启动，必然包含一个自下而上加工过程，这种加工会利用各种特征信息，如发音方式、发音位置等。Miller 和 Nicely（1955）的经典研究支持了这一观点。他们让被试在一个噪声背景下识别辅音，结果发现最容易混淆的辅音是那些只有一个特征不同的辅音。

在单个语音的知觉中，我们可能主要依赖于自下而上加工，但是，在连续语音的知觉中，自上而下加工也发挥着重要的作用。特别是在人的连续言语中，通常不是每个音位都同样清晰，因此，我们在知觉连续语音时往往要根据上下文，根据我们的语言知识，来猜测没有听清楚的音是什么，从而来把握连续言语的意义。

Warren（1970）对音素恢复效应的研究证实，语音知觉中存在着自上而下加工。他在实验中让被试听一个句子的录音，内容是：“The state governors met with their respective legi * latures convening in the capital city.”（州长们会见了各自的正在首府开会的国会议员。）在 * 处，legislatures 这个词中的头一个/s/音被切去，而代之以咳嗽声。20 个被试中只有 1 个被试报告察觉到有一个缺少的声音被咳嗽声掩盖，但是他也没有报告声音缺失的位置。剩下的 19 个人似乎根据接收到的语音信息“恢复”了缺失的音素，所以 Warren 把这种现象叫作音素恢复效应。音素恢复效应说明，人们在听连续语音时，采取了一种主动的态度去对输入的信息进行合成和分析。对切去的音，被试没有接收到有关的信息，他们必须利用头脑中已有的知识经验，对句子进行自上而下加工。

在另一项研究中，Warren 让被试听下面四个句子中的一个（Warren & Warren，1970）。四个句子除了最后一个后期接上的单词之外，都以同样的方式进行录音，每个句子都缺少一部分，用 * 表示，并在 * 出现时，插入一声咳嗽。

It was found that the *eel was on the shoe.（*eel 被发现在鞋上。）

It was found that the *eel was on the orange.（*eel 被发现在橘子上。）

It was found that the *eel was on the axle.（*eel 被发现在车轴上。）

It was found that the *eel was on the table.（*eel 被发现在桌子上。）

显然，四个句子的差别就是最后一个词不同。正是由于这四个词表示了不同的语境，被试就分别把 *eel 听成了 heel（脚后跟）、peel（果皮）、wheel（车轮）和 meal（饭菜）。这再一次表明，语境指引了人们对语音的知觉，听者甚至没有意识到这种影响的存在。

影响语音知觉的情境因素除了上下文之外，还有其他方面，如视觉线索因素。我们知道，一些听力障碍者要利用视觉线索（如说话者的嘴的动作）来理解口头言语。那么，正常人在语音知觉中是否也会利用视觉信息呢？McGurk 和 MacDonald（1976）在实验中让被试听 ba-ba 的语音，同时观看一段录像，录像中有一个人做 ga-ga 的发音动作，且动作与被试听到的 ba-ba 同步。结果，被试报告他们听到的声音是 da-da。这反映了视觉和听觉信息的整合作用。

Massaro 和 Cohen（1983）以一个更精细的实验证实了我们在语音知觉过程中利用了视觉信息。实验中被试听到 9 个计算机合成音节，并根据声音属性从清晰的“ba”到清晰的“da”对它们进行排列。在控制条件下，被试只听到声音而没有视觉信息；而在其他两种条件下，被试在听到音节的同时，会看到一个没有出声但与磁带声音同步做出“ba”或是“da”发音模样的人。结果发现，讲话者看上去在讲什么确实影响了被试所听到的内容。相对于控制条件，在知觉 ba-da 系列中的音节时，录影带中说话人的口型使知觉产生了细微的差别。

从嘴唇运动中获得的视觉信息显然影响了声音知觉，这可能是由于口语声音所携带的信息常常是不充足的，所以需要从其他方面得到补充。当然也存在一些没有视觉信息可利用的情况，如听收音机，这时我们通常也能够理解收音机所播放的内容，因为播音员能清晰地说出其内容。

（二）韵律特征的加工

口头言语的韵律特征是指在说话过程中音调、重音、停顿和节律等方面的变化。这些信息不仅能为听者提供分割语音流的重要线索，而且可以帮助我们确定单词、短语或句子的意义，准确理解说话人的思想和情感。例如，“record”这个单词的意思就取决于我们将重音放在哪里。当第一个音节重读时，它是一个名词；而当第二个音节重读时，它是一个动词。再比如，北京话里的“大爷”一词，如果把重音放在“大”上，则表示“伯父、老伯”；如果两字并重，则用以指“纨绔子弟”。各种韵律特征还提供了话语中情绪意义的重要线索。较快的语音可以表现讲话者的焦虑，较慢的语音可以表现压抑。音高也可以用来表达情绪，高音言语可能表达积极的情感，而低音可能表达更多的悲伤或压抑。一些计算机合成的语音缺乏这些韵律特征，使得声音听起来是非人类的，缺少色彩和情绪。

那么，韵律信息是什么时候被利用的呢？Beach（1991）在研究中向被试呈现一个句子片段，要求被试判断它是从两个句子中的哪一个里抽取出来的。例如，句子片段“Sherlock Holmes didn't suspect”（福尔摩斯没有怀疑）可能摘自句子 1“Sherlock Holmes didn't suspect the beautiful young countess from Hungary”（福尔摩斯没有怀疑那位漂亮、年轻的匈牙利伯爵夫人）或句子 2“Sherlock Holmes didn't suspect the beautiful young countess could be a fraud”（福尔摩斯不怀疑那位漂亮、年轻的匈牙利伯爵夫人是假的）。结果显示，被试可以根据一个短小的句子片段相当准确地预测整个句子的结构。这表明韵律信息可迅速被听者利用起来。

但是，Allbritton 等（1996）对韵律特征的作用提出了质疑。他们在一个要求被试消除歧义的情境下，向训练有素和未经训练的被试呈现一些模糊句，并且要求他们大声读出这些句子。结果发现，即便训练有素的被试，也只稍微利用了韵律线索来弄清这些歧义句的真实意义。

四、语音知觉和口语单词识别的理论模型

研究者提出了许多理论模型，来解释听者为什么能够准确地知觉语音和识别口语单词。下面我们介绍几个影响较大的理论模型。

（一）动作理论

Liberman 等（1967）在 20 世纪 60 年代提出了具有重要历史意义的语音知觉理论——动作理论（motor theory）。该理论认为，相对于言语信号本身而言，随之而产生的动作信号提供了更稳定和更一致的关于说话者所讲述内容的信息。因此，在语音听辨过程中，语音信号是参照发音的肌肉活动来辨认的。听者模仿说话者的发音动作，但这种模仿不需要涉及可测量的发声反应。我们对动作信号的依赖使得口语单词识别更为准确一些。显然，该理论把语音产生的过程和语音感知的过程联系起来，强调我们是根据产生语音的方式来辨认语音的。

动作理论可以说明一些知觉现象，如语音知觉的恒定性问题。在语音知觉中，一个语音成分如一个音位的声音模式并不是恒定不变的，它会受到前后一个或多个声音的影响，特别是辅音更是如此。但是，我们通常会把它们知觉为同一个音位，这就是语音知觉中的恒定性问题。如在“di”和“du”中的第一个音/d/，虽然声音模式不同，但我们对二者的知觉却是相同的。动作理论对此现象给出的解释是：人们发出两个/d/的方式是不变的，根据发音方式，我们就把这两个音知觉为同一个音位。

但是，一些研究已经否定了这个模型的经典形式（相关讨论可参见杰伊，2004）。首先，知觉和发音之间具有一对一关系的观点被证明是错误的。例如，对于辅音来说，动作变化与听觉信息的变化都是很多的，这在相当大的程度上削弱了动作理论的正确性。其次，研究表明，产生和利用动作信号的能力也并不是高水平语音知觉所必需的。例如，婴幼儿在缺乏产生语音的能力时仍然有知觉能力（Eimas & Miller, 1981；Saffran et al.，1996）。另外，在同一时间内同声传译者能聆听一种语言，又能流利地产生另外一种语言，动作理论对此同样难以解释。

尽管没有得到多少实验证据的支持，但是动作理论影响了人们对语音知觉的理解。它特别吸引人的地方就是，它对语音加工和其他听觉刺激加工进行了明确区分。为了解释人类独特的语音知觉能力，Liberman 和 Mattingly（1985，1989）又把模块的观点引进了这个理论，认为人类大脑中存在一个独立的模块，专门用来加工语音信息。

（二）组群理论

Marslen-Wilson 和 Tyler（1980）提出的组群理论（cohort theory）是关于口语单词识别的最有影响的理论之一。该理论把单词识别看成一个在可能的候选单词

中选择一个最合适的单词的过程。

按照组群理论的观点，在一个单词以听觉方式呈现的早期阶段，最初的语音信息激活了记忆中和它接近的单词。如 elephant 的初始音素/ɛ/激活了一系列具有类似初始音素的词，如 any、element、entry 等，这些被激活的候选者就构成了单词初始组群（word-initial cohort），它是针对所呈现单词的候选者的集合。接下来，对所呈现单词的加工将继续进行，并同时开始一个对组群中的单词进行选择的过程。各种信息（包括语音、词频、语义和句法情境信息）都会影响对单词的选择，与输入信号一致的候选者被激活，不一致的则被排除。例如，进一步的语音信息可能会使组群中的一些词（如 any、entry）得以排除，而情境信息也可能会使语义和句法上不合适的词（如 element）得以排除。当单词初始组群中只剩一个单词时，听者就识别出了所听到的单词，这也被称为一个单词的识别点（recognition point）。Marslen-Wilson 和 Tyler 认为，听者对单词的识别点是很敏感的。

作为一个关于口语单词识别的颇有影响的理论，组群理论具有一些很吸引人的特点。它承认语音知觉是迅速完成的，也解释了单词初始信息的重要作用。该理论可以解释在单词的所有音素被辨认出来之前单词就有可能被识别的现象，因为只要单词候选组群中只剩下一个单词，没有了其他竞争者，单词识别就完成了。但是，按照组群理论的观点，如果初始音素缺失、模糊或不准确，就可能导致一个错误的候选组群。在这种情况下，听者如何修正这个错误并知觉到正确的单词呢？组群理论的升级版（Cohort Ⅱ）（Marslen-Wilson，1987，1990；Marslen-Wilson & Warren，1994）试图给出合理的解释。该理论假设，与输入信号有微小不匹配的单词也可以进入词群，并因此被识别。处理不匹配的一部分方法是单词激活的引入，单词的选择和激活依赖于与输入的符合程度。

（三）TRACE 模型

TRACE 模型是 James L. McClelland 在视觉单词识别的交互激活模型（McClelland & Rumelhart，1981）的基础上提出的关于语音知觉和口语单词识别的联结主义模型（McClelland & Elman，1986；McClelland，1991）。它假定，信息被一个包含很多加工单元或节点的网络所表征。这些加工单元或节点分为三个不同的水平，即特征（如浊音、产生方式）水平、音位水平和词汇水平。特征节点与音位节点相连，而音位节点又与词汇节点相连。各水平之间的联结是双向的，而且只起促进作用。同一水平上各单元或节点之间也存在联结，但这些联结是抑制性的，也就是说同一水平的各节点要为激活而竞争。节点根据其兴奋性水平和它们彼此联结的强度相互影响。由于兴奋和抑制均沿着节点来传播，一种兴奋模式或者叫痕迹（trace）就发展出来了。最终，被识别的单词由潜在候选词的兴奋性水平来决定。

TRACE 模型是关于言语识别的时间过程的动态模型，它具有下面几个优点。首先，它在分析的不同水平间有双向的联结，从而解释了言语识别中涉及的自下而上和自上而下加工。其次，它可以解释语音知觉中特有的一些问题，如音素恢复、歧义信息、分割问题和范畴知觉等。McClelland 和 Elman（1986）曾根据这个模型进行了计算机模拟研究，成功地产生了范畴化言语知觉现象。

当然，TRACE 模型也有它的弱点。例如，该模型为每个音素规定了同样的加工时间，而不考虑言语速率的变化，这是不合适的。另外，对该模型的检验主要依赖于涉及少量单音节词的计算机模拟，但是我们不知道，把模型运用到对大量单词的分析中时是否仍然令人满意。

五、书面言语的知觉

阅读，就是从文字材料（也包括具有一定意义的其他符号、图表等）中获得信息的过程。它是人类的一种重要活动，是随着文字的产生而产生的。由于有了文字，人类就可以把语言的声音信息转换为视觉信息，并把它长期地保存下来。这样就突破了口语在时间上和空间上的限制，使人类社会所积累的经验能够系统地保留和传播，使人类社会能够发展并创造出光辉灿烂的文化。在现代社会中，社会生活的各个方面正常地运转，离不开阅读活动；年轻一代学习前人所总结的经验，也离不开阅读活动。正因为阅读具有如此重要的作用，心理学家才对阅读过程进行了大量的研究，得出了许多有价值的研究结果。

阅读过程通常涉及从低到高的一系列加工阶段。例如，它既与一个个单词的识别有关，同时也包含在短语或句子层次上的加工，当然也会涉及对段落或语篇的整体把握。这里我们只讨论一些基本的阅读过程，而将句子和语篇水平的理解问题放在下一节来谈。

（一）阅读中的眼动

眼睛是我们阅读的工具，为了了解我们如何阅读，我们必须先看看眼睛是如何工作的。

当眼睛注视外界物体（包括印刷的文字）时，由外界物体反射的光线通过角膜、房水、晶体、玻璃体，最后聚焦到视网膜上。视网膜有上亿个对光敏感的小细胞，其中的锥体细胞能感受物体的颜色和细节，而棒体细胞能感受物体的明暗。然后，这些信息经视神经传送到大脑。

视网膜的中央叫作中央凹，它是锥体细胞聚集的小区域。落在中央凹上的影像比落在视网膜其他任何部位的都更清晰。当我们直接看某物体时，物体反射的光线落在中央凹上。但是，中央凹所能看见的只是整个视野的一小部分，还有很多影像落在中央凹以外。离中央凹越远，影像越不清楚，在视野的边缘，你只能得到非常模糊的视觉印象。

我们对直接看的东西看得最清楚，这就使得我们在阅读时，眼睛必须沿着文字移动，以便每行文字的各个部分的影像都能到达中央凹。并且，如果要看得清楚，眼睛必须停止移动片刻，以便静止的影像能留在中央凹上并被传到大脑。1879 年，法国眼科专家 Emile Javal 首先发现了在阅读时眼睛的这种运动方式。之后，人们对于阅读中眼球运动的特点开展了大量研究。

在眼动研究中，研究者通常会要求被试阅读一些文字材料，并在被试阅读的同时，通过眼动仪追踪记录被试眼睛的运动过程。研究发现，在阅读时，我们的眼睛不是在页面上平稳地移动，而是快速地跳动，即眼跳（saccade）。眼跳遵循弹道学原理，一旦启动，其方向就不能改变。在阅读时，眼睛要进行一系列的跳动，每次跳动之后是相对静止，视线固定在一个单独的注视点上。眼睛在注视点上的停顿被称为注视。眼睛每次跳动仅需 10～20 毫秒，每次注视平均需要 200～250 毫秒。这样，在阅读中大约 90%的时间，眼睛处于不动的注视状态，视线固定在一行文字的某一点上。在眼睛跳动时你看到的东西很少，而注视期间，却能获得大量的有用信息。这与我们平时所惯有的想法恰恰相反，我们不是通过眼睛在文字上扫视来获得信息，而是依靠眼跳中的注视停顿来获得信息的。另外，阅读时眼睛的跳动可以有两个不同的方向：一个是在我们从前向后阅读时，眼睛按照文字的书写方向跳动；另一个是在已阅读过的某些内容需要重新阅读时，眼睛从后向前跳动，即回跳或回视，它占到整个眼跳的 10%左右。

Rayner 和 Sereno（1994）利用“移动窗口”（moving window）技术研究了读者在每次注视时能够获取的文字数量。在这项研究中，由实验者所确定的、在读者注视点周围的区域或窗口之外的文字内容均遭到破坏。每次读者移动眼睛时，文章的不同部分就会遭到破坏，以致只能够阅读窗口内的文字内容。研究者比较了不同窗口大小对阅读成绩的影响。研究结果表明，知觉广度（有效的注视区域）受到文章难度和字体大小的影响。注视区域通常包括注视点左侧 3 或 4 个字母、右侧 15 个字母，这种不对称现象发生的原因可能是注视点右侧文字蕴含着较丰富的信息。进一步的研究表明，这种不对称性是习得的，因为希伯来语读者（从右至左阅读）显示了正好相反的不对称性（Pollatsek et al.，1981）。

在注视期间，读者产生了关于文章内容的一个视觉“快照”。但当文章的特征发生变化时，注视点和快照的本质也会发生变化。Carpenter 和 Just（1981）研究了大学生阅读文本时的眼动，发现读者对较长单词的注视时间比对较短单词的要长，对较为陌生的单词（如英语中较少出现的单词）的注视时间比对较熟悉单词（如高频单词）的注视时间长些。一句话中的末尾词似乎也得到了格外长的注视时间，此时读者可能在整合句子的意思。此外，研究者还发现，大约 80%的注视时间被用于获取内容词的信息，而不是功能词的信息（Rayner & Pollatsek，1989；见图 8-5）。

研究发现，文章讨论的主题和印刷字符的物理特征（例如字母的大小、字体和行的长度等）都影响眼动（引自杰伊，2004）。内容越难，需要的注视时间越多。眼动还可能和正字法有关，有研究发现，和英语读者相比，日语、汉语和希伯来语读者的注视时间往往更长，其中汉语读者的平均注视时间是 300 毫秒，希伯来语读者大约是 265 毫秒（引自杰伊，2004）。但是，当测量每一个时间单元内读者提取意义的总量时，不同语言似乎是相同的。

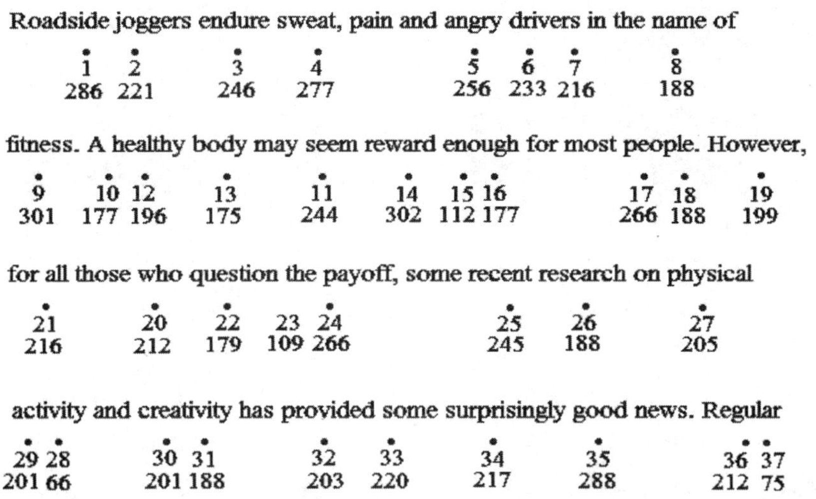

图 8－5　对一段文本的注视顺序和注视持续时间

注：黑色圆点下第一行为注视顺序；第二行为注视时间，单位是 ms。

资料来源：Rayner & Pollatsek，1989。

（二）单词识别

1. 自动加工

单词识别一般来说是相当自动化的（Rayner & Sereno，1994）。这个自动化过程是不可避免的，而且是不能被意识到的。对 Stroop 效应的研究（Stroop，1935）很好地证明了这一点。在实验中，被试必须尽可能迅速地命名一些表示颜色的文字本身的颜色，但单词意义与其本身的颜色相冲突时（如单词“红”是用绿色印刷的），对颜色的命名速度会下降。Stroop 效应表明，即使被试不想加工单词，单词的意义还是被提取出来了。

扩展阅读

单词加工中的词频效应

单词的出现频率是单词识别效率的最强预测因素之一。与低频的、不常见的单词相比，人们可以更高效地加工高频的、常见的单词，这被称为词频效应（word frequency effect；Monsell et al.，1989）。这种效应由 Preston（1935）首次报告，之后被大量研究者使用单词命名、词汇判断和语义分类等任务加以证实。记忆研究显示，单词频率对被试的记忆表现也有重要影响。在实验中，被试首先学习一系列单词，然后回忆这些单词（回忆任务），或者把学过的单词与一些未学过的新词进行区分（新旧判断任务）。结果发现，低频词一般更难以回忆，但是在新旧判断任务中低频词有更好的再认成绩（Yonelinas，2002）。

研究还显示，在词频效应上是存在个体差异的。词汇量较小的个体往往有更大的词频效应（Davies et al.，2017；Kuperman & van Dyke，2013），在非母语人群中也观察到更大的词频效应（Cop et al.，2015），这反映出词频效应上的个体差异可能与语言接触上的个体差异有关（Brysbaert et al.，2017）。

学者们对词频效应有着不同的解释（Brysbaert et al.，2018）。标准的解释是，词频效应是一种学习效应。人们对高频词有更多的接触和学习，所以识别效率更高。但是，并非每个人都同意词频效应只是简单的学习效应。首先，词频与单词的许多其他特征是高度关联的，如词长、词的习得年龄、与其他词的相似性等。词频效应可能与这些变量的效应相混淆。不过，也有研究指出，这些潜在的混淆变量都对单词加工有独立的影响（Brysbaert & Ellis，2016）。另一种可能是，在词频效应的产生中，更重要的因素不是遇到一个词的次数，而是遇到这个词时语境的多样性。与在较单一语境中遇到过的词相比，人们对在许多不同语境中遇到过的词有更高效的反应（Adelman et al.，2006；Johns et al.，2016；Jones et al.，2012）。希望在未来更多的研究能让人们对词频效应有更好的理解。

2. 情境效应

单词识别受情境影响吗？Meyer和Schvaneveldt（1971）研究了这一问题。他们在实验中让被试完成一项词汇判断任务，即让被试判断呈现给他们的字母串（目标刺激）是不是真正的单词。实验者在呈现目标刺激（如doctor）之前还会向被试呈现一个启动词，启动词可能是与目标刺激语义相关的单词（如nurse），也可能是与目标刺激语义无关的单词（如bread）。结果显示，当启动词与目标刺激语义相关时对目标刺激的判断时间比语义无关时要短，这就是语义启动效应（semantic priming effect）。

为什么会发生语义启动效应呢？情境是如何影响对单词的识别的？Neely（1977）通过一项精巧的研究回答了这个问题。在其研究中，启动词是一个语义范畴的名字［如bird（鸟）］，其后他会以三种时间间隔［SOA（stimulus onset asynchrony）为250、400或700毫秒］呈现一个字母串［目标刺激，如robin（知更鸟）］，并要求被试判断字母串是否为词。启动词与目标词或者语义相关（如bird-robin）或者不相关［如body-window（身体—窗户）］。另外，实验还通过指导语控制被试对目标词的预期，如告诉被试，每当启动词是bird时，会接着呈现与建筑相关的词，每当启动词是body时，会接着呈现表示一种鸟的词。但实际上，实验中出现的目标词有的符合预期，有的不符合预期。Neely在结果中发现了两类不同的启动效应，因此他认为，启动涉及两种机制，分别在短SOA和长SOA情况下起作用。在短SOA情况下，会产生一个起作用快、持续时间短、促进语义相关项目加工的效应，这个促进作用基于单词之间的语义关系。无论被试的预期如何，它都不能被削弱。这被称为自动启动（automatic priming）。在短SOA情况下，没有任何类型的抑制。在长SOA情况下，有一个依赖于被试的预期的促进作用在缓慢建构，这带来了对未预期项目的反应的抑制，这是注意启动（attentional priming）。通常，这两种机制共同起作用。在一个语义启动任务中，在中等SOA（约400毫秒）情况下，自动和注意启动将共同起作用来加快反应。

虽然Neely研究中的被试并不是在完成一个正常的阅读任务，但是毫无疑问，情境确实影响阅读。例如，另一项研究（Ehrlich & Rayner，1981）发现，被试对适合于句子上下文的单词的注视时间短于其他单词；另外，当一个单词具有多个意义时，情境对于确定单词的准确含义是非常重要的。

3. 交互激活模型

McClelland和Rumelhart（1981）提出了一个关于视觉单词识别的颇具影响的交互激活模型（interactive activation model）。该模型认为，单词识别是一个双向的过程，既有自下而上加工（从感觉输入开始，并向更高的加工水平推进），也有自上而下加工（从高水平的认知操作开始，这些认知操作含有与已知文本相关的先前知识和经验）。这种交互作用的观点意味着，我们不仅使用了字母所包含的特征来帮助我们辨认单词，而且我们还用到了我们对单词的已有知识来帮助我们辨认字母。该模型更具体的理论假设如下（艾森克，基恩，2004）：

（1）单词识别系统有三个加工水平：位于底部的字母特征水平、中间的字母水平，以及顶部的单词水平。

（2）当一个字母中的某一特征被检测到时，产生的兴奋可以被传递给包含这个特征的所有字母单元，而抑制则被传递给其他的字母单元。

（3）各字母是在字母水平进行辨认的。当一个单词内处于某一特殊位置的字母被辨认时，激活就被传送到单词水平上所有在那个位置上包含那个字母的单词之中，而抑制则被传送到所有其他单词单元。

（4）各单词在单词水平进行识别。被激活的单词单元增加了字母水平上组成那个单词的各字母单元的激活水平，而抑制所有其他字母单元的活动。

（5）在系统的每一水平上，一个单元的激活将导致对竞争单元的抑制。

交互激活模型已经产生了相当大的影响，它解释了包括词优先效应在内的各种现象。按照这个模型，直接从书面文字而来的自下而上加工，通过激活和抑制，从特征水平开始，经字母水平，达到单词水平。自上而下加工也牵涉经单词水平至字母水平的激活和抑制过程。词优先效应的发生就是由单词水平对字母水平的自上而下的影响造成的。当然，交互激活模型也存在一定的局限。例如，这个模型不能一致地解释词频效应、词优先效应，以及为什么高频、低频词都有同样的词优先效应；它假定词汇提取是由视觉信息决定的，然而一些研究者指出，语音加工也参与其中。

第三节　句子和语篇的理解

前面我们讨论了阅读和听他人讲话的初始阶段所涉及的基本过程。在这些基本过程中，阅读和听他人讲话有很多差异，但是，不管是阅读还是听他人讲话，语言理解所涉及的更高水平的认知过程是比较一致的，即一个故事是听到的还是读到的在理解层面上并无多大差异。关于理解过程，对阅读的研究要比对听他人讲话的研究多得多，因此，下面我们将重点介绍对阅读的研究。

一、句子的理解

句子是人们日常语言交际的基本单位，是按照语言的一套规则把单词或短语组合起来而形成的。理解一个句子涉及句法、语义和语用等多个水平上的加工。以"小丽拍皮球"这个简单的主动陈述句为例。在句法水平上，我们要把句子切分为不同的语法成分，如"小丽"是名词短语，"拍皮球"是动词短语，这个过程被称为句法分析（parsing)。在语义水平上，我们要确定句中各个词所起的语义作用或主题作用，如"小丽"是施事者，"皮球"是动作"拍"的接收者。在理解句子时，人们可以利用单词的意义以及单词间的相互关系来分析句子的意义，这个过程被称为语义分析。例如，人们在理解"猫追老鼠""人吃饭"这类句子时，会利用对"猫"和"老鼠"、"人"和"饭"这些词的意义和相互关系的了解来加工句子。在语用水平上，我们可以根据关于现实环境的某些知识判断这个句子是有意义的。比如说，它描述的可能是一个叫小丽的女孩正在院子里玩拍皮球。

那么，我们在理解句子的时候，是同时考虑句法、语义和语用的因素，还是会优先考虑某些因素？或者说，是句法分析早于语义分析，还是语义分析早于句法分析，或者二者同时发生？对于这些问题，目前还存在着相当多的争议。

（一）句法分析

对句法分析过程的研究大多是利用在句法结构上有歧义的句子进行的。句法歧义有的出现在整体水平上，如句子"They are flying planes"就是一个这样的歧义句，它有两种可能的解释：一种是"他们正在开飞机"；另一种解释是"它们是正在飞行的飞机"。也有的句法歧义只出现在句子的局部水平上，即在句法分析过程中，对句子中的某一部分来说多种解释均是可能的，这样的例子我们将在下面看到。

根据对歧义句的研究，人们形成了两类不同的句法分析理论，即序列加工理论和平行加工理论。序列加工理论认为，一个句子的一种句法结构首先被确定，如果之后证明此次句法分析有问题，就进行第二次分析，直到分析恰当为止；平行加工理论假定，多重句法分析是同时进行的。另外，序列加工理论认为，句子加工是模块化的，词汇通达早于句法分析，句法分析又早于语义加工；而平行加工理论认为，句子加工是交互作用式的，存在一个整合词汇、句法、语义和外界知识的单一加工过程（艾森克，基恩，2004）。下面我们来简单讨论序列加工模型的一个代表——花园路径模型，以及最有影响的一个平行加工模型——基于制约的理论。

1. 花园路径模型

Frazier 和 Rayner（1982）提出的花园路径模型（garden-path model），因读者或听者能被歧义句误导或引导至花园路径之中而命名。这个模型的主要假设是：对任何一个句子，开始时人们均只考虑一种句法结构，并且，初始的句法分析不受情境变量如句子的意义或一般常识的影响。那么，初始的句法分析如何进行呢？Frazier 和 Rayner 提出，最简单的句法结构是基于两个一般原则而被确定的，即最小附着策略和迟闭合策略。

根据最小附着策略（minimal attachment），产生最少节点（指一个句子的核心部分，如名词短语和动词短语）的句法结构将会受到欢迎。Frazier 和 Rayner（1982）的研究为最小附着策略提供了证据。例如，看句子 1 和句子 2：

1. The city council argued the mayor's position forcefully.（市议会极力地维护市长的立场。）
2. The city council argued the mayor's position was incorrect.（市议会认为市长的立场不正确。）

根据最小附着策略，在这两个句子中，"the mayor's position" 都会被认为是动词 "argued" 的直接宾语。但是，这种句法分析对句子 1 是合适的，对句子 2 却不合适。Frazier 和 Rayner 发现，句子 1 的阅读时间比句子 2 短。

迟闭合策略（late closure）的意思是，在句法允许的情况下，我们倾向于把一个句子中出现的那些新词附加到当前成分上。Frazier 和 Rayner（1982）的研究支持了这种策略。在实验中，他们给被试呈现了如下有结构歧义的句子：

Since Jay always jogs a mile seems like a very short distance to him. [由于 Jay 经常慢跑，一英里（约合 1.6 千米）对他来说只是很短的一段路程。]

根据迟闭合策略，"a mile" 会被放置于前面从句中而不是作为后面主句的开始，但是，这种分析在这个句子中是不合适的。Frazier 和 Rayner 记录了被试阅读该句时的眼注视情况，结果发现，被试对后面几个单词的注视时间比前面几个长，说明他们错误理解了 "a mile" 这个短语，后面必须加以调整。

虽然上述研究支持了花园路径模型，但是，也有越来越多的研究得出了该理论无法解释的结果。例如，一项研究（Altmann & Steedman，1988）记录了被试阅读下述句子的时间：

1. The burglar blew open the safe with the dynamite and made off with the

loot.（窃贼用炸药炸开了那个保险柜，并抢掠了里面的物品。）

2. The burglar blew open the safe with the new lock and made off with the loot.（窃贼炸开了那个装有新锁的保险柜，并抢掠了里面的物品。）

研究者还在上述句子前面提供了两种语境句，指出有一个或两个保险柜。结果发现，语境指向两个保险柜延缓了对“with the dynamite”的阅读，而语境指向一个保险柜则干扰了对“with the new lock”的阅读。研究者对此的解释是，语境可以影响初始的句法分析，这一结果与花园路径模型不符。

花园路径模型具有一些优势，它对句子加工所涉及的某些关键过程给出了单一和一致的解释。然而，一些学者也对花园路径模型提出了批评。例如，花园路径模型认为语义对初期的句法分析没有影响，但语境研究已证明这种观点是站不住脚的。模型的提出者认为，最小附着策略和迟闭合策略是高效率的，因为它们可以减轻句法分析中工作记忆的负担。但与此同时，按照该模型，读者和听者时常构建句子的不正确的语法结构，这会降低语言理解的效率。另外，初期的句法分析只依赖于最小附着策略和迟闭合策略是不太可能的。

2. 基于制约的理论

MacDonald 等（1994）提出了很有影响的基于制约的理论（constraint-based theory）。该理论的核心假设是，在对句子进行句法分析的最初阶段，听者或读者会同时利用所有可获得的信息，包括句法的、词汇的、语篇的信息，以及各种非语言信息和情境信息，对当前句子的多种句法分析可在同一时间被激活，而且这些分析可根据激活强度排出顺序。

在支持该理论的一项研究（Pickering & Traxler，1998）中，研究者向被试呈现如下句子：

1. As the woman edited the magazine amused all the reporters.（这位女士由于编辑这本杂志，愉悦了所有记者。）

2. As the woman sailed the magazine amused all the reporters.（这位女士由于浏览这本杂志，愉悦了所有记者。）

研究者记录了被试阅读时的眼动情况，结果显示，对动词“amused”和动词后区域的注视时间在句子2中更长一些，而且发生了更多的回视。研究者对此的解释是，两个句子在句法上完全相同，开始时均有可能诱导被试去得到错误的句法结构（即认为“the magazine”是动词“edited”或“sailed”的宾语）；但是，支持错误句法结构的语义限制在句子1中比在句子2中更大一些，这些限制使得被试阅读句子1时更难改变他们不正确的句法分析。

前面讨论的某些发现也是与基于制约的理论相一致的。例如，Altmann 和 Steedman（1988）发现，语境似乎会影响初始的句法分析。基于制约的理论可以很好地预测语境效应，按照该理论，语境可以激活相关的信息，而这会促进或干扰对后续句子的加工。

虽然基于制约的理论吸引了很多人的注意，但是该理论对句法加工过程的描述还不够细致。另外，句法分析是像该理论所主张的那样完全是交互作用的——同时利用词汇的、语篇的、非语言的等各种形式的知识——还是优先考虑某些形式的知识，对此尚存在争议。

（二）语义分析

人们不仅能利用句法模式来理解句子，也能利用单词的语义以及单词间的相互关系来理解句子。在电影《人猿泰山》中，当泰山说"Jane（珍妮）fruit（水果）eat（吃）"时，尽管这句话不符合英语句法，但是听者仍然可以理解它的意思，知道泰山是让珍妮吃水果，此时人们所利用就是语义分析策略。

研究表明，在理解句子时，年幼的儿童对语义策略的依赖可能超过了对句法模式的依赖。例如，Strohner 和 Nelson（1974）让 2～3 岁的儿童使用玩具呈现下面两个句子所描述的情景：

1. The cat chased the mouse.（猫追老鼠。）
2. The mouse chased the cat.（老鼠追猫。）

结果发现，在两种情况下，儿童都将句子解释为猫追老鼠，因为这种解释符合他们所拥有的关于猫和老鼠的知识。

Bates 等（1982）比较了美国人和意大利人在面对句法线索和语义线索相冲突的句子时会如何理解。他们呈现给被试的是像下面这样的句子：

The eraser bites the dog.（橡皮咬狗。）
（呈现给意大利人的是相对应的意大利语句子。）

结果发现，美国人倾向于遵从句法原则（英语和意大利语都具有主语—动词—宾语这样的句法），把这个句子理解为橡皮（eraser）咬（bites）狗（dog）。而意大利人更倾向于利用语义策略，把这个句子理解为狗咬橡皮。

许多证据已经表明，在理解句子时，人们通常会联合句法和语义信息。在某些特殊情况下，当句法线索和语义线索相互冲突时，人们的理解会变慢（Tyler & Marslen-Wilson，1977）。

（三）句法和语义加工的神经标记

一些研究者记录了句子加工过程中的事件相关电位（ERP），发现 ERP 的一些成分指示了句法和语义加工。第一个成分是 N400，即刺激呈现后约 400 毫秒出现的负向脑电波，它对语义加工难度特别敏感。Kutas 和 Hillyard（1980）在比较被试对三类句子末尾词的 ERP 反应时发现了 N400（见图 8-6）。研究者呈现给被试的三类句子分别是：正常句子（It was his first day at work）、语义异常句子［He spread the warm bread with socks（注：末尾词“socks”的语义与上下文不匹配）]和外形异常句子 [She put on her high-heeled shoes（注：末尾词“shoes”以比其他单词更大的字号呈现）]。结果发现，当与正常句子相比较时，语义异常句子诱发的 N400 的振幅增加，而外形异常句子诱发了一个正波（P560）而不是 N400。

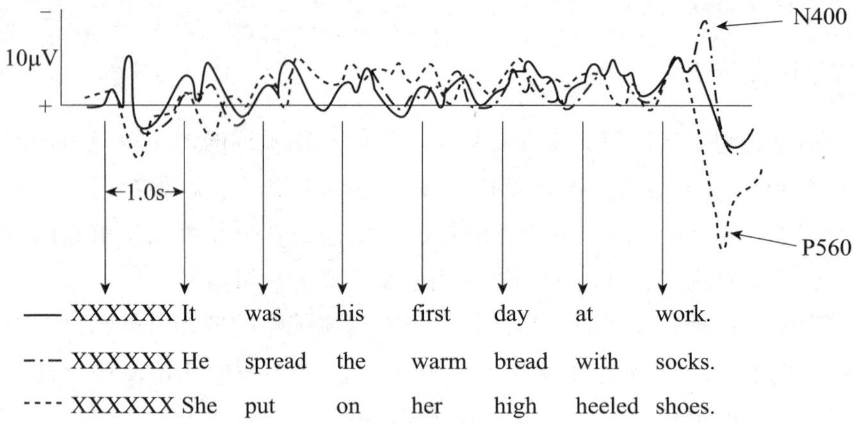

图 8-6　对不同类型句子的 ERP 反应

资料来源：杰伊，2004。

对语义异常的 N400 反应是独立于感觉通道的，视觉输入或听觉输入以及使用美式手语时都会出现 N400。Swaab 等（1997）还利用 N400 研究了 Broca 和 Wernike 失语症患者的语言理解缺陷。失语症患者被分成两组：第一组为有中重度理解缺陷的失语症患者，第二组为有轻微理解缺陷的失语症患者。此外，还有一组大脑右半球损伤的非失语症患者和一组神经系统未受损伤、年龄匹配的被试作为控制组。被试在实验中需完成口语句子理解任务，他们看到的句子中，有的末尾词与先前的语境是匹配的，有的末尾词是异常的。研究者假定，之所以出现理解问题是因为失语症患者在即时的理解任务中难以整合单词意义。结果支持了他们的假设，即有中重度理解问题的失语症患者把词汇信息整合进句子语境的能力受损，他们显示出延迟和减小了的 N400 反应。而有轻微理解缺陷的失语症患者显示了 N400 反应，类似于没有理解问题的被试。

Osterhout 和 Holcomb（1992）研究发现，指示句法加工的 ERP 成分是 P600，它是刺激呈现后 600 毫秒左右出现的正向脑电波。当研究者向被试呈现句法反常句“The broker persuaded to sell the stock”时，发现在单词“to”（句法反常点）呈现之后大约 600 毫秒出现了一个正波。P600 出现在句法结构异常时（“persuaded”的主动形式后面需要跟一个对象，即正确的句型应是“persuade sb to do sth”），因此被认为反映了句法的加工，特别是句法再分析过程。在另一项研究中，Ainsworth-Darnell 等（1998）记录了被试听如下句子时的 ERP 反应：

1. Jill entrusted the recipe to friends before she suddenly disappeared.（控制句）
2. Jill entrusted the recipe friends before she suddenly disappeared.（句法反常

句）

3. Jill entrusted the recipe to platforms before she suddenly disappeared.（语义反常句）

4. Jill entrusted the recipe platforms before she suddenly disappeared.（句法和语义均反常句）

研究者分析了关键词（“friends”或者“platforms”）出现后的ERP，结果显示，包含语义反常的两个句子在关键词出现后约400毫秒时都诱发了N400，包含句法反常的两个句子在关键词出现后约600毫秒时均诱发了P600。但是，N400主要出现在头皮中部，而P600主要出现在顶叶区域。研究者据此认为，句法加工和语义加工是分离的。

二、句子理解与记忆

为了充分理解将要看到或听到的单词和句子，有必要考虑它们出现前的语境。例如，听者如果不能在记忆中保持或快速提取出相关语境，那么将很难解释句子中的代词如“他”或“她”指的是谁。另外，许多词有多个含义，在句子中哪个含义是恰当的，也需要考虑语境。因此，在记忆中保持和提取相关语境信息的能力对个体的语言理解至关重要。

Just和Carpenter（1992）探讨了句子理解与工作记忆的关系。他们提出，工作记忆被用于在理解过程中对信息进行存储和加工，存储和加工的能量需求可以非常高，而工作记忆的容量又是极其有限的，因而不难想象，工作记忆资源的有限性可能会影响到语言理解过程。特别是，在工作记忆容量上存在着个体差异，Just等认为，这些个体差异对语言理解会产生实质性的影响。

在研究中，Just和Carpenter用阅读广度任务（让被试阅读许多句子并进行理解，然后回忆每一句子的最后一个单词）来测量工作记忆容量。他们让阅读广度高低不同的被试阅读下列句子：

1. The evidence examined by the lawyer shocked the jury.（律师调查出的证据震惊了陪审团。）

2. The defendant examined by the lawyer shocked the jury.（律师所调查的那位被告震惊了陪审团。）

在这两个句子中，“evidence”是非动物名词，不太可能做调查，而“defendant”却能够。研究者认为，如果读者在开始分析句子时利用了这类语义线索，那么对句子2中“by the lawyer”的注视时间会长些；如果语义并不影响初始句法分析，那么对“by the lawyer”的注视时间在两个句子中应该是一样的。实验结果显示，低阅读广度被试对“by the lawyer”的注视时间不受动物/非动物名词所影响，均为450毫秒左右；高阅读广度被试在句子1情况下对“by the lawyer ”的注视时间约为 350 毫秒，在句子 2 情况下约为 420 毫秒。这一结果表明，只有高阅读广度被试具有足够的工作记忆容量去解释主语名词的动物/非动物属性。

MacDonald 等（1992）考察了工作记忆容量对歧义句理解的限制。在这项研究中，他们给阅读广度高低不同的读者呈现如下的句子：

1. The experienced soldiers warned about the dangers before the midnight raid.（那些有经验的战士在午夜偷袭前提出了危险的警告。）

2. The experienced soldiers warned about the dangers conducted the midnight raid.（那些提出了危险警告的、有经验的战士实施了午夜偷袭。）

这些句子是有歧义的，因为动词“warned”可以被看成句子中的主要动词（句子 1），也可以被看成过去分词（句子 2）。研究者记录了被试的阅读时间，发现低阅读广度被试加工多种解释的能力有限，所以他们干脆放弃了比较不常用的解释（过去分词），这使得他们在加工句子 2（动词作为过去分词）时，会遇到相当大的困难。但是，高阅读广度被试的阅读时间和出错情况都表明，他们能够在较长时间内保持住对歧义句的两种不同解释。

关于工作记忆容量上的个体差异如何影响语言加工，实际上存在着不同的理论解释（Boudewyn，2015）。一种重要的解释是，工作记忆容量上的局限会导致对于要求高的语言（如有复杂句法结构的句子）的加工代价，因为这类语言加工占用了大多数或者全部工作记忆资源，使得很少资源能被用于存储语境信息。当然，句法加工是否利用一般的工作记忆资源，还存在很大的争议。另一种重要的解释是，在语篇理解期间，读者或听者不是必须在工作记忆中保持大量语境信息，而是需要具有在长时记忆中存储语境信息并在线索提示下快速提取它们的能力。到目前为止，许多研究支持语言理解与记忆存在着密切关系，但是，其背后的机制还需进一步研究。

三、语篇的理解

语篇是比句子更大的单位，是由若干个前后连贯的句子组成的。在语篇中，句子之间有各种不同的关系（安德森，2012）。例如，“反应”关系是指一组句子是对另一组句子所提出问题的解答，“解释”关系是指一组句子是对由另一组句子所呈现的要点的解释，“具体”关系是指在一个比较概括化的要点之后呈现它的具体信息，“证据”关系是指呈现证据来支持一个要点。为了理解语篇，人们需要识别出语篇中各句子之间的结构关系，并对其进行整合加工。而在句子整合的过程中，推理起着重要的作用。

（一）推理与语篇理解

Clark 和 Haviland（1977）提出，听者或者读者会利用一种被称为已知-新知的策略，即听者或者读者是通过将句子划分为已知信息部分和新信息部分来加工句子的。句子的已知信息是说话人或作者假定听者或读者已经知道的信息，包括从先前语境和背景知识中获得和熟知的信息；而新信息则是说话人或作者假定听者或读者不知道的信息。听者或读者首先在记忆中搜索与已知信息相对应的信息，然后再通过整合新的信息来更新记忆。这种整合通常是作为对已知信息的一种精致化。

以下面两个句子为例：

语境句：We got some beer out of the trunk.（我们从桶里取出一些啤酒。）
目标句：The beer was warm.（啤酒是温的。）

在理解目标句时，我们首先划分出已知信息和新信息。定冠词“the”说明“beer”是已知的，而“warm”是未知的。于是我们就到记忆中去搜索前面提到“beer”的地方，我们可以在语境句里找到它，最后就可以把“啤酒是温的”这个信息和前面存储的信息联系起来了。

当然，上面这个例子描述的是一种最简单的句子关系，即目标句中的已知部分和语境句中的相应部分是直接匹配的。但是，在某些情况下，不存在这种直接的匹配，这时就需要借助于所谓的架桥推理把句子联系起来。例如，为了把下面两个句子联系起来，我们可以做出“王浩去年元旦喝得酩酊大醉”的推理。

语境句：去年元旦王浩参加了很多次聚会。
目标句：今年元旦他又喝得酩酊大醉。

Haviland 和 Clark（1974）的实验表明，需要架桥的目标句比可以直接匹配的目标句需要更多的理解时间。

读者有时也要对语篇中相距很远的两个句子做出推论。例如，我们在阅读侦探故事时，必须推断每个线索的中心命题与另一线索的基本意思是如何联系的，以此来理解每个疑团的线索是如何组合在一起的，从而得到最终的答案，这种关联甚至会出现在一个故事不同时期的线索中（加洛蒂，2005）。许多研究（如 Goldman & Varnhagen，1986；Graesser & Clark，1985；Trabasso & van den Broek，1985）表明，读者形成的关联数量以及关联强度会影响读者对所阅读内容的记忆和理解。

总之，各种类型的推理，包括句子之间的架桥推理以及连接语篇中相距更远部分的推论都是我们理解阅读内容的关键所在。对于句子以及由若干句子构成的语篇来说，如果不利用存储的知识，理解将是非常困难的。而在句子和语篇理解中，利用这些知识的心理过程之一就是推理。

但是，关于阅读理解中读者是否会自动做出大量推理，学者们提出了不同的观点。一些学者（Bransford et al.，1972；Johnson-Laird，1980）认为，语篇理解特别需要我们的积极参与以得到语篇并没有直接给出的信息。阅读语篇时，读者为了建构一个相对完整的关于语篇中所描述情景和事件的心理模型，会自动做出大量联想性推论。

然而，McKoon和Ratcliff（1992）提出了稍有不同的观点，他们认为推理既可以是自动化的，也可以是策略性的或目标导向的。一些自动化推理是为了建立语篇的局部一致性，其他的自动化推理则依赖于那些易于获得的信息。与此同时，策略性推理是读者在实现其目标的过程中形成的，如全局推论（联合相当分散的情景信息而做出的推论）并不是自动化的。

一些研究为上述观点提供了支持，例如，O'Brien等（1988）在实验中向被试呈现下面三种材料：

1. All the mugger wanted was to steal the woman's money. But when she screamed, he stabbed her with his weapon in an attempt to quiet her. He looked to see if anyone had seen him. He threw the knife into the bushes, took her money, and ran away.（蒙面歹徒就是想要那位女士的钱。但当她大叫时，他为了不让她出声，便用携带的武器刺她。他看了看是否有人看见他。他将刀扔进了树丛，拿着她的钱跑了。）
2. 用knife（刀）替换weapon（武器）。
3. 用assaulted（袭击）替换stabbed（刺）。

研究者记录了被试在每一个句子上的阅读时间。结果发现，在前两种条件下，阅读时间没有差异；在第三种情况下，阅读时间延长。研究者对此的解释是，在第一种情况下，被试读过了"weapon"一词后迅速做出了凶器是一把刀的推论；在第三种情况下，被试在读到最后一个句子时才做出凶器是一把刀的推论。因此，研究者认为，只有强烈和明显的推论才能被读者迅速做出。

van den Broek和Gustafson（1999）总结了有关研究后得出三个结论：第一，读者在阅读中构建的心理表征远远超出了语篇本身所提供的信息，这意味着人们是运用自己的背景知识做出推论来对语篇加以理解的；第二，好的心理表征是连贯一致的，也就是说，读者会将语篇中的信息结合在一起；第三，读者的注意是有限的，为了减少工作量，读者不会对语篇中的所有内容都做出逻辑关系方面的推论（这种推论可以是无限多的），只有当需要建立联系时，推论才会被创建。

（二）图式在语篇理解中的作用

适当的图式的激活是理解语篇的必要条件。例如，有研究者给被试呈现写得模糊不清的语段，被试无法确定正确的图式是什么，结果他们的理解和记忆都很差（Sulin & Dooling，1974；Bransford & Johnson，1973）。下面就是这种模糊语段的一个例子：

由于抵押珍宝而得到资金上的支持，我们的主人公勇敢地蔑视所有妨碍他计划的嘲讽。他宣称，你们的眼睛欺骗了自己，能正确形容这个尚未探索清楚的星球的是一个鸡蛋而不是一张桌子。于是有三个健壮的同行要去寻找证据，他们勇往直前，有时要穿过茫茫的旷野，更多的时候要翻越险峻的山峰与河谷。

如果读者事先知道这个语段讲的是哥伦布发现美洲的事情，那么就可以激活适当的图式，从而更好地理解和记忆它。

（三）语篇的记忆表征

一些学者（Fletcher，1994；Kintsch，1998）认为，我们对语篇的记忆有三个不同的层次：第一个层次是表层表征，在这个层次上的记忆体现为我们记住了所读的确切的词句；第二个层次是命题表征，它说明了词句所表达的意义（尽管可能忘记了原来的准确措辞）；第三个层次是情景模型（situation model），它包含了语篇的要点，你可以想象一下，你在读一本侦探小说，试图将所有给出的线索凑到一起以找出“是谁干的”，此时你就在为这本小说建立一个情景模型。

研究发现，被试在听或读一个故事后，表层信息会很快遗忘，而命题信息则保持得较好（Jarvella，1971；Kintsch et al.，1990）。当然也有例外的情况，如Kintsch和Bates（1977）在研究中让被试回忆讲座内容，发现被试对于其中的笑话、旁白之类经常能记住确切措辞。另外，研究还发现，一段时间后，即使被试忘记了一半的命题信息，但是仍然能很好地记得故事讲的是什么，即读者为故事所建构的情景模型可以保持更长的时间（Kintsch et al.，1990）。

扩展阅读

我们能很容易理解比喻句吗？

比喻句，如“愤怒是一枚炸弹”“时间就是金钱”，是我们日常语言的一个重要组成部分。它包含三种成分：主题或本体（topic）、喻体（vehicle）和根据（ground）。比喻句的本体通常是句子的主语（如“愤怒”），喻体是一个简单的具体概念或彼此都知道的概念（如“炸弹”），根据是本体和喻体之间存在的相似性（例如，愤怒和炸弹都是危险的、不稳定的、不可预见的）。为了理解比喻句，听者必须找到本体是怎样和喻体联系在一起的，建立起本体和喻体之间的关系（杰伊，2004）。

Ortony等（1978）认为，我们对比喻的理解要依赖于比喻出现的背景。背景提供了比较本体和喻体的线索，帮助建构意义。没有背景线索，理解比喻义要比理解字面意思花费更长的时间。而有了背景线索，理解比喻义就是比较容易的一件事，所需时间和理解字面义相同。这似乎意味着，如果有了适当的线索，比喻义可以立即获得。

如果比喻义很容易获得，它是否会妨碍对一个比喻句的字面义的判断呢？Glucksberg等（1982）要求被试判断呈现的句子在字面上是不是真实的。其中一些句子在比喻义上是真实的，但在字面义上是不真实的，例如“All jobs are jails”

（所有的工作都是监狱）。实验假设是，比喻义真实而字面义不真实的句子比比喻义不真实的句子更难以判断，因为比喻义的真实性会干扰对其虚假字面义的判断；当句子的字面义与比喻义都虚假时，例如“All desks are roads”（所有的书桌都是道路），它们很容易被判断。研究结果支持了上述假设，对比喻义真实而字面义虚假的句子的判断时间长于比喻义不真实的句子。显然，比喻义增加了对字面义的判断时间。

在后续的研究中，Gildea和Glucksberg（1983）给被试呈现可以单独理解的比喻句，如“All jobs are jails”，并将这些比喻句与那些依存于语境的比喻句相比较，如“All hands are medicine”（所有的手都是药）。如果呈现一些字面义真实的句子作为背景信息，如“Some songs are soothing”（一些歌是令人感到安慰的），那么“All hands are medicine”的比喻义是可以理解的。研究发现，当“All hands are medicine”被像“Some songs are soothing”这样的句子启动时，对句子字面义真实性的判断相对于没有启动句要慢。也就是说，启动比喻义干扰了对字面义的判断，比喻义的激活与字面解释产生了竞争。总之，上述研究提示我们，比喻句可以被很容易地理解，特别是在有适当背景信息的情况下。

第四节　言语的产生

前面我们讨论了听者和读者怎样理解言语，在这一节，我们要讨论的是讲话者如何把头脑中的思想转变为说出来的话语。总的来说，心理学家对理解过程进行了相当多的研究，但是对言语是如何产生的还知之甚少。研究言语产生的一个困难是，我们很难控制言语产生的过程，这就使得我们很难确定发生了什么和什么时候发生。关于言语产生的很多结论来自人们收集的另一类证据，即言语产生中出现的错误。通过收集和分析人们在自然条件或实验室条件下的言语错误，我们可以对言语产生的过程和机制有所了解和认识。因此，下面我们首先来介绍言语产生过程中经常出现的一些错误，然后再讨论言语产生的过程。

一、言语产生中的错误

在自然的言语产生活动中，几乎所有人都会偶尔犯错误。虽然言语错误所涵盖的语义内容很广，但其基本类型是有限的。多数言语错误可以被描述为下面几种常见的类型（Fromkin，1973；Dell，1986）：（1）混合（blend），即把两个言语单元结合起来形成一个新的项目；（2）提前（anticipation），即一个言语单元被激活得太早，出现在了前面言语单元的位置上；（3）持续（perseveration），即一个前面位置上的言语单元取代了后面位置上的言语单元；（4）代替（substitution），即把一个言语单元变成了另一个不同的单元；（5）转移（shift），即一个言语单元从它适当的位置上转移到了另一个位置上；（6）互换（exchange），即两个言语单元相互交换了位置；（7）增加（addition），即增加了一个言语单元；（8）减少（deletion），即一个言语单元被删除。上述八类言语错误的例子见表 8-1。

表 8-1　常见言语错误的例子

类型	举例
混合	grizzly+ghastly→grastly
提前	take my bike→bake my bike
持续	pulled a tantrum→pulled a pantrum
代替	the place opens→the place closes
转移	she decides to hit it→she decide to hits it
互换	Katz and Fodor→Fats and Kodor
增加	carefully enough→clarefully enough
减少	plastic→platic

资料来源：杰伊，2004。

从表 8-1 中可以看到，言语错误涉及了不同的语言层面，如音位、音节、语素、单词和短语等。但是，一般来说，一个言语错误只涉及一个语言层面。例如，当一个说话者把“Stop beating your head against the brick wall”说成“Stop beating your brick against the head wall”时，就出现了单词层面上的互换错误，即单词“head”和单词“brick”交换了位置，而整个句子的结构仍然是完整的。

Garrett（1975）总结出言语错误有四个共同特点：第一，相互起作用的成分来自相似的环境。词首的音段往往和其他词的词首音段互换，词中部或尾部的音段也是和其他词的中部或尾部音段互换。例如，一个人把“brake fluid”说成“blake fruid”，就是把词中部的音位互换了。第二，相互起作用的成分倾向于是相似的，如元音与元音互换，辅音与辅音互换，而不会是元音和辅音互换。第三，产生了新词的错误言语一般是符合语音规则的。例如，“grizzly”和“ghastly”混合产生的新项目“grastly”是符合语音规则的。第四，产生的错误言语的重音模式与原来的言语是一致的。例如，两个音段虽然互换了，但原来词语的重音形式仍保持不变，即原来的主重音位置在互换后仍是主重音，原来的次重音位置在互换后仍是次重音。

除了收集自然言语中的错误之外，人们也对实验室情境下诱发的言语错误感兴趣。在 Baars 等（1975）的实验中，他们要求被试首先默读单词对，然后在适当的时候向被试发出信号让被试大声读出所看到的单词对。例如：

ball doze（默读）
bash door（默读）

bean deck（默读）
bell dark（默读）
darn bore（发出信号让被试大声读）

结果表明，当要求被试大声读出单词对时，被试在30%的试次中出现了第一个辅音的互换错误，即把“darn bore”说成了“barn door”(谷仓大门)。显然，Baars等所设计的实验情景有效地诱发了音位互换错误。

那么，辅音互换后的词对是由真词组成还是由非词组成，会对实验结果有不同的影响吗？为了回答这个问题，Baars等的实验除了前面的真词条件（即辅音互换后形成的还是真词）之外，还设置了一个非词条件，即如果诱导的互换错误出现，被试必须说出一对非词（例如，“dart board”经过辅音互换后是非词“bart doard”)。一个非词试次的例子如下：

big dutch（默读）
bang doll（默读）
bill deal（默读）
bark dog（默读）
dart board（发出信号让被试大声读）

结果显示，在非词条件下只有10%的试次里出现第一个辅音互换的言语错误。Baars等把真词和非词条件之间的这种差异称为词汇偏向效应。也就是说，如果互换后产生的是真词，那么被试更可能出现互换错误。

二、言语产生的过程

许多学者都同意，言语产生过程可以大体分为四个阶段：信息的概念化、语言计划的形成、语言计划的执行，以及对言语产生的自我监控和校对。下面我们对它们进行一一介绍。

（一）信息的概念化

在概念化阶段，讲话者要确定讲话的意图，并从记忆中或环境中选择信息，准备建构想要说的话语，其结果就是形成了信息水平的表征。一些心理学家认为，概念化是一个整体的、个人的思维过程，是借助于某种心理符号而不是言语来进行的一类思维，思维的结果是形成了前言语信息（杰伊，2004）。在后面的阶段，前言语信息才被转换成语言的形式。目前，关于概念化的具体过程、信息的表征形式等问题，研究者们谈论得很少，没有形成统一的认识。

（二）语言计划的形成

言语产生的下一个环节是形成语言计划。一些学者（Fromkin，1971，1973；

Garrett，1975）认为，这个计划过程包含了一系列的阶段。具体地说，讲话者在确定了想说的话语的意思后，首先要选择句子的句法结构，即产生句子的总体句法框架，在这个框架中留出词的空位有待以后填充。接下来，讲话者要确定与句法框架相匹配的语调。语调代表了句子的整体韵律特征，表明了说话者是要提出问题还是做一个陈述。此时，讲话者要标记出话语中需要被强调的成分。

在安排了句子的整体韵律特征后，讲话者就要开始寻找合适的词汇来填充句子框架了。首先是把名词、动词、形容词等内容词填充到句法框架中，然后才加入功能词（如冠词、连词、介词）和词缀。

Brown 和 McNeill（1966）设计了一种方法来揭示寻找词汇的过程是如何进行的。他们在实验中给被试一个不常用词的定义，然后让被试回答哪个单词与这个定义相符合。当给被试呈现定义“a flat-bottomed boat used in Asia”（在亚洲使用的一种平底船）时，一种可预期的反应模式出现了。一些被试知道目标词是 sampan（舢板），一些被试不知道。但是，有一些被试虽然不能立即回答目标词是什么，但他们认为自己能够找到目标词。Brown 和 McNeill 认为，这些被试正处于舌尖状态（tip of the tongue，TOT）。在实验中，这些处于舌尖状态的被试在搜索记忆的过程中，对目标词进行了一系列猜测，包括 sampoon、sarong、cheyenne 和 shang pan 等，这一系列猜测揭示了目标词的语义特性（来自亚洲的东西）和语音特性（双音节，第一音节重读）。其他类似的研究也证实了这种舌尖现象的普遍存在，并发现舌尖现象出现在所有年龄段的人身上，而且，大约 50%的舌尖状态能在一分钟内成功地解决，即找到目标词。更重要的是，处于舌尖状态的被试在说出目标词之前所做的一系列猜测，也许意味着被试在寻找词汇时，是先提取词汇的语义和句法信息，然后才提取语音信息。处于舌尖状态的被试感受到困难，是因为他们在提取全部语音信息时遭遇了失败，尽管此时他们已经提取了目标词的语义特征。

语言计划过程的最后一个阶段是把句子表述为音段，即在将内容词、功能词和词缀填充到句子框架中以后，讲话者要根据语音规则形成音位表征。此时，完整的语言计划就形成了。

一些言语错误的数据支持了上述各阶段的先后顺序。例如，当讲话者出现的言语错误是把复数语素从一个单词后转移到了另一个单词后时，该语素的语音形式（如/s/或/z/）会随着语音环境的改变而改变。当附加在以浊辅音结尾的单词上（如 birds）时，它的语音形式是/z/；当附加在以清辅音结尾的单词上（如 banks）时，它的语音形式是/s/。这类言语错误的意义在于，它表明句子的音位表征是在出现言语错误之后形成的，而言语错误发生在将词缀加到内容词上的时候，也就是说，讲话者在把单词和词缀填充到句子框架中以后才建构音位表征。再比如，即使一句话中的某个单词从一个位置转换到了另一个位置，话语的语调模式还是跟原来一样。这就意味着，语调一定是在填充词汇之前就被确定了。

扩展阅读

语境影响我们说话时对词的选择

想象一下，你在林中散步，看见一只麻雀落在不远处。如果有人问你“你看到了什么鸟?”，你可能回答说“我看到了一只麻雀”。如果你回答“我看到了一只鸟”，这将是非常怪异的。但是，如果别人问你“你看到了什么东西?”，你可能会回答“我看到了一只鸟”。如果在你说自己看到了一只麻雀后，很快又看见了一只喜鹊，此时别人再问你“你看到了什么东西?”，只要你知道这是一只喜鹊，你就不太可能回答“我看到了一只鸟”，而是会说“我看到了一只喜鹊”。这个例子说明，先前的语境会影响我们对词的选择。

最近，Jescheniak 等（2017）利用图—词干扰实验范式探索了语境对言语产生过程中词汇语音激活的影响。在实验中，给被试呈现物体图片（如一支圆珠笔的图片），要求被试用下位名称（如“圆珠笔”）而不是基础水平名称（如“笔”）对图片中的物体做出反应。在图片呈现的同时，被试还会听到一个干扰词，干扰词在语音上与基础水平名称相似（即有相同的初始发音片段）或者无关。实验设置了两种语境条件：一种是无限制语境条件，即要求被试命名图片中的物体，对于这个要求所产生的语境来说，被试做出“笔”或者“圆珠笔”的反应都是恰当的；另一种是限制性语境条件，例如，要求被试命名图片中的笔，被试做出“笔”的反应对于这种语境来说是不合适的。研究发现，相似干扰词比无关干扰词会更强烈地阻碍命名反应。这说明，被试在语音水平上激活了基础水平名称替代者（如“笔”），因此，相似干扰词与基础水平名称替代者的发音冲突才会更强烈地妨碍被试说出下位水平名称（如“圆珠笔”）。而且，该研究显示，在两种语境条件下，干扰效应是相似的。根据这一结果，研究者提出，词汇激活过程在很大程度上是自主的、独立于语境的，相互竞争的候选词汇表征被激活后，语境才会发挥作用，以阻止不恰当反应的选择和产生。不过，不同类型语境的作用是否一样，还需要更多的研究。

（三）语言计划的执行

一旦我们在头脑中形成了语言计划，接下来，我们就要执行这个计划，说出想说的话语了。在这个阶段，大脑要支配发音器官的肌肉，把音位表征转换为实际要说的声音。考察人们的自然话语时，我们很容易发现，讲话者的话语并不总是非常流畅的，有时会出现言语的犹豫或停顿。特别是对于没有准备的言语，讲话者从一个观点向另一个观点转移时会出现不流畅和停顿的现象。

有研究者（如 Henderson et al.，1966）发现，人们说话的流畅和停顿是交替出现的，表现出流畅和停顿的周期性特点。这可能意味着，形成语言计划和执行语言计划是交替进行的：我们先说出想要表达的一部分内容，然后停下来计划下一部分内容，再把它说出来……由于工作记忆的限制，讲话者每次形成和执行的计划不能太复杂、太长。

在讲话中停顿的位置是可以被预期的。多数停顿发生在内容词之前而不是功能词之前，许多停顿发生在语法边界处（杰伊，2004）。例如，Boomer（1965）通过分析自发言语中的停顿现象发现，与短语内的停顿相比，在主要的短语之间的连接处有更频繁的停顿，平均停顿时间也更长。在会话中，停顿一般有两种形式：沉默式的或是填充式的。许多填充式停顿采用了非词声音（如 um、er、ah）或插入语（如 well、say）的形式。

影响言语中停顿的一个变量是说话者可以提取的潜在的候选词的数量。Schachter 等（1991）发现，与社会科学家或自然科学家的讲演相比，人文学者会采用更多的填充式停顿。研究者猜测，造成这一结果的原因可能是，相对于自然科学家的讲演来说，人文学者的讲演中有丰富的词汇及大量同义词，而自然科学家的讲演稿中的单词，如分子、原子等，没有同义词，很少能被替代。后续的研究（Schachter et al.，1994）计算了在讲演和学术出版物中使用的不同单词的数量。结果显示，相对于社会科学家或自然科学家来说，人文学者使用了更多样化的单词。这支持了先前的观点。

（四）对言语产生的自我监控和校对

在言语产生过程中，自我监控和校对有可能出现在两个点上：一是出现在计划阶段的隐蔽的自我监控；二是在说话过程中出现的显性的自我监控（杰伊，2004）。前面提到的词汇偏向效应（口误产生更多的词错误而不是非词错误）已经被用来证明在计划过程中存在隐蔽的监控和校对，从而减少了非词错误。Motley 等（1981，1982）也采用实验室诱发口误的方法探讨了被试在说话前是否会对言语进行校对。为了测量说话者对情绪性言语错误的觉知，研究者将被试的皮肤电反应（GSR）作为情绪唤醒的指标。如果一个被试意识到他将要说出的是禁忌词［如 cool tits（乳头）］，那么，相对于说非禁忌词［如 tool kits（工具箱）］之前记录的 GSR，说禁忌词之前记录的 GSR 应该更高。实验中，他们给被试呈现准备词（如 cool tarts），让被试默读。默读准备词后，被试要出声地读出目标词（如 tool kits），实验者观察被试在读目标词时是否会由于准备词的影响而产生禁忌词口误（如 cool tits）。结果显示，被试产生了更多的中性口误（如 cool kits）而不是禁忌词口误，表明口误确实受到了某种形式的审查。另外，相对于诱发了低 GSR 的目标词来说，与高 GSR 相联系的禁忌词需要花费更长的时间说出来。总之，引起情绪唤醒的单词，会诱发被试产生更高的 GSR，并且，在说出来之前，被试会花时间审查不适当的禁忌词。

与此同时，显性的自我监控和校对可以在人们的话语中直接观察到。Nooteboom（1980）发现，几乎三分之二的言语错误在错误发生后被很快纠正。但是，不同类型的错误得到纠正的可能性不同，提前错误比持续错误更经常被纠正。

Levelt（1983，1989）也有类似的发现：18%的错误在惹麻烦的单词内被纠正，51%的错误在错误单词被说完后立即被纠正，31%的错误要延迟到一个或几个单词后才被纠正。

Levelt（1983）认为，说话者在检测出言语错误之后会自行中断言语；然后，通常会说一些表示正在校对的插入语，如 I mean、uh 等；最后，对言语做自我纠正。根据 Levelt（1983，1989）的观点，自我纠正有以下三种类型：当说话者返回到错误处并用正确的词替代它时，发生的是即时纠正。例如，the blank crossing point ˆ white crossing point（空白交叉点 ˆ 白色交叉点）。向前折返，发生在说话者返回到句子中错误之前的一个点上。例如，to the purple crossing point ˆ to the red crossing point（到紫色交叉点 ˆ 到白色交叉点）。第三种形式是重新开始，即说话者放弃最初的句子，重新开始。例如，from yellow down to brown ˆ no，that's red（从黄色变到棕色 ˆ 不，是红色）。Levelt（1989）发现，多数自我纠正是即时纠正（51%）和向前折返（41%），只有8%是重新开始。纠正的目标是出错的地方，说话者纠正错误时一般不会重复整句话。但是，当原始的句子不适合情境时，重新开始是最有可能的。

基本概念

语言和言语	音素和音位	语素	语音知觉
韵律特征	动作理论	组群理论	TRACE 模型
单词识别	句法分析	情境效应	交互激活模型
花园路径模型	言语产生		

本章要点

1. 语言是一种有结构的符号系统，它具有交流性、任意性、结构性、生成性和动态性等特征。语言由音素和音位、语素、词和句子构成。言语就是个人运用语言的行为和结果。言语既指一个人说或写的行为，也指这种行为的结果，即个人所说或所写的话。一方面，语言是社会现象，言语是一种心理现象，二者有着本质的区别；但另一方面，语言和言语也有着密切的联系。

2. 口头言语的出现要比书面言语早得多，在我们的日常人际交往中也发挥着更为重要的作用。通过语图分析，我们可以了解语音的频率、强度和声音持续时间等特征。语音知觉具有范畴性，是一种特殊的知觉，言语声音的知觉过程不同于其他声音的知觉过程。但也有学者仍然把言语知觉视为普通的知觉。在连续语音知觉中，存在着自下而上加工和自上而下加工。对韵律特征的加工使得语音加工具有独特性。语音知觉和口语单词识别的理论模型包括动作理论、组群理论和 TRACE 模型等。

3. 阅读过程通常涉及从低到高的一系列加工阶段。眼睛运动是阅读中重要的环节。在阅读中，首先要识别单词。熟练读者的单词识别是自动化的，并受情境的影响。一个颇有影响的视觉单词识别理论是交互激活模型。然后，完成句子理解。理解一个句子涉及对句法、语义等因素的注意。句法分析的理论包括花园路径模型和基于制约的理论。句子理解与工作记忆有着密切联系。在理解句子的基础上，才能理解整个语篇的意义。对语篇的理解包括句子之间的连接、推理和产生新知识体系等。

4. 在言语产生中也会出现错误，如混合、提前、持续、代替、转移、互换、增加以及减少等。言语产生过程可以大体分为四个阶段：信息的概念化、语言计划的形成、语言计划的执行，以及对言语产生的自我监控和校对。

思考题

1. 语言具有哪些特性?
2. 具体说明语言的结构。
3. 语言和言语之间的关系如何?
4. 说明语音知觉的范畴性。
5. 连续语音是如何被加工的?
6. 口语单词识别有哪些理论模型?
7. 人们如何阅读书面言语?
8. 句子理解理论有哪些?
9. 花园路径模型如何解释人们的阅读过程?
10. 工作记忆在句子理解中有何作用?
11. 语篇理解是如何进行的?
12. 产生言语时为什么会出现错误?
13. 言语是如何产生的?

第九章

推理、判断与决策

开卷有益

1. “所有A是B”等同于“所有B是A”吗？根据“有些教师是共产党员，有些共产党员会开车”是否可以推断出“有些教师会开车”？

2. 你认为归纳推理能够得到一个肯定正确的结论吗？

3. 在抛硬币游戏中，如果连续5次抛硬币的结果都是国徽朝上，那么，你认为第6次抛硬币的结果可能会是什么？国徽朝上的概率有多大？

学习目标

1. 掌握演绎推理和归纳推理的定义以及二者的区别。

2. 认识推理中的常见错误及其形成的原因。

3. 了解推理的主要理论；把握人类判断与决策的特点和规律，理解主要决策理论的基本观点。

学习重点

1. 三段论推理中的常见错误及其形成的原因。

2. 推理的双加工理论的基本观点。

3. 人们是如何利用直觉和经验进行判断和推理的。

小王告诉小张，她的同学小李比她高，而且小张知道自己没有小王高。根据这些信息，小张得出结论，小李比自己高。心理学家用“推理”（reasoning）一词来描述这种从已知的信息得到结论的认知加工过程。与推理密切相关的心理活动是判断（judgement）和决策（decision），它是个体根据自己的愿望（效用、个人价值、目标、结果等）和信念（预期、知识、手段等）选择行动的过程（Hastie，2001）。外部世界充满了复杂性和不确定性，人们是如何运用自己的感知觉、记忆、思维等认知能力对情境做出判断与决策的呢？本章就是要对人们关于推理、判断与决策的研究进行总结。

推理通常可以分为两类：演绎推理（deductive reasoning）和归纳推理（inductive reasoning）。当推理者从一个或多个关于已知条件的一般性阐述中得出一个逻辑合理的结论时，他所完成的是演绎推理，这是一个从一般到特殊的过程。相反，归纳推理是从特殊到一般的过程，推理者根据具体事实或观察进行推理，得出一个能够解释这些事实的合适的结论；然后，推理者或许会运用这个可能正确的结论来试图预测以后的具体实例（Johnson-Laird，2000）。两种推理的一个重要区别是：在演绎推理中，如果前提正确并遵循逻辑规则，就不可能得出错误的结论；但是在归纳推理中，我们永远不能得到一个逻辑上完全肯定的结论，我们能得到的只是一个部分合理的结论。下面我们将分别介绍人们对演绎推理和归纳推理的研究，进而介绍判断与决策等内容。

第一节 演绎推理

演绎推理是从一个或几个一般性前提中得出具体的、符合逻辑的结论的过程。在演绎推理中，从前提出发，遵循逻辑规则，我们就可以得到有效的结论。例如，所有学生都爱吃比萨饼。刘强是一个学生。所以，刘强爱吃比萨饼。这是一个结论有效的演绎推理。但是，演绎推理的有效性并不等于真实性，一个有效的结论在现实世界中可能是完全错误的。在上例中，前提“所有学生都爱吃比萨饼”是明显不真实的，因而其结论“刘强爱吃比萨饼”就可能是完全错误的。总之，演绎推理的结论是否正确，不仅要看推理过程是否遵循逻辑规则，还取决于前提或结论是否真实。下面我们就来分析两种重要的演绎推理形式。

一、三段论推理

（一）什么是三段论

演绎推理的一种重要形式是三段论推理（syllogistic reasoning），它的基础是三段论的运用。所有的三段论都是由两个假定真实的前提，以及一个可能符合也可能不符合这两个前提的结论组成的。虽然逻辑学家识别出了不同类型的三段论，但我们在这里将只探讨范畴三段论（categorical syllogisms）。

范畴三段论包含了一系列逻辑命题或陈述，这些命题或陈述都使用表示限定的词，如“所有”“没有”或“有些”等。例如，“所有喜鹊都是鸟”“没有自由主义者是共和党人”“有些花是蓝色的”“一些芭蕾舞女演员的个子不高”等，这些都是范畴三段论中常见的句子形式。下面是一个范畴三段论的例子：

所有的鸟（M）都是动物（P）。（大前提）
麻雀（S）是鸟（M）。（小前提）
所以，麻雀（S）是动物（P）。（结论）

三段论一般包含三个项，即大项、中项和小项。结论中的主项，如上例中的麻雀（S），叫小项；结论中的谓项，如上例中的动物（P），叫大项；两个前提中共有的项，如鸟（M），叫中项。中项虽然不出现在结论中，却是大项和小项得以产生联系的桥梁。

包含大项的前提叫大前提，包含小项的前提叫小前提。由于中项在前提中的位置不同，可以将三段论分成四种构成形式（见表9-1）。

表9-1 三段论的四种构形

	构形一	构形二	构形三	构形四
大前提	M—P	P—M	M—P	P—M
小前提	S—M	S—M	M—S	M—S
结论	S—P	S—P	S—P	S—P

三段论中使用的命题可以是肯定的也可以是否定的，可以是全称的也可以是特称的，因此三段论中的命题有四种类型（见表9-2）。把这四种类型和三段论中的三个命题结合起来，理论上可以得到64个不同形式的三段论。但其中有些形式不符合推理的规则，因而是无效的。例如，人们不能从两个否定的前提中得出结论。类似地，两个前提全以“一些”作为数量词的范畴三段论也是没有有效结论的。

表9-2 范畴三段论中命题的类型

三段论中使用的命题的类型		例子
A	全称肯定：所有S都是P。	所有的心理学家都是明智的。
E	全称否定：所有S都不是P。	所有医生都不是文盲。
I	特称肯定：有些S是P。	有些动物生活在海中。
O	特称否定：有些S不是P。	有些教授不富有。

（二）三段论推理中的常见错误

人们在进行三段论推理时，有时会得出错误的结论。例如，人们发现，当一个或多个前提包含表示限定的词“一些”，或者一个或更多的前提为否定时，人们的推理往往较慢，错误也更多。那么，在三段论推理中人们容易犯哪些错误呢？为什么会犯这些错误呢？

1. 气氛效应

推理常常受到“气氛效应”的影响，这里的气氛效应主要是指推理中由前提的形式引导的一种错误倾向。例如，“所有的鱼都生活在水里，鲸鱼也生活在水里”，由于前提气氛的影响，有些人很容易做出“鲸鱼是鱼”的错误结论。

Woodworth 和 Sells（1935）在研究中发现，气氛效应主要包含两个方面：一方面，对两个肯定的前提，被试倾向于做出肯定的结论；而只要前提中有一个是否定的，被试就倾向于做出否定的结论。与此同时，对于两个全称的前提，被试倾向于接受全称的结论；而只要前提中有一个是特称的，被试就倾向于接受特称的结论。比如，当呈现三段论前提“有些教师是共产党员，有些共产党员会开车”时，人们可能错误地推断出“有些教师会开车”，并自以为肯定正确。事实上，第一个前提允许了这样的可能性：一些共产党员不以教师的身份存在，他们可能是公务员，或许只有这些公务员才会开车。

2. 曲解前提意义

三段论推理中发生错误的另一个原因是，人们有时会错误地解释前提。例如，人们看到前提中“所有 A 是 B”后，往往认为“所有 B 也是 A”。对前提解释上的错误，导致了推理错误的发生。Erickson（1978）的研究证实了这种情况的存在。他要求大学生被试画出集合图来表示他们对命题（例如，所有的 A 都是 B）的理解，结果 40％的被试对这个命题的反应是“A＝B”，60％的反应是“B 包含 A”。这项研究表明，在面临推理问题时，人们经常自动做出假定或者改变某些词的意思，而并没有真正理解问题的意义。当被告知“所有 A 都是 B”时，一些人便自动认为 A 和 B 是同一样东西，但事实可能并非如此。

前提中的限定量词“some”（有些或一些）也会造成理解上的困难，因为逻辑学上对这个词的理解和人们在日常生活中的理解是不一样的。说“有些心理学家是自由主义者”在逻辑学上仅仅是表达：“至少一个心理学家是自由主义者，但是，可能有也可能没有其他的心理学家不是自由主义者，并且可能有也可能没有其他自由主义者不是心理学家。”但是，按照人们的日常理解，会以为它表达的是：“有些心理学家是自由主义者，有些心理学家不是自由主义者。”而这种日常理解在逻辑学家看来是错误的。

有学者认为，在推理中出现的许多错误都可归因于对前提的曲解（Revlis，1975）。而且，即使给了人们详细的定义，并经过一定的练习，这个问题依然存在（Galotti et al.，1986）。由此可见，人们对“所有”“有些”等词的一般日常理解是多么强有力，以致人们在推理中难以按照这些词的准确的、与日常理解略有差别的定义来完成推理任务。

3. 没有考虑所有可能性

有时，三段论推理中出现的错误只是由于人们在理解前提时，没有考虑所有的可能性。在人们对两个前提所提供的信息进行组合时，这种情况更容易发生（Erickson，1978）。现在，你可以通过下面的练习来证明这一点：用圆圈图画出三段论“有些A是B，有些B是C”中A、B、C三项的所有可能组合。请你尽可能想出所有的可能性，当你认为自己已经完成这个任务时，请数一数你画出了多少种。那么，你画出了所有的可能组合吗？事实上，它应该有30余种之多。

4. 内容效应与可信度效应

给两个人呈现形式相同但内容不同的前提，他们在推理时的表现很可能大相径庭，这种现象被称作内容效应（content effect；加洛蒂，2005）。请看下面两个三段论：

所有的人都是会死的。
我的父母是人。
所以，我的父母会死。

所有的人都是会死的。
希特勒是人。
所以，希特勒会死。

这两个三段论的形式完全相同，并且前提都是真的，结论也是真的。但是，接受第一个结论可能要比接受第二个结论更难，而这显然是由内容的不同造成的。

可信度效应（believability effect）与内容效应相关，即人们倾向于判定那些能够强化他们最初设想的结论为有效，而不管该结论是否来自前提（Evans et al.，1983）。请看如下两个前提：“一些心理学家是咨询师。一些咨询师能了解人的内心活动。”根据这两个前提，我们是无法得出逻辑上有效的结论的，但很多人倾向于认定根据这些前提会不可避免地得出结论：“一些心理学家能了解人的内心活动。”这个结论符合他们对心理学家的先前看法与已有印象：心理学家善于察言观色，可以敏锐地注意到他人在言谈举止中流露出的任何一点信息，并通过缜密的分析，洞悉他人的内心世界。请注意，如果对这个三段论的内容稍加改变，便能更清楚地看出这一结论为什么不总是正确的：“一些男子是教师。一些教师是女子。”我们的常识使我们不会得出“一些男子是女子”的结论，因为我们知道这是荒谬的。

Janis和Frick（1943）发现，当结论与判断者的态度相符时，人们易于接受无效的结论。他们在实验中，要求大学生判断三段论推理的有效性，即结论是否是从前提中合乎逻辑地得出的。下面是该研究使用的一些三段论：

许多鲜艳的蛇都是有毒的。
铜斑蛇颜色不鲜艳。
所以，铜斑蛇不是毒蛇。

有些药肯定是有毒的。
所有的啤酒都含有药物酒精。
所以，有些啤酒是有毒的。

所有有毒的东西都是苦的。
砒霜不苦。
所以，砒霜没有毒。

在被试完成对每个三段论的有效性的判断之后，研究者要求被试重新阅读结论，并表明他们是否同意结论中的观点。研究结果表明，被试在推理任务中所犯的错误往往是由他们对结论的成见造成的。

二、条件推理

（一）什么是条件推理

条件推理是指人们利用条件性命题（如果—那么）进行的推理。常见的条件推理包含一个条件性命题、一个直陈命题和由此得出的一个结论（彭聃龄，张必隐，2004）。例如：

1. 如果你是一位母亲，那么你有孩子。
   你是一位母亲。
   所以，你有孩子。

在这个推理中，第一个命题为条件性命题，“如果”部分为前件（用 P 来表示），“那么”部分是后件（用 Q 来表示）。第二个命题是直陈命题，它可以是对前件的肯定或否定（P 或非 P），也可以是对后件的肯定或否定（Q 或非 Q）。第三个命题是根据前提得到的结论（P 或非 P，Q 或非 Q）。因此，上述的条件推理可以表示为：

如果 P，那么 Q。
P。
所以，Q。

条件推理有四种可能的形式，上面的例子是肯定前件的，其他三种形式举例如下：

2. 如果你是一位母亲，那么你有孩子。（如果 P，那么 Q。）
   你没有孩子。（非 Q。）
   所以，你不是一位母亲。（所以，非 P。）

3. 如果你是一位母亲，那么你有孩子。（如果 P，那么 Q。）
你不是一位母亲。（非 P。）
所以，你没有孩子。（所以，非 Q。）

4. 如果你是一位母亲，那么你有孩子。（如果 P，那么 Q。）
你有孩子。（Q。）
所以，你是一位母亲。（所以，P。）

在上述四种形式的条件推理中，只有第一、二种是有效的，第三、四种则是无效的。不是一位母亲，并不意味着此人一定没孩子，因为他可以是一位父亲。同理，有孩子的人也许是父亲，所以不能肯定其为母亲。

（二）条件推理中的常见错误

人们在条件推理中容易出现的一种错误倾向是，把否定前件式推理（如上文第三种形式）和肯定后件式推理（如上文第四种形式）作为有效的推理。例如，人们经常认为，如果一个条件性命题是正确的，那么将其前件和后件变为否定的形式，命题也依然成立。但是，从“如果一个动物是麻雀，那么它是一只鸟”，并不能合乎逻辑地推断出“如果一个动物不是麻雀，那么它不是鸟”。人们有时也会认为，如果条件性命题是正确的，那么将“如果”和“那么”两项对调，推理依然成立。但事实上，尽管“如果一个动物是麻雀，那么它是鸟”是正确的，但对调之后的“如果一个动物是鸟，那么它是麻雀”却是不正确的。上述两种错误，我们常常可以在坠入情网的朋友身上观察到：

如果她喜欢我，她就会跟我一起出去。
她不喜欢我。
所以，她不会跟我一起出去。

如果她喜欢我，她就会跟我一起出去。
她跟我一起出去了。
所以，她喜欢我。

仔细分析，你不难发现上述推理的错误，然而，人们还是常常会把否定前件式推理和肯定后件式推理看作有效的推理。与此相反，否定后件式推理（如上文第二种形式）尽管是有效的，但人们接受起来却比较困难。

Rips 和 Marcus（1977）向被试呈现八项具体的条件推理，要求被试判断它们的结论是“永远真实”“有时真实”还是“从不真实”。被试均为没有受过推理规则训练的大学生。研究者使用的推理材料如下：

1. 如果一张卡片的左边是 A，那么它的右边就有 7。

这张卡片的左边是A。
所以，这张卡片的右边有7。

2. 如果一张卡片的左边是A，那么它的右边就有7。
这张卡片的左边是A。
所以，这张卡片的右边没有7。

3. 如果一张卡片的左边是A，那么它的右边就有7。
这张卡片的左边不是A。
所以，这张卡片的右边有7。

4. 如果一张卡片的左边是A，那么它的右边就有7。
这张卡片的左边不是A。
所以，这张卡片的右边没有7。

5. 如果一张卡片的左边是A，那么它的右边就有7。
这张卡片的右边有7。
所以，这张卡片的左边是A。

6. 如果一张卡片的左边是A，那么它的右边就有7。
这张卡片的右边有7。
所以，这张卡片的左边不是A。

7. 如果一张卡片的左边是A，那么它的右边就有7。
这张卡片的右边没有7。
所以，这张卡片的左边是A。

8. 如果一张卡片的左边是A，那么它的右边就有7。
这张卡片的右边没有7。
所以，这张卡片的左边不是A。

在上述八项条件推理中，第一、二、七、八项推理是肯定前件式推理或否定后件式推理，被试对第一和第八项推理的正确反应应该是“永远真实”；对第二和第七项推理的正确反应应该是“从不真实”；第三、四、五、六项推理则是无效的否定前件式推理或肯定后件式推理，被试的正确反应应该是“有时真实”。那么，被试在研究中的实际反应是怎样的呢？研究结果见表9－3。

从表中可以看到，被试对第一、第二项推理的判断完全正确，即第一个结论

“永远真实”，第二个结论“从不真实”。这说明被试成功地运用了肯定前件式推理。但是，对第七和第八项推理，有一些被试做出了错误的判断，只有77%的被试认为第七个结论“从不真实”，只有57%的被试认为第八个结论“永远真实”。这说明，人们接受否定后件式推理要困难得多。

另外，大约有20%的被试对第三、四项推理的判断是错误的，即认为第三个结论“从不真实”，第四个结论“永远真实”。也就是说，一些被试相信否定前件就应该否定后件，或者说否定前件式推理是有效的。对第五和第六项推理，也有约20%的被试判断错误，他们认为第五个结论“永远真实”，第六个结论“从不真实”。也就是说，被试认为肯定后件就应该肯定前件，或者说肯定后件式推理是有效的。

表9-3　被试对八项条件推理的反应百分比

推理	永远真实	有时真实	从不真实
1. P⊃Q，P，∴Q。	100	0	0
2. P⊃Q，P，∴～Q。	0	0	100
3. P⊃Q，～P，∴Q。	5	79	16
4. P⊃Q，～P，∴～Q。	21	77	2
5. P⊃Q，Q，∴P。	23	77	0
6. P⊃Q，Q，∴～P。	4	82	14
7. P⊃Q，～Q，∴P。	0	23	77
8. P⊃Q，～Q，∴～P。	57	39	4

资料来源：Rips & Marcus，1977。

对上述实验结果的一种解释是，被试错误地理解了“如果—那么”的含义，把“如果P，则Q”理解为“当且仅当P，则Q”，因此犯了“否定前件”和“肯定后件”式的错误。事实上，在“如果P，则Q”的命题中，P只是Q发生的充分条件而非必要条件。

由Peter Wason首创的一系列实验（相关综述参见Wason & Johnson-Laird，1972）利用选择任务（selective task）或四卡任务（four-card task）研究了条件推理，同样显示出人类在执行任务中所犯的逻辑错误。研究者给被试呈现四张卡片，分别标有数字或字母，如“A”“D”“4”和“7”[见图9-1（a）]，并告诉他们每张卡片的一面写着数字，另一面写着字母。然后给被试一个条件命题：“如果一张卡片的一面是元音字母，那么它的另一面是偶数。”被试的任务是，推断出为了判断这个条件命题是否为真，必须翻看哪几张必要的卡片。

正确的答案是选择卡片“A”和卡片“7”。为什么呢？卡片“A”是相关的，因为按照规则，它构成了肯定前件式的推理（“如果一张卡片的一面是元音字母，那么它的另一面是偶数”，“卡片的一面是元音字

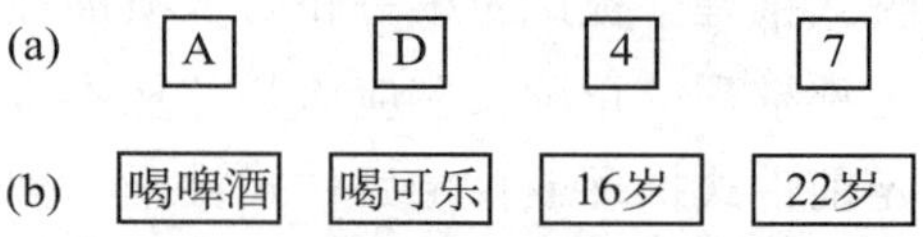

图9-1　四卡任务的材料示例

母”，“那么，它的另一面是偶数”）。卡片“7”同样重要，因为按照规则，它构成了否定后件式的推理（“如果一张卡片的一面是元音字母，那么它的另一面是偶数”，“卡片的一面不是偶数”，“那么，它的另一面不是元音字母”）。但是，卡片“D”是不相关的，因为它构成的是否定前件式的无效推理（“如果一张卡片的一面是元音字母，那么它的另一面是偶数”，“卡片的一面不是元音字母”，“那么，它的另一面不是偶数”）。同样，选择卡片“4”就等于接受肯定后件式的无效推理（“如果一张卡片的一面是元音字母，那么它的另一面是偶数”，“卡片的一面是偶数”，“那么，它的另一面是元音字母”）。大量类似实验的平均结果是，大约90%的被试选择卡片“A”，但只有25%的被试选择卡片“7”。另外，约有60%的被试错误地选择卡片“4”（Oaksford & Chater，1994）。

但是，如果四张卡片换为其他信息，个体的表现可能发生戏剧性的改变。例如，卡片的一面是人的年龄，另一面是他喝的饮料，所示的四张卡片上写着“喝啤酒”“喝可乐”“16岁”和“22岁”[如图9-1（b）所示]，所要检验的命题是“如果一个人喝啤酒，那么他一定超过了19岁”。这个实验是由Griggs和Cox（1982）进行的，他们发现大约四分之三的大学生被试能正确解决饮酒年龄的问题，但很少有人能解决字母和数字的同类问题。

怎么解释这种效应呢？Griggs和Cox认为，问题的某些内容会使人想起与内容有关的个人经验，这些经验可以帮助被试进行推理。实验中的大学生被试之所以在与饮酒年龄有关的四卡任务中成绩优异，是因为他们具有关于饮酒年龄法规的个人经验（或许他们违背过这些法规），这使他们考虑到哪种年龄与饮料的组合将违背法规。而同样的被试在推断元音字母与数字的关系时，是没有可供比较的相关经验的。

扩展阅读

情绪有助于推理还是阻碍了推理？

许多人相信，人们情绪激动时往往不够理智，也就是说，情绪会阻碍人的思考和推理。那么，这种说法得到研究证据的支持了吗？一些学者考察了情绪对演绎推理的影响，让我们对情绪在演绎推理中的作用有了更全面的认识。

研究显示，被试的情绪状态的确会有损他们在不同演绎推理任务中的表现。例如，抑郁情绪会导致被试在范畴三段论推理中的成绩下降（Channon & Baker，1994）。与中性心境相比，处于积极心境中的被试在进行范畴三段论推理时做出逻辑反应的可能性更低（Melton，1995）。诱导的积极和消极心境对条件推理均有不利影响（Oaksford et al.，1996）。此外，情绪内容也影响推理。在条件推理任务中，对情绪内容进行推理时（与中性内容相比），被试给出规范正确反应的可能性更低（Blanchette，2006；Blanchette & Richards，2004）。

虽然实验室研究支持了情绪状态和内容对演绎推理的不利影响，但是实验室外的研究则报告了不同的结果。例如，2005年伦敦恐怖袭击事件发生后，有更强烈情绪反应的被试（在伦敦和曼彻斯特的被试），与有较弱情绪反应的被试（在加拿大的被试）相比，在一些包含恐怖主义相关内容的三段论推理中成绩更好（Blanchette et al.，2007）。另一项研究发现，性侵害案的受害者在进行侵害相关内容的推理时有更好的表现（Blanchette & Caparos，2013）。

Blanchette等（2014）提出，情绪对推理的影响可能受到相关性（即情绪内容与被推理陈述所激活的概念之间的重叠程度）的调节。当情绪状态由与推理内容无关的刺激所诱发时，无关的情绪维度将吸引被试的注意，使之将重要的资源引导到任务加工之外，从而损害推理任务表现；而当情绪状态由与推理内容有语义关系的刺激所诱发时，则有可能观察到情绪的积极效应。Blanchette等使用条件推理任务所得到的实验结果部分支持了以上假设。

第二节　归纳推理

归纳推理是由具体事实或观察得出一般性结论的过程。例如：

老王在35岁左右记忆力开始下降。（第一个事实）
老李在35岁左右记忆力开始下降。（第二个事实）
老刘在35岁左右记忆力开始下降。（第三个事实）
…………
人在35岁左右记忆力开始下降。（一般性结论）

显然，归纳推理是结论可能（不一定）正确的推理。换句话说，归纳推理的结论不是绝对的，只是“可能的”，其可能性也许有85%，也许有90%，要根据所抽样本的代表性（如地区、性别、家庭文化环境等因素）与样本大小（样本越大，其可能性将越高）而定。在归纳推理中，不可能有逻辑上的确定性，永远都存在这样一种可能，即下一个观察所得的结果会推翻以前所有的观察都证实了的结论。在进行归纳推理时，人们容易犯“轻率概化”的错误，事实上，人们对性别、种族的刻板印象就是这样形成的。

虽然归纳推理的结论并不保证是正确的，但它们仍然是非常有用的。归纳推理可以帮助人们迅速理解其所处环境中的巨大变化，预言环境中的事件，降低环境中的不确定性。比如，有人注意到，早晨天空出现彩霞后，往往会很快下雨，而晚上天空中出现彩霞，往往数天不会下雨，于是人们得出“朝霞不出门，晚霞行千里”的结论。再比如，一位股票分析专家注意到，数年来石油股的市场价格都在一年的最后两个月稳步攀高，然后在 1 月回落，于是她敦促她的客户在今年的 10 月底买进石油股，在 12 月底抛出。可见，归纳推理的结论可以直接用来预测事物的发展变化情况或指导个体以后的行为。

人们用来研究归纳推理的任务有多种，这里我们只谈谈类比推理、因果推论与假设检验。

一、类比推理

归纳推理可以用于完成类比推理任务。下面的问题或许你很熟悉，它的样式是“A 对于 B，相当于 C 对于____”。其一般的理念是，前两项（A 和 B）揭示了某种关系，第三项（C）提供了对另一关系的部分描述。推理者的任务是推出第四项（空白的那一项）应当是什么，并且使得它与第三项的关系相当于（或近似于）第一项与第二项的关系。例如，“火对石棉就像水对：（A）乙烯树脂；（B）空气；（C）棉花；（D）水龙头”。为了完成这种类比推理任务，推理者必须观察第一项和第二项（这个例子中的“火”和“石棉”），并且从这两个项目中归纳出一种或多种关系（在这个例子中是表面互斥性，因为外表裹上石棉可以防火）。然后，推理者必须把这个假设的关系用于类比的第二部分。在这个推理例子中，推理者应该选择答案“乙烯树脂”，因为外表裹上乙烯树脂就可以防水。

Sternberg（1977a）利用数学模型分解出被试花在类比推理各个过程上的时间量。他发现，在解决简单的文字类比时，大部分时间花在对项目进行编码以及做出反应上，实际用在推理操作上的时间只占一小部分。

类比推理的难易程度取决于问题的复杂性，而复杂性依赖于许多因素，如所要理解的各个项目的复杂程度、推理者对此的知识掌握情况、找出前两项关系的容易程度、空白项有多少种可能，以及想出它们的难易程度等（Pellegrino & Glaser，1980；Sternberg，1977b）。

二、因果推论与假设检验

研究归纳推理的另一条途径是考察因果推论，即考察人们如何判断是不是某件事导致了另一件事。例如，如果某个社区有很多人感染了肝炎，当地卫生局将会调查导致每一位肝炎患者感染这种疾病的所有可能的途径。假如调查的结果是，他们住在不同的街区，在不同的食品店购物，在不同的医院看病，过着不同的生活，但是他们所有人都曾于某一个晚上在同一家饭店吃晚餐，那么卫生局很可能会归纳得出结论：他们是在饭店进餐时感染了肝炎。在这个例子中，人们是基于“求同法”找到了事件发生的原因。使用这种方法，观察者要分别列出在某一结果发生时出现了的和没出现的所有可能的原因，如果在所有可能的原因中，只有一条原因在所有给出的结果中都出现了，那么观察者可以归纳得出结论，在所有结果中都出现了的那条原因便是真正的原因（斯滕伯格，2006）。

“求异法”是帮助我们进行因果推论的另一种方法。例如，小丽和小红是孪生姐妹，两个人生活在同一个家庭，有同样的饮食，在同一个学校、同一个班级学习。但是，班主任老师比较关注小红，不太注意小丽。小红的考试成绩优秀，小丽的考试成绩中等。因此我们可以得出结论，两人考试成绩的差别是由她们的受关注程度不同造成的。也就是说，某一给定现象发生时的所有环境与没有出现这种现象时的环境除了在一个方面不同以外其余完全一样，那么我们就可以推断，是环境中的这个差别引发了这个现象。

然而，在实际生活中，我们的因果判断经常会出现错误。比如，我们有时仅仅根据一些相关性证据就做出因果推论。事实上，因素A与因素B的相关关系可以存在于多种情况下，如因素A导致因素B，或因素B导致因素A，或某个更高层次的因素C导致了因素A和B一起出现。如果我们认识不到因素A和因素B可能存在的复杂关系，就会轻率地做出有可能错误的因果推论。

另外，在进行因果判断时，人们（包括心理学家和科学家）往往带有一种证实偏向（confirmation bias）。我们知道，许多现象都是由多个原因造成的，如一起交通事故经常有几个原因，而不是只有一个原因。但是一旦我们已经确定了某一现象的一个可疑原因，我们就很可能会停止搜寻其他可能的原因，而只是想办法去证实我们的已有推论。

Wason（1960）在一个假设检验任务中研究了归纳推理并演示了这种证实偏向。在这项研究中，他给被试三个数字（2，4，6），并告诉被试这三个一组的数字遵循某种规则。被试的任务是判断该规则是什么，但被试不可以问与规则直接相关的问题。被试可以做的是，提供自己的三数组，并从主试那里获得反馈信息，即主试要告诉被试，被试所提供的每个三数组是否符合规则。在完成这个任务的过程中，他要求被试尽量不要去乱猜，只有被试自信掌握了规则的时候，才能说出来。

研究的结果是，在所有29个被试中，只有6人没有在开始时做出错误的猜测而是直接发现了规则。有13人做了一次错误的猜测，9人做了两次或两次以上的错误猜测，还有1人最终也没有得到正确结论。多数犯错误的人的思考方式是：形成对规则的大体概念，然后按照这个规则去建构例子以证实这个规则的正确性。他们没有做到的是，构造一个反例来检验这个规则；反例也是一个三数组，如果规则正确，被试就不会从主试那里得到肯定的答复。Wason称被试的这种倾向为证实偏向，因为被试似乎努力去证实自己规则的正确性，而没有试着用反例检验他们的规则。

这种只寻找支持既有观念的有关信息的倾向表现在很多地方。例如，如果你认为所有的大学教授都是自由主义者，那么你一般只会去注意那些持自由主义立场的教授的例子，而忽略或遗忘持保守主义立场的大学教授。再比如，如果一个教师认为某个学生能力很差，那么他会对这个学生抱有很低的期望，然后学生给老师的反馈也很少，这样，教师最初的信念便得到了“证实”。

有关证实偏向的研究也反映了科学家在检验科学假设时所面临的境遇：与任何一组数据对应，都可建构出无穷多个假设（加洛蒂，2005）。例如，想一想与下面四个三数组一致的规则有哪些：2，4，6；8，10，12；20，22，24；100，102，104。只要稍动脑筋，你就能很容易地想出成百上千个规则，如“依次加 2 的三个任意偶数”“连续的三个偶数，但最后一个不大于 500”“任意三个偶数，并且中间一项是首末两项的算术平均数”“任意三个递增的偶数”“任意三个数”等。这就意味着，没有规则能“被证明”是正确的，科学假设也是如此。假如你是一个科学家，面对一个预言某些试验结果的假设，你可能想：“如果我的假设是正确的（P），那么我将得到这种类型的结果（Q）。”然后你进行试验，很幸运或本应如此，你确实得出了那样的结果，那么基于你的规则（P）和所得出的结果（Q），能够得出结论说你的假设（P）是正确的吗？不能，因为如果这样的话，你就犯了肯定后件式的推理错误。

总之，没有哪种形式的结果（即使是来自成百上千次试验）能证明一个理论的正确性，就像没有一个关于三数组的规则能被证明是正确的，即使有大量的例子遵循它。所以，最好的方法是尽可能多地反证出错误的规则（或者，如果你是一个科学家，尽可能多地提出可供选择的其他假设）。如果你举出的反例符合规则，那么你立刻就能知道你的假设是错误的。

扩展阅读

基于范畴的归纳

基于范畴的归纳（category-based induction）可以分为一般归纳（general induction）和特殊归纳（specific induction）。一般归纳是把某一事物具有的特征推广到它所属的上位概念上。例如，有羽毛是麻雀所拥有的特征，当把它推广到它的上位概念“鸟”上时（即得出“鸟有羽毛”的结论），所进行的就是一般归纳。特殊归纳是指把某一事物具有的特征推广到同水平的概念上。例如，把麻雀所具有的特征推广到燕子上，就是特殊归纳。

对于一般归纳来说，前提中的概念类属越典型，结论的可靠性越高。例如，相比于把鸵鸟的特征推广到鸟上，把燕子的特征推广到鸟上的可靠性更高，因为在鸟中燕子的典型性更高。另外，结论的类属越具有特殊性，结论的可靠性越高。例如，相比于把麻雀和鹰的特征推广到脊椎动物上，把麻雀和鹰的特征推广到鸟上更可靠。对于特殊归纳来说，前提和结论的类属越相似，结论的可靠性越高。例如，相比于把燕子和鸵鸟的特征推广到鸭子上，把燕子和鸵鸟的特征推广到麻雀上的可靠性更高。另外，无论是哪种归纳，前提中事例的种类越多、数量越多，推论的可靠性越高。

资料来源：箱田裕司等，2013。

第三节　推理的理论

前面我们已经考察了许多不同种类的推理任务，并描述了人们应对这些任务的种种方式。本节将简述解释推理的三类主要理论——规则理论、成分理论和心理模型理论。

一、规则理论

规则理论（rule theory）是当代推理理论中影响很大的一类理论。它把推理看作一个特殊的心理加工过程，认为推理者是依靠具有特定目的的心理规则或心理逻辑来得出结论的（Braine，1978，1990；Braine & O'Brien，1991；Braine et al.，1984；Osherson，1975；Rips，1984，1988，1990）。当然，这里的心理规则并不等同于哲学家所研究的逻辑规则。心理规则或心理逻辑是规则系统，但人们很难意识到它们；因此，你不可能说出推理所遵循的所有规则，你甚至可能不知道自己确实遵循了这些规则。但是研究者们认为，如果仔细观察人们在推理时的行为，就不难发现推理中存在着规律，这意味着推理很可能遵循着某些规则或图式。

那么，人们在推理中遵循着什么样的规则呢？不同研究者所描述的推理规则有一定的差别。

Martin D. S. Braine认为，人类在推理时使用一套非常抽象的、适用于所有情境的似逻辑规则，这套规则可以应用到任何知识领域（Braine，1978，1990；Braine & O'Brien，1991）。例如，肯定前件式的推理规则就属于这样的抽象规则，把它应用于第一前提“如果下雨，我就打伞”和第二前提“下雨了”中，就会得到结论“我会打伞”。在Braine看来，人们都是天生的逻辑家，很少犯错误。但事实是，人们有时会做出无效的推理。Braine对此的解释是，人之所以会进行无效的推理，主要是因为他们错误解释了推理中的前提或结论。虽然最初的理解是错误的，但推理过程本身是具有逻辑性的。例如下面这个无效的推理：

> （前提）
> 如果下雨，那么他会被淋湿。（如果P，那么Q。）
> 现在没有下雨。（非P。）
> （结论）
> 所以，他没有被淋湿。（所以，非Q。）

承认存在抽象规则的研究者认为，人们之所以会出现这样的无效推理，是因为人们对前提重新做了解释。“如果P，那么Q”被重新解释为“如果非P，那么非Q”，就像“如果你打扫房间，那么我给你五元钱”引出“如果你不打扫房间，那么我不会给你五元钱”。人们如果以这个条件前提作为推理的起点，必然会得到无效的推理。

与抽象规则的观点不同，Patricia W. Cheng 则提出了多组具有情境特异性的规则（Cheng & Holyoak，1985；Cheng et al.，1986），这些规则也被称为实用推理图式，它们对情境很敏感。例如，下面就是一个“允许图式”（permission schema）的例子，它由四个规则组成：

规则 1：如果将采取行动，那么其前提条件必须得到满足。

规则 2：如果不准备采取行动，那么前提条件不需要得到满足。

规则 3：如果前提条件得到了满足，那么将可能采取行动。

规则 4：如果前提条件没有得到满足，那么一定不会采取行动。

这个允许图式只在某些情境下会被激活，而不适用于其他情境。例如，有这样一个问题：“只有在 1990 年 8 月 30 日前出生的人，才能开车。李亮的生日是 1992 年 7 月 3 日。李亮可以开车吗?”这个问题就会激活上述图式，人们只要判断一下李亮的生日是否在规定的时间界限之前就可以做出李亮能否开车的判断。允许图式在这种情境下容易被激活。但是，对于另一个与此相似的问题来说，情况可能就不一样了：“所有职员无论何时去新西兰，都乘午夜班机。萨拉，一个行政管理人员，将飞往旧金山。萨拉有必要乘午夜班机吗?”这也是一个涉及“允许”的问题，但是它不一定能激活允许图式。因为在这个问题中，没有什么能让推理者把问题解释为“允许”问题。因此，按照情境特异性规则的观点，出现推理错误通常是因为推理者没能看出哪个规则或图式与具体问题有关，或者也可能是运用了不适合给定情境的推理规则。

显然，Braine 和 Cheng 的观点是有分歧的。Cheng 认为在推理中人们就问题本身的内容（如开车）来理解问题，在分析的基础上再使用不同的图式。根据她的观点，具有相同抽象逻辑结构（即可用同样方式象征性地表述）的两个问题，可能受到截然不同的处理，这完全取决于人们是如何理解这些问题的。Braine 则认为，人们在所有情境下都能够并且确实使用了同一组抽象规则。

总之，规则理论借助一些推理规则来解释条件推理问题，是有很大的吸引力的。然而，一些心理学家却注意到，一些需要做出推断的情境可能并不存在可以运用的逻辑规则。例如，解决下面的类比推理任务：“如果华盛顿对应的是 1，那么杰斐逊对应的是什么?”似乎没有可运用于这一问题的普遍规则，要想得出正确推论，似乎要依赖于你对美国总统与他们执政次序的了解（华盛顿是第一任总统，杰斐逊是第三任），或对他们在美国纸币上出现情况的了解（华盛顿头像出现在一美元纸币上，杰斐逊则出现在两美元纸币上）。

二、成分理论

以 Robert J. Sternberg 为主要代言人的成分理论（componential approach）假

定，推理过程是由一些认知加工成分组成的。做过计算机编程的人都知道，一个程序由几个子程序构成，每个子程序都执行一项非常具体的功能（如整理数列或添加数列）。同样，为了理解推理过程，我们也需要搞清楚推理过程中是否也有类似的心理子程序存在，如果存在的话，它们又是怎样运作的。

Sternberg（1977a，1977b，1986a，1986b）研究了人们在类比推理问题上的认知加工过程。他研究过的一个类比问题的例子前面已经提到过："华盛顿对应的是1，那么杰斐逊对应的应该是什么？"Sternberg 指出，为了解决这样的问题，被试必须执行几个心理子程序，或者说，执行一些认知加工成分。首先，被试必须对每一项进行编码，即必须识别华盛顿、1 和杰斐逊这些项目，并从长时记忆中提取每个项目的含义，形成心理表征。然后，被试必须推断前两项（A 项和 B 项，即华盛顿和 1）的关系，被试可能会想到，华盛顿是美国第一任总统。接着，找出 A 项与 C 项（杰斐逊）之间的关联，即杰斐逊也是美国的一位总统。再接下来，被试将刚才发现的 A 项与 B 项的关系应用于 C 项，检索头脑中的历史知识，想到杰斐逊是美国第三任总统。最后，被试得出这个类比任务的答案：杰斐逊对应的是 3（D 项）。

在 Sternberg 的理论中，每个认知加工成分都有几个相关的参数，如成分执行的可能性、执行时间的长短和执行难度等。Sternberg 通过实验评估了一些参数。在其中一项实验中（Sternberg，1977b），他通过速示器向被试呈现一些不同的类比推理问题，每一次试验都包含两部分：线索呈现和完整类比问题呈现。

在线索呈现阶段，被试或者看到一片空白（没有线索），或者只看到类比问题中的 A 项，或者看到 A、B 两项，或者看到 A、B、C 三项。接着是呈现完整的类比问题，即 A、B、C、D 四项同时出现，要求被试判断类比是否正确，同时记录被试的反应时。Sternberg 比较了下面两种条件下的反应时：一是没有线索呈现时被试判断完整的类比问题正确与否所用的时间，二是事先呈现线索然后再做判断所用的时间。例如，当预先呈现 A 项时，Sternberg 认为，被试就能对该项进行编码，因此，他们对类比正确与否的反应要比只呈现完整类比问题的情况下更快。假定被试在没有线索的情况下对完整类比问题做出反应的平均反应时是 RT0，预先呈现 A 项为线索后，反应时缩短为 RT1。那么，二者的时差（RT0－RT1）可能就是编码 A 项所花的时间。同样，如果在线索阶段呈现 A 项和 B 项的情况下，被试对类比问题的反应时缩短为 RT2，那么，可推断 RT0 与 RT2 之间的时差被用于编码 A 项、B 项和推导两者之间的关系。

在一些相关研究的基础上，Sternberg（1983，1984）区分了推理中的三种成分，即操作成分（performance components）、元成分（metacomponents）和知识获得成分（knowledge acquisition components）。其中，操作成分表现在任务的执行过程中，如前面提到的编码、比较等；元成分则用于计划和监控任务的执行，例如元成分选择采用哪一种操作成分以及它们的执行顺序；知识获得成分用于获取新信息，它包括选择性编码（从不相干信息中筛选出相关信息）、对已编码的信息进行选择性组合和选择性比较等。

Sternberg 认为，许多推理任务中出现的错误可能源自对问题的编码（操作成分）；也就是说，推理者没有充分地对有关信息进行编码，才引发了前面所提到的许多推理中的问题（如对前提含义的曲解或没有考虑所有的可能性）。而且，如果问题的表述比较复杂，如包含很多项、包含否定词等，推理者可能就把更多的加工资源用于编码，而留给推理中其他成分的可用资源就相应减少了。此外，有些推理问题也可能源自元成分，即推理者没能很好地计划和监控他们的推理过程。Sternberg 认为，如果一个人能计划他的问题处理方式并监控自己的操作，那么，他就不太可能出现偏差或犯其他类型的错误。

扩展阅读

推理的双加工理论

推理的双加工理论（dual process theory）（Evans，2003；Kahneman，2003）认为，人们的推理依赖于两个不同的认知系统：系统 1 的操作是快速的、平行的、自动的、无须努力的，也被一些学者称为直觉系统或联想系统；系统 2 的操作是慢速的、序列的、需要一定注意容量的、更可能受意识监控的，也被称为基于规则的推理系统。

学者们一般认为，系统 1 是人和动物共享的普遍认知形式，它可能不是一个单一系统，而是一组带有一定自主性的亚系统，包括本能行为和任何先天的输入模块。但是，系统 1 最常被描述为是通过联想学习过程而形成的。系统的自主性反映了学习的领域特异性。双加工理论家一般同意，系统 1 的加工在本质上是平行的、自动的、内隐的，只有加工的最终产物出现在意识中。另外，系统 1 的加工经常是具有情绪性的，也受习惯的支配，因而难以改变。

系统 2 被认为是人类独有的，它的出现比系统 1 晚得多。系统 2 的加工在本质上是序列的、受控制的、外显的，需利用工作记忆的中央执行系统。尽管系统 2 受到有限注意容量和较低加工速度的限制，但是它允许抽象的假设思维，这是系统 1 做不到的。系统 2 的加工相对灵活，受规则支配。基于系统 2 的推理通常需要更加深思熟虑，有时需要艰苦努力才能得出结论。

在推理情境中，系统 1 和系统 2 可以同时被激活，自动的和受控制的认知加工相互竞争，以达到对外显反应的控制。

三、心理模型理论

心理模型理论（mental model theory）有几种不同的形式，但最有影响的是 Philip N. Johnson-Laird 的观点（Johnson-Laird，1983；Johnson-Laird & Byrne，

1991）。Johnson-Laird的心理模型理论着重强调推理过程中理解的作用，认为推理者是先理解前提，然后建构心理模型，再借助已经建构的各种心理模型进行推理，并且，推理过程会受到加工能力如工作记忆容量的限制。在Johnson-Laird看来，推理包括三种加工过程：首先是理解前提以形成一个（或一系列）心理模型，这里的心理模型是人们根据前提的意义及一般知识为前提所描述的事物建构的内部表征。然后，人们以最节省的方式组合和描述心理模型，从而产生一个结论。最后是对结论的有效性进行检验，检验的过程就是寻找能证伪结论的其他可能模型或反例，如果找不到这样的反例，人们就认为推理是有效的（引自艾森克，基恩，2004）。

下面是Johnson-Laird使用的一个三段论推理的例子（引自加洛蒂，2005）："所有的养蜂人都是艺术家。没有一个化学家是养蜂人。"根据这两个前提，多数人最先产生的心理模型如图9-2（A）所示，其中有些人既是艺术家又是养蜂人，也可能有些人是艺术家但不是养蜂人；并且，在这个最先产生的模型中，没有谁既是化学家又是养蜂人，也没有谁既是化学家又是艺术家。这一描述会引导人们得出结论："没有一个艺术家是化学家。"

但是，如果人们进一步思考，就可能发现第二个模型，见图9-2（B）。在这个模型中，有些化学家是艺术家，但有些不是。这一描述意味着前面的结论可能并不正确。此时，已建构两个模型的推理者可能做出推断："一些化学家不是艺术家。"然而，还有第三种可能性，见图9-2（C）。此时所有的化学家都是艺术家，因此上一个结论也不是有效的。既然如此，难道就没有有效的结论吗？事实上是有的。对所有三个模型都为真的一个表述是："一些艺术家不是化学家。"需要注意的是，在每个模型中都必须描述的是，是养蜂人的艺术家都不是化学家。

按照心理模型理论，推理错误有这样几个来源：一是没有建构相应的模型。例如，如果前提没有以最佳顺序（例如，三段论中P-M，M-S的顺序）呈现，就很难对描述所有相关信息的两个前提进行完整的表征；或者，如果前提中有大量不相干的信息占用有限的心理资源，那么，有选择地表征基本信息的加工过程就难以开展。二是没有评估所建构的全部模型的意义。例如，在前面的例子中，有人可能已经判断没有一个阐述艺术家与化学家关系的结论是有效的，但实际上是忽略了对所有三个模型都为真的那种表述。三是没能搜索和建构足够的模型，这可以解释前面所提到的发现——人们常常难以充分考虑一组前提所允许的各种可能性。

心理模型理论是一种得到很好规范的理论，它可以解释很多推理现象，但一些批评者认为它还不够完整。例如，该理论认为，背景知识在建构前提模型中起重要作用，但这一过程并没有被详细描述。推理者选择多少信息进行表征，以及这一决定如何影响推理的表现，都是有待继续研究的问题。

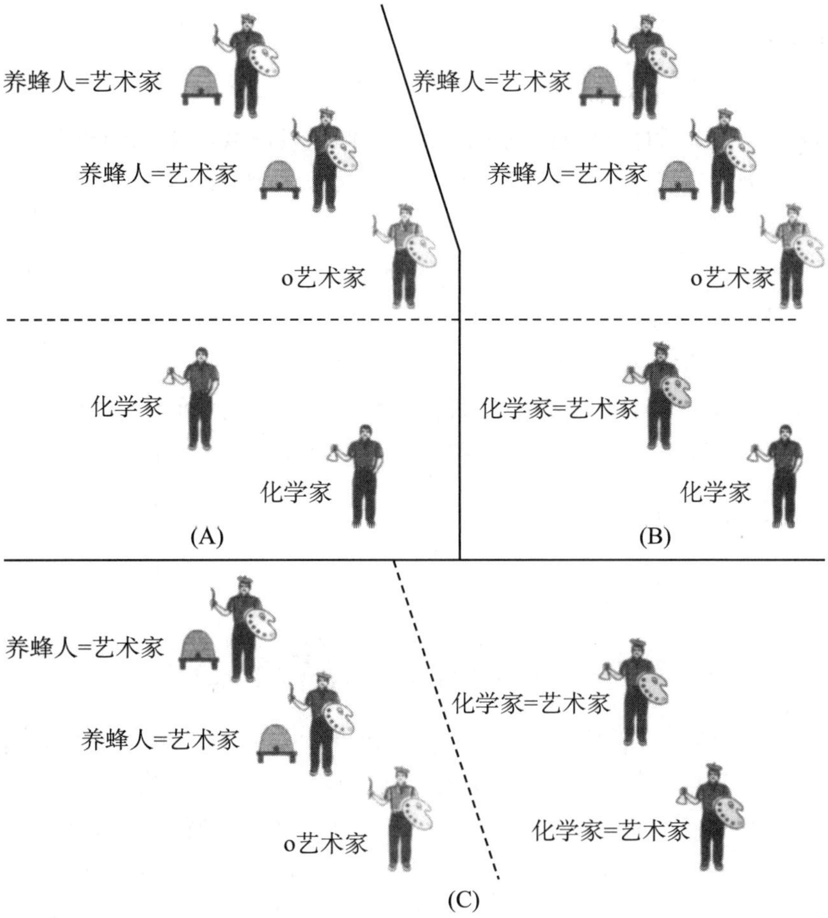

图 9-2 一个简单的范畴三段论的模型表征

注：元素前的 o 表示可能存在也可能不存在的任意个体。

资料来源：加洛蒂，2005。

第四节 判断与决策

判断与决策是人类生活中常见的心理活动。大到国家政策的制定，小到个人衣食住行的偏好和选择，无不是判断与决策的结果。一般来说，判断主要指人们根据已知信息对处在模糊、不清晰状态的事物或现象进行推断的过程，而决策主要是对备选方案进行评价和选择的过程。判断与决策经常是联系在一起的，因而广义的决策包含了判断成分。那么，人们是如何进行判断和决策的呢？这种判断和决策能有多么精确、有效呢？

一、概率判断

我们知道，在新的信息或证据呈现后，人们很可能会修正他们对事物或现象的原有估计。例如，假定你认为王某极有可能对你撒了谎，而这时李某告诉你，王某说的都是真的，那么你原来的怀疑就会有所动摇。信念的改变常常可用概率来表述。例如，原来我们可能有 95%的信心认为王某说谎，但是当王某的话被李某证实后，概率可能就会下降到 60%。18 世纪的数学家 Thomas Bayes 分析了这种概率变化并发展出一个数学公式，该公式体现了我们应该如何整合概率才能计算出新证据对先验概率的影响。而且，他还专门研究了两种信念或两种假设（如 X 在说谎和 X 没有说谎）的情景，并且展示了新数据或新信息是如何改变这两个假设的概率的。

（一）Bayes 定理

Bayes 定理可以用如下的数学公式来表示：

$$P(H \mid E)=\frac{P(E \mid H)\times P(H)}{P(E \mid H)\times P(H)+P(E \mid \overline{H})\times P(\overline{H})}$$

式中，$P(H)$ 是一个先验概率（prior probability），是指在考虑新证据之前，假设 H 为真的概率。另一个先验概率是 $P(\overline{H})$，它表示在考虑新证据之前，一个替代假设为真的概率。$P(E \mid H)$ 和 $P(E \mid \overline{H})$ 是条件概率（conditional probability），指的是一个特定假设（H 或者 $\overline{H}$）为真时，一个新证据 E 为真的概率。$P(H \mid E)$是指有了新证据 E 之后假设 H 为真的概率，也被称为后验概率（posterior probability）。下面我们通过一个例子（Tversky & Kahneman，1980）来说明 Bayes 定理。

> 一辆出租车卷入某一晚上发生的一场交通肇事逃逸事故。这个城市共有两家出租车公司，一家是绿色出租车公司，另一家是蓝色出租车公司。已知数据是：(a) 整个城市 85%的出租车属于绿色出租车公司，15%属于蓝色出租车公司；(b) 一个证人在法庭上指认肇事出租车是蓝色公司的。
>
> 然而，法庭在恰当视觉条件下测试了该证人辨认出租车的能力，发现当给证人呈现一系列出租车（其中一半是蓝色，另一半是绿色）时，证人的辨认只有 80%是正确的，而 20%是错误的。
>
> 那么，蓝色出租车公司的出租车卷入这场车祸的概率是多少？

我们用 H 表示蓝色公司出租车出车祸的假设，$\overline{H}$ 表示绿色公司出租车出车祸的假设。最初，H 和 $\overline{H}$ 为真的概率分别是 0.15 和 0.85，即 $P(H)=0.15$，$P(\overline{H})=0.85$。当肇事车是蓝色公司汽车时，证人指认其为肇事车的概率，即 $P(E \mid H)$ 为 0.80；而当肇事车是绿色公司汽车时，证人指认蓝色出租车公司汽车为肇事车的概率，即 $P(E \mid \overline{H})$ 为 0.20。把这些值代进前面的公式：

$$P(H \mid E)=\frac{0.8\times 0.15}{0.8\times 0.15+0.2\times 0.85}\approx 0.41$$

可以看到，蓝色出租车公司出租车卷入这场车祸的概率是 41%；相应地，绿色出租车公司出租车卷入这场车祸的概率是 59%。

（二）人们在现实生活中的概率估计符合 Bayes 定理吗？

了解了 Bayes 定理以后，你可能会问：按照 Bayes 定理计算出的概率与我们在现实生活中对事物或现象的估计有多大的一致性呢？如果你发现自己处于一个概率估计的情境中，显然你不可能拿出计算器来计算 $P(H \mid E)$ 的值。那么，你会给出怎样的估计呢？

Edwards（1968）搜集到的证据表明，我们更倾向于把概率估计得比 Bayes 定理显示的更保守。在这项考察新信息对被试概率估计的影响的研究中，Edwards 给大学生两个分别装有 100 个筹码的袋子，其中 A 袋子里有 70 个红色筹码和 30 个蓝色筹码，B 袋子里是 30 个红色筹码和 70 个蓝色筹码。他随机选择一个袋子，让被试从中一次拿出一个筹码，检查它的颜色，再将它放回，然后继续这个过程。被试需要根据获得的新信息判断这是 A 袋子还是 B 袋子。最初，从 A 袋子里抽中红色筹码的概率是 70%，从 B 袋子中抽中红色筹码的概率是 30%。如果我们从一个袋子中只拿出一个筹码，并且这个筹码是红色的，那么根据 Bayes 定理，该袋子为 A 袋子的概率是 70%。但实际上被试往往会低估这个概率，猜测该袋子为 A 袋子的概率是 60%。如果第二次抽取的筹码仍是红色，那么该袋子为 A 袋子的概率就上升到 84%，但在这种情况下被试的判断还是趋于保守的。也就是说，被试低估了新信息所带来的影响。

另一些研究发现，在做概率估计时，人们通常很少考虑先验概率，而如果遵守 Bayes 定理的话，是应该考虑先验概率的。例如，在出租车问题中，Tversky 和 Kahneman（1980）发现大部分被试忽视了绿色和蓝色出租车的相对数量这一基本信息，他们把注意力放在证人的证词上，认为肇事车辆有 80%的可能性是蓝色公司出租车而不是绿色公司出租车。事实上，正像我们所看到的，根据 Bayes 定理计算出的蓝色出租车肇事的概率应该是 41%。

Tversky 和 Kahneman（1980）还设计了另一种实验条件来促使人们考虑先验概率。具体做法是改变出租车问题的部分内容：

> 虽然两家出租车公司规模大致相同，但本市 85%的出租车事故与绿色公司出租车有关，15%的出租车事故牵涉蓝色公司的出租车。

在这个问题表述中，出租车公司的事故记录和事故发生的概率之间就存在明显的因果联系。相反，在原来的问题表述中，两家出租车公司的规模差异与事故发生的概率之间并不存在明显的因果联系。因此，在新问题中，先验概率显得更加重要一些，而且对被试的判断的影响也应该更大。实验结果证实了这一预测，即绝大多数被试估计肇事出租车是蓝色出租车的概率是60%（见图9-3）。研究者认为，先验概率确实会被忽视，但也有许多因素（如呈现某种因果联系）可以在某种程度上改变这种忽视行为。

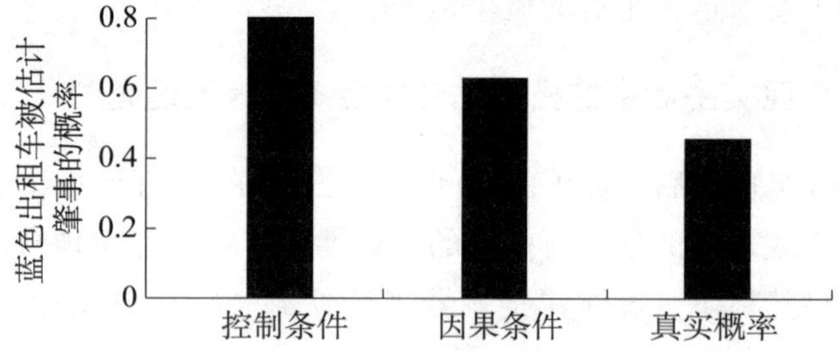

图9-3 出租车问题中蓝色出租车在因果条件和控制条件下被估计肇事的概率

资料来源：艾森克，基恩，2004。

Casscells等（1978）也研究了人们对先验概率信息的使用情况。他们向哈佛医学院职员和学生呈现以下问题：

> 如果我们用某种检测方法检测一种发病率为1/1 000的流行病，得到错误的阳性检查结果的比率是5%。假定你对患者的症状一无所知，那么一个检测结果是阳性的人真正患上这种疾病的概率是多少呢？

在这个问题中，先验概率是99.9%的人不会受到这种疾病的困扰。并且，检测结果为阳性的人当中有5%的人的检测结果是错误的。根据Bayes定理，检测结果为阳性的人仅仅有2%的概率真正患病。但Casscells等的研究结果显示，只有18%的被试答案正确，45%的被试忽视了先验概率信息而给出了95%这个错误答案。

不过，Koehler（1996）综述了相关的研究结果后认为，不能说人们习惯于忽视先验概率，相反，这些信息总是被人们所利用，而它们被利用的程度取决于任务结构和任务表征。Koehler认为，从大部分研究结果中可以发现个体对先验概率的注意确实有些程度不够，但是这种信息对个体的决策过程也确实有一定的影响，因此不可以说人们完全忽视了这种信息。与此同时，Koehler认为，在自然环境中，这种信息是模糊的、不可靠的和不稳定的，针对这种信息的简单使用法则也是不存在的，而且，在自然环境中还常常存在几个相互竞争的先验概率信息。例如，在某场高尔夫球比赛中，假设你想计算一个职业高尔夫球手在下一轮比赛中得分低于70杆的概率，那么相关的先验概率是多少呢？决定先验概率的信息，是这个选手以前的得分纪录、他在那个赛季中的总成绩、他整个职业生涯的总成绩，还是其他职业选手的平均水平？正是由于现实环境中的这些不确定性，日常生活经验告诉我们，先验概率信息没有太大的价值，所以即使有这种信息可利用时，我们也不愿意使用它。

二、决策模型

(一)期望效用理论

期望效用理论(expected utility theory)由 von Neumann 和 Morgenstern(1947)提出,是一种标准化决策理论。该理论用"效用"来描述一种行动方案所带来的金钱、幸福、快乐、成功、满意等的程度。按照这一理论,人们的决策依据是不同方案的整体期望效用(EU),其计算公式是:

$$EU=\sum P_i U(X_i)$$

式中,$U(X_i)$ 是事件 X_i 的效用函数,P_i 是事件 X_i 发生的客观概率。以小王选择专业为例,假设他有两个备选专业:一个是数学专业,成功的概率是 70%,效用是 10;失败的概率是 30%,效用是 1。另一个是物理专业,成功的概率是 50%,效用是 5;失败的概率是 50%,效用是 0。按照上述公式,可计算出两种选择的总体期望效用分别是:

$$EU(数学)=0.7\times10+0.3\times1=7.3$$
$$EU(物理)=0.5\times5+0.5\times0=2.5$$

可见,数学专业的期望效用远大于物理专业,因此小王应该选择数学专业。

显然,按照期望效用理论,决策者对每一备选方案的结果和概率都有完全的了解,能够间接或直接地推算出每一备选方案的有利或不利方面,并最终选择能够实现效用最大化的方案。但事实上,决策者并不总是这样行事,上述条件也往往难以满足。在实际的决策情境中,有关备选方案的信息常常是不全面或不确定的,决策者的知觉往往具有高度的选择性,记忆又充满了偏差,做决策时追求的可能不是最优而是满意,也就是只需选择一个能满足决策者需要的方案即可。因此,为了描述人们实际的决策行为,学者们又提出了其他的决策模型。

(二)前景理论

前景理论(prospect theory)由 Kahneman 和 Tversky(1979)提出,是一个广受承认的描述性决策模型。该理论在保持了期望效用理论的基本框架的基础上,做了几个重要的改变。第一个重要的改变就是,用"价值"概念替代了"效用"概念,并且对每个结果的价值的评估是相对于一个参照点进行的,而不是绝对效用。这一假设有助于解释决策中的框架效应。请考虑下面的例子:

(1)想象一种罕见的疾病即将袭击我们的国家,预计这种疾病将导致 600 人死亡。两个治疗方案被提出,并且实施每个方案的后果也被准确、科学地评估:

如果实施方案 A,将救活 200 人。

如果实施方案B，将有三分之一的可能性救活600人，但有三分之二的可能性一个人也救不活。

你会选择哪个方案？

（2）再想象有下面两个方案的情景：

如果实施方案C，将有400人死亡。

如果实施方案D，将有三分之一的可能性没有人死亡，但有三分之二的可能性600人死亡。

你会选择哪个方案？

你可能已经发现，方案A和C的结果是一样的，方案B和D的结果也是一样的。因此，从逻辑上来说，喜欢方案A的人应该也喜欢方案C。但是，研究结果却发现，在（1）中大多数人更偏爱方案A，而在（2）中更喜欢方案D。Kahneman和Tversky认为，是参照点和问题的框架影响了人们的决策。方案A和B是以预期600人死亡为参照点，描述了可能的获益，此时人们对"肯定救活200人"的偏好要大于"有可能救600人"。而方案C和D则以当前现状为参照点，描述了可能的损失，此时人们对"可能没有人死亡"的偏好将超过"肯定有400人死亡"。也就是说，按照前景理论，大多数人在面临获益的时候是"风险规避"的，而面临损失的时候是"风险偏好"的。另外，前景理论还提出了"损失厌恶"的概念，即人们对损失比对获益更敏感。例如，损失100元的痛苦感觉比获得100元的快乐感觉更强烈。

与期望效用理论相比，前景理论的第二个重要改变是，用权重函数取代了客观概率。根据前景理论，事件的权重会随着事件发生概率的增加而增大，必然事件权重最大。但是，小概率事件的重要性往往会被夸大，即具有超过其概率值的决策权重。例如，许多人明知道彩票中奖机会很低，仍愿意花钱购买，这表明人们给予小概率事件以过大的权重。再比如，人们花钱买保险的行为也显示出小概率事件的过大权重，即人们宁愿损失一定数量的钱（买保险）以避免更大的损失，虽然这更大的损失只是小概率事件。Kahneman和Tversky认为，给予小概率事件以过大的权重是由于人们过于看重大金额的损失或获益。

总之，前景理论可以解释许多决策现象，较好地描述了人们的实际决策行为，在决策领域产生了很大的影响。

拓展阅读

丹尼尔·卡尼曼

丹尼尔·卡尼曼（Daniel Kahneman）1934年3月5日出生于以色列的特拉维夫。1954年在以色列的希伯来大学获得心理学与数学学士学位，1961年在美国加州大学伯克利分校获得心理学博士学位。之后，卡尼曼曾先后担任以

色列希伯来大学、加拿大不列颠哥伦比亚大学和美国加州大学伯克利分校的心理学教授。1993年起，任美国普林斯顿大学心理学和公共事务教授。

1973年卡尼曼在《注意与努力》(*Attention and Effort*)一书中提出了著名的注意能量分配模型，强调注意资源的有限性，对认知心理学研究产生了很大的影响。在注意研究的基础上，他又结合赫伯特·西蒙的有限理性观，成功地将自己的研究领域从认知心理学拓展到经济学，成为活跃在经济学领域的重要学者。1974年，卡尼曼和特沃斯基（Amos Tversky）共同发表《不确定状况下的判断：启发式与偏差》，他们用一系列研究证明，人们在不确定状况下进行判断与决策时往往并不遵循期望效用理论，而是使用一系列的启发式策略进行直观判断。1979年，卡尼曼和特沃斯基提出前景理论，用以代替传统的期望效用理论，该理论成为行为决策研究的主导理论。

2002年10月9日，瑞典皇家科学院宣布，心理学教授丹尼尔·卡尼曼与经济学教授弗农·史密斯分享当年的诺贝尔经济学奖。皇家科学院的新闻公报说，把今年的诺贝尔经济学奖的一半授予卡尼曼，是因为他“把心理学研究的成果与经济学融合到了一起，特别是在有关不确定状况下人们如何做出判断和决策方面的研究”。

三、判断与决策中的直觉和偏差

当面临一个复杂的情境时，人们通常会根据自己的直觉或经验来进行判断与决策，得到的答案在很多时候是接近“最优”的。但是在某些情况下，也可能出现系统性的偏差。下面介绍几种重要的直觉和偏差。

（一）代表性启发式

人们通常会利用一些简单的启发式或者经验规则来做出判断，其中的一个启发式被称为代表性启发式（representativeness heuristic）(Kahneman & Tversky, 1972; Tversky & Kahneman, 1971, 1974)。当使用这种启发式策略时，人们会认为具有代表性的或具有典型意义的事件发生的概率会高一些。如果一个事件与总体或一类事件中的其他大部分事件很相似，那么它就是有代表性的事件（Kellogg, 1995)。在对代表性启发式的研究中，实验者往往要求被试判断物体或事件A属于类别或过程B的概率。例如，实验者给被试描述一个人，然后要求被试猜测这个人从事某种职业的概率，通常被试的判断结果都是建立在这个人与被试对这种职业的刻板印象的相似程度上。在Tversky和Kahneman（1974）的一项研究中，实验者首先向被试呈现对 Steve 的下列描述：

……非常害羞、内向、乐于助人，但是对周围的人和外在世界均不感兴趣。为人谦恭，做事有条理、有计划，注意细节……

然后，实验者要求被试判断 Steve 是一个农夫、海员、医生或图书管理员的可能性。正如实验者所预测的，被试认为 Steve 是图书管理员的概率最高，因为他非常符合人们对这个职业的刻板印象。

现实生活中，人们也经常利用代表性启发式进行判断。例如，一个从未见过鹦鹉的人看见一只鹦鹉后，会很容易地判断出这是一只鸟，因为它和头脑中鸟的原型非常相似。毫无疑问，利用代表性启发式进行判断是有一定的合理性的。

不过，利用代表性启发式进行判断时，也会产生一些偏差或错误。例如，一个男学生穿着时髦、留着长发，人们就认为他一定学习不好，因为他的打扮跟街头团伙的成员很像，人们认为他是街头团伙的一员，而街头团伙的成员是不会好好学习的。按照 Tversky 和 Kahneman（1971）的观点，我们经常会认为人群中小样本的特征足以代表总体人群特征。

在 Kahneman 和 Tversky（1973）的一项研究中，实验者给被试呈现一段简短的描述性文字，并告诉被试这段文字是从 100 段描述性文字中随机抽出来的。一半被试被告知这 100 段文字中，70 段描述工程师，30 段描述律师；而另一半被试则被告知这 100 段文字中，70 段描写律师，30 段描写工程师。被试的任务是判断随机抽取的这段文字描述工程师的概率。下面是其中一段描述性文字：

Jack 是一个 45 岁的已婚男人，有 4 个孩子。他性格很保守，做事认真，有进取心。他对政治和社会问题不感兴趣，将大部分空闲时间花在各种个人爱好上，如在家里做木匠活、航海和玩数字魔方等。

结果显示，不管这 100 段描述性文字中有多少是描述律师的、多少是描述工程师的，被试判定 Jack 为一个工程师的概率都是 90%。也就是说，被试并没有考虑先验概率的影响，只是根据这段文字描述是否符合工程师的代表性特征来做出判断。

再来看 Kahneman 和 Tversky（1972）的另一项研究中的例子。

在每一轮游戏中，20 个弹珠被随机地分配给 5 个儿童：Alan，Ben，Carl，Dan，Ed。具体见表 9-4。

表 9-4　20 个弹珠的两种随机分配结果

儿童	第Ⅰ种结果	第Ⅱ种结果
Alan	4	4
Ben	4	4
Carl	5	4
Dan	4	4
Ed	3	4

在多轮游戏中，第Ⅰ种结果和第Ⅱ种结果哪种会更多？

你的答案是什么？如果你选择Ⅰ，那么你的答案和这个实验中的大部分被试一样，是错误的。当被试看到“随机”这个词时，他们显然会有这样的印象，分配应该是杂乱的。当要求他们评估结果Ⅰ和结果Ⅱ时，他们认为结果Ⅱ由于太整齐了而不是随机的。事实上，获得两种结果的概率应该是一样的。

（二）易得性启发式

除了代表性启发式外，Tversky 和 Kahneman（1973，1974）还提出了易得性启发式（availability heuristic），即根据从记忆中提取相关信息的难易程度来估计事件发生的频率。易得性启发式具有一定的客观依据：一般来讲，经常出现的事件概率高，也容易被回忆，它们之间具有一定的一致性；换句话说，我们倾向于回忆那些以前发生频率很高的事情。因此，利用事件的易得性判断其概率的策略在很多情况下是正确有效的（庄锦英，2006）。但是，有些时候，利用易得性启发式进行概率估计时会由于其他因素的影响而出现偏差或错误。

在 Tversky 和 Kahneman（1974）的一项研究中，实验者询问被试下面的问题：“如果从一段英文课文中随机抽取一个含三个或三个以上字母的单词，那么以字母‘r’开头的单词更容易被抽中，还是第三个字母为‘r’的单词更易被抽中？”结果发现，大部分被试报告说以“r”开头的单词比第三个字母为“r”的单词更容易被随机抽中。事实上情况正好相反，只不过因为以“r”开头的单词更加容易从记忆中提取出来（即更容易获得），所以被试对这两类单词的出现频率的判断发生了错误。

事件的易得性会受到事件的相对突出性的影响，最近碰到的事件或者出于某种原因变得突出的事件更容易被提取出来，这会导致我们对其出现概率的估计偏高。例如，当被问“飞机和火车哪个更安全?”时，很多人会回答“火车更安全”，但事实上飞机的事故率在所有交通工具中是最低的。但是由于飞机一出事就很严重，所以给我们留下的印象很深刻，我们很容易想起来，因而造成我们对飞机的事故率的估计更高。

Slovic 等（1977）让人们评估 41 种死亡原因的相对概率。实验中，每次给被试呈现两种死亡原因，让其判断哪一种更可能引起死亡。结果发现，最容易出现的错误选择是那些被广泛宣传的死亡原因。例如，事故、癌症、中毒和飓风被认为是最常见的死亡原因。研究者指出，因为这些致命事件被媒体所关注，它们比那些不被宣传的死亡原因更容易被想到。

在 Tversky 和 Kahneman（1973）的另一项研究中，实验者要求被试阅读有 39 个名人名字的名单，名单中男性和女性名字的数量大致相同（19 个男性名字和 20 个女性名字）。一个名单中女性比男性更有名气；另一个名单情况相反，男性比女性更有名气。然后实验者问被试名单中男性的名字是否多于女性的名字。结果表明，在两种情况中被试都认为更有名气的性别人数多，尽管事实上男女名字的数量是大致相同的。出现这种现象的原因是名人的名字更常见、更易被提取。

（三）锚定与调整启发式

假如有两组学生，给他们2秒钟的时间估计一个复杂算式的结果。第一组学生看到的算式是8×7×6×5×4×3×2×1，第二组学生看到的算式是1×2×3×4×5×6×7×8。你认为他们估计的值会是多少？Tversky和Kahneman（1974）发现，被试对第一个算式的平均估计值是2 250，对第二个算式的平均估计值是512。而实际上，这两个算式的结果是一样的，应为40 320。

Tversky和Kahneman将上述现象解释为，人们在估计算式的结果时，会试着计算前面几项（例如，上例中第一组学生可能计算8×7×6×5，第二组学生可能计算1×2×3×4），得到一个初值即锚定值，然后再根据锚定值进行调整并做出最终的估计，这就是所谓的锚定与调整启发式。由于第一组学生得到的锚定值大于第二组，第一组学生给出的估计值也大于第二组。研究发现，锚定效应是非常普遍的，并且人们在锚定基础上所做的调整往往是不充分的。

（四）沉没成本效应

假设一项为期四年的扶贫方案已经进行到了第三年，事实表明这一方案的效果不佳，有人提出停止这个项目。如果你是该项目的决策者，此时你会怎么做呢？如果你认为，现在停止这个已经投入巨资的项目是一种浪费，应该继续投入以完成该项目，那么，你的决策就正在受“沉没成本”的影响。所谓沉没成本效应（sunk-cost effect）就是指，如果个体已经在一种方案上投入了大量的、不可恢复的资源（如时间、金钱、努力等），那么，他会有继续投入的倾向。这种现象可能导致决策者在一个较差的项目上持续投资，带来更大的损失。

基本概念

演绎推理	归纳推理	三段论推理	气氛效应
内容效应	可信度效应	条件推理	类比推理
因果推论	假设检验	规则理论	成分理论
心理模型理论	Bayes定理	代表性启发式	易得性启发式
锚定与调整启发式	沉没成本效应		

本章要点

1. 推理通常分为演绎推理和归纳推理。演绎推理是从一个或多个关于已知条件的一般性阐述中得出一个逻辑合理的结论；归纳推理则是从特殊到一般的过程，从具体事实或观察进行推理，得出一个能够解释这些事实的合适的结论。演绎推理形式包括三段论推理和条件推理等。归纳推理包括类比推理、因果推论与假设检验等。有代表性的推理理论包括规则理论、成分理论和心理模型理论。

2. 判断和决策是与推理密切相关的思维活动，判断主要是人们根据已知信息对处在模糊、不清晰状态的事物或现象进行推断的过程。决策主要是对备选方案进行评价和选择的过程。Bayes 定理是数学家 Thomas Bayes 发展出的一个数学公式，该公式体现了我们应该如何整合概率才能计算出新证据对先验概率的影响，是一种事件发生概率的精确计算方法。而在日常生活中人们的概率估计并不那么精确，可能会表现得比较保守，或者忽略先验概率。在决策理论中，期望效用理论是一个标准化决策理论，而前景理论是被广泛认可的描述性决策理论。在实际生活中，人们通常会采用代表性启发式、易得性启发式、锚定与调整启发式等来做出判断和决策。

思考题

1. 什么是三段论推理？三段论推理的常见错误有哪些？
2. 什么是条件推理？条件推理的常见错误有哪些？
3. 什么是类比推理？
4. 假设检验是如何进行的？
5. 演绎推理和归纳推理有何异同？
6. 规则理论、成分理论和心理模型理论是怎样解释推理过程的？
7. 日常生活中，人们进行判断和决策时会出现怎样的偏差？
8. 期望效用理论和前景理论有何不同？

第十章

问题解决

开卷有益

1. 你每天都会遇到各种问题，并努力解决它们。那么，你所遇到的各种问题有什么共同特征吗？这些问题是否有清晰的已知条件、明确的目标和解决方法？

2. 你在解决数学问题时经常采用什么策略？解决生活问题时又采用过什么策略？存在通用的问题解决策略吗？

3. 你可能每年都要去医院看几次病，有时是老专家给你看病，有时是刚毕业的年轻医生给你看病，你觉得他们的诊断过程有何不同？

4. 你认为自己的创造能力强吗？根据你的观察，创造能力强的人一般有什么特点？

学习目标

1. 了解问题的分类和特征，把握问题解决的一般过程。

2. 理解问题空间理论的基本观点，掌握问题解决的策略和障碍。

3. 了解专家和新手在解决问题时有何不同。

4. 掌握创造性的概念和测量方式，理解创造的基本过程和影响创造性的因素。

学习重点

1. 问题的分类和特征。

2. 问题空间理论的基本观点，以及它的优势与局限性。

3. 问题解决的策略和障碍。

4. 创造性的概念和测量方式，以及创造的基本过程。

问题解决活动存在于人类生活的每个角落，是科学、法律、教育、商业、医学、工业、文学等各个领域的共同话题。问题解决活动集中反映了人类的思维过程，因此很早就受到心理学家的重视，人们一直在这个领域辛勤探索。本章将首先简要说明问题的类型、问题解决的一般步骤，以及心理学家对问题解决的早期研究；然后，介绍问题解决领域的一个重要理论——问题空间理论；接下来，讨论人们在问题解决中经常使用的策略和遇到的障碍；接着，描述专家解决问题的技能；最后，简单介绍和讨论创造性问题解决。

第一节 概述

心理学家通常把问题看作一种情境，在这种情境中，个体想要达到某个目标就必须发现达到目标的手段（Chi & Glaser，1985）。也就是说，问题解决是个体在一定目标的指引下，经过一系列的认知操作，最终达到目标的过程。但是，在实际生活中，人们遇到的问题是各种各样的，问题不同，人们解决问题的手段和过程也可能是不同的。因此，我们首先需要对问题进行分类。

一、问题的类型

虽然日常生活中的问题是多种多样的，但仍然有许多问题具有某些共同的特征，这就使得人们可以对问题进行简单的分类。

（一）界定良好问题和界定不良问题

认知心理学家根据问题的明确程度把问题分成界定良好问题（well-defined problem）和界定不良问题（ill-defined problem），有时也称为结构良好问题（well-structured problem）和结构不良问题（ill-structured problem）。

在学校的测验中，老师让学生解决的大多数问题是界定良好问题。这些问题有明确的已知条件或给定信息，有定义清楚的目标，还有明确的途径可以通向问题的答案。比如说，让学生从一个数中减去另一个数并得出结果，在一道英语试题中从四个选项中选择一个正确的答案，或者让学生解决一个比较复杂的物理问题，这些都是界定良好问题。人们在日常生活中也会遇到很多这样的问题，如家里的洗衣机坏了，请修理工来修，修理工面对的就是一个界定良好问题。

与界定良好问题相对的就是界定不良问题，这种问题的给定信息或者要达到的目标不确定，并且没有明确的解决途径。比如说，当要求学生自己选择题目写一篇论文时，他们就遇到了一个界定不良问题，因为没有明显的、正确的、清晰的途径来帮助他们选择一个好的题目，然后研究这个题目并最终写出一篇好的论文。同样，如何上好一堂课在很大程度上也是一个界定不良问题，因为没有一套固定的步骤能确保教师上好一堂课。

实际上，我们并不是总能清楚地区分界定良好问题和界定不良问题，它们更像一个连续体上两个互相对立的点，连续体的一端是界定良好问题，另一端是界定不良问题，其间并无绝对分明的界限。

（二）归纳结构问题、转换问题和排列问题

Greeno（1978）根据解决问题的不同方式将问题分成三类，即归纳结构问题、转换问题和排列问题。

1. 归纳结构问题

对归纳结构问题来说，解题者只有确定问题给出的各个要素之间的关系，才能得到问题的答案。类比问题是归纳结构问题的常见例子。例如："律师对客户就如同医生对____。候选答案为：a. 护士；b. 病人；c. 药物。"解题者必须理解律师和客户之间的关系，然后才能寻找和医生有类似关系的人，得到这个问题的答案。

Pellegrino（1985）认为，有三种认知操作是解决类比问题所必需的。第一种操作是特征发现和编码。如果问题的要素是以语言形式呈现的，那么，编码就是激活语义记忆的一些相关方面；如果问题的要素是以图形的形式呈现的，那么，编码过程就从特征提取开始。特征发现和编码很重要，随后的认知操作都是以它为基础的。第二种认知操作是通过各种方式对编码的特征进行比较，确定类比问题中各要素之间的相同点和不同点。第三种认知操作是评价。对上面那个简单的类比问题来说，评价的作用并不明显。但是，如果问题比较复杂，限制条件比较多，评价就显得十分重要了。按照Pellegrino的观点，这些认知加工是按顺序进行的，先是特征发现和编码，然后是特征比较，特征比较之后才能进行评价。

2. 转换问题

转换问题要求解题者通过一系列操作把最初的问题情境（即初始状态）转化为目标状态。河内塔问题（Tower of Hanoi）就是一个有代表性的转换问题。如图10-1所示，初始状态是三个圆盘套在柱子A上，目标状态是三个圆盘套在柱子C上。解题者要做的是，找到把三个圆盘从柱子A上移到柱子C上的操作顺序。这个问题的限制条件包括：解题者可以每次把一个圆盘移动到其他柱子上，只是不能把任何圆盘放在比它小的圆盘上，在一叠圆盘中只有最上面的圆盘可以移动。

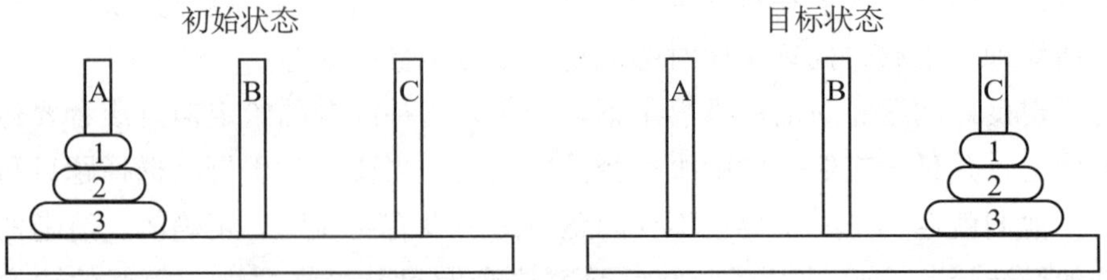

图10-1 河内塔问题

Greeno（1978）认为，完成这类问题所需要的主要认知技能是我们后面会谈到的手段—目的分析，即考虑给定状态和目标状态之间的差异，并据此找到减小差异的操作。

3. 排列问题

排列问题是给解题者呈现一些要素，要求解题者对这些要素进行重新排列，并使排列的结果符合某一要求。字谜游戏是最典型的排列问题之一。例如，将散乱的字母 a、i、f、m、a 重新排序，使其成为一个单词。

Greeno（1978）认为，解决这类问题所需要的主要认知技能是建构性搜索，即解题者要能够系统地检验各种可能的组合，直到问题得到解决。不过，大部分人并不会对所有的可能性都进行检验。例如，在上面的字谜问题中，5 个字母的可能组合有 120 种之多，解题者若一一检验所有的可能组合，势必将花费很长的时间。但是大部分人能够比较快地解决这个问题，这就意味着，人们具有的知识和经验可能限制了搜索的范围。例如，看到这个字谜，你可能就会想到，英语中很少有 ai 开头的单词，但是，以 ma 开头或结尾的单词比较多，所以 m 和 a 组合在一起的可能性就比较大。另外，关于字谜的语义知识，如告诉解题者谜底属于某个语义类别，也能促进搜索，使问题更容易得到解决。

扩展阅读

知识丰富型问题与知识贫乏型问题

你遇到过下列问题吗？解决它们需要什么知识？

1. 写出一个原函数的反函数。
2. 政府应该采用什么政策减少犯罪？
3. 圆点排列问题：

   从下面给出的圆点系列开始排列圆点：

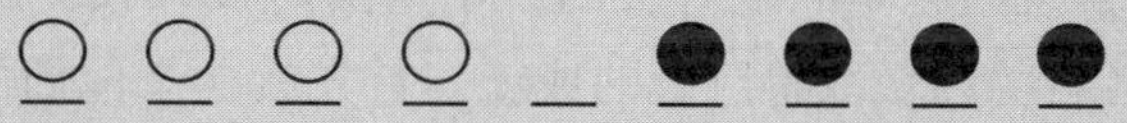

   使它们达到下列排列形式：

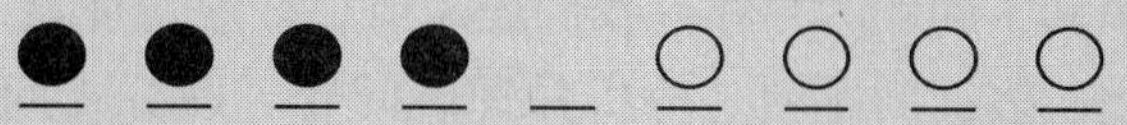

   注意：一个圆点只能移到相邻的空位上；一个圆点只能跳过一个另一种颜色的圆点；白色的圆点只能向右移，黑色的圆点只能向左移。
4. 用 16 根火柴棍摆出了下面的 5 个正方形。请移动其中的 3 根火柴棍形成 4 个正方形。

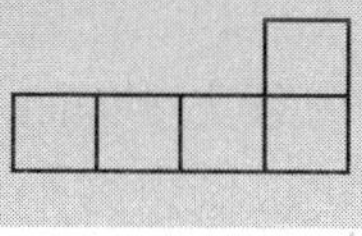

面对一个新问题，为了解决它，我们会尽量回忆那些我们所知道的知识。然而，上面的第 1 题对于大多数人来说是没有意义的，因为我们回忆不出关于这个问题的有用知识。解决它，需要大量数学方面的知识。同样，对于第 2 题，要想解决它，也需要许多犯罪诱因方面的知识，可能涉及政治学、社会学、心理学等方面的知识。你如果缺乏这些知识，面对这样的问题时就会感到非常困难。这类问题被称为知识丰富型（knowledge-rich）问题。

与第 1 题和第 2 题不同，第 3 题和第 4 题是用很少的知识就能解决的问题，它们被称为知识贫乏型（knowledge-lean）问题。解决这类问题可以求助于一些通用的策略，这些策略是你在过去解决类似问题时学到的。并且，这些策略通常适用于各种范畴。

资料来源：罗伯逊，2004。

二、问题解决的一般步骤

问题解决是按照一定的目标，应用各种认知活动、技能等，经过一系列认知操作，使问题得以解决的过程。那么，在这一过程中，问题解决者通常需要经过哪些步骤或阶段呢？对此，心理学家的一种比较简单的划分是：发现问题，表征问题，选择策略与方法，实施方案和评价结果（彭聃龄，张必隐，2004）。

发现问题是问题解决的前提。在学校的考试中，学生需要解决的问题往往是已经明确的，但在生活中把一个情境确定为问题情境有时可能是困难的。这也许是因为我们没有意识到我们有一个目标（比如，我们没有注意到一辆汽车驶来，所以没意识到需要想办法躲避汽车），也许是因为我们觉得自己根本无法实现目标（比如，因为没有足够多的钱买我想要的东西，所以我需要挣更多的钱，但又觉得这是自己无法办到的）。发现问题是问题解决的一个重要阶段，人类历史上那些杰出的科学家之所以能在各自的领域取得巨大的成就，首先就在于他们能在人们一般认为没有问题的地方看到问题，并进而对问题进行创造性的解决。

一旦我们明确了问题的存在，我们还需要很好地表征这个问题，只有这样才能知道如何解决它。表征问题就是分析和理解问题，即分析问题的要求和约束条件，找出问题各要素之间的联系。问题解决的这个步骤非常重要，能否对问题进行正确、完整的表征将直接决定问题是否能被解决。丰富的知识经验、良好的思维品质都将有助于问题解决者更好地表征问题。

在表征问题的基础上，人们将制定解决问题的方案，包括选择解决问题的策略，确定根据什么原则、采取什么方法和途径去解决问题。例如，一个指挥官为了完成某个作战目标，需要在分析战场敌我形势的基础上，制定具体的作战方案。解决问题的方案有时只有一个，有时可以制定多个方案，此时就需要问题解决者对每个方案进行评估，然后从中选择最合理的方案。

最后一个阶段是将解决问题的方案付诸实施，并把取得的结果与问题解决的要求和目标进行对照。如果执行方案的结果达到了原来的要求和目标，就说明解决方案是正确的，问题已经解决。如果执行方案的结果没有达到要求和目标，就说明解决方案不正确或部分不正确，问题没有解决；在这种情况下，人们需要重复前面的过程。

以上是问题解决的一般步骤，如果你想想自己曾用来解决生活难题的方法，你可能会发现你经过了与此类似的解决步骤。这一过程几乎总是无意识的，你不用有意地想："现在到了第三步，选择策略与方法……"随便找个问题，无论是现实生活中的问题还是想象的问题（比如，修理弄坏的加湿器，解决一个困难的人际交往问题，或决定要不要孩子），然后按照上述一系列步骤来解决，你都会发现用这一程序解决界定良好问题比解决界定不良问题要容易些。

三、问题解决与脑

人类杰出的问题解决能力有赖于人类拥有高度发达的大脑，特别是大脑额叶的高度进化为人类完成复杂的高级认知活动提供了可能性，这已得到了许多研究的证实。

Goel 和 Grafman（1995）观察了前额皮层受到严重损伤的患者在解决河内塔问题时的表现。这些患者都有正常的智商，但是他们在完成河内塔任务上的表现比正常被试差远了。特别是在需要被试为最终完成任务而不得不暂时把一个圆盘从它已经到达的正确位置上移开时，患者会感到尤其困难。另一项研究（Fincham et al.，2002）利用 fMRI 技术考察了脑部激活与学生解决河内塔问题时所必须建立的目标数量之间的函数关系，结果发现，在问题解决的八个步骤中，被试保持的目标数量（在 1 和 4 之间变化）与右脑背外侧前额皮层前部的激活强度有着很高的一致性。上述研究表明，前额皮层在保持目标结构方面起着关键性的作用（安德森，2012）。

Goel 和 Grafman（2000）还曾经描述过一个因中风而导致右侧前额皮层前部受损的患者，他表面看起来很正常，在一般智力测验上也有不错的成绩，但是却在解决问题中表现出严重的智力缺陷。他在中风前是个成功的建筑师，中风后却丧失了设计能力而不得不退休。对于 Goel 和 Grafman 交给他的一个设计任务，他可以条理清晰地说出来，但是却无法解决。

类比是人们解决问题的常用手段。当人们意识到当前问题与过去的某个问题比较相似时，人们就会提取过去用过的方法来解决当前的问题。Christoff 等（2001）考察了大脑皮层在进行类比推理时的激活情况，研究的问题取自瑞文推理测验，结果发现右侧前额皮层的前部在被试解决较为复杂的类比问题时才会被激活。

总之，许多证据已经表明，大脑皮层的额叶对问题解决有着重要作用。额叶受损伤的患者只能根据直接感知到的事物的某些特点做出简单的推论，而不能发现事物之间复杂的联系。

四、问题解决的早期研究

19世纪末，美国心理学家 Edward Lee Thorndike 首先用实验方法研究了问题解决，完成了著名的猫开迷笼实验。Thorndike 把饥饿的猫放在一个封闭的笼子里，笼子外摆着一盘可望而不可即的食物。如果笼子里面的一个杠杆被碰到的话，那么笼子的门就能开启。Thorndike 在实验中发现，猫进入迷笼之后，表现出明显的不安，它在笼子里乱窜并用爪子到处乱抓，企图从笼子中逃出来。几分钟后，猫偶尔会碰到那个杠杆，门也就开了。经过反复多次的尝试，那些不成功的反应逐渐被排除，而能成功打开笼门的行为逐渐被保留下来。最终，当猫再被放回到笼子里的时候，它就会直接去碰那根杠杆并逃离笼子。Thorndike 把动物的这种学习行为称为尝试—错误行为，就是在一定的刺激模式和反应模式间建立起联系或联结，并且，联结的建立是渐进性的，其中没有推理的成分。在 Thorndike 的实验中，动物的学习行为也是一种解决问题的行为。猫使用尝试—错误的方法打开笼门，从笼子中逃出来，就解决了它面临的一个问题。因此，早期的联想主义和行为主义心理学家认为问题解决是尝试—错误学习的结果，或者是对先前习得反应的再现。

但是，格式塔心理学派的奠基人之一 Wolfgang Köhler 却不同意上述观点。他认为，问题解决行为不是简单的尝试—错误学习或反应再现，而是对问题结构的顿悟并且重构问题以便解决问题。格式塔心理学派对问题解决的研究同样始于动物实验。第一次世界大战前后，Köhler 在特纳里夫岛对黑猩猩进行了长达七年的研究。在他的一个经典实验中（Köhler，1927），笼子里的黑猩猩需要拿到外面的香蕉，而且只有几根棍子可用来做辅助工具。在某个时刻，Köhler 观察到黑猩猩突然拿起两根棍子，并把它们接起来去拿香蕉。他认为这就是“顿悟”的一个典型例子。

尽管 Köhler 的实验并不十分严谨，但是，这样的研究为后来格式塔心理学家们将他们的理论分析运用到人身上奠定了基础。特别值得一提的是，在这一时期，年轻的学者 Duncker（1926，1945）完成了有关“功能固着”的研究，这一研究对问题解决研究产生了比较大的影响，至今还被人们从各个角度进行重复。

格式塔心理学家认为，问题解决行为既可以是再现式的（reproductive），也可以是产生式的（productive）。再现式问题解决涉及重新运用先前的经验，但是，先前经验也可能会妨碍问题的解决（如定势对问题解决的消极影响）。而产生式问题解决是通过顿悟了解并重构问题；顿悟的发生常常是很突然的，并伴有“啊哈，我明白了”之类的体验（艾森克，基恩，2004）。

格式塔心理学家对问题解决研究做出了重要的贡献，他们批评了联想主义观，试图证明问题解决行为并不仅仅是习得行为的重复出现，还涉及顿悟的产生过程及对问题的重构。他们发现，只依靠过去的经验经常会导致问题解决的失败。毫无疑问，格式塔心理学的思想启发了现代认知心理学对问题解决的研究，并留下了大量的实验资料和证据。但是，格式塔心理学家对顿悟和重构等概念没有进行清晰的界定，对顿悟和重构发生的条件没有清楚地说明，这是他们理论的不足之处。

第二节 问题空间理论

由于信息论、控制论的影响和计算机科学的发展，20 世纪 50 年代末以来，人们进行了用计算机模拟人类问题解决行为的种种尝试，卡内基-梅隆大学的 Alan Newell 和 Herbert Simon 完成了这一时期问题解决领域中最具影响力的工作。他们在 50 年代末期设计了一套计算机程序，用它证明了 38 个数学原理。1960 年，他们又开发了一套通用解题程序，称为通用问题解决者（General Problem Solver, GPS)，用来解决更广泛的问题。在他们看来，如果用人类解决问题的思维程序，使计算机也能解决同样的问题，那么就能证明这种思维程序是有效的。问题空间理论（problem-space theory）就是在他们用计算机模拟人类问题解决行为的过程中逐渐形成的，并在他们的专著《人类问题解决》（Newell & Simon，1972）中得到了进一步阐述。该理论极大地推动了现代认知心理学对问题解决的研究，至今仍然是问题解决研究的中心理论。

一、问题空间理论的基本观点

问题解决者在面临一个问题，特别是面临一个不熟悉的问题时，必须对该问题的有关特征进行编码加工，从而建构起相应的内部表征，Newell 和 Simon 把问题解决者对问题的内部表征称为问题空间。按照问题空间理论，问题解决的过程就是在问题空间中搜索可能的解决途径的过程。这就如同走一个迷宫，你需要从迷宫外的一点出发，然后穿越迷宫中的部分区域抵达中央。在你走迷宫的时候，你会碰到许多交叉路口，此时你需要选择是直走、左拐、右拐还是往回走。也就是说，在这个迷宫中有许多可以选择的路径，但可能只有少数几条可以抵达迷宫的中央。为了完成这个任务，你可以采用不同的策略（如标记走过的路、开始的时候一直往左拐等）去寻找一条可以抵达迷宫中央的路径。

Newell 和 Simon 提出，一个客观的问题结构可以被描述成一系列状态，开始是初始状态（如站在迷宫外面），接着会出现许多中间状态（如在迷宫中走动），最后会出现目标状态（如站到迷宫中央）。在初始状态和目标状态之间存在着大量的备选路径，这些可能存在的状态和路径就构成了整个问题空间。解决了一个问题就意味着，问题解决者通过搜索问题空间找到了一个操作序列，并凭借这个操作序列把问题的初始状态转变为了目标状态。

Newell 和 Simon 还把问题空间构想为一些节点的集合（如图 10－2、图 10－3 所示），一个节点代表一种知识状态（knowledge state），不同的节点由称为算子

(operator）的认知过程连接起来。通过对心理算子的运用，人们可以从一种知识状态转移到另一种知识状态。因此，在 Newell 和 Simon 看来，问题解决就是在问题空间中移动节点，以达到或进入不同的知识状态。这种移动的过程就是搜索的过程，它由一个执行系统来控制。同时，问题解决的所有加工过程都会受到认知系统的某些限制。比如，加工可能受到工作记忆容量的限制；另外，信息在长时记忆中的存储与提取速度也可能对加工产生某些限制。

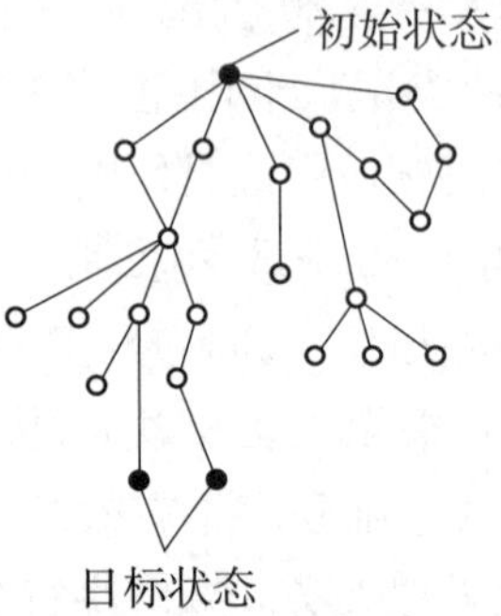

图 10－2　问题空间示意图

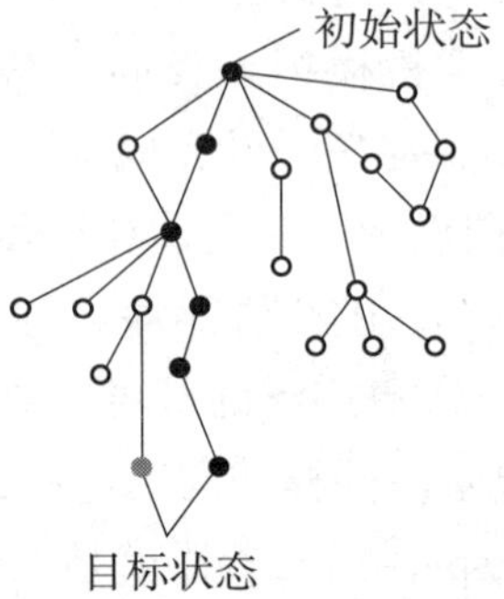

图 10－3　一条从初始状态到目标状态的问题解决路径

一个具体问题可能有许多可供选择的解决路径，问题解决者如何选择呢？Newell和 Simon 指出，人们可以采用不同的策略或启发法（heuristic method）把问题有效地从初始状态转移到目标状态。例如，人们将初始目标分解成几个子目标就可以减少在问题空间中的搜索，子目标的实现最终会导致总目标的实现。如果你的目标是“一个月后交一篇论文”，你可以将此目标分解成几个子目标——“查找文献”“确定主题”“写出提纲”“完成初稿”和“修改初稿”来实现你的总目标。显然，一个人对问题所具备的知识状态是很关键的，关于问题的个人观念（个人是怎样表征问题的初始状态的）和解决问题时所运用的知识（个人可以运用的算子和策略）决定了一个人的问题解决行为。

其他学者的研究（Lovett & Anderson，1996）还表明，问题解决者在解决某一个问题或某些相似问题时，在从前一个阶段到后面阶段的移动中可能会在一定程度上形成对某些算子的偏爱。同时，问题解决者可能对运用哪些算子获得了成功或运用哪些算子遭遇了失败很敏感。

二、问题行为图

问题行为图（problem behavior graph）是 Newell 等用来表示问题解决者在问题空间中的活动轨迹的方法，也被其他认知心理学家广泛使用来表现人们在问题解决过程中的思想和行为。问题行为图有两个组成元素，就是问题解决者的知识状态和所应用的算子。下面的例子是 Newell（1967）制作的一位被试解答密码算题的问题行为图，该密码算题如下：

在右侧的加法算式中，有10个不同的字母，分别代表0～9中的一个数字。现已知D=5，请运用通常的加法规则，推导出每一个字母所代表的数字。

```
  DONALD
 +GERALD
  ROBERT
```

Newell以一位被试解答这道密码算题的口语记录为依据，制作了问题行为图，如图10-4所示。从这个问题行为图中，我们可以清晰地看到该被试的知识状态如何不断转换。被试的口语记录如下：

有10个不同的字母，每个字母都有一个数值。

所以，我可以看看两个D——一个D是5，因此，T就是0。所以，我想我可以写下这里的问题作为开始。我要写的是0。

现在，我还有别的T吗？没有了。不过我还有一个D，这意味着在另一侧还有一个5。

现在我有两个A和两个L，它们各自在某个地方。而这个R，有3个R呢。两个L等于一个R。当然，要进1，就是说R一定是奇数，因为两个L相加或任意两个数相加必然得出偶数，而1是奇数。所以R只能是1或3，但不会是5、7或9。

（此处被试长时间停顿，实验者问："你现在在想什么？"）

现在来看G，由于R可能是奇数，而D是5，G只能是偶数。

现在来看问题的左侧，这里说D+G，哦，也许还要加上另一个数，如果O+E必须进1的话。我想我会暂时忘记这一点的。

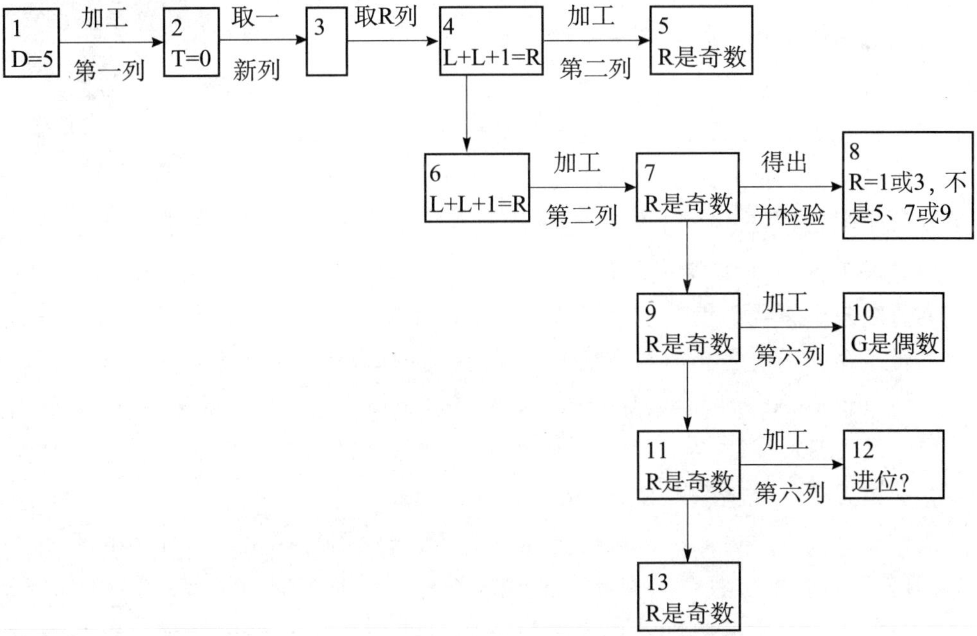

图10-4 被试解答密码算题的问题行为图（片段）

资料来源：邵志芳，2006。

三、对问题空间理论的简要评价

有学者指出，问题空间理论的基本贡献就在于，它提供了问题解决的一个标准化理论，允许我们以一种比较理想的方式来定义问题的结构，并确定最优的解决方案（艾森克，基恩，2004）。因此，许多学者都同意，问题空间理论为其他的问题解决研究奠定了坚实的基础，为我们了解人类问题解决能力做出了很大的贡献。

同时，问题空间理论也受到了一些批评。有学者认为，问题空间理论很好地解释了界定良好问题，但是在处理界定不良问题时存在很大的局限性。还有一些批评是针对 Newell 和 Simon 的研究方法的，认为他们以被试的口头报告为研究资料是有问题的，因为人们可能并不善于对高级心理过程进行内省。另外，他们所使用的问题是一些人为设计的问题，与实际问题有较大的差别，以这样的问题为实验材料得到的结论，与现实生活中的问题解决能力可能并没有真正的联系（贝斯特，2000）。

扩展阅读

赫伯特·亚历山大·西蒙

赫伯特·亚历山大·西蒙（Herbert Alexander Simon，1916—2001）是 20 世纪获得多方面学术成就的美国著名学者，1978 年诺贝尔经济学奖得主，以信息加工理论为基础的现代认知心理学的先驱，也是以计算机模拟人脑而开创人工智能领域的科学家。

西蒙 1916 年 6 月 15 日出生于美国威斯康星州密尔沃基市的一个犹太家庭，自幼聪颖过人。1936 年获芝加哥大学政治学学士学位，1943 年获芝加哥大学政治学的哲学博士学位。之后长期任职于美国卡内基-梅隆大学，讲授心理学、计算机科学等（张春兴，2002）。

西蒙知识渊博，涉猎广泛，在心理学、经济学、管理学、计算机科学等领域取得了令人叹为观止的成就。1969 年获美国心理学会颁发的杰出科学贡献奖（Distinguished Scientific Contributions Award），1975 年获计算机科学最高奖——图灵奖，1978 年因在决策研究上的卓越成就获诺贝尔经济学奖，1986 年获美国国家科学奖章（National Medal of Science）。

西蒙热心于中美文化交流，曾先后 10 次来中国访问交流，并为自己起了“司马贺”这个中文名字。他与中国学术界建立了长期合作关系。1983—1987 年，西蒙任美中学术交流委员会主席。1983 年与中国科学院心理研究所进行科研合作，并系统地讲授认知心理学（彭聃龄 主编，2012）。

第三节　问题解决的策略与障碍

一、问题解决的策略

我们可以利用两类基本的策略来解决问题。第一类策略遵循一套清晰的、固定的步骤，并能确保问题的解决，这种策略被称为算法式。一个算法（algorithm）是指只要在问题有解的情况下采用就肯定能解决问题的某种方法或程序。例如，计算 26×12，你可以使用如下的算法：

- 个位数字相乘，计算出乘积。
- 在个位处写下个位数字，并向十位进位。
- 第二个数字的个位数字与第一个数字的十位数字相乘。
- 给乘积加上进位上来的数字，依此类推。

如果你在每一步中都计算正确，那么你最终就能解决这个问题。

算法式虽然确保能够得到答案，但有时效率低下。例如，你来到图书馆的阅览室，想找一本书：Richard J. Gerrig 和 Philip G. Zimbardo 著的《心理学与生活》。你不知道在这个阅览室的哪个位置可以找到这本书，唯一能够确保你知道这个阅览室是否有这本书的算法是：检查阅览室里的每一本书，直到你找到它，或者搜索了一遍所有图书却毫无结果。但事实上这种算法不太实用，你需要选用其他的方法来解决这个问题，例如：询问管理员；如果阅览室有图书目录的话，浏览一遍图书目录；从最有可能的那类图书（基础心理学类）开始搜索，然后再转向其次有可能的类别进行搜索；等等。这些方法被称为启发式，它是凭经验的，经常是带有冒险性的策略，这种策略有可能解决问题，但并不保证问题一定得到解决。在刚才的例子中，如果你采用启发式，却没有找到这本书，你并不能由此确定这个阅览室里没有这本书，因为有可能是这本书被放错了地方，或者还没有被编入图书目录。

心理学家发现某些启发式策略可以在很多问题中被多次重复使用，这些策略可以作为一般的方法教给学生，以帮助他们进行问题解决。下面我们介绍几种普遍使用的、一般性的启发式策略。

（一）爬山法

假定你被蒙上双眼，身处一个不熟悉的地形中，要求你找到这个地方的最高点，你怎么办呢？一个好的方法是：试探着向四周移动你的脚，感受四周地形的升和降，判定出哪个方向有最陡的上坡，然后向这个方向迈出你的脚。依此进行，直到你感觉到四周再没有上坡，你就会停下来，认为自己到达了最高点。爬山法（hill climbing）就是对这种问题解决方法的形象比喻，即在解决问题的过程中，从当前状态出发，你首先考察一下能引导你进入下一种状态的所有可能的算子（如用你的脚向四周试探）；然后，把可能进入的下一种状态与目标状态进行对比（如感受地形的坡度）；最后，确定与目标状态最接近的状态，并选择能带你到达这种状态的算子（如向有最陡上坡的方向前进）。爬山法是解决问题的一种普遍方法，尤其是在不熟悉的领域，问题解决者会去尽量减少当前状态与目标状态的差异。

但是，在寻找最高点的例子中，摘掉眼罩以后，你也许发现自己的确登上了最高点，也许发现自己只是登上了一个小山丘的最高点，旁边还有更高的山峰。也就是说，爬山法只考虑下一步是不是一个进步，而不考虑所选择的这个算子在较大的范围内是否会奏效，因此这种方法是缺乏远见和全局视角的（安德森，2012）。在解决问题的过程中，爬山法能否成功依赖于问题的特征，也依赖于问题解决者的起点（Medin et al.，2005）。

（二）手段—目的分析

假如你想拜访住在太原的一位朋友，而你现在居住在北京。可供选择的交通方式有许多种：骑自行车，乘出租车，坐长途汽车，自己驱车前往，坐火车，或者坐飞机，等等。最切实可行的方法可能是坐火车，它既快又省钱。然而，为了坐火车，你必须前往距你的居住地 10 公里远的北京西站，同样你可以选择步行、骑车、乘出租车等方式前往。效率最高、花费不大的方式是乘出租车；但是，你家门口很少有出租车经过，你必须步行到你家附近的商场门口才能坐上出租车。

上面所描述的问题解决方法就是手段—目的分析（means-ends analysis）。它为问题解决者提供了一个比较全局的视角。问题解决者将起始状态（北京）与目标状态（太原）进行比较，考虑可能克服差距的方案（坐长途汽车、自己驱车前往、坐火车等），然后选择最佳方案。选出的最佳方案（坐火车）也许还需要一些先决条件（例如，人到火车站，有买好的火车票）。如果这些前提没能满足，子目标就产生了（例如，怎样到达火车站?）。通过产生子目标，任务被分解成可被解决的小步骤，完整的解决方案就建构起来了。研究发现，在实现主要目标之前，问题解决者能生成适当的子目标对问题的成功解决是至关重要的。通常可以使用两种方式创建子目标（安德森，2012）：第一种，把当前状态与目标状态进行对比，找出一系列的差异，并把每一个差异的消除当作一个子目标，问题解决者会首先试图消除被认为是最重要的差异；第二种，问题解决者试图找到能够消除差异的算子，但是，由于应用算子的条件与当前状态之间存在差异，问题解决者也许不可能立即运用这个算子，因此，在算子得以应用之前，有必要先消除另一个差异即阻止算子应用的差异，这就形成了算子子目标。与爬山法相比，手段—目的分析具有重要的进步，因为它不会丢弃不能立即应用的算子。

（三）逆向工作法

另一种常见的解决问题的启发式策略是逆向工作法（working backward）。运用此方法解决问题的人首先分析目标，以确定为达到目标所采取的最后一个步骤是什么，然后再分析紧挨着最后一步的前一步，依此类推。例如，一个记者被要求某日交一篇人物采访文章，他在日历上进行标注，提醒自己为了按时交这篇文章，他必须在交稿前一天完成对文章的修改和打印；而要做到这一点，他必须在交稿前一周完成对人物的采访；为了能在交稿前一周完成对人物的采访，他又必须提前一个月开始联系采访对象、确定采访时间。这位记者在完成这个任务时就采用了逆向工作的策略。逆向工作通常要建立子目标，所以它的操作与手段—目的分析相似。一般来说，当逆推路径较少而前推路径较多时，采用逆向工作法更为有效。

拓展阅读

Duncker 辐射问题和类比问题解决

人们在面对一个问题时，可能会考虑以前解决过的问题中是否有和这个新问题相似的，并问自己："我能否把同样的方法应用到解决这个问题中?"这种把相似问题的解决方案应用于解决新问题的过程叫作类比问题解决。

Duncker 辐射问题曾被广泛地应用在类比问题解决的研究中。该问题是这样的：

> 假设你是一个医生，有一个患了胃部恶性肿瘤的病人。对这个病人动手术是不可能的，可如果不消灭肿瘤，病人就会死。现在有很多种不同强度的射线可以用来消灭肿瘤。如果射线强度足够高，肿瘤就会被消灭。但不幸的是，这种高强度的射线也会损害其所经过的健康组织。低强度的射线对健康组织无害，但它对肿瘤也可能没有任何影响。那么，采用什么程序可以在消灭肿瘤的同时又避免破坏健康组织呢?

正确的解决方案是用许多来自不同方向的低强度的射线射向肿瘤，这样可以保证在消灭肿瘤的同时不损害射线经过的健康组织。事实上，这一解决方案正是现代放射外科中所采用的程序。在 Duncker（1945）的实验中，多数被试解决不了这个问题。Gick 和 Holyoak（1980，1983）也发现只有 10%的被试找到了解决方案。但是，Gick 和 Holyoak 选择另一组被试先阅读和记忆下面的堡垒故事（称为源问题或源故事，它与目标问题有一定相似性，并提供了解决目标问题的一种方法），然后再解答辐射问题。

> 一个小国家受制于一个独裁者建立的堡垒。这个堡垒处在国家的中心，周围是农场和村庄，其中有很多通向堡垒的路。一位革命将军宣告要占领这个堡垒。他把军队聚集在一条路上，准备发起一场全面的直接进攻。然而，这个将军得知独裁者在每条路上都安置了地雷。不过因为独裁者需要从堡垒来回运送军队和工人，所以地雷的设置是可以让少数人安全通过，但任何重压都可以引爆地雷，这样不仅会炸了路，还会破坏附近的村庄，因此看起来

要占领堡垒是不太可能的。然而，将军制订了一个精妙的计划。他把军队分成多个小队，分派每一小队到不同道路上。当所有军队都准备好后，他给出了一个发起总攻的信号，各队纷纷开始进攻。每队都在通向堡垒的路上前进，最终整个军队在同一时间在堡垒聚集。用这种方法，将军占领了堡垒并推翻了独裁者的统治。

结果发现，有 30%的被试能够解决辐射问题。显然，能够解决目标问题的被试明显多了，但是可以看到，很多被试即使阅读和记忆了源问题，也仍然不能在源问题和目标问题之间建立类比关系。不过，当 Gick 和 Holyoak 提示被试想想他们读过的故事时，被试的成功率达到了 75%。其他研究（如 Holyoak & Koh，1987）显示，如果在源问题和目标问题之间有更大的表面特征或结构特征相似度，则有助于被试注意到二者之间的关系。

资料来源：戈尔斯坦，2015。

二、问题解决的障碍

在问题解决研究中，心理学家所关注和使用的问题，通常是不能通过简单明了的一个步骤就被解决的。例如，我们不能将梳头作为问题解决的范例，因为使用梳子不需要太多思考和克服特别的障碍。换句话说，问题解决的目标实现是有障碍和限制的。有时这些障碍和限制会非常强烈，以至于它们阻止或至少妨碍了成功地解决问题。下面我们谈论对许多问题都明显构成阻碍的两个因素。

（一）心理定势

定势或心理定势（mental set）是指以某种特定方式来思考问题的倾向。心理定势一般是通过较少的实践归纳出来的，在问题解决中大多起限制作用，即限制了形成假设的范围，并使问题解决方法固定化。

关于定势的心理学研究，最著名的就是 Luchins（1942）的实验。他用量杯问题揭示了定势的存在。在量杯问题中，被试要用不同容量的量杯量出一定量的水（见表 10-1）。例如，用容量为 21（A）、127（B）和 3（C）的三种量杯量出容量为 100 的水。答案是 B－A－2C。如果这一公式多次奏效，被试每次解题时就会倾向于采用它，从而形成定势。当遇到用容量为 23（A）、49（B）和 3（C）的三种量杯量出容量为 20 的水的情况时，被试很难注意到其实还有一个更简洁的答案：A－C。

表 10-1 量杯问题中的实验材料

问题	量杯 A 的容量	量杯 B 的容量	量杯 C 的容量	要求量出的水的容量
1	21	127	3	100
2	14	163	25	99
3	18	43	10	5
4	9	42	6	21
5	20	59	4	31
6	23	49	3	20

心理定势常常使人们在不知不觉之中做出一些无根据的假设。例如，大多数人在解决著名的九点问题（如图 10-5 所示，一笔连续画四条直线把图中的九个点连在一起）时，认为四条线应该在点的“边界”之内；同样，当面对六根火柴的问题（用六根火柴摆成四个三角形，所有边长都等于一根火柴长度）时，许多人限定自己在两维平面内建立四个三角形。这些限制使问题不可能得到解决。

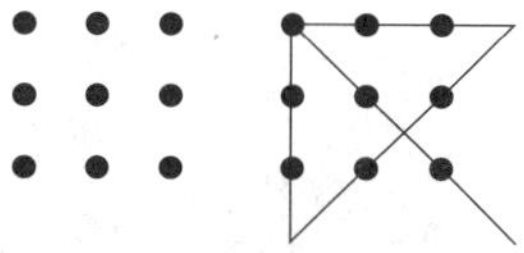

图 10-5 九点问题及其解法

心理定势的一种特殊表现被称为功能固着（functional fixedness），指人们对一个事物的常用功能过于习惯了，以至于不能为它创造出一种新的用途。比如，信用卡通常是用来购物付款的，但是，当你被锁在门外时，你可以用信用卡来打开一扇锁着的门。心理学研究中著名的“绳子问题”和“蜡烛问题”就表明，受功能固着束缚的人明显对一个客体的常用功能形成了顽固的心理定势，从而阻碍了问题的解决。

在绳子问题中（Maier，1930，1931），被试被带到一个房间里，房间的天花板上吊着两根绳子，但是两根绳子离得太远，一个人不可能同时抓住它们。房间中的桌子上有一些东西，如一盒火柴、一把螺丝刀、一些纱布等。被试的任务是想办法把两根绳子系在一起。见图 10-6。对于这个问题来说，最具创意的解决办法是：把螺丝刀系在一根绳子上，利用螺丝刀作为重物使这根绳子形成单摆运动。这样，在抓住另一根绳子的同时，就有可能靠这根绳子的摆动而抓住它，并将两根绳子系在一起。在 Maier 的实验中，不到 40%的被试在没有受到暗示的情况下解决了这个问题。造成问题解决困难的一个原因似乎是，被试没有意识到螺丝刀具有其他功能。他们没能注意到螺丝刀既可以用作本来用途，同时也可以作为一个重锤使绳子摆动。

图 10-6 绳子问题

资料来源：Weiten，2001。

在蜡烛问题中（Duncker，1945），实验者给被试的材料包括硬纸盒、火柴、图钉、蜡烛等，要求被试把蜡烛固定在桌子旁边的屏风上以便照明。对于一组被试，他先给他们屏风，其他东西如蜡烛、图钉、火柴等被分别放在盒子里。对于另一组被试，实验者把所有东西连同盒子一起给他们——也就是物体不是在盒子里。这一问题的解决办法是：用火柴点燃蜡烛，滴些蜡油在一个盒子上，把蜡烛粘上，然后再用图钉把盒子钉在屏风上。见图10-7。如果被试刻板地认为盒子就是容器，解决这个问题就要难一些。总之，类似的实验证明，功能固着会阻碍或推迟问题的解决。

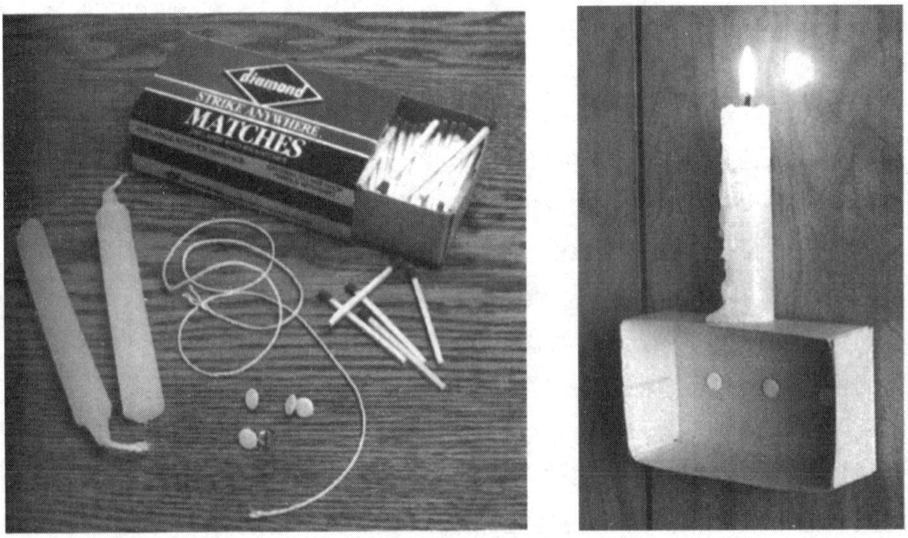

图 10-7　蜡烛问题及其解法

资料来源：Weiten，2001。

（二）不完整或不正确的表征

在问题解决过程中，没有哪一个阶段比表征问题更重要了。问题的表征方式，或者说问题在大脑中是被如何描述的，对问题的解决有着重要的影响。现在请试着解决下面的问题（索尔所等，2008）：

> 两根旗杆高耸云天，每一根都是100英尺（1英尺约合0.3米）高。一条150英尺的绳子两端分别绑在旗杆的最顶上，垂下的长度相等，并且自由摆动。绳子的最低点离地有25英尺。请问：两旗杆相距多远？

你能算出来吗？是怎么算的？有人可能会精确计算绳子下垂多少，或者画出类似图10-8（A）那样的图。但是，这样的表征方式可能会妨碍你对问题的解决。事实上，问题的答案很简单，而且不需要高等几何知识——只要常识，如图10-8（B)所示。

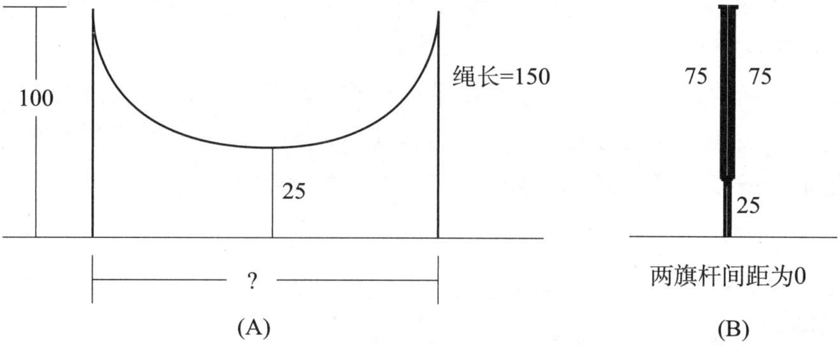

图 10-8 旗杆问题及其解法

显然，问题解决的困难之一就在于对问题的内在表征。如果问题被误解了，或是关注了错误的信息，问题解决者无疑将处于不利的境地。“棋盘问题”同样说明了不完整或不正确的表征对问题解决的阻碍（如图 10-9 所示）。

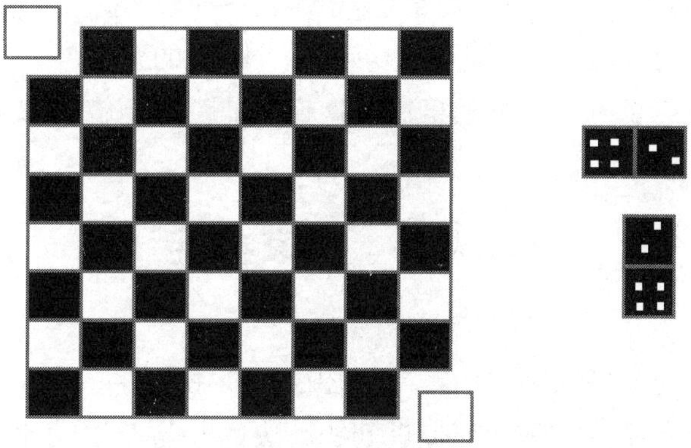

图 10-9 棋盘问题

有一个斜对角两个方格被切除的国际象棋棋盘。完整的棋盘应该有 64 个黑白相间的方格，由于两个角被切除，所以图中的棋盘还有 62 个方格。棋盘旁边有一些骨牌，每张骨牌都是长方形的，恰好能遮住棋盘上的两个方格。请问：能否用 31 张骨牌完全覆盖这个棋盘呢？

解决棋盘问题的关键是要认识到，根据棋盘的格式，无论怎样安排，每一张骨牌都只能覆盖一个黑格和一个白格。另外，已切除的棋盘对角的两个方格是同一颜色的，剩下的是 32 个黑色方格和 30 个白色方格。由于一张骨牌必须覆盖两个不同颜色的方格，所以不可能将 31 张骨牌覆盖切除后棋盘的所有方格。大多数人解决这个问题的困难之处在于，他们没能在关于问题的内在表征中包含这些至关重要的信息，因而表征是不完整的。

如果由于我们对问题进行了不完整或不正确的表征而使问题无法顺利解决的话，我们要做的就是对问题进行重新表征。有学者提出，对问题的重新表征可以通过以下几种方式实现：（1）精细加工，即依靠推论或外部环境（如暗示）来增加新信息；（2）放松限制，即改变针对目标的一些限制；（3）重新编码，即通过重新分类或删除某些信息而改变问题表征的特征（艾森克，基恩，2004）。

总之，在问题解决过程中，表征的选择往往会对解决者取得怎样的结果具有重大的影响。一种表征方式可能使一个问题很简单，另一种表征方式却可能使问题变得非常复杂。最后，请你试试下面的数字游戏（加洛蒂，2005）：

> 给两个参加游戏的人呈现9个数字：1，2，3，4，5，6，7，8，9。每个游戏者的目标是从9个数字中抽取三个数字，并使三个数字之和为15。游戏者要轮流从中选取一个数字并放入自己的数列之中，谁第一个使三数字之和为15（例如4、5、6或是1、6、8），谁就获胜。

如果你来玩这个游戏，你会采用什么样的策略？如果让你先选，你会选择哪个数字？如果你后选，而且对手已经选择了5呢？刚开始玩的时候，你也许会认为这个游戏很具挑战性，但是，如果你找到了一种较好地表征这个问题的方法（如图10－10所示），困难的数字游戏就会变得很简单；但是如果没有这种表征，问题解决起来就要难得多。

6	7	2
1	5	9
8	3	4

图10－10　对数字游戏的表征

第四节　专家技能

在正确而高效地解决问题方面，专家往往比新手更胜一筹。令认知心理学家感兴趣的是：专家的专业技能是如何促进问题解决的？与新手相比，专家为什么能更加顺利地解决本领域的问题呢？已有的研究从多个方面给出了答案。

一、知识的数量、组织和使用

对某个特定领域的问题来说，知识，特别是专业知识，能够大大提高人们解决问题的能力。可以说，专家所具有的专业技能在很大程度上就反映了专家具有丰富的、组织良好的知识经验，这已得到了很多研究的证实。

de Groot（1965）通过一系列经典实验比较了国际象棋大师和普通棋手的差异。他给每个被试5秒钟的时间来看一种棋局，然后将棋子移开，让被试根据记忆重新恢复棋局（复盘）。结果发现，当被试看到的棋局是一盘未下完的残局时，象棋大师正确恢复的棋子数是20～25个，而普通棋手只有6个。但当象棋大师和普通棋手所看到的棋局由随机排列的棋子组成时，他们恢复棋子的数量都是6个，没有差别。

Chase和Simon（1973）以类似的实验程序重复了上述实验。他们让象棋大师、一级棋手和初学者浏览一种有意义的棋局5秒钟，然后根据自己的记忆进行复盘。

结果显示，大师的正确复盘数高于一级棋手，一级棋手又高于初学者，三者有显著差异。Chase 和 Simon 的工作与 de Groot 的早期研究，都暗示专家与新手之间的区别在于知识的数量、组织和使用方面，而不在于视觉记忆能力的高低。复盘任务要求被试存储并提取棋盘上的棋子位置的信息。根据这些研究者的观点，由于象棋专家已经在记忆中存储、组织了成千上万种特定的棋局，所以当他们看见有意义的棋局（残局）时，他们可以利用头脑中的知识帮助自己把各种棋盘布局当成一些综合的、有组织的信息组块进行记忆。然而，当棋盘上的棋子随机分布时，头脑中的知识经验起不了应有的作用，因此专家相对于新手而言也没有任何优势。和新手一样，他们不得不努力记住各个离散的棋子和位置之间各不相同的关系。

在 Chase 和 Simon 的工作之后，许多研究者开始大量研究不同领域的专家所具有的知识经验，如物理学专家、医学专家等。这些研究让我们对专家和新手在知识经验上的差别有了进一步的认识。例如，Chi 等（1981）就对物理学专家和物理初学者的知识组织方式进行了研究。在实验中，他们要求被试对 24 道物理习题（每一道习题都有一个附图）进行分类。结果表明，初学者往往把表面上相似的习题分为一类，如把附图中有斜面的问题归为一类；而专家则将运用同一定理或解法相同的习题分为一类。也就是说，初学者易受问题的表面特征的迷惑，而专家则善于发现问题的深层结构。

Reif（1979）在分析专家和新手的差异时指出，凭借多年的问题解决经验，专家头脑中的知识已经按照其内在结构的相似性组织起来，构成了一个高度抽象和概括的知识网络，利用这个网络，专家能够对新的信息进行辨识、推理和评价，并在更高层次上进行概括。其他一些学者（如 Glaser & Chi，1988；斯滕伯格，2006）也表达了类似的观点，他们认为专家与新手的区别在于他们在解决自己擅长领域里的问题时所用的图式不同。专家的图式涉及庞大的、彼此紧密关联的知识单元，它们是根据各知识单元间潜在的结构相似性而被组织在一起的。相反，新手的图式则涉及一些相对较小的、无关联的知识单元，它们是根据表面相似性而被组织起来的。因此，人们不难理解，专家与新手在如何对各种问题进行分类（Chi et al.，1982)、如何描述各种问题的本质属性（Larkin et al.，1980），以及如何决定并描述各种问题的解决方法（Chi et al.，1982）上都存在差异。

二、解决问题的过程

专家与新手之间的差异也体现在解决问题的各个环节中。采用口语报告法，即要求问题解决者在努力解决各种问题的时候出声报告他们正在想什么，研究者可以测量和记录专家和新手在解决问题的不同阶段所花的时间以及所使用的策略。这类研究（如 Bryson et al.，1991；Lesgold，1988）发现，与新手相比，专家花更多的时间去表征问题，而在运用策略解决问题上花的时间较少。在问题解决的开始阶段，专家往往花更多的时间来分析和理解问题，建立对问题情境的表征。在这个阶段，专家有时比新手还慢，但是专家在整个问题解决上的进度仍比新手快。相反，新手用于问题表征的时间相对较短，但错误的表征导致的往往是无效的行动，这样反而延长了总的问题解决时间。

D. P. Simon 和 H. A. Simon（1978）研究了在解决物理学问题时专家（有经验的物理学教师）和新手（几年前学过物理学的人）的差异。结果显示，专家的口语记录要比新手的口语记录短得多，专家一步能解决的问题，新手要用两步；并且，专家的口语记录多数与题目有关，很少涉及题外的话语，而新手的口语记录常出现描述和评价自己解题过程的话语。Simon 夫妇认为，这些结果表明专家解决问题时不太注意中间过程，可以很快地解决问题，而新手需要许多中间过程，而且会有意识地加以注意，这就使得专家解决问题的速度要快得多。在解决问题的方法和策略方面，Simon 夫妇指出，专家总是用简单、容易理解的办法解决问题，他们不是从目标往回走，而是通过立即推理或搜索信息来扩展已有的知识，从而解决问题；相反，新手则用复杂的方程式解决问题，他们倾向于逆向工作。

与上述观点类似，一些学者（如 Chi et al.，1982；斯滕伯格，2006）也认为，专家花费相对较多的时间来考虑，怎样将问题的已知信息（“关于这个问题我知道什么?”）与他们已有的图式匹配起来（“这些已知信息与我已经知道的专业知识在多大程度上匹配?”）。一旦找到了一个正确的匹配，他们就可以很快地提取问题解决的策略并具体实施。因此，专家似乎可以从已知信息（“我知道了什么?”）开始向前推理，以此找到未知信息（“我需要知道什么?”），并且根据他们从长时记忆的图式中提取出的策略，执行正确的操作步骤。相反，新手看起来花在努力对问题进行表征上的时间相对较少，他们反过来选择向后推理，从未知信息（“我需要知道什么?”）开始，最后到达已知信息（“已经知道了什么信息，我知道什么策略可以帮助我发现缺失的信息?”）。

为了说明专家与新手的上述差异，Sternberg（斯滕伯格，2006）在一个例子中比较了一位老练的医生与一名初学的医学系学生在面对一名有很多症状的患者时可能采取的处理方式。初学者不确定这是什么症状，便相当随意地开出了一长串昂贵的医学检查单，他们希望有了一套几乎完整的症状信息之后，就能够做出正确的诊断。然而，有经验的医生很可能会立即认定这些症状符合某种或少数几种诊断模式之一，他们只需通过少数几种高命中率的检查，便可以从数量有限的几种可能性中选择正确的诊断，然后开始治疗诊断出的疾病。

向后推理的困难在于需要设立目标和子目标并记住它们，因而给工作记忆带来了沉重的负担，也就容易导致错误，而向前推理没有记住子目标的必要（安德森，2012）。但是，并非在所有领域的问题解决中向前推理都有优越性，计算机编程就是一个反例（Anderson et al.，1984；Rist，1989）。无论是专家还是新手，程序员都从问题的陈述开始着手到子问题再到更下一层的子问题，直到解决问题。这种程序开发与向后推理相同。显然，不同问题领域有不同的最佳策略。

研究发现，专家可能更好地掌握了所需的策略，因此他们能比新手更加准确地预测问题解决的困难，并选择相应的策略（Lesgold & Lajoie，1991）；而且，专家对自己的问题解决策略的监控也比新手更加仔细（Schoenfeld，1981）。

三、自动化加工

很多研究（如 Chi et al.，1981）已经证实，专家解决问题的速度要比新手快得多。专家解决问题速度快的一个可能原因是，专家在他所擅长的领域里通过处理各种各样的问题而积累了大量的经验，使得他们能够在一定程度上对相关领域内的问题进行自动化解决。并且，专家的某些认知操作经过大量练习后趋于自动化，能让他们同时进行更多的工作，从而缩短完成整个任务的时间。例如，熟练的读者由于经历了大量的阅读练习，他们把文字的视觉代码转换为语音代码的技能变得越来越自动化，这样他们在阅读时就有更多的时间和心理资源去完成字词识别和句子理解。因此，与初学阅读的人相比，熟练读者会有更快的阅读速度和更好的理解。

Sternberg（斯滕伯格，2006）指出，通过不断的练习，专家们或许能使问题解决进程中他们能轻松提取并执行的各种操作变成自动加工过程。专家们通过图式化过程（形成丰富的、具有高度组织性的图式）与自动化过程（把解决问题的步骤巩固成统一的路线，使它们只需要少量或者不需要有意识控制），可以将问题解决的负担从容量有限的工作记忆转移至容量无限的长时记忆中，因此他们在解决问题时变得越来越高效而准确。他们的工作记忆容量得到释放，这能使他们更好地监控他们的加工及问题解决过程。相反，新手必须利用他们的工作记忆来努力保持问题的多项特征以及各种可能有效的策略，这些努力或许会使得新手只能空出少量工作记忆用于监控他们的问题解决进程。

然而，自动化加工也可能使专家有所损失。当专家正在处理的问题与他们通常遇到的问题在结构上不相同时，专家的这种自动化加工可能会妨碍问题的解决。但是，一些研究（Frensch & Sternberg，1989；Lesgold，1988）显示，当问题看起来与常规问题结构不同时，虽然新手刚开始时的表现或许比专家更好，然而最终专家的表现一般都会赶上并超过新手，这或许是因为专家的图式发展得更丰富，他们的自我监控技能更好。

拓展阅读

指纹鉴定人员的专业技能

指纹是刑事案件当事人留在现场的重要痕迹，常常被司法机关作为案件侦破和审判的重要证据，但指纹鉴定的可靠性和有效性也常常被质疑。不过，有研究显示，在确定两个指纹是否来自同一手指的任务上，专业的指纹鉴定人员还是比新手准确得多（Tangen et al.，2011）。特别是，他们能在信息有限的情况下对指纹进行快速、准确的判断。例如，Thompson和Tangen（2014）报告，专业的指纹鉴定人员能够在很短时间的观看之后或者在视觉噪声的背景中准确判断两个指纹是否匹配。在观察来自一只手的四个指纹后，鉴定人员能在随机猜测水平之上识别出第五个指纹是否属于同一只手（Searston & Tangen，2017）。

为了确定两个指纹是否属于同一手指，鉴定者要选择他们所知觉到的特征以提供足够的信息来做出判断。但是，鉴定者对特征的标记存在较大的变异性（Dror & Rosenthal，2008；Dror et al.，2011；Ulery et al.，2014）。对于同一个指纹印记，一些鉴定者选择只标记几个点进行对比，而其他鉴定者则标记许多点。专业人员的标记不仅在数量上有很大差异，而且在选择的具体特征上也有很大不同（Ulery et al.，2014）。最近的一项研究（Robson et al.，2020）要求30名鉴定专家（平均有11年的鉴定经历）和30名新手在100个指纹上标出他们认为最有用的和最没用的特征或区域，以区分这些指纹。结果显示，专家和新手在特征选择上常常是不同的，但专家倾向于更一致。不过，这样的专家-新手差异并不总能表现出来。当一组指纹的特征模糊不清时，专家会比新手显示出更大的优势。

第五节 创造性问题解决

提起创造性，我们很容易联想到一长串人名：爱因斯坦、达·芬奇、居里夫人、梵高、牛顿、莫扎特、哥白尼……他们都是各领域的佼佼者，是被公认的极富创造性的人。那么，什么是创造性呢？我们是如何测量创造性的？这些富有创造性的伟大人物是如何取得那些对人类社会产生了巨大影响的成就的？

一、创造性的界定和测量

简单地说，创造性（creativity）是指制造某种独特的、有价值的产品的能力。创造性总是体现在问题解决的活动中，因此属于问题解决研究的领域。不过，尽管有创造性的人的例子都出自那些做出过有用发明、写出过名著或提出过伟大理论的人，但是，在对创造性的研究中，人们并不把创造过程局限于实用的范围，而是更倾向于把创造过程看成一种新颖地、独特地看待问题和情境的认知活动。

在大多数时候，判断创造性是非常主观的。有些标准是该领域的权威人士制定的，比如著名教授、电影评论家、前奥运冠军或其他眼光敏锐的人，而心理学家则希望能有一些更科学的标准来判断创造性。

（一）发散生成测验

Guilford（1967）区分了两种类型的思维：辐合思维和发散思维。辐合思维致力于回答那些通常有正确答案的问题。学校的教育特别强调辐合思维，在面对一个问题时，通常要求学生应用学过的规则和已知的各种信息找出一个正确的答案。与辐合思维不同，发散思维则要求对一个问题产生出很多解决方案，而且各种解决方案之间虽有优劣之分，但没有绝对的正确与否。

Guilford认为，发散思维是创造过程的主要成分，因此他设计了发散生成测验来测量创造性。在测验中，他用发散思维的流畅性、变通性和独特性来衡量创造性的高低。流畅性（fluency）是指在单位时间内对特定问题给出的答案的数量，给出的答案越多、速度越快，表明思维的流畅性越好。变通性（flexibility）是指所给的多种答案涉及的范围或维度，答案涉及的范围越大、维度越多，变通性就越好。比如，在回答砖的用途时，有人说砖可以用来砌糖果店、面包房、服装厂、鞋厂、卖家具的商店、加油站等，这些用途的变化范围很小，说明被试的变通性较差；相反，如果一个人能说出砖可以用来盖房子或砌墙、在危急情况下防身、做书架、做烛台等，答案变化的范围就比较大，说明这个人思维的变通性较好。独特性（originality）是指针对问题给出的答案的不寻常或新颖程度。例如，有人想到，把一个很大的轮胎套在一棵小树上，等到小树长大后，就有个环形座位了。显然，这是一个非常独特的想法。

（二）远距离联想测验

有创造性的人常常可以发现看似无关的事物之间的不寻常的、新异的联系。因此，一些心理学家认为，有可能通过测量人们如何在似乎无关的单词之间建立新异联系来评估其创造性，Mednick夫妇（1967）编制的远距离联想测验（remote association test，RAT）就是其中的一种。在远距离联想测验中，每个测验项目由三个单词组成，见表10－2，要求被试想出与所给三个单词都有联系的第四个词。例如，对于food、catcher、hot这三个词，有人想出dog与它们建立联系，构成dog food（狗食）、dog catcher（捕狗器）和hot dog（热狗）。

表10－2 远距离联想词表

charming（迷人的）	student（学生）	valiant（勇敢的）
food（食物）	catcher（接球手）	hot（热的）
hearted（有……之心）	feet（脚）	bitter（苦的）
dark（黑暗）	shot（射击）	sun（太阳）
Canadian（加拿大人）	golf（高尔夫）	sandwich（三明治）
tug（拖）	gravy（肉汤）	show（展示）
attorney（律师）	self（自我）	spending（花费）
magic（魔术）	pitch（投掷）	power（力量）
arm（手臂）	coal（煤）	peach（桃子）
type（类型）	ghost（幽灵）	story（故事）

资料来源：彭聃龄，张必隐，2004。

一些学者认为，远距离联想测验至少测量了创造性的某种成分；但是，也有人发现，有些很有创造性的人在这一测验中不能取得好成绩。那么，是否会存在这样的情况，即我们潜意识里很富于创造性，我们能在刺激间建立很多联系，但却不能有意识地觉察到它们？Bowers 等（1990）检验了这种可能性，他们设计了一种类似于远距离联想测验的任务。如前文所述的那样，呈现三个单词，这三个单词或者如 goat（山羊）、pass（经过）、green（绿色）那样，都围绕着一个中心词如 mountain（山），因而这是连贯的单词组合，或者如 bird（鸟）、pipe（管道）、road（道路）那样，是没有明显的中心词的不连贯组合，它们没有明显的共同元素。在这一研究中，研究者给被试呈现连贯或不连贯的三词组，要求被试判断哪些词组是连贯的，并尽可能找出其中的共同元素。结果表明，被试可以识别出连贯的词组，即使他们想不出中心词。也就是说，被试有时似乎知道所给的三个单词有个共同元素，但不能准确地命名它。这个结果意味着，在远距离联想测验中，一些有创造性的被试可能只是激活了部分答案，他们没有有意识地觉察答案，无法报告出来，因而不能在测验中取得好成绩。

二、创造过程的四阶段论

Wallas（1926）曾描述过创造过程有四个连续的阶段：准备期、酝酿期、灵感期和验证期。Wallas 划分这四个阶段的主要依据，就是一些产生过创造性思想的人所做的自我报告。后来的一些研究者为这个理论提供了一些实验支持。下面我们简要介绍一下创造过程的各个阶段。

（一）准备期

在准备期（preparation），问题解决者的主要活动是明确而系统地阐释问题，并初步尝试解决问题。虽然这时解决问题的尝试均告失败，但却为最终解决问题收集了资料、奠定了基础。法国著名数学家庞加莱在他的笔记里提到，他集中精力思考那个问题有 15 天了，这期间他想过好几种试探性的解决方案，但因为这样那样的原因他又都放弃了。显然，这是他取得重大发现的准备阶段。不过，如果说他的准备期只是这 15 天当然是错误的。在他作为数学家的整个职业生涯，可能还有他美好的童年时期都可被看成是他准备期的一部分。名人传记中的一个共同主题是：甚至是在名人们的童年期，他们就开始形成各种想法，并朝着特定方向去试验他们的想法。这些早期经验对这些很有创造性的人最后能取得的成就经常产生影响。

（二）酝酿期

在酝酿期（incubation），问题解决者会暂时搁置问题去做别的事情，比如去旅游、干一些简单的工作。为什么创造性的突破经常发生在问题被搁置不理之后呢？或许只是因为这是我们生活的常态，我们生活中的大部分时间是用于休息、娱乐或者做一些常规性工作，而不是用于苦苦思索需要创造性解决的问题。所以创造性行为出现在这些时候，可能只是因为大部分时间里我们处于这样的状态。

Posner（1973）提出了关于酝酿期的几种假设。一种是说酝酿期让我们从问题解决的疲劳中恢复过来。也就是说，中断这累人的工作可能让我们忘记了不恰当的解决问题的方法。我们已经知道功能固着有碍于问题的解决，在酝酿期，人们可能忘记了那些老套的不成功的方案。酝酿有助于创造性解决问题的另一种假设是，在这一过程中我们事实上还在无意识地思考问题。这种观点与著名心理学家 William James 的名言很相似："我们在冬季学会了游泳，在夏季学会了溜冰。"最后一个假设是，问题解决的中断可能促进了问题解决者对材料进行重组。

Silveira（1971）用实验证实了酝酿在创造性解决问题中的作用。他在实验中让被试解决的是一个项链问题。具体来说，就是在被试面前有四条小链子，每条链子有三个环。他告诉被试，打开一个环要花 2 分钱，封合一个环要花 3 分钱。开始时所有的环都是封合的。被试的任务是把这 12 个环全部连接成一个大项链，但花的钱不能超过 15 分。这个问题的解法是：把一条小链子的三个环都打开，用这三个环把剩下的三个小链子连接起来。实验中的三组被试都被规定用半小时来解决问题。第一组半小时内有 55%的人解决了问题；第二组在半小时解决问题的时间中插入半小时做其他事情，结果有 64%的人解决了问题；第三组在半小时中间插入 4 个小时做其他事情，结果有 85%的人解决了问题。在这个实验中，研究者要求被试大声说出解决问题的过程。结果发现，第二、三组被试回过头来解决项链问题时并不是接着已经完成的解法去做，而是像原先那样从头做起。因此，研究者认为，酝酿打破了解决问题过程中不恰当思路的定势，从而促进了新思路的产生。

（三）灵感期

灵感期（illumination）是一个激动人心的时刻。一些学者也称之为顿悟时刻，在这一时刻，问题解决者得到了解决问题的灵感，或者说获得了一个可以正确解决问题的方向。当然，酝酿并不总能导致灵感的到来，我们都知道很多人绝大多数时间在酝酿，但却未得到任何灵感。灵感出现时，人们的感觉就像是"突然，灯亮了"。创造性的问题解决者会感到一阵狂喜，恰当的想法涌现出来，相关观点相互补充，无关的想法被排除。创造性突破的历史里有很多灵感阶段的例子。DNA 分子结构的发现、电话的发明、交响曲的创作这些创造性问题解决过程都表现为灵感涌进大脑，然后解决了长期困扰的难题。

（四）验证期

伴随着灵感出现所带来的喜悦，问题解决者下一步该验证他们的灵感了，即所谓验证期（verification）。这是创造过程的完成阶段，即检验创造出的产品，证明其合理性。有时，起先觉得很有创造性的解决方案经过仔细检验后发现只是一场空欢喜。这一阶段可能相当短，如重新检查计算或看看发明是否有用；但是，有时候，这种证实需要用一生去研究、检验和再检验。

三、影响创造性的因素

是什么塑造了像居里夫人、凡·高、爱因斯坦等人所表现出的那种创造性？心理学家通过对高创造性个体和普通人的比较，为我们带来了一些启示。

（一）认知因素

高创造性个体比我们普通人更聪明吗？Weisberg（1988，1995，1999）认为，杰出的高创造性个体与普通人的区别在于他们的专业知识以及他们对创造性工作的投入。高创造性个体长期努力地学习和工作，因此成了他们所在领域的真正专家。然后，他们以此为基础，并从他们已知的知识中分离、创造出全新的方法和产品。与我们在上一节所说的相一致，创造性与专业知识息息相关。此外，Weisberg 还认为，创造性本身并不是什么特殊之物，创造过程所涉及的加工和我们在日常生活中解决问题时所用到的加工是一样的。

当然，并不是每位心理学家都同意 Weisberg 的观点。Finke（1995）就认为，与我们在平常解决问题时的思维方式相比，创造性思维是更神奇的、不同寻常的。他描述了两种类型的创造性思维：（1）聚合性顿悟，个体在一类离散数据中聚合出一个统一的形式或结构；（2）发散性顿悟，个体从某一特定的形式或结构出发，挖掘它可能的各种用途。Finke 的工作就是考察发散性顿悟的概念如何被用于理解各种创造性行为，如产品开发、建筑设计或者科学发明。还有学者（Langley & Jones，1988）研究了科学发现中表现出的创造性，提出记忆过程和类比推理等思维过程可以解释很多科学发现。

拓展阅读

情景记忆提取和创造性

情景记忆是对于发生在特定时间和空间的具体个人经历的记忆。人们发现，在各种不需要回忆个人过去的具体经历的任务中，情景记忆也发挥着重要的作用。例如，Duff 等（2013）报告，双侧海马体损伤的失忆患者表现出严重的情景记忆提取缺陷，同时也在一组广泛使用的创造性任务中表现较差。El-lamil 等（2012）使用 fMRI 技术发现，被试在产生创造性观念时，与情景记忆有关的脑区（包括海马体）显示出增强的激活。Benedek 等（2014）也报告了类似的结果。一项近期的研究（Madore et al.，2015）对比了情景特异性诱导（episodic-specificity induction，目的是帮助被试回忆事件的细节）和控制性诱导程序对创造性的影响。在研究中，被试首先观看一个短视频，然后接受情景特异性诱导或者控制性诱导程序，最后再完成替代用途任务（要求被试列举常用物体的不常见用途，被认为可测量发散思维）和物体联想测验。结果显示，与控制条件相比，情景特异性诱导选择性地促进了被试在替代用途任务上的表现。Madore 等（2016）在后续的研究中，又使用了结果任务（要求被试想出新颖的、可能的结果）来测量发散思维，也发现情景特异性诱导对发散思维具有促进作用。上述研究尽管存在一定的局限性，但仍然提示我们，情景记忆提取可能参与了创造性思维过程。

（二）人格因素

创造性不仅受认知因素的影响，还受人格因素的影响。例如，Barron（1988）就特别强调人格类型的重要性：

> ……容易接受新的观察方式，有直觉，能改变机遇，喜欢复杂事物并以此挑战对简单事物的寻求，独立完成对假设提出质疑的判断，愿意冒险，思维不守旧并允许新奇联结的建立，注意力敏锐，有寻找形式和内涵的动机——所有这些，再加上创造的动机和勇气。

在一项研究中，Cattell 和 Drevdahl（1955）挑选了一些物理学家、生物学家和心理学家，要求他们完成 16 项人格因素测验（16PF）。他们发现，这些科学家与普通人相比，往往比较内向、聪明、刚强、自律、多愁善感、勇于创新。

Drevdahl 和 Cattell（1958）还研究了艺术家和作家的人格特征，发现他们和科学家差不多，只是艺术家比科学家更多愁善感一些，内心世界更丰富一些。

Teresa M. Amabile 研究了动机在创造过程中的作用（Amabile，1996；Collins & Amabile，1999；Hennessey & Amabile，1988）。她认为，内部动机（包括单纯地享受创造过程或者个人希望解决问题）对创造性是必需的，而外部动机（包括追求名誉和财富）在很多情况下可能会阻碍创造性。

（三）环境因素

上面谈的是影响创造性的内部因素，一些学者认为，人们生活中的社会环境因素也影响着人的创造性。如果一个社会因循守旧，或某种理论一统天下，人的创造性就可能被扼杀。Simonton（1994）在对伟人所做的广泛调查中发现，内部因素和外部因素只有联合起来才能为产生高创造性产品做出贡献。

Adams（1976）提供了一个例子来说明文化对创造性的影响。如图 10 - 11 所示，假设一根垂直的钢管嵌入一间空房的水泥地板里，钢管内部直径为 2.1 英寸，乒乓球直径为 1.5 英寸，乒乓球静止在管底。房间里面还有下列物品：100 英尺长的晾衣绳，一把木匠用的锤子，一把凿刀，一盒作为早餐的谷物食品，一个夹子，一个金属衣架，一把活动扳手，一个灯泡。你是房间里六人小组的成员之一，要求你用 5 分钟时间，尽可能多地想出一些能把球从钢管里弄出来的方法，但不能把球、钢管和地板弄坏。

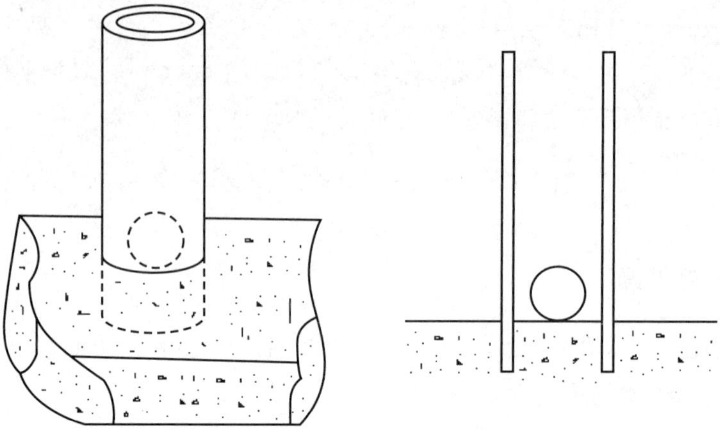

图 10-11　取球问题示意图

资料来源：索尔所等，2008。

对于这个问题，或许你想到把衣架做成一个镊子，或者用灯泡里的灯丝做一个套，然后把球取出来。如果没有时间限制，你还可以把小麦粉做成面糊，粘在晾衣绳上，然后顺着管子垂下，并在球上风干，最后这种很轻的球就可慢慢地随着绳子出来。但是，还有一个更简便的办法：让六个人中的一个撒泡尿在管子中，让球浮起来。为什么你没有想到这个办法？可能是禁止当众撒尿的文化禁忌，使你想不到这种方法。

四、创造性的投资理论

你可能已听说过明智的投资策略是低价买入、高价卖出，使用这种不言而喻的投资策略的人能赚钱，而把上述规则倒过来用的人就会赔钱。按照 Sternberg 和 Lubart（1995，1996）提出的投资理论，在科学、艺术、文学及其他绝大多数领域里，有创造性的人对观念也采取低价买入、高价卖出的手段。在低价买入时，创造者最早看出了某个观念有着巨大的创造性发展的潜能，虽然这个观念被他人认为是没有价值的。然后，创造性个体把注意力集中在这个观念上，把它发展成为一个有意义的、杰出的创造性成果，直到最后其他人也能看出这个观念的优点。一旦观念被发展起来了，它的价值被人们认识到了，创造者便高价卖出，继而转向其他目标，寻找隐藏在其他被低估的观念中的潜能。因此，高创造性个体一直领先他人一步，影响着他所在领域的发展。

高创造性个体在最初阶段的努力经常被认为是愚蠢的或糟糕的。如果其想法在随后被认为很有价值，那么很多人都会挤进去，但我们并不认为那些挤进去的人很有创造性，而认为敢于先尝试的那个人或那些人有创造性。

是什么因素造成了个体在创造性上的差异呢？投资理论认为，高创造性个体与中等程度创造性个体之间的差别是多种因素（包括智力过程、智力风格、知识、人格、动机、环境背景等）综合作用的结果，而不是因为任何一个因素水平极高。真正的创造性成就是比较少见的，不是因为人们缺少其中某个因素，而是因为很难使这些因素共同起作用。这些因素可被看成是企业的投资组合，我们的创造性投资是创造性成就的基础。投资的这些方面可以结合起来在生命的任何阶段产生创造性成就，并且，智力环境如学校或家庭生活对创造性也有重要的早期影响。

投资理论的重要价值在于，它明确指出创造性不是一种单一的特质、技能或者能力，它由多种因素综合而成（索尔所等，2008）。该理论明确列出了这些具体因素，强调应关注这些因素如何交互作用从而影响个体的创造性，这无疑为未来的研究提供了一个方向和视角。

基本概念

问题解决	界定良好问题和界定不良问题	问题空间理论
问题行为图	算法式	启发式
爬山法	手段—目的分析	逆向工作法
心理定势	功能固着	专家与新手
创造性	四阶段论	投资理论

本章要点

1. 问题解决存在于人类的各种活动中，它反映了人类的思维过程。虽然问题是多种多样的，但心理学家仍然将它们按一定共同特征分为界定良好问题和界定不良问题，或分为归纳结构问题、转换问题和排列问题。问题解决是按照一定的目标，应用各种认知活动、技能等，经过一系列认知操作，使问题得以解决的过程。问题解决的一般步骤包括发现问题、表征问题、选择策略与方法、实施方案和评价结果四个阶段。早期的问题解决研究成果包括美国心理学家 Thorndike 的尝试—错误学习论、格式塔心理学派的奠基人之一 Köhler 的顿悟论。当代有关问题解决的理论以问题空间理论最具代表性。该理论认为，问题解决就是在问题空间中搜索答案的过程。可以用问题行为图来表示问题解决者在问题空间中的活动轨迹。

2. 问题解决的策略包括算法式和启发式。算法式虽然确保能够得到答案，但有时效率低下。而采用启发式可能会解决问题，但并不保证问题一定能得到解决。常见的启发式包括手段—目的分析、爬山法和逆向工作法等。问题解决中存在着一些障碍，如心理定势、不完整或不正确的表征等。

3. 在正确而高效地解决问题方面，专家往往比新手更胜一筹。他们具有某个特定领域的专业知识，从而大大提高了他们解决问题的能力。专家所具有的专业技能在很大程度上反映了专家具有丰富的、组织良好的知识经验。专家总是用简单、容易理解的办法解决问题，他们不是从目标向回走，而是通过立即推理或搜索信息来扩展已有的知识，从而解决问题；相反，新手则用复杂的方程式解决问题，他们倾向于逆向工作。专家在他们所擅长的领域里通过处理各种各样的问题而积累了大量的经验，使得他们能够在一定程度上自动化地解决相关领域内的问题。

4. 创造性是指制造某种独特的、有价值的产品的能力。创造性的测量方法包括发散生成测验、远距离联想测验等。创造过程包括四个阶段：准备期、酝酿期、灵感期和验证期。影响创造性的因素有认知因素、人格因素和环境因素等。创造性的投资理论认为，高创造性个体与中等程度创造性个体之间的差别是多种因素（包括智力过程、智力风格、知识、人格、动机、环境背景等）综合作用的结果，而不是因为任何一个因素水平极高。真正的创造性成就是比较少见的，不是因为人们缺少其中某个因素，而是因为很难使这些因素共同起作用。

《思考题》

1. 问题有哪些不同类型？
2. 问题解决的一般步骤是什么？
3. 格式塔心理学家在问题解决研究方面做出了哪些重要贡献？
4. 问题空间理论的基本观点是什么？
5. 手段—目的分析、爬山法和逆向工作法在问题解决中各有何优缺点？
6. 阻碍问题解决的障碍有哪些？
7. 与新手相比，专家在解决问题时具有哪些特殊技能？
8. 如何测量创造性？
9. 创造过程具有哪些不同阶段？
10. 影响创造性的因素有哪些？

参考文献

Aberle, I., Rendell, P. G., Rose, N. S., McDaniel, M. A., & Kliegel, M. (2010). The age prospective memory paradox: Young adults may not give their best outside of the lab. *Developmental Psychology*, *46*(6), 1444 1453.

Adams J. L. (1979). *Conceptual blockbursting: A pleasurable guide to better problem solving* (2nd ed.). Norton.

Adelman, J. S., Brown, G. D., & Quesada, J. F. (2006). Contextual diversity, not word frequency, determines word-naming and lexical decision times. *Psychological Science*, *17*(9), 814 – 823.

Adolphs, R., Russell, J. A., & Tranel, D. (1999). A role for the human amygdala in recognizing emotional arousal from unpleasant stimuli. *Psychological Science*, *10*(2), 167 – 171.

Ainsworth-Darnell, K., Shulman, H. G., & Boland, J. E. (1998). Dissociating brain responses to syntactic and semantic anomalies: Evidence from event-related potentials. *Journal of Memory and Language*, *38*(1), 112 – 130.

Allbritton, D. W., McKoon, G., & Ratcliff, R. (1996). Reliability of prosodic cues for resolving syntactic ambiguity. *Journal of Experimental Psychology: Learning, Memory, and Cognition*, *22*(3), 714 – 735.

Allport, D. A., Antonis, B., & Reynolds, P. (1972). On the division of attention: A disproof of the single channel hypothesis. *Quarterly Journal of Experimental Psychology*, *24*(2), 225 – 235.

Altmann, G., & Steedman, M. (1988). Interaction with context during human sentence processing. *Cognition*, *30*(3), 191 – 238.

Amabile T. M. (1996). *Creativity in context: Update to the social psychology of creativity*. Routledge.

Anderson, J. R. (1976). *Language, memory, and thought*. Psychology Press.

Anderson, J. R. (1993). Problem solving and learning. *American Psychologist*, *48*(1), 35 – 44.

Anderson, J. R., & Bower, G. H. (1973). *Human associative memory*. Winston.

Anderson, J. R., Bothell, D., Byrne, M. D., Douglass, S., Lebiere, C., & Qin, Y. (2004). An integrated theory of the mind. *Psychological Review*, *111*(4), 1036 – 1060.

Anderson, J. R., Farrell, R., & Sauers, R. (1984). Learning to program in LISP. *Cognitive Science*, *8*(2), 87 –129.

Anderson, M., & Anderson, S. L. (2007). Machine ethics: Creating an ethical intelligent agent. *AI Magazine*, *28*(4), 15 – 15.

Asimov, I. (1942). Runaround. *Astounding Science Fiction*, *29*(1), 94 – 103.

Atkinson, R. C., & Shiffrin, R. M. (1968). Human memory: A proposed system and its control processes. In

K. W. Spence & J. T. Spence(Eds.), *Psychology of learning and motivation*(Vol. 2, pp. 89 – 195). Academic Press.

Avons, S. E., & Phillips, W. A. (1980). Visualization and memorization as a function of display time and poststimulus processing time. *Journal of Experimental Psychology: Human Learning and Memory*, *6*(4), 407 – 420.

Baars, B. J., Motley, M. T., & MacKay, D. G. (1975). Output editing for lexical status in artificially elicited slips of the tongue. *Journal of Verbal Learning and Verbal Behavior*, *14*(4), 382 – 391.

Baddeley, A. (1986). *Working memory.* Clarendon Press/Oxford University Press.

Baddeley, A. (1992). Working memory. *Science*, *255*(5044), 556 – 559.

Baddeley, A. (1996). The fractionation of working memory. *Proceedings of the National Academy of Sciences*, *93*(24), 13468 – 13472.

Baddeley, A. (2000). The episodic buffer: A new component of working memory? *Trends in Cognitive Sciences*, *4*(11), 417 – 423.

Baddeley, A. D. (1990). *Human memory: Theory and practice.* Allyn & Bacon.

Baddeley, A. D., & Hitch, G. (1974). Working memory. In G. H. Bower(Ed.), *The psychology of learning and motivation*(Vol. 8, pp. 47 – 89). Academic press.

Baddeley, A. D., & Lewis, V. (1981). Inner active processing in reading: The inner voice, the inner ear, and the inner eye. In A. M. Lesgold & C. A. Perfetti(Eds.), *Interactive processes in reading*(pp. 107 – 129). Erlbaum.

Baddeley, A. D., Thomson, N., & Buchanan, M. (1975). Word length and the structure of short-term memory. *Journal of Verbal Learning and Verbal Behavior*, *14*(6), 575 – 589.

Baddeley, A., Gathercole, S., & Papagno, C. (1998). The phonological loop as a language learning device. *Psychological Review*, *105*(1), 158 – 173.

Barron, F. (1988). Putting creativity to work. In R. J. Sternberg(Ed.), *The nature of creativity: Contemporary psychological perspectives* (pp. 76 – 98). Cambridge University Press.

Bartlett, F. C. (1932). *Remembering: A study in experimental and social psychology.* Cambridge University Press.

Bates, E., McNew, S., MacWhinney, B., Devescovi, A., & Smith, S. (1982). Functional constraints on sentence processing: A cross-linguistic study. *Cognition*, *11*(3), 245 – 299.

Bates, E., Wilson, S. M., Saygin, A. P., Dick, F., Sereno, M. I., Knight, R. T., & Dronkers, N. F. (2003). Voxel-based lesion-symptom mapping. *Nature Neuroscience*, *6*(5), 448 – 450.

Beach, C. M. (1991). The interpretation of prosodic patterns at points of syntactic structure ambiguity: Evidence for cue trading relations. *Journal of Memory and Language*, *30*(6), 644 – 663.

Bellezza, F. S., & Young, D. R. (1989). Chunking of repeated events in memory. *Journal of Experimental Psychology: Learning, Memory, and Cognition*, *15*(5), 990 – 997.

Benedek, M., Jauk, E., Fink, A., Koschutnig, K., Reishofer, G., Ebner, F., & Neubauer, A. C. (2014). To create or to recall? Neural mechanisms underlying the generation of creative new ideas. *NeuroImage*, *88*, 125 – 133.

Bertolini, A., & Aiello, G. (2018). Robot companions: A legal and ethical analysis. *The Information Society*, *34*(3), 130 – 140.

Biederman, I. (1987). Recognition-by-components: A theory of human image understanding. *Psychological Review, 94*(2), 115 – 147.

Biederman, I., & Cooper, E. E. (1991). Evidence for complete translational and reflectional invariance in visual object priming. *Perception, 20*(5), 585 – 593.

Biederman, I., & Gerhardstein, P. C. (1993). Recognizing depth-rotated objects: Evidence and conditions for three-dimensional viewpoint invariance. *Journal of Experimental Psychology: Human Perception and Performance, 19*(6), 1162 – 1182.

Bireta, T. J., Gabel, A. J., Lamkin, R. M., Neath, I., & Surprenant, A. M. (2018). Distinctiveness and serial position functions in implicit memory. *Journal of Cognitive Psychology, 30*(2), 222 – 229.

Bjork, R. A. (1972). Theoretical implications of directed forgetting. In A. W. Melton & E. Martin (Eds.), *Coding processes in human memory* (pp. 217 – 235). Winston.

Bjork, R. A. (1975). Retrieval as a memory modifier: An interpretation of negative recency and related phenomena. In R. L. Solso (Ed.), *Information processing and cognition: The Loyola Symposium* (pp. 123 –144). Erlbaum.

Blanchette, I. (2006). The effect of emotion on interpretation and logic in a conditional reasoning task. *Memory & Cognition, 34*(5), 1112 – 1125.

Blanchette, I., & Caparos, S. (2013). When emotions improve reasoning: The possible roles of relevance and utility. *Thinking & Reasoning, 19*(3 – 4), 399 – 413.

Blanchette, I., & Richards, A. (2004). Reasoning about emotional and neutral materials: Is logic affected by emotion? *Psychological Science, 15*(11), 745 – 752.

Blanchette, I., Gavigan, S., & Johnston, K. (2014). Does emotion help or hinder reasoning? The moderating role of relevance. *Journal of Experimental Psychology: General, 143*(3), 1049 – 1064.

Blanchette, I., Richards, A., Melnyk, L., & Lavda, A. (2007). Reasoning about emotional contents following shocking terrorist attacks: A tale of three cities. *Journal of Experimental Psychology: Applied, 13*(1), 47 –56.

Bock, M. (1976). The influence of instructions on feature selection in semantic memory. *Journal of Verbal Learning and Verbal Behavior, 15*(2), 183 – 191.

Boomer, D. S. (1965). Hesitation and grammatical encoding. *Language and Speech, 8*(3), 148 – 158.

Bossmann, J. (2016, October 21). Top 9 ethical issues in artificial intelligence. *World Economic Forum.* https://www.weforum.org/agenda/2016/10/top-10-ethical-issues-in-artificial-intelligence/

Boudewyn, M. A. (2015). Individual differences in language processing: Electrophysiological approaches. *Language and Linguistics Compass, 9*(10), 406 – 419.

Bowers, K. S., Regehr, G., Balthazard, C., & Parker, K. (1990). Intuition in the context of discovery. *Cognitive Psychology, 22*(1), 72 – 110.

Braine, M. D. (1978). On the relation between the natural logic of reasoning and standard logic. *Psychological Review, 85*(1), 1 – 21.

Braine, M. D. (1990). The "natural logic" approach to reasoning. In W. F. Overton (Ed.), *Reasoning, necessity and logic: Developmental perspectives* (pp. 133 – 157). Erlbaum.

Braine, M. D., & O'Brien, D. P. (1991). A theory of if: A lexical entry, reasoning program, and pragmatic principles. *Psychological Review, 98*(2), 182 – 203.

Braine, M. D., Reiser, B. J., & Rumain, B. (1984). Some empirical justification for a theory of natural propositional logic. In G. H Bower (Ed.), *Psychology of learning and motivation* (Vol. 18, pp. 313 – 371). Academic Press.

Brainerd, C. J., & Kingma, J. (1985). On the independence of short-term memory and working memory in cognitive development. *Cognitive Psychology*, *17*(2), 210 – 247.

Brandimonte, M. A., Hitch, G. J., & Bishop, D. V. (1992). Influence of short-term memory codes on visual image processing: Evidence from image transformation tasks. *Journal of Experimental Psychology: Learning, Memory, and Cognition*, *18*(1), 157 – 165.

Bransford, J. D., & Johnson, M. K. (1973). Considerations of some problems of comprehension. In W. G. Chase (Ed.), *Visual information processing* (pp. 383 – 438). Academic Press.

Bransford, J. D., Barclay, J. R., & Franks, J. J. (1972). Sentence memory: A constructive versus interpretive approach. *Cognitive Psychology*, *3*(2), 193 – 209.

Bringsjord, S., & Schimanski, B. (2003). What is artificial intelligence? Psychometric AI as an answer. In *IJCAI03: Proceedings of the 18th international joint conference on Artificial intelligence* (pp. 887 – 893). Morgan Kaufmann.

Broadbent, D. E. (1954). The role of auditory localization in attention and memory span. *Journal of Experimental Psychology*, *47*(3), 191 – 196.

Broadbent, D. E. (1958). *Perception and communication.* Pergamon Press.

Brown, R., & McNeill, D. (1966). The "tip of the tongue" phenomenon. *Journal of Verbal Learning and Verbal Behavior*, *5*(4), 325 – 337.

Bruner, J. S. (1966). *Toward a theory of instruction.* Harvard University Press.

Brysbaert, M., & Ellis, A. W. (2016). Aphasia and age of acquisition: are early-learned words more resilient? *Aphasiology*, *30*(11), 1240 – 1263.

Brysbaert, M., Lagrou, E., & Stevens, M. (2017). Visual word recognition in a second language: A test of the lexical entrenchment hypothesis with lexical decision times. *Bilingualism: Language and Cognition*, *20*(3), 530 – 548.

Brysbaert, M., Mandera, P., & Keuleers, E. (2018). The word frequency effect in word processing: An updated review. *Current Directions in Psychological Science*, *27*(1), 45 – 50.

Bryson, J. J. (2010). Robots should be slaves. In Y. Wilks (Ed.), *Close engagements with artificial companions: Key social, psychological, ethical and design issues* (pp. 63 – 74). John Benjamin.

Bryson, M., Bereiter, C., Scardamalia, M., & Joram, E. (1991). Going beyond the problem as given: Problem solving in expert and novice writers. In R. J. Sternberg & P. A. Frensch (Eds.), *Complex problem solving: Principles and mechanisms* (pp. 61 – 84). Erlbaum.

Burns, D. J. (1992). The consequences of generation. *Journal of Memory and language*, *31*(5), 615 – 633.

Burton, A. M., & Bruce, V. (1992). I recognize your face but I can't remember your name: A simple explanation? *British Journal of Psychology*, *83*(1), 45 – 60.

Cantor, N., Smith, E. E., French, R. D., & Mezzich, J. (1980). Psychiatric diagnosis as prototype categorization. *Journal of Abnormal Psychology*, *89*(2), 181 – 193.

Carmichael, L., Hogan, H. P., & Walter, A. A. (1932). An experimental study of the effect of language on the reproduction of visually perceived form. *Journal of Experimental Psychology*, *15*(1), 73 – 86.

Carpenter, P. A., & Just, M. A. (1981). Cognitive processes in reading: Models based on readers' eye fixations. In A. M. Lesgold & C A Perfetti (Eds.), *Interactive processes in reading* (pp. 177 - 213). Erlbaum.

Casscells, W., Schoenberger, A., & Graboys, T. B. (1978). Interpretation by physicians of clinical laboratory results. *New England Journal of Medicine*, *299*(18), 999 - 1001.

Cattell, R. B., & Drevdahl, J. E. (1955). A comparison of personality profile (16PF) of eminent researchers with that of eminent teachers and administrators, and of general population. *British Journal of Psychology*, *46*(4), 248 - 261.

Cave, K. R., & Kosslyn, S. M. (1989). Varieties of size - specific visual selection. *Journal of Experimental Psychology: General*, *118*(2), 148 - 164.

Chadwick, M. J., Anjum, R. S., Kumaran, D., Schacter, D. L., Spiers, H. J., & Hassabis, D. (2016). Semantic representations in the temporal pole predict false memories. *Proceedings of the National Academy of Sciences*, *113*(36), 10180 - 10185.

Chambers, D., & Reisberg, D. (1985). Can mental images be ambiguous? *Journal of Experimental Psychology: Human Perception and Performance*, *11*(3), 317 - 328.

Channon, S., & Baker, J. (1994). Reasoning strategies in depression: Effects of depressed mood on a syllogism task. *Personality and Individual Differences*, *17*(5), 707 - 711.

Chase, W. G., & Simon, H. A. (1973). Perception in chess. *Cognitive Psychology*, *4*(1), 55 - 81.

Chastain, G., & Burnham, C. A. (1975). The first glimpse determines the perception of an ambiguous figure. *Perception and Psychophysics*, *17*(3), 221 - 224.

Cheng, P. W., & Holyoak, K. J. (1985). Pragmatic reasoning schemas. *Cognitive Psychology*, *17* (4), 391 - 416.

Cheng, P. W., Holyoak, K. J., Nisbett, R. E., & Oliver, L. M. (1986). Pragmatic versus syntactic approaches to training deductive reasoning. *Cognitive Psychology*, *18*(3), 293 - 328.

Cherry, E. C. (1953). Some experiments on the recognition of speech, with one and with two ears. *Journal of the acoustical society of America*, *25*(5), 975 - 979.

Cherry, K. E., & LeCompte, D. C. (1999). Age and individual differences influence prospective memory. *Psychology and Aging*, *14*(1), 60 - 76.

Chi, M. T. H, Glaser, R., & Rees, E. (1982). Expertise in problem solving. In R. J. Sternberg (Ed.), *Advances in the psychology of expertise* (Vol. 1, pp. 17 - 76). Erlbaum.

Chi, M. T. H., & Glaser, R. (1985). Problem-solving ability. In R. J. Sternberg (Ed.), *Human abilities: An information processing approach* (pp. 227 - 257). Freeman.

Chi, M. T., Feltovich, P. J., & Glaser, R. (1981). Categorization and representation of physics problems by experts and novices. *Cognitive Science*, *5*(2), 121 - 152.

Chomsky, N. (1957). *Syntactic structures*. de Gruyter Mouton.

Chorover, S. L., & Schiller, P. H. (1965). Short-term retrograde amnesia in rats. *Journal of Comparative and Physiological Psychology*, *59*(1), 73 - 78.

Christoff, K., Prabhakaran, V., Dorfman, J., Zhao, Z., Kroger, J. K., Holyoak, K. J., & Gabrieli, J. D. (2001). Rostrolateral prefrontal cortex involvement in relational integration during reasoning. *NeuroImage*, *14* (5), 1136 - 1149.

Clark, H. H., & Haviland, S. E. (1977). Comprehension and the given-new contract. In R. O. Freedle

(Ed.), *Discourse production and comprehension*(pp. 1 – 40). Praeger

Cloutier, J., & Macrae, C. N. (2008). The feeling of choosing: Self-involvement and the cognitive status of things past. *Consciousness and Cognition*, *17*(1), 125 – 135.

Coch, D., & Mitra, P. (2010). Word and pseudoword superiority effects reflected in the ERP waveform. *Brain Research*, *1329*, 159 – 174.

Coeckelbergh, M. (2010). Robot rights? Towards a social-relational justification of moral consideration. *Ethics and Information Technology*, *12*(3), 209 – 221.

Coeckelbergh, M. (2012). *Growing moral relations: Critique of moral status ascription*. Palgrave.

Coeckelbergh, M. (2018). What do we mean by a relational ethics? Growing 2a relational approach to the moral standing of plants, robots, and other non-humans. In A. Kallhoff, M. Di Paola, & M. Schörgenhumer(Eds.), *Plant ethics: Concepts and Applications* (pp. 98 – 109). Routledge.

Cohen, J. D., Perlstein, W. M., Braver, T. S., Nystrom, L. E., Noll, D. C., Jonides, J., & Smith, E. E. (1997). Temporal dynamics of brain activation during a working memory task. *Nature*, *386*(6625), 604 – 608.

Collins, A. M., & Loftus, E. F. (1975). A spreading-activation theory of semantic processing. *Psychological Review*, *82*(6), 407 – 428.

Collins, A. M., & Quillian, M. R. (1969). Retrieval time from semantic memory. *Journal of Verbal Learning and Verbal Behavior*, *8*(2), 240 – 247.

Collins, M. A., & Amabile, T. M. (1999). Motivation and creativity. In R. J. Sternberg(Ed.), *Handbook of creativity*(pp. 297 – 312). Cambridge University Press.

Conrad, R. (1964). Acoustic confusions in immediate memory. *British Journal of Psychology*, *55*(1), 75 – 84.

Conway, M. A., & Dewhurst, S. A. (1995). The self and recollective experience. *Applied Cognitive Psychology*, *9*(1), 1 – 19.

Cooper, L. A., & Shepard, R. N. (1973). The time required to prepare for a rotated stimulus. *Memory & Cognition*, *1*(3), 246 – 250.

Cooper, L. A., & Shepard, R. N. (1984). Turning something over in the mind. *Scientific American*, *251*(6), 106 – 115.

Cop, U., Keuleers, E., Drieghe, D., & Duyck, W. (2015). Frequency effects in monolingual and bilingual natural reading. *Psychonomic Bulletin & Review*, *22*(5), 1216 – 1234.

Cornoldi, C., Cortesi, A., & Preti, D. (1991). Individual differences in the capacity limitations of visuospatial short-term memory: Research on sighted and totally congenitally blind people. *Memory & Cognition*, *19*(5), 459 – 468.

Craik, F. I. (1986). A functional account of age differences in memory. In F. Kix & H. Hagendorf(Eds.), *Human memory and cognitive capabilities, mechanisms, and performances*(pp. 409 – 422). Elsevier.

Craik, F. I., & Lockhart, R. S. (1972). Levels of processing: A framework for memory research. *Journal of Verbal Learning and Verbal Behavior*, *11*(6), 671 – 684.

Craik, F. I., & Tulving, E. (1975). Depth of processing and the retention of words in episodic memory. *Journal of Experimental Psychology: General*, *104*(3), 268 – 294.

Craik, F. I., & Watkins, M. J. (1973). The role of rehearsal in short-term memory. *Journal of Verbal Learning and Verbal Behavior*, *12*(6), 599 – 607.

Craik, K. H. (1976). The personality research paradigm in environmental psychology. In S. Wagner, S. B.

Cohen, & B. Kaplan (Eds.), *Experiencing environments* (pp. 55 – 79). Plenum.

Cunningham, S. J., Turk, D. J., Macdonald, L. M., & Macrae, C. N. (2008). Yours or mine? Ownership and memory. *Consciousness and Cognition*, *17*(1), 312 – 318.

Dalrymple-Alford, E. C., & Budayr, B. (1966). Examination of some aspects of the Stroop color-word test. *Perceptual and Motor Skills*, *23*(3_suppl), 1211 – 1214.

Darwin, C. J., Turvey, M. T., & Crowder, R. G. (1972). An auditory analogue of the Sperling partial report procedure: Evidence for brief auditory storage. *Cognitive Psychology*, *3*(2), 255 – 267.

Davies, R. A. I., Arnell, R., Birchenough, J. M. H., Grimmond, D., & Houlson, S. (2017). Reading through the life span: Individual differences in psycholinguistic effects. *Journal of Experimental Psychology: Learning, Memory, and Cognition*, *43*(8), 1298 – 1338.

de Groot, A. D. (1965). *Thought and choice in chess.* Mouton.

de Mello, F. L., & de Souza, S. A. (2019). Psychotherapy and artificial intelligence: A proposal for alignment. *Frontiers in Psychology*, *10*, 263.

Deese, J. (1959). On the prediction of occurrence of particular verbal intrusions in immediate recall. *Journal of Experimental Psychology*, *58*(1), 17 – 22.

Deffenbacher, K. A., Carr, T. H., & Leu, J. R. (1981). Memory for words, pictures, and faces: Retroactive interference, forgetting, and reminiscence. *Journal of Experimental Psychology: Human Learning and Memory*, *7*(4), 299 – 305.

Dell, G. S. (1986). A spreading-activation theory of retrieval in sentence production. *Psychological Review*, *93*(3), 283 – 321

Deutsch, J. A., & Deutsch, D. (1963). Attention: Some theoretical considerations. *Psychological Review*, *70*(1), 80 – 90.

Dignum, V. (2018). Ethics in artificial intelligence: introduction to the special issue. *Ethics and Information Technology*, *20*(1), 1 – 3.

Drevdahl, J. E., & Cattell, R. B. (1958). Personality and creativity in artists and writers. *Journal of Clinical Psychology*, *14*, 107 – 111.

Driskell, J. E., Willis, R. P., & Copper, C. (1992). Effect of overlearning on retention. *Journal of Applied Psychology*, *77*(5), 615 – 622.

Dror, I. E., Champod, C., Langenburg, G., Charlton, D., Hunt, H., & Rosenthal, R. (2011). Cognitive issues in fingerprint analysis: Inter-and intra-expert consistency and the effect of a 'target' comparison. *Forensic Science International*, *208*(1 – 3), 10 – 17.

Dror, I., & Rosenthal, R. (2008). Meta-analytically quantifying the reliability and biasability of forensic experts. *Journal of Forensic Sciences*, *53*(4), 900 – 903.

Duff, M. C., Kurczek, J., Rubin, R., Cohen, N. J., & Tranel, D. (2013). Hippocampal amnesia disrupts creative thinking. *Hippocampus*, *23*(12), 1143 – 1149.

Duncker, K. (1926). A qualitative (experimental and theoretical) study of productive thinking (solving of comprehensible problems). *Journal of Genetic Psychology*, *33*(4), 642 – 708.

Duncker, K. (1945). On problem-solving (L. S. Lees, Trans.). *Psychological Monographs*, *58*(5), i –113.

Dunlosky, J., & Bjork, R. A. (Eds.). (2008). *Handbook of metamemory and memory.* Psychology Press.

Edelman, S. (1998). Representation is representation of similarities. *Behavioral and Brain Sciences*, *21*

(4),449 - 467.

Edward,W. (1968). Conservatism in human information processing. In B. Kleinmuntz(Ed.),*Formal representations of human judgment*(pp. 17 - 52). Wiley.

Ehrlich,S. F.,& Rayner,K. (1981). Contextual effects on word perception and eye movements during reading. *Journal of Verbal Learning and Verbal Behavior*,*20*(6),641 - 655.

Eimas,P. D.,& Miller,J. L. (1981). Organization in the perception of segmental and suprasegmental information by infants. *Infant Behavior and Development*,*4*,395 - 399.

Einstein,G. O.,& McDaniel,M. A. (1990). Normal aging and prospective memory. *Journal of Experimental Psychology:Learning,Memory,and Cognition*,*16*(4),717 - 726.

Einstein,G. O.,& McDaniel,M. A. (1996). Retrieval processes in prospective memory:Theoretical approaches and some new empirical findings. In M. Bradimonte,G. O. Einstein,& M. A. McDaniel(Eds.), *Prospective memory:Theory and applications*(pp. 115 - 141). Erlbaum.

Ellamil,M.,Dobson,C.,Beeman,M.,& Christoff,K. (2012). Evaluative and generative modes of thought during the creative process. *NeuroImage*,*59*(2),1783 - 1794.

Elmes,D. G.,Adams,C.,& Roediger,H. L. (1970). Cued forgetting in short-term memory:Response selection. *Journal of Experimental Psychology*,*86*(1),103 - 107.

Epstein,W. (1972). Mechanisms of directed forgetting. In G. H. Bower(Ed.),*The psychology of learning and motivation*(Vol.6,pp. 147 - 191). Academic Press.

Erickson,J. R. (1978). Research on syllogistic reasoning. In R. Revlin & R. E. Mayer(Eds.),*Human reasoning*(pp. 39 - 50). Winston.

European Group on Ethics in Science and New Technologies(2018,March 9). *Statement on artificial Intelligence,robotics and 'autonomous' systems.* European Commission,Directorate-General for Research and Innovation,Unit RTD.01.

Evans,G. (1968). A program for the solution of a class of geometric-analogy intelligence-test questions. In M. Minsky(Ed.),*Semantic information processing*(pp. 271 - 353). MIT Press.

Evans,J. S. B.,Barston,J. L.,& Pollard,P. (1983). On the conflict between logic and belief in syllogistic reasoning. *Memory & Cognition*,*11*(3),295 - 306.

Evans,J. St. B. T. (2003). In two minds:dual-process accounts of reasoning. *Trends in Cognitive Sciences*,*7*(10),454 - 459.

Eysenck,M. W. (1984). *A handbook of cognitive psychology*. Erlbaum.

Eysenck,M. W.,& Keane,M. T. (2015). *Cognitive psychology:A student' handbook*(7th ed.). Psychology press.

Fabio,R. A.,Caprì,T.,& Romano,M. (2019). From controlled to automatic processes and back again:The role of contextual features. *Europe's Journal of Psychology*,*15*(4),773 -788.

Farah,M. J. (1985). Psychophysical evidence for a shared representational medium for mental images and percepts. *Journal of Experimental Psychology:General*,*114*(1),91 -103.

Farmer,E. W.,Berman,J. V.,& Fletcher,Y. L. (1986). Evidence for a visuo-spatial scratch-pad in working memory. *Quarterly Journal of Experimental Psychology:Section A*,*38*(4),675 - 688.

Fernandez,G.,Weyerts,H.,Tendolkar,I.,Smid,H. G.,Scholz,M.,& Heinze,H. J. (1998). Event-related potentials of verbal encoding into episodic memory:dissociation between the effects of subsequent memory performance and distinctiveness. *Psychophysiology*,*35*(6),709–720.

Fincham,J. M.,Carter,C. S.,van Veen,V.,Stenger,V. A.,& Anderson,J. R. (2002). Neural mechanisms of planning:A computational analysis using event-related fMRI. *Proceedings of the National Academy of Sciences*,*99*(5),3346–3351.

Finke,R. A. (1995). Creative insight and preinventive forms. In R. J. Sternberg & J. E. Davidson(Eds.), *The nature of insight*(pp. 255–280). MIT Press.

Flavell,J. H. (1976). Metacognitive aspects of problem solving. In L. B. Resnick(Ed.),*The nature of intelligence*(pp. 231–236). Erlbaum.

Flavell,J. H. (1979). Metacognition and cognitive monitoring:A new area of cognitive-developmental inquiry. *American Psychologist*,*34*(10),906–911.

Fletcher,C. R. (1994). Levels of representation in memory for discourse. In M. A. Gernsbacher(Ed.), *Handbook of psycholinguistics*(pp. 589–607). Academic Press.

Forrester,J. V.,Dick,A. D.,McMenamin,P. G.,Roberts,F.,& Pearlman,E. (2015). *The eye:Basic sciences in practice*(4th ed.). Saunders.

Frazier,L.,& Rayner,K. (1982). Making and correcting errors during sentence comprehension:Eye movements in the analysis of structurally ambiguous sentences. *Cognitive Psychology*,*14*(2),178–210.

Frensch,P. A.,& Sternberg,R. J. (1989). Expertise and intelligent thinking:When is it worse to know better? In R. J. Sternberg(Ed.),*Advances in psychology of human intelligence*(pp. 157–188). Erlbaum.

Frick,R. W. (1985). Testing visual short-term memory:Simultaneous versus sequential presentations. *Memory & Cognition*,*13*(4),346–356.

Frick,R. W. (1988). Issues of representation and limited capacity in the visuospatial sketchpad. *British Journal of Psychology*,*79*(3),289–308.

Fridriksson,J.,den Ouden,D. B.,Hillis,A. E.,Hickok,G.,Rorden,C.,Basilakos,A.,Yourganov,G.,& Bonilha,L. (2018). Anatomy of aphasia revisited. *Brain*,*141*(3),848–862.

Friedman,A. (1979). Framing pictures:The role of knowledge in automatized encoding and memory for gist. *Journal of Experimental Psychology:General*,*108*(3),316–355.

Fromkin,V. A. (1971). The non-anomalous nature of anomalous utterances. *Language*,*47*(1),27–52.

Fromkin,V. A. (Ed.). (1973). *Speech errors as linguistic evidence.* Mouton.

Gabrieli,J. D.,Brewer,J. B.,Desmond,J. E.,& Glover,G. H. (1997). Separate neural bases of two fundamental memory processes in the human medial temporal lobe. *Science*,*276*(5310),264–266.

Gabrieli,J. D.,Poldrack,R. A.,& Desmond,J. E. (1998). The role of left prefrontal cortex in language and memory. *Proceedings of the National Academy of Sciences*,*95*(3),906–913.

Galotti,K. M.,Baron,J.,& Sabini,J. P. (1986). Individual differences in syllogistic reasoning:Deduction rules or mental models? *Journal of Experimental Psychology:General*,*115*(1),16–25.

Garrett,M. F. (1975). The analysis of sentence production. In G. Bower(Ed.),*Psychology of learning and motivation*(Vol. 9,pp. 133–177). Academic Press.

Gibson,E. J.,& Walk,R. D. (1960). The "visual cliff". *Scientific American*,*202*(4),64–71.

Gibson,J. J. (1972). A theory of direct visual perception. In J. Royce & W. Rozenboom(Eds.),*The psychology of knowing*(pp. 215–240). Gordon & Breach.

Gibson, J. J. (1979). *The ecological approach to visual perception*. Houghton Mifflin.

Gick, M. L., & Holyoak, K. J. (1980). Analogical problem solving. *Cognitive Psychology*, *12*(3), 306 – 355.

Gick, M. L., & Holyoak, K. J. (1983). Schema induction and analogical transfer. *Cognitive Psychology*, *15*(1), 1 – 38.

Gildea, P., & Glucksberg, S. (1983). On understanding metaphor: The role of context. *Journal of Verbal Learning and Verbal Behavior*, *22*(5), 577 – 590.

Glaser, R., & Chi, M. T. H. (1988). Overview. In M. T. H, Chi, R. Glaser, & M. J. Farr (Eds.), *The nature of expertise* (pp. xv – xxviii). Erlbaum.

Glaser, W. R., & Glaser, M. O. (1989). Context effects in Stroop-like word and picture processing. *Journal of Experimental Psychology: General*, *118*(1), 13 – 42

Glisky, E. L., & Marquine, M. J. (2009). Semantic and self-referential processing of positive and negative trait adjectives in older adults. *Memory*, *17*(2), 144 – 157.

Glucksberg, S., & Cowen Jr, G. N. (1970). Memory for nonattended auditory material. *Cognitive Psychology*, *1*(2), 149 – 156.

Glucksberg, S., Gildea, P., & Bookin, H. B. (1982). On understanding nonliteral speech: Can people ignore metaphors? *Journal of Verbal Learning and Verbal Behavior*, *21*(1), 85 – 98.

Gobet, F., & Sala, G. (2019). How artificial intelligence can help us understand human creativity. *Frontiers in Psychology*, *10*, 1401.

Godden, D. R., & Baddeley, A. D. (1975). Context-dependent memory in two natural environments: On land and underwater. *British Journal of Psychology*, *66*(3), 325 – 331.

Goel, V., & Grafman, J. (1995). Are the frontal lobes implicated in "planning" functions? Interpreting data from the Tower of Hanoi. *Neuropsychologia*, *33*(5), 623 – 642.

Goel, V., & Grafman, J. (2000). Role of the right prefrontal cortex in ill-structured planning. *Cognitive Neuropsychology*, *17*(5), 415 – 436.

Goff, L. M., & Roediger, H. L. (1998). Imagination inflation for action events: Repeated imaginings lead to illusory recollections. *Memory & Cognition*, *26*(1), 20 – 33.

Goldman, S. R., & Varnhagen, C. K. (1986). Memory for embedded and sequential story structures. *Journal of Memory and Language*, *25*(4), 401 – 418.

Graefe, T. M., & Watkins, M. J. (1980). Picture rehearsal: An effect of selectively attending to pictures no longer in view. *Journal of Experimental Psychology: Human Learning and Memory*, *6*(2), 156 – 162.

Graesser, A. C., & Clark, L. F. (1985). *Structures and procedures of implicit knowledge*. Ablex.

Graf, P., & Mandler, G. (1984). Activation makes words more accessible, but not necessarily more retrievable. *Journal of Verbal Learning and Verbal Behavior*, *23*(5), 553 – 568.

Graf, P., & Schacter, D. L. (1985). Implicit and explicit memory for new associations in normal and amnesic subjects. *Journal of Experimental Psychology: Learning, Memory, and Cognition*, *11*(3), 501 – 992.

Graf, P., Squire, L. R., & Mandler, G. (1984). The information that amnesic patients do not forget. *Journal of Experimental Psychology: Learning, Memory, and Cognition*, *10*(1), 164 – 178.

Gray, J. A., & Wedderburn, A. A. I. (1960). Shorter articles and notes grouping strategies with simultaneous stimuli. *Quarterly Journal of Experimental Psychology*, *12*(3), 180 – 184.

Greeno, J. G. (1978). Natures of problem-solving abilities. In W. K Estes (Ed.), *Handbook of learning and cognitive process*(pp. 239 – 270). Erlbaum.

Gregory, R. L. (1970). *The intelligent eye.* Weidenfeld and Nicolson.

Griggs, R. A., & Cox, J. R. (1982). The elusive thematic-materials effect in Wason's selection task. *British Journal of Psychology*, *73*(3), 407 – 420.

Guidali, G., Pisoni, A., Bolognini, N., & Papagno, C. (2019). Keeping order in the brain: The supramarginal gyrus and serial order in short-term memory. *Cortex*, *119*, 89 – 99.

Guilford, J. P. (1967). *The nature of human intelligence.* McGraw-Hill.

Gunkel, D. J. (2018a). The other question: can and should robots have rights?. *Ethics and Information Technology*, *20*(2), 87 – 99.

Gunkel, D. J. (2018b). *Robot rights.* MIT Press.

Gurguryan, L., & Sheldon, S. (2019). Retrieval orientation alters neural activity during autobiographical memory recollection. *NeuroImage*, *199*, 534 – 544.

Gutchess, A. H., Kensinger, E. A., & Schacter, D. L. (2007b). Aging, self-referencing, and medial prefrontal cortex. *Social Neuroscience*, *2*(2), 117 – 133.

Gutchess, A. H., Kensinger, E. A., Yoon, C., & Schacter, D. L. (2007a). Ageing and the self-reference effect in memory. *Memory*, *15*(8), 822 – 837.

Gutchess, A. H., Welsh, R. C., Hedden, T., Bangert, A., Minear, M., Liu, L. L., & Park, D. C. (2005). Aging and the neural correlates of successful picture encoding: frontal activations compensate for decreased medial-temporal activity. *Journal of Cognitive Neuroscience*, *17*(1), 84 – 96.

Halai, A. D., Woollams, A. M., & Ralph, M. A. L. (2017). Using principal component analysis to capture individual differences within a unified neuropsychological model of chronic post-stroke aphasia: Revealing the unique neural correlates of speech fluency, phonology and semantics. *Cortex*, *86*, 275 – 289.

Halpin, J. A., Puff, C. R., Mason, H. F., & Marston, S. P. (1984). Self-reference encoding and incidental recall by children. *Bulletin of the Psychonomic Society*, *22*(2), 87 – 89.

Hanna, A., & Loftus, G. (1993). A model for conceptual processing of naturalistic scenes. *Canadian Journal of Experimental Psychology*, *47*(3), 548 – 569.

Hanna, A., & Remington, R. (1996). The representation of color and form in long-term memory. *Memory & Cognition*, *24*(3), 322 – 330.

Harris, L. M., & Cumming, S. R. (2003). An examination of the relationship between anxiety and performance on prospective and retrospective memory tasks. *Australian Journal of Psychology*, *55*(1), 51 – 55.

Hart, J. T. (1965). Memory and the feeling-of-knowing experience. *Journal of Educational Psychology*, *56*(4), 208 – 216.

Hasher, L., & Zacks, R. T. (1979). Automatic and effortful processes in memory. *Journal of Experimental Psychology: General*, *108*(3), 356 – 388.

Hastie, R. (2001). Problems for judgment and decision making. *Annual Review of Psychology*, *52*(1), 653 – 683.

Haviland, S. E., & Clark, E. V. (1974). 'This man's father is my father's son': A study of the acquisition of English kin terms. *Journal of Child Language*, *1*(1), 23 – 47.

Henderson, A., Goldman-Eisler, F., & Skarbek, A. (1966). Sequential temporal patterns in spontaneous speech. *Language and Speech*, *9*(4), 207 – 216.

Hennessey, B. A., & Amabile, T. M. (1988). The conditions of creativity. In R. J. Sternberg(Ed.), *The nature of creativity: Contemporary Psychological perspectives*(pp. 11 – 38). Cambridge University Press.

Hitch, G. J., Brandimonte, M. A., & Walker, P. (1995). Two types of representation in visual memory: Evidence from the effects of stimulus contrast on image combination. *Memory & Cognition*, *23* (2), 147 –154.

Holden, A. L. (1977). Responses of directional ganglion cells in the pigeon retina. *Journal of Physiology*, *270*(2), 253 – 269.

Holyoak, K. J., & Koh, K. (1987). Surface and structural similarity in analogical transfer. *Memory & Cognition*, *15*(4), 332 – 340.

Hopfield, J. J. (1982). Neural networks and physical systems with emergent collective computational abilities. *Proceedings of the National Academy of Sciences*, *79*(8), 2554 – 2558.

Hubel, D. H., & Wiesel, T. N. (1959). Receptive fields of single neurones in the cat's striate cortex. *Journal of Physiology*, *148*(3), 574 – 591.

Hubel, D. H., & Wiesel, T. N. (1963). Shape and arrangement of columns in cat's striate cortex. *Journal of Physiology*, *165*(3), 559 – 568.

Hubel, D. H., & Wiesel, T. N. (1965). Binocular interaction in striate cortex of kittens reared with artificial squint. *Journal of Neurophysiology*, *28*(6), 1041 – 1059.

Hubel, D. H., & Wiesel, T. N. (1968). Receptive fields and functional architecture of monkey striate cortex. *Journal of Physiology*, *195*(1), 215 – 243.

Humphreys, G. W. (2016). Feature confirmation in object perception: Feature integration theory 26 years on from the Treisman Bartlett lecture. *Quarterly Journal of Experimental Psychology*, *69*(10), 1910 – 1940.

Ihle, A., Schnitzspahn, K., Rendell, P. G., Luong, C., & Kliegel, M. (2012). Age benefits in everyday prospective memory: The influence of personal task importance, use of reminders and everyday stress. *Aging, Neuropsychology, and Cognition*, *19*(1 – 2), 84 – 101.

Intraub, H. (1979). The role of implicit naming in pictorial encoding. *Journal of Experimental Psychology: Human Learning and Memory*, *5*(2), 78 – 87.

Intraub, H. (1981). Rapid conceptual identification of sequentially presented pictures. *Journal of Experimental Psychology: Human Perception and Performance*, *7*(3), 604 – 610.

Intraub, H. (1984). Conceptual masking: The effects of subsequent visual events on memory for pictures. *Journal of Experimental Psychology: Learning, Memory, and Cognition*, *10* (1), 115 –125.

Intraub, H., & Bodamer, J. L. (1993). Boundary extension: Fundamental aspect of pictorial representation or encoding artifact? *Journal of Experimental Psychology: Learning, Memory, and Cognition*, *19* (6), 1387 – 1397.

Jacobs, J. (1887). Experiments on "prehension." *Mind*, *12*(45), 75 – 79

Jacoby, L. L. (1991). A process dissociation framework: Separating automatic from intentional uses of memory. *Journal of Memory and Language*, *30*(5), 513 – 541.

Janis, I. L., & Frick, F. (1943). The relationship between attitudes toward conclusions and errors in judging logical validity of syllogisms. *Journal of Experimental Psychology*, *33*(1), 73 – 77.

Jarvella, R. J. (1971). Syntactic processing of connected speech. *Journal of Verbal Learning and Verbal Be-*

havior, *10*(4), 409 - 416.

Jescheniak, J. D., Kurtz, F., Schriefers, H., Günther, J., Klaus, J., & Mädebach, A. (2017). Words we do not say—Context effects on the phonological activation of lexical alternatives in speech production. *Journal of Experimental Psychology: Human Perception and Performance*, *43*(6), 1194 -1206.

Jiang, Y., Haxby, J. V., Martin, A., Ungerleider, L. G., & Parasuraman, R. (2000). Complementary neural mechanisms for tracking items in human working memory. *Science*, *287*(5453), 643 - 646.

Johns, B. T., Dye, M., & Jones, M. N. (2016). The influence of contextual diversity on word learning. *Psychonomic Bulletin & Review*, *23*(4), 1214 - 1220.

Johnson, D. N., McGrath, A., & McNeil, C. (2002). Cuing interacts with perceptual load in visual search. *Psychological Science*, *13*(3), 284 - 287.

Johnson-Laird, P. N. (1980). Mental models in cognitive science. *Cognitive Science*, *4*(1), 71 - 115.

Johnson-Laird, P. N. (1983). *Mental models: Towards a cognitive science of language, inference, and consciousness.* Harvard University Press.

Johnson-Laird, P. N. (2000). *Thinking: Reasoning.* In A. Kazdin (Ed.), *Encyclopedia of psychology* (vol. 8, pp. 75 - 79). American Psychological Association.

Johnson-Laird, P. N., & Byrne, R. M. J. (1991). *Deduction.* Erlbaum.

Johnston, J. C., & McClelland, J. L. (1973). Visual factors in word perception. *Perception & Psychophysics*, *14*(2), 365 - 370.

Jones, M. N., Johns, B. T., & Recchia, G. (2012). The role of semantic diversity in lexical organization. *Canadian Journal of Experimental Psychology*, *66*(2), 115 - 124.

Just, M. A., & Carpenter, P. A. (1992). A capacity theory of comprehension: Individual differences in working memory. *Psychological Review*, *99*(1), 122 - 149.

Kahneman, D. (1973). *Attention and effort.* Prentice-Hall.

Kahneman, D. (2003). A perspective on judgment and choice: Mapping bounded rationality. *American Psychologist*, *58*(9), 697 - 720.

Kahneman, D., & Tversky, A. (1972). Subjective probability: A judgment of representativeness. *Cognitive Psychology*, *3*(3), 430 - 454.

Kahneman, D., & Tversky, A. (1973). On the psychology of prediction. *Psychological Review*, *80*(4), 237 - 251.

Kahneman, D. ., & Tversky, A. (1979). Prospect theory: An analysis of decision under risk. *Econometrica*, *47*(2), 363 - 391.

Kaptein, N. A., Theeuwes, J., & van der Heijden, A. H. C. (1995). Search for a conjunctively defined target can be selectively limited to a color-defined subset of elements. *Journal of Experimental Psychology: Human Perception and Performance*, *21*(5), 1053 - 1069.

Kapur, S., Craik, F. I., Tulving, E., Wilson, A. A., Houle, S., & Brown, G. M. (1994). Neuroanatomical correlates of encoding in episodic memory: Levels of processing effect. *Proceedings of the National Academy of Sciences*, *91*(6), 2008 - 2011.

Karpicke, J. D., & Roediger, H. L. (2008). The critical importance of retrieval for learning. *Science*, *319*(5865), 966 - 968.

Keenan, J. M., & Baillet, S. D. (1980). Memory for personally and socially significant events. In R. S. Nickerson(Ed.),*Attention and performance*(Vol. 8,pp. 651 – 669). Erlbaum.

Kellogg,R. T. (1995). *Cognitive psychology*. Sage.

Kensinger,E. A. (2008). Age differences in memory for arousing and nonarousing emotional words. *Journals of Gerontology,Series B:Psychological Sciences and Social Sciences*,*63*(1),13 –18.

Kensinger,E. A.,& Corkin,S. (2003). Effect of negative emotional content on working memory and long-term memory. *Emotion*,*3*(4),378 – 393.

Kerns,K. A.,& Price,K. J. (2001). An investigation of prospective memory in children with ADHD. *Child Neuropsychology*,*7*(3),162 – 171.

Kesebir,S.,& Oishi,S. (2010). A spontaneous self-reference effect in memory:Why some birthdays are harder to remember than others. *Psychological Science*,*21*(10),1525 – 1531.

Kinchla,R. A.,& Wolfe,J. M. (1979). The order of visual processing:"Top-down," "bottom-up," or "middle-out". *Perception & Psychophysics*,*25*(3),225 – 231.

Kintsch,W. (1998). *Comprehension:A paradigm for cognition*. Cambridge University Press.

Kintsch,W.,& Bates,E. (1977). Recognition memory for statements from a classroom lecture. *Journal of Experimental Psychology:Human Learning and Memory*,*3*(2),150 – 159.

Kintsch,W.,& Buschke,H. (1969). Homophones and synonyms in short-term memory. *Journal of Experimental Psychology*,*80*(3,Pt. 1),403 – 407.

Kintsch,W.,Welch,D.,Schmalhofer,F.,& Zimny,S. (1990). Sentence recognition:A theoretical analysis. *Journal of Memory and Language*, *29*,133 – 159.

Koehler,J. J. (1996). The base rate fallacy reconsidered:Descriptive,normative,and methodological challenges. *Behavioral and Brain Sciences*,*19*(1),1 – 17.

Köhler,W. (1927). *The mentality of apes*(2nd rev. ed.)(E. Winter,Trans.). Routledge & Kegan Paul.

Köhler,W. (1947). *Gestalt psychology:An introduction to new concepts in modern psychology*. Liveright.

Kohonen,T.,Oja,E.,& Lehtio,P. (1981). Storage and processing of information in distributed associative memory systems,In G. E. Hinton & J. A. Anderson(Eds.),*Parallel models of associative memory*(pp. 129 – 167). Erlbaum.

Koriat,A. (1993). How do we know that we know? The accessibility model of the feeling of knowing. *Psychological Review*,*100*(4),609 – 639.

Kosslyn,S. M. (1980). *Image and mind*. Harvard University Press.

Kosslyn,S. M. (1983). *Ghosts in the mind's machine:Creating and using images in the brain*. Norton.

Kosslyn,S. M.,Ball,T. M.,& Reiser,B. J. (1978). Visual images preserve metric spatial information:Evidence from studies of image scanning. *Journal of Experimental Psychology:Human Perception and Performance*,4(1),47 – 60.

Krech,D.,Crutchfield,R. S.,& Ballachey,E. L. (1962). *Individual in society:A textbook of social psychology*. McGraw-Hill.

Kroll,N. E.,& Ramskov,C. B. (1984). Visual memory as measured by classification and comparison tasks. *Journal of Experimental Psychology:Learning,Memory,and Cognition*,*10*(3),395 – 420.

Kruley,P.,Sciama,S. C.,& Glenberg,A. M. (1994). On-line processing of textual illustrations in the visuospatial sketchpad:Evidence from dual-task studies. *Memory & Cognition*,*22*(3),261 – 272.

Kuperman,V.,& van Dyke,J. A. (2013). Reassessing word frequency as a determinant of word recognition for skilled and unskilled readers. *Journal of Experimental Psychology: Human Perception and Performance*, *39*(3), 802 – 823.

Kutas, M., & Hillyard, S. A. (1980). Reading senseless sentences: Brain potentials reflect semantic incongruity. *Science*, *207*(4427), 203 – 205.

Kvavilashvili, L. (1992). Remembering intentions: A critical review of existing experimental paradigms. *Applied Cognitive Psychology*, *6*(6), 507 – 524.

Langley, P., & Jones, R. (1988). A computational model of scientific insight. In R. J. Sternberg (Ed.), *The nature of creativity: Contemporary psychological perspectives* (pp. 177 – 201). Cambridge University Press.

Larkin, J., McDermott, J., Simon, D. P., & Simon, H. A. (1980). Expert and novice performance in solving physics problems. *Science*, *208*(4450), 1335 – 1342.

Lavie, N., & Tsal, Y. (1994). Perceptual load as a major determinant of the locus of selection in visual attention. *Perception & Psychophysics*, *56*(2), 183 – 197.

Lesgold, A. M. (1988). Problem solving. In R. J. Sternberg & E. E. Smith (Eds.), *The psychology of human thought* (pp. 188 – 213). Cambridge University Press.

Lesgold, A., & Lajoie, S. (1991). Complex problem solving in electronics. In R. J. Sternberg & P. A. French (Eds), *Complex problem solving: Principles and mechanisms* (pp. 287 – 316). Erlbaum.

Lettvin, J. Y., Maturana, H. R., McCulloch, W. S., & Pitts, W. H. (1959). What the frog's eye tells the frog's brain. *Proceedings of the IRE*, *47*(11), 1940 – 1951.

Lettvin, J. Y., Maturana, H. R., McCulloch, W. S., & Pitts, W. H. (1961). Two remarks on the visual system of the frog. In W. A. Rosenbith (Ed.), *Sensory communication* (pp. 757 – 776). Wiley.

Levelt, W. J. (1983). Monitoring and self-repair in speech. *Cognition*, *14*(1), 41 – 104.

Levelt, W. J. (1989). *Speaking: From intention to articulation.* MIT Press.

Liberman, A. M., & Mattingly, I. G. (1985). The motor theory of speech perception revised. *Cognition*, *21*(1), 1 – 36.

Liberman, A. M., & Mattingly, I. G. (1989). A specialization for speech perception. *Science*, *243*(4890), 489 – 494.

Liberman, A. M., Cooper, F. S., Shankweiler, D. P., & Studdert-Kennedy, M. (1967). Perception of the speech code. *Psychological Review*, *74*(6), 431 – 461.

Ligeza, T. S., Tymorek, A. D., & Wyczesany, M. (2017). Top-down and bottom-up competition in visual stimuli processing. *Acta Neurobiologiae Experimentalis*, *77*(4), 305 – 316.

Lindsay, P. H., & Norman, D. A. (1977). *Human information processing: An introduction to psychology.* Academic Press.

Linton, M. (1982). Transformations of memory in everyday life. In U. Neisser (Ed.), *Memory observed: Remembering in natural contexts* (pp. 43 – 48). Freeman.

Loftus, E. F., & Palmer, J. C. (1974). Reconstruction of automobile destruction: An example of the interaction between language and memory. *Journal of Verbal Learning and Verbal Behavior*, *13*(5), 585 – 589.

Logie, R. H. (1986). Visuo-spatial processing in working memory. *Quarterly Journal of Experimental Psychology: Section A*, *38*(2), 229 – 247.

Lovett, M. C., & Anderson, J. R. (1996). History of success and current context in problem solving: Combined influences on operator selection. *Cognitive Psychology*, *31*(2), 168 – 217.

Luchins, A. S. (1942). Mechanization in problem solving: The effect of Einstellung. *Psychological Monographs*, *54*(6), i – 95.

Luria, A. R. (1973). *The working brain: An introduction to neuropsychology*. Basic Books.

Lynch, S., & Yarnell, P. R. (1973). Retrograde amnesia: Delayed forgetting after concussion. *American Journal of Psychology*, *86*(3), 643 – 645.

MacDonald, M. C., Just, M. A., & Carpenter, P. A. (1992). Working memory constraints on the processing of syntactic ambiguity. *Cognitive Psychology*, *24*(1), 56 – 98.

MacDonald, M. C., Pearlmutter, N. J., & Seidenberg, M. S. (1994). The lexical nature of syntactic ambiguity resolution. *Psychological Review*, *101*(4), 676 – 703.

MacLeod, C. M. (1975). Long-term recognition and recall following directed forgetting. *Journal of Experimental Psychology: Human Learning and Memory*, *1*(3), 271 – 279.

Madigan, S., & Rouse, M. (1974). Picture memory and visual-generation processes. *American Journal of Psychology*, *87*(1/2), 151 – 158.

Madore, K. P., Addis, D. R., & Schacter, D. L. (2015). Creativity and memory: Effects of an episodic-specificity induction on divergent thinking. *Psychological Science*, *26*(9), 1461 –1468.

Madore, K. P., Jing, H. G., & Schacter, D. L. (2016). Divergent creative thinking in young and older adults: Extending the effects of an episodic specificity induction. *Memory & Cognition*, *44*(6), 974 – 988.

Madore, K. P., Khazenzon, A. M., Backes, C. W., Jiang, J., Uncapher, M. R., Norcia, A. M., & Wagner, A. D. (2020). Memory failure predicted by attention lapsing and media multitasking. *Nature*, *587*(7832), 87 – 91.

Maier, N. R. F. (1930). Reasoning in humans. I. On direction. *Journal of Comparative Psychology*, *10*(2), 115 – 143.

Maier, N. R. F. (1931). Reasoning in humans. II. The solution of a problem and its appearance in consciousness. *Journal of Comparative Psychology*, *12*(2), 181 – 194.

Mandler, G. (1980). Recognizing: The judgment of previous occurrence. *Psychological Review*, *87*(3), 252 –271.

Mandler, G., Pearlstone, Z., & Koopmans, H. S. (1969). Effects of organization and semantic similarity on recall and recognition. *Journal of Verbal Learning and Verbal Behavior*, *8*(3), 410 – 423.

Mandler, J. M., & Johnson, N. S. (1977). Remembrance of things parsed: Story structure and recall. *Cognitive Psychology*, *9*(1), 111 – 151.

Markus, H. R., & Kitayama, S. (1991). Culture and the self: Implications for cognition, emotion, and motivation. *Psychological Review*, *98*(2), 224 – 253.

Marr, D. (1982). *Vision: A computational investigation into the human representation and processing of visual information*. W. H. Freeman.

Marslen-Wilson, W. (1990). Activation, competition, and frequency in lexical access. In G. T. M. Altmann (Ed.), *Cognitive models of speech processing: Psycholinguistic and computational perspectives* (pp. 148 – 172). MIT Press.

Marslen-Wilson, W. D. (1987). Functional parallelism in spoken word-recognition. *Cognition*, *25*(1 – 2), 71 – 102.

Marslen-Wilson, W., & Tyler, L. K. (1980). The temporal structure of spoken language understanding. *Cog-*

nition,*8*(1),1–71.

Marslen-Wilson,W.,& Warren,P. (1994). Levels of perceptual representation and process in lexical access: Words,phonemes,and features. *Psychological Review*,*101*(4),653–675.

Mason,R. A.,& Just,M. A. (2006). Neuroimaging contributions to the understanding of discourse processes. In M. Traxler & M. A. Gernsbacher(Eds.),*Handbook of psycholinguistics*(2nd ed.,pp. 765–799). Academic Press.

Massaro,D. W.,& Cohen,M. M. (1983). Evaluation and integration of visual and auditory information in speech perception. *Journal of Experimental Psychology*:*Human Perception and Performance*,*9*(5), 753–771.

McCarthy,J. (1956). Measures of the value of information. *Proceedings of the National Academy of Sciences of the United States of America*,*42*(9),654–655.

McClelland,J. L. (1991). Stochastic interactive processes and the effect of context on perception. *Cognitive Psychology*,*23*(1),1–44.

McClelland,J. L.,& Elman,J. L. (1986). The TRACE model of speech perception. *Cognitive Psychology*, *18*(1),1–86.

McClelland,J. L.,& Johnston,J. C. (1977). The role of familiar units in perception of words and nonwords. *Perception & Psychophysics*,*22*(3),249–261.

McClelland,J. L.,& Rumelhart,D. E. (1981). An interactive activation model of context effects in letter perception:I. An account of basic findings. *Psychological Review*,*88*(5),375–407.

McCulloch,W. S.,& Pitts,W. (1943). A logical calculus of the ideas immanent in nervous activity. *Bulletin of Mathematical Biophysics*,*5*(4),115–133.

McDaniel,M. A.,& Einstein,G. O. (2000). Strategic and automatic processes in prospective memory retrieval:A multiprocess framework. *Applied Cognitive Psychology*,*14*(7),S127–S144.

McDonough,I. M.,Enam,T.,Kraemer,K. R.,Eakin,D. K.,& Kim,M. (2021). Is there more to metamemory? An argument for two specialized monitoring abilities. *Psychonomic Bulletin & Review*,*5*,1–11.

McGaugh,J. L. (2000). Memory—A century of consolidation. *Science*,*287*(5451),248–251.

McGurk,H.,& MacDonald,J. (1976). Hearing lips and seeing voices. *Nature*,*264*(5588),746–748.

McKoon,G.,& Ratcliff,R. (1992). Inference during reading. *Psychological Review*,*99*(3),440–466.

Meacham,J. A. (1977). Soviet investigations of memory development. In R. V. Kail & J. W. Hagen (Eds.),*Perspectives on the development of memory and cognition*(pp. 273–295). Erlbaum.

Medin,D. L.,& Schaffer,M. M. (1978). Context theory of classification learning. *Psychological Review*,*85*(3),207–238.

Medin,D. L.,Ross,B. H.,& Markman,A. B. (2005). *Cognitive psychology*(4th ed.). Wiley.

Mednick,S. A.,& Mednick,M. T. (1967). *Examiner's manual,Remote Associates Test*:*College and adult forms 1 and 2*. Houghton Mifflin

Melton,R. J. (1995). The role of positive affect in syllogism performance. *Personality and Social Psychology Bulletin*,*21*(8),788–794.

Metzler,J. (1973). *Cognitive analogues of the rotation of three-dimensional objects*(Unpublished doctoral dissertation). Stanford University.

Meyer,D. E.,& Schvaneveldt,R. W. (1971). Facilitation in recognizing pairs of words:Evidence of a dependence between retrieval operations. *Journal of Experimental Psychology*, *90*(2), 227 – 234.

Mezrich, J. J. (1973). The word superiority effect in brief visual displays: Elimination by vocalization. *Perception & Psychophysics*, *13*(1), 45 – 48.

Miller, G. A. (1956). The magical number seven, plus or minus two: Some limits on our capacity for processing information. *Psychological Review*, *63*(2), 81 – 97.

Miller, G. A., & Nicely, P. E. (1955). An analysis of perceptual confusions among some English consonants. *Journal of the Acoustical Society of America*, *27*(2), 338 – 352.

Miller, G. A., Galanter, E., & Pribram, K. H. (1960). *Plans and the structure of behavior.* Henry Holt & Company.

Mirman, D., & Thye, M. (2018). Uncovering the neuroanatomy of core language systems using lesion-symptom mapping. *Current Directions in Psychological Science*, *27*(6), 455 – 461.

Mirman, D., Chen, Q., Zhang, Y., Wang, Z., Faseyitan, O. K., Coslett, H. B., & Schwartz, M. F. (2015). Neural organization of spoken language revealed by lesion-symptom mapping. *Nature Communications*, *6*(1), 1 – 9.

Mohs, R. C., Wescourt, K. T., & Atkinson, R. C. (1973). Effects of short-term memory contents on short- and long-term memory searches. *Memory & Cognition*, *1*(4), 443 – 448.

Monsell, S., Doyle, M. C., & Haggard, P. N. (1989). Effects of frequency on visual word recognition tasks: Where are they? *Journal of Experimental Psychology: General*, *118*(1), 43 – 71.

Moravec, H. P. (2000). *Robot: Mere machine to transcendent mind.* Oxford University Press.

Moray, N., Bates, A., & Barnett, T. (1965). Experiments on the Four-Eared Man. *Journal of the Acoustical Society of America*, *38*(2), 196 – 201.

Morris, N. (1989). Spatial monitoring in visual working memory. *British Journal of Psychology*, *80*(3), 333 – 349.

Motley, M. T., Camden, C. T., & Baars, B. J. (1981). Toward verifying the assumptions of laboratory-induced slips of the tongue: The output-error and editing issues. *Human Communication Research*, *8*(1), 3 – 15.

Motley, M. T., Camden, C. T., & Baars, B. J. (1982). Covert formulation and editing of anomalies in speech production: Evidence from experimentally elicited slips of the tongue. *Journal of Verbal Learning and Verbal Behavior*, *21*(5), 578 – 594.

Mueller, J. H., Wonderlich, S., & Dugan, K. (1986). Self-referent processing of age-specific material. *Psychology and Aging*, *1*(4), 293 – 299.

Murdock, B. B., Jr. (1962). The serial position effect of free recall. *Journal of Experimental Psychology*, *64*(5), 482 – 488.

Murphy, G. L. (2016). Is there an exemplar theory of concepts? *Psychonomic Bulletin & Review*, *23*(4), 1035 – 1042.

Murray, D. J. (1965). Vocalization-at-presentation and immediate recall, with varying presentation-rates. *Quarterly Journal of Experimental Psychology*, *17*(1), 47 – 56.

Murray, D. J. (1967). The role of speech responses in short-term memory. *Canadian Journal of Psychology*, *21*(3), 263 – 276.

Muther, W. S. (1965). Erasure or partitioning in short-term memory. *Psychonomic Science*, *3*(1), 429 – 430.

Navon, D. (1977). Forest before trees: The precedence of global features in visual perception. *Cognitive Psychology*, *9*(3), 353 – 383.

Navon, D. (1981). The forest revisited: More on global precedence. *Psychological Research*, *43*(1), 1 – 32.

Neely, J. H. (1977). Semantic priming and retrieval from lexical memory: Roles of inhibitionless spreading activation and limited-capacity attention. *Journal of Experimental Psychology: General*, *106*(3), 226 –254.

Neisser, U. (1967). *Cognitive psychology*. Psychology Press.

Neisser, U. (1969, July). Selective reading: A method for the study of visual attention. In *Attention: Some growing points in recent research*(Symposium). The 19th International Congress of Psychology, London.

Neisser, U., & Beller, H. K. (1965). Searching through word lists. *British Journal of Psychology*, *56*(4), 349 – 358.

Nelson, T. O. (1984). A comparison of current measures of the accuracy of feeling-of-knowing predictions. *Psychological Bulletin*, *95*(1), 109 – 133.

Nelson, T. O., & Narens, L. (1990). Metamemory: A theoretical framework and new findings. In G. Bower (Ed), *The psychology of learning and motivation*(Vol. 26, pp. 125 – 173). Academic Press.

Newel, A., & Simon, H. A. (1976). Computer science as empirical inquiry: Symbols and search. *Communications of the ACM*, *19*(3), 113 – 126.

Newell, A. (1967). *Studies in problem solving: Subject 3 on the crypt-arithmetic task Donald + Gerald = Robert* (Technical report). Center for the Study of Information Processing, Carnegie Institute of Technology.

Newell, A., & Simon, H. A. (1972). *Human problem solving*. Prentice-Hall.

Nooteboom, S. G. (1980). Speaking and unspeaking: Detection and correction of phonological and lexical errors in spontaneous speech. In V. A. Fromkin(Ed.), *Errors in linguistic performance*(pp. 87 – 95). Academic Press.

Nyholm, S. (2018a). Attributing agency to automated systems: Reflections on human-robot collaborations and responsibility-loci. *Science and Engineering Ethics*, *24*(4), 1201 – 1219.

Nyholm, S. (2018b). The ethics of crashes with self-driving cars: A roadmap, II. *Philosophy Compass*, *13*(7), e12506.

O'Brien, E. J., Shank, D. M., Myers, J. L., & Rayner, K. (1988). Elaborative inferences during reading: Do they occur on-line? *Journal of Experimental Psychology: Learning, Memory, and Cognition*, 14(3), 410 – 420.

Oaksford, M., & Chater, N. (1994). A rational analysis of the selection task as optimal data selection. *Psychological Review*, *101*(4), 608 – 631.

Oaksford, M., Morris, F., Grainger, B., & Williams, J. M. G. (1996). Mood, reasoning, and central executive processes. *Journal of Experimental Psychology: Learning, Memory, and Cognition*, 22(2), 476 – 492.

Ortony, A., Schallert, D. L., Reynolds, R. E., & Antos, S. J. (1978). Interpreting metaphors and idioms: Some effects of context on comprehension. *Journal of Verbal Learning and Verbal Behavior*, *17*(4), 465 – 477.

Osherson, D. (1975). Logic and models of logical thinking. In R. J. Falmagne(Ed.), *Reasoning: Representation and process in children and adults* (pp. 81 – 92). Erlbaum.

Osterhout, L., & Holcomb, P. J. (1992). Event-related brain potentials elicited by syntactic anomaly. *Journal of Memory and Language*, *31*(6), 785 – 806.

Ovalle-Fresa, R., Uslu, A. S., & Rothen, N. (2021). Levels of processing affect perceptual features in visual associative memory. *Psychological Science*, *32*(2), 267 – 279.

Oyster, C. W., & Barlow, H. B. (1967). Direction-selective units in rabbit retina: Distribution of preferred directions. *Science*, *155*(3764), 841 – 842.

Paivio, A. (1969). Mental imagery in associative learning and memory. *Psychological Review*, 76(3), 241-263.

Paivio, A. (1971). *Imagery and verbal processes*. Holt, Rinehart and Winston.

Paivio, A. (1975). Perceptual comparisons through the mind's eye. *Memory & Cognition*, *3*(6), 635-647.

Paivio, A., & Smythe, P. C. (1971). Word imagery, frequency, and meaningfulness in short-term memory. *Psychonomic Science*, *22*(6), 333-335.

Paivio, A., Yuille, J. C., & Madigan, S. A. (1968). Concreteness, imagery, and meaningfulness values for 925 nouns. *Journal of Experimental Psychology*, *76*(1, Pt. 2), 1-25.

Pellegrino, J. W. (1985). Inductive reasoning ability. In R. J. Sternberg (Eds.), *Human abilities: An information-processing approach* (pp. 195-225). Freeman.

Pellegrino, J. W., & Glaser, R. (1980). Components of inductive reasoning. In R. E. Snow, P. A. Federico, & W. E. Montague (Eds.), *Aptitude, learning, and instruction: Cognitive process analyses of aptitude* (pp. 177-218). Erlbaum.

Pessoa, L. (2008). On the relationship between emotion and cognition. *Nature Reviews Neuroscience*, *9*(2), 148-158.

Peterson, L., & Peterson, M. J. (1959). Short-term retention of individual verbal items. *Journal of Experimental Psychology*, *58*(3), 193-198.

Phillips, W. A., & Christie, D. F. M. (1977). Interference with visualization. *Quarterly Journal of Experimental Psychology*, *29*(4), 637-650.

Pickering, M. J., & Traxler, M. J. (1998). Plausibility and recovery from garden paths: An eye-tracking study. *Journal of Experimental Psychology: Learning, Memory, and Cognition*, *24*(4), 940-961.

Pollatsek, A., Bolozky, S., Well, A. D., & Rayner, K. (1981). Asymmetries in the perceptual span for Israeli readers. *Brain and Language*, *14*(1), 174-180.

Posner, M. I. (1973). *Cognition: An introduction.* Scott, Foresman.

Posner, M. I., & Boies, S. J. (1971). Components of attention. *Psychological Review*, *78*(5), 391-408.

Posner, M. I., & Keele, S. W. (1968). On the genesis of abstract ideas. *Journal of Experimental Psychology*, *77*(3, Pt. 1), 353-363.

Posner, M. I., & Mitchell, R. F. (1967). Chronometric analysis of classification. *Psychological Review*, *74*(5), 392-409.

Posner, M. I., & Pavese, A. (1998). Anatomy of word and sentence meaning. *Proceedings of the National Academy of Sciences*, *95*(3), 899-905.

Posner, M. I., Boies, S. J., Eichelman, W. H., & Taylor, R. L. (1969). Retention of visual and name codes of single letters. *Journal of Experimental Psychology*, *79*(1, Pt. 2), 1-16.

Posner, M. L, & Snyder, C. R. R. (1975a). Attention and cognitive control. In R. L. Solso (Ed.), *Information processing and cognition: The Loyola symposium* (pp. 55-85). Erlbaum.

Posner, M. L, & Snyder, C. R. R. (1975b). Facilitation and inhibition in the processing of signals. In P. M. A. Rabbitt & S. Domic (Eds.), *Attention and performance* (Vol. 5, pp. 669-682). Academic Press.

Postle, B. R., Berger, J. S., & D'Esposito, M. (1999). Functional neuroanatomical double dissociation of mnemonic and executive control processes contributing to working memory performance. *Proceedings of the National Academy of Sciences*, *96*(22), 12959-12964.

Pratik, R., & Abhishek, R. (2013). The relationship between artificial intelligence and psychological theories. *International Journal of Conceptions on Computing and Information Technology*, *1*(1), 57–60.

Preston, K. A. (1935). The speed of word perception and its relation to reading ability. *Journal of General Psychology*, *13*(1), 199–203.

Pritchard, R. M. (1961). Stabilized images on the retina. *Scientific American*, *204*(6), 72–79.

Proctor, R. W. (1983). Recognition memory for pictures as a function of poststimulus interval: An empirical clarification of existing literature. *Journal of Experimental Psychology: Learning, Memory, and Cognition*, *9*(2), 256–262.

Pullyblank, J., Bisanz, J., Scott, C., & Champion, M. A. (1985). Developmental invariance in the effects of functional self-knowledge on memory. *Child Development*, *56*(6), 1447–1454

Pyc, M. A., & Rawson, K. A. (2010). Why testing improves memory: Mediator effectiveness hypothesis. *Science*, *330*(6002), 335.

Quillian, M. R. (1966). *Semantic memory* (Unpublished doctoral dissertation). Carnegie-Mellon University.

Raanaas, R. K., & Magnussen, S. (2006). Serial position effects in implicit memory. *European Journal of Cognitive Psychology*, *18*(3), 398–414.

Rajaram, S. (1993). Remembering and knowing: Two means of access to the personal past. *Memory & Cognition*, *21*(1), 89–102.

Rayner, K., & Pollatsek, A. (1989). *The psychology of reading*. Prentice-Hall.

Rayner, K., & Sereno, S. C. (1994). Eye movements in reading: Psycholinguistic studies. In M. A. Gernsbacher (Ed.), *Handbook of psycholinguistics* (pp. 57–81). Academic Press.

Read, J. D. (1979). Rehearsal and recognition of human faces. *American Journal of Psychology*, *92*(1), 77–85

Reder, L. M., & Ritter, F. E. (1992). What determines initial feeling of knowing? Familiarity with question terms, not with the answer. *Journal of Experimental Psychology: Learning, Memory, and Cognition*, *18*(3), 435–451.

Reed, S. K. (1972). Pattern recognition and categorization. *Cognitive Psychology*, *3*(3), 382–407.

Reicher, G. M. (1969). Perceptual recognition as a function of meaningfulness of stimulus material. *Journal of Experimental Psychology*, *81*(2), 275–280.

Reif, F. (1979). *Cognitive mechanisms facilitating human problem solving in a realistic domain: The example of physics* (Unpublished manuscript). Physics Department, University of California.

Revlis, R. (1975). Syllogistic reasoning: Logical decisions from a complex data base. In R. J. Falmagne (Ed.), *Reasoning: Representation and process* (pp. 93–133). Erlbaum.

Reyna, V. F., & Brainerd, C. J. (1993). Fuzzy memory and mathematics in the classroom. In G. M. Davies & R. H. Logie (Eds.), *Memory in everyday life* (pp. 91–119). North Holland.

Rips, L. J. (1984). Reasoning as a central intellective ability. In R. J. Sternberg (Ed.), *Advances in the psychology of human intelligence* (pp. 105–147). Erlbaum.

Rips, L. J. (1988). Deduction. In R. J. Sternberg & E. E. Smith (Eds.), *The psychology of human thought* (pp. 116–152). Cambridge University Press.

Rips, L. J. (1990). Reasoning. *Annual Review of Psychology*, *41*(1), 321–353.

Rips, L. J., & Marcus, S. L. (1977). Suppositions and the analysis of conditional sentences. In M. A. Just &

P. A. Carpenter(Eds.), *Cognitive processes in comprehension*(pp. 185 – 220). Erlbaum.

Rips, L. J., Smith, E. E., & Shoben, E. J. (1975). Set-theoretic and network models reconsidered: A comment on Hollan's "Features and semantic memory." *Psychological Review*, *82*(2), 156 – 157.

Rist, R. S. (1989). Schema creation in programming. *Cognitive Science*, *13*(3), 389 – 414.

Ritter, S., Barrett, D. G., Santoro, A., & Botvinick, M. M. (2017). Cognitive psychology for deep neural networks: A shape bias case study. In D. Precup & Y. W. Teh(Eds.), *Proceedings of the 34th International Conference on* Machine Learning(pp. 2940 – 2949). International Conference on Machine Learning.

Robson, S. G., Searston, R. A., Edmond, G., McCarthy, D. J., & Tangen, J. M. (2020). An expert-novice comparison of feature choice. *Applied Cognitive Psychology*, *34*(5), 984 – 995.

Roediger, H. L. (1990). Implicit memory: Retention without remembering. *American Psychologist*, *45*(9), 1043 – 1056.

Roediger, H. L., & Guynn, M. J. (1996). Retrieval processes. In E. L. Bjork & R. A. Bjork(Eds), *Memory: Handbook of perception and cognition*(pp. 197 – 236). Academic Press.

Roediger, H. L., & McDermott, K. B. (1995). Creating false memories: Remembering words not presented in lists. *Journal of experimental psychology: Learning, Memory, and Cognition*, *21*(4), 803 – 814.

Roediger, H. L., & Payne, D. G. (1983). Superiority of free recall to cued recall with "strong" cues. *Psychological Research*, *45*(3), 275 – 286.

Rogers, T. B., Kuiper, N. A., & Kirker, W. S. (1977). Self-reference and the encoding of personal information. *Journal of Personality and Social Psychology*, *35*(9), 677 – 688.

Rosch, E. (1975). Cognitive representations of semantic categories. *Journal of Experimental Psychology: General*, *104*(3), 192 – 233.

Rosch, E., & Mervis, C. B. (1975). Family resemblances: Studies in the internal structure of categories. *Cognitive Psychology*, *7*(4), 573 – 605.

Rose, N. S., Rendell, P. G., McDaniel, M. A., Aberle, I., & Kliegel, M. (2010). Age and individual differences in prospective memory during a "Virtual Week": The roles of working memory, vigilance, task regularity, and cue focality. *Psychology and Aging*, *25*(3), 595 – 605.

Rosen, V. M., & Engle, R. W. (1997). The role of working memory capacity in retrieval. *Journal of Experimental Psychology: General*, *126*(3), 211 – 227.

Rundus, D. (1971). Analysis of rehearsal processes in free recall. *Journal of Experimental Psychology*, *89*(1), 63 – 77.

Russell, S. J. (1997). Rationality and intelligence. *Artificial Intelligence*, *94*(1 – 2), 57 – 77.

Russell, S., & Norvig, P. (2009). *Artificial intelligence: A modern approach* (3rd ed.). Prentice-Hall.

Saffran, J. R., Aslin, R. N., & Newport, E. L. (1996). Statistical learning by 8-month-old infants. *Science*, *274*(5294), 1926 – 1928.

Sayood, K. (2018). Information theory and cognition: A review. *Entropy*, *20*(9), 706.

Schachter, S., Christenfeld, N., Ravina, B., & Bilous, F. (1991). Speech disfluency and the structure of knowledge. *Journal of Personality and Social Psychology*, *60*(3), 362 – 367.

Schachter, S., Rauscher, F., Christenfeld, N., & Crone, K. T. (1994). The Vocabularies of Academia. *Psychological Science*, *5*(1), 37 – 41

Schacter, D. L. (1987). Implicit memory: History and current status. *Journal of Experimental Psychology:*

Learning, Memory, and Cognition, *13*(3), 501 – 518.

Schneider, W., & Shiffrin, R. M. (1977). Controlled and automatic human information processing: I. Detection, search, and attention. *Psychological Review*, *84*(1), 1 – 66.

Schoenfeld, A. H. (1981, April 13 – 17). *Episodes and executive decision in mathematical problem solving.* Annual Meeting of American Education Research Association (Paper presentation), Los Angeles, CA.

Schreiber, T. A., & Nelson, D. L. (1998). The relation between feelings of knowing and the number of neighboring concepts linked to the test cue. *Memory & Cognition*, *26*(5), 869 – 883.

Scullin, M. K., McDaniel, M. A., Shelton, J. T., & Lee, J. H. (2010). Focal/nonfocal cue effects in prospective memory: Monitoring difficulty or different retrieval processes? *Journal of Experimental Psychology: Learning, Memory, and Cognition*, *36*(3), 736 – 749.

Searle, J. R. (1997). *The mystery of consciousness.* New York Review of Books.

Searston, R. A., & Tangen, J. M. (2017). The style of a stranger: Identification expertise generalizes to coarser level categories. *Psychonomic Bulletin & Review*, *24*(4), 1324 – 1329.

Segal, S. J., & Fusella, V. (1970). Influence of imaged pictures and sounds on detection of visual and auditory signals. *Journal of Experimental Psychology*, *83*(3, Pt. 1), 458 – 464.

Selfridge, O. G. (1959). Pandemonium: A paradigm for learning. In D. Blake & A. Uttley (Eds.), *Mechanisation of thought processes: Proceedings of a symposium held at the National Physics Laboratory* (pp. 511 –529). Her Majesty's Stationery Office.

Sellen, A. J., Louie, G., Harris, J. E., & Wilkins, A. J. (1997). What brings intentions to mind? An in situ study of prospective memory. *Memory*, *5*(4), 483 – 507.

Shaffer, W., & Shiffrin, R. M. (1972). Rehearsal and storage of visual information. *Journal of Experimental Psychology*, *92*(2), 292 – 296.

Shallice, T., & Warrington, E. K. (1970). Independent functioning of verbal memory stores: A neuropsychological study. *Quarterly journal of Experimental Psychology*, *22*(2), 261 – 273.

Shannon, C. E. (1948). A mathematical theory of communication. *Bell System Technical Journal*, *27*(3), 379 – 423.

Shepard, R. N. (1984). Ecological constraints on internal representation: Resonant kinematics of perceiving, imagining, thinking, and dreaming. *Psychological Review*, *91*(4), 417 – 447.

Shepard, R. N., & Metzler, J. (1971). Mental rotation of three-dimensional objects. *Science*, *171*(3972), 701 – 703.

Shiffrin, R. M., & Schneider, W. (1977). Controlled and automatic human information processing: II. Perceptual learning, automatic attending and a general theory. *Psychological Review*, *84*(2), 127 –190.

Shulman, H. G. (1970). Encoding and retention of semantic and phonemic information in short-term memory. *Journal of Verbal Learning and Verbal Behavior*, *9*(5), 499 – 508.

Silveira, J. M. (1971). *Incubation: The effect of interruption timing and length on problem solution and quality of problem processing* (Unpublished doctoral dissertation). University of Oregon.

Simon, D. P., & Simon, H. A. (1978). Individual differences in solving physics problems. In R. S. Siegler (Ed.), *Children's thinking: What develops?* (pp. 325 – 348). Erlbaum

Simon, H. A. (1981). Studying human intelligence by creating artificial intelligence: When considered as a physical symbol system, the human brain can be fruitfully studied by computer simulation of its processes. *American Scientist*,*69*(3),300 – 309.

Simonton,D. K. (1994). *Greatness*: *Who makes history and why*. Guilford.

Slamecka,N. J.,& Graf,P. (1978). The generation effect: Delineation of a phenomenon. *Journal of Experimental Psychology*: *Human Learning and Memory*,*4*(6),592 – 604.

Slovic,P.,Fischhoff,B.,& Lichtenstein,S. (1977). Behavioral decision theory. *Annual Review of Psychology*,*28*(1),1 – 39.

Smith,E. E.,& Jonides,J. (1997). Working memory: A view from neuroimaging. *Cognitive Psychology*,*33*(1),5 – 42.

Smith,E. E.,& Medin,D. L. (1981). *Categories and concepts*. Harvard University Press.

Snodgrass,J. G.,& McCullough,B. (1986). The role of visual similarity in picture categorization. *Journal of Experimental Psychology*: *Learning*,*Memory*,*and Cognition*,*12*(1),147 – 154.

Solso,R. L.,& Short,B. A. (1979). Color recognition. *Bulletin of the Psychonomic Society*,*14*(4),275 –277.

Sperling,G. (1960). The information available in brief visual presentations. *Psychological Monographs*: *General and Applied*,74(11),1 – 29.

Squire,L. R. (1987). *Memory and brain*. Oxford University Press.

Stenberg,G.,Radeborg,K.,& Hedman,L. R. (1995). The picture superiority effect in a cross-modality recognition task. *Memory & Cognition*,*23*(4),425 – 441.

Sternberg,R. J. (1977a). *Intelligence*,*information processing*,*and analogical reasoning*: *The componential analysis of human abilities*. Erlbaum.

Sternberg,R. J. (1977b). Component processes in analogical reasoning. *Psychological Review*,*84*(4),353 –378.

Sternberg,R. J. (1983). Components of human intelligence. *Cognition*,*15*(1 – 3),1 – 48.

Sternberg,R. J. (1984). Toward a triarchic theory of human intelligence. *Behavioral and Brain Sciences*,*7*(2),269 – 287.

Sternberg,R. J. (1986a). *Intelligence applied*: *Understanding and increasing your intellectual skills*. Harcourt Brace Jovanovich.

Sternberg,R. J. (1986b). A triarchic theory of intellectual giftedness. In R. J. Sternberg & J. E. Davidson (Eds.),*Conception of giftedness*(pp. 223 – 243). Cambridge University Press.

Sternberg,R. J.,& Lubart,T. I. (1995). *Defying the crowd*: *Cultivating creativity in a culture of conformity*. Free Press.

Sternberg,R. J.,& Lubart,T. I. (1996). Investing in creativity. *American Psychologist*,*51*(7),677 –688

Sternberg,S. (1969). Memory-scanning: Mental processes revealed by reaction-time experiments. *American Scientist*,*57*(4),421 – 457.

Stone,C. D. (1972). Should trees have standing? Toward legal rights for natural objects. *Southern California Law Review*,*45*,450 – 501.

Stríženec,M. (1985). Cognitive psychology and artificial intelligence. *Kybernetika*,*21*(1),3 – 11.

Strohner,H.,& Nelson,K. E. (1974). The young child's development of sentence comprehension: influence of event probability,nonverbal context,syntactic form,and strategies. *Child Development*,*45*(3),567 –576

Stroop,J. R. (1935). Studies of interference in serial verbal reactions. *Journal of Experimental Psychology*,*18*(6),643 – 662.

Sui, J., & Zhu, Y. (2005). Five-year-olds can show the self-reference advantage. *International Journal of Behavioral Development*, *29*(5), 382 – 387.

Sulin, R. A., & Dooling, D. J. (1974). Intrusion of a thematic idea in retention of prose. *Journal of Experimental Psychology*, *103*(2), 255 – 262.

Swaab, T., Brown, C., & Hagoort, P. (1997). Spoken sentence comprehension in aphasia: Event-related potential evidence for a lexical integration deficit. *Journal of Cognitive Neuroscience*, *9*(1), 39 – 66.

Symons, C. S., & Johnson, B. T. (1997). The self-reference effect in memory: A meta-analysis. *Psychological Bulletin*, *121*(3), 371 – 394.

Taddeo, M., & Floridi, L. (2018). How AI can be a force for good. *Science*, *361*(6404), 751 – 752.

Tangen, J. M., Thompson, M. B., & McCarthy, D. J. (2011). Identifying fingerprint expertise. *Psychological Science*, *22*(8), 995 – 997.

Taylor, J. E. T., & Taylor, G. W. (2021). Artificial cognition: How experimental psychology can help generate explainable artificial intelligence. *Psychonomic Bulletin & Review*, *28*(2), 454 – 475.

Thomas, N. J. (1999). Are theories of imagery theories of imagination? An active perception approach to conscious mental content. *Cognitive Science*, *23*(2), 207 – 245.

Thompson, M. B., & Tangen, J. M. (2014). The nature of expertise in fingerprint matching: Experts can do a lot with a little. *PloS ONE*, *9*(12), e114759.

Thomson, D. M., & Tulving, E. (1970). Associative encoding and retrieval: Weak and strong cues. *Journal of Experimental Psychology*, *86*(2), 255 – 262.

Tipper, S. P. (1985). The negative priming effect: Inhibitory priming by ignored objects. *Quarterly Journal of Experimental Psychology*, *37*(4), 571 – 590.

Toms, M., Morris, N., & Foley, P. (1994). Characteristics of visual interference with visuospatial working memory. *British Journal of Psychology*, *85*(1), 131 – 144.

Trabasso, T., & van den Broek, P. (1985). Causal thinking and the representation of narrative events. *Journal of Memory and Language*, *24*(5), 612 – 630.

Treisman, A. (1977). Focused attention in the perception and retrieval of multidimensional stimuli. *Perception & Psychophysics*, *22*(1), 1 – 11.

Treisman, A. M. (1960). Contextual cues in selective listening. *Quarterly Journal of Experimental Psychology*, *12*(4), 242 – 248.

Treisman, A. M., & Gelade, G. (1980). A feature-integration theory of attention. *Cognitive Psychology*, *12*(1), 97 – 136.

Treisman, A., & Gormican, S. (1988). Feature analysis in early vision: Evidence from search asymmetries. *Psychological Review*, *95*(1), 15 – 48.

Tripathy, S. P., & Ögmen, H. (2018). Sensory memory is allocated exclusively to the current event-segment. *Frontiers in Psychology*, *9*, 1435.

Tulving, E. (1972). Episodic and semantic memory. In E. Tulving & W. Donaldson (Eds.), *Organization of memory* (pp. 381 – 403). Academic Press.

Tulving, E. (1983). *Elements of episodic memory.* Oxford University Press.

Tulving, E. (1985). Memory and consciousness. *Canadian Psychology*, *26*(1), 1 – 12.

Tulving, E., & Pearlstone, Z. (1966). Availability versus accessibility of information in memory for words.

Journal of Verbal Learning and Verbal Behavior, *5*(4), 381 – 391.

Tulving, E., & Thomson, D. M. (1973). Encoding specificity and retrieval processes in episodic memory. *Psychological Review*, *80*(5), 352 – 373.

Turing, A. M. (1950). Computing machinery and intelligence. *Mind*, *59*(236), 433 – 460.

Turk, D. J., Cunningham, S. J., & Macrae, C. N. (2008). Self-memory biases in explicit and incidental encoding of trait adjectives. *Consciousness and Cognition*, *17*(3), 1040 – 1045.

Turner, J. (2019). *Robot rules: Regulating artificial intelligence*. Springer.

Tversky, A., & Kahneman, D. (1971). Belief in the law of small numbers. *Psychological Bulletin*, *76*(2), 105 – 110.

Tversky, A., & Kahneman, D. (1973). Availability: A heuristic for judging frequency and probability. *Cognitive Psychology*, *5*(2), 207 – 232.

Tversky, A., & Kahneman, D. (1974). Judgment under uncertainty: Heuristics and biases. *Science*, *185*(4157), 1124 – 1131.

Tversky, A., & Kahneman, D. (1980). Causal schemas in judgement under uncertainty. In M. Fishbein (Ed.), *Process in social psychology* (pp. 49 – 72). Erlbaum.

Tyler, L. K., & Marslen-Wilson, W. D. (1977). The on-line effects of semantic context on syntactic processing. *Journal of Verbal Learning and Verbal Behavior*, *16*(6), 683 – 692.

Uddin, M. N. (2019). Cognitive science and artificial intelligence: Simulating the human mind and its complexity. *Cognitive Computation and Systems*, *1*(4), 113 – 116.

Ulery, B. T., Hicklin, R. A., Roberts, M. A., & Buscaglia, J. (2014). Measuring what latent fingerprint examiners consider sufficient information for individualization determinations. *PLoS ONE*, *9*(11), e110179.

Underwood, G. (1974). Moray vs. the rest: The effects of extended shadowing practice. *Quarterly Journal of Experimental Psychology*, *26*(3), 368 – 372.

van den Berg, S. M. (2002). *Prospective memory: From intention to action* (Unpublished doctoral dissertation). Technische Universiteit Eindhoven.

van den Berg, S., Aarts, H., Midden, C., & Verplanken, B. (2004). The role of executive processes in prospective memory tasks. *European Journal of Cognitive Psychology*, *16*(4), 511 – 533.

van den Broek, P., & Gustafson, M. (1999). Comprehension and memory for texts: Three generations of reading research. In S. R. Goldman, A. C. Graesser, & P. van den Broek (Eds.), *Narrative comprehension, causality, and coherence: Essays in honor of Tom Trabasso* (pp. 15 – 34). Erlbaum.

van Wynsberghe, A., & Robbins, S. (2019). Critiquing the reasons for making artificial moral agents. *Science and Engineering Ethics*, *25*(3), 719 – 735.

Vanderelst, D., & Winfield, A. (2018). The dark side of ethical robots. In *AIES 18: AAAI/ACM Conference on AI, Ethics, and Society* (pp. 317 – 332). Association for Computing Machinery.

Vaz, A. P., Inati, S. K., Brunel, N., & Zaghloul, K. A. (2019). Coupled ripple oscillations between the medial temporal lobe and neocortex retrieve human memory. *Science*, *363*(6430), 975 – 978.

Vöhringer, I. A., Kolling, T., Graf, F., Poloczek, S., Fassbender, I., Freitag, C., . . . & Knopf, M. (2018). The development of implicit memory from infancy to childhood: On average performance levels and interindividual differences. *Child development*, *89*(2), 370 – 382.

von Neumann, J., & Morgenstern, O. (1947). *Theory of games and economic behavior* (2nd rev. ed.). Princeton University Press.

von Wright, J. M, Anderson, K., & Stenman, U. (1975). Generalization of conditioned GSRs in dichotic listening. In P. M. A. Rabbitt & S. Domic (Eds.), Attention and performance (Vol. 5, pp. 135 – 153). Academic Press.

Walker, P., & Marshall, E. (1982). Visual memory and stimulus repetition effects. *Journal of Experimental Psychology: General*, *111*(3), 348 – 368.

Wallach, W., & Allen, C. (2010). *Moral machines: Teaching robots right from wrong*. Oxford University Press.

Wallas, G. (1926). *The art of thought*. Harcourt, Brace.

Ward, E. V., Berry, C. J., Shanks, D. R., Moller, P. L., & Czsiser, E. (2020). Aging predicts decline in explicit and implicit memory: A life-span study. *Psychological Science*, *31*(9), 1071 – 1083.

Warren, R. M. (1970). Perceptual restoration of missing speech sounds. *Science*, *167*(3917), 392 – 393.

Warren, R. M., & Warren, R. P. (1970). Auditory illusions and confusions. *Scientific American*, *223*(6), 30 –37.

Warrington, E. K., & Weiskrantz, L. (1968). New method of testing long-term retention with special reference to amnesic patients. *Nature*, *217*(5132), 972 – 974.

Wason, P. C. (1960). On the failure to eliminate hypotheses in a conceptual task. *Quarterly Journal of Experimental Psychology*, *12*(3), 129 – 140.

Wason, P. C., & Johnson-Laird, P. N. (1972). *Psychology of reasoning: Structure and content*. Harvard University Press.

Watson, J. B. (1913). Psychology as the behaviorist views it. *Psychological Review*, *20*(2), 158 –177.

Waugh, N. C., & Norman, D. A. (1965). Primary memory. *Psychological Review*, *72*(2), 89 – 104.

Weaver, G. E. (1974). Effects of poststimulus study time on recognition of pictures. *Journal of Experimental Psychology*, *103*(4), 799 – 801.

Weaver, G. E., & Stanny, C. J. (1978). Short-term retention of pictorial stimuli as assessed by a probe recognition technique. *Journal of Experimental Psychology: Human Learning and Memory*, *4*(1), 55 – 65.

Weisberg, R. W. (1988). Problem solving and creativity. In R. J. Sternberg (Ed.), *The nature of creativity: Contemporary psychological perspectives* (pp. 148 – 176). Cambridge University Press.

Weisberg, R. W. (1995). Prolegomena to theories of insight in problem solving: A taxonomy of problems. In R. J. Sternberg & J. E. Davidson (Eds.), *The nature of insight* (pp. 157 – 196). MIT Press.

Weisberg, R. W. (1999). Creativity and knowledge: A challenge to theories. In R. J. Sternberg (Ed.), *Handbook of creativity* (pp. 226 – 250). Cambridge University Press.

Weisstein, N., & Harris, C. S. (1974). Visual detection of line segments: An object-superiority effect. *Science*, *186*(4165), 752 – 755.

Weiten, W. (2001). *Psychology: Themes and variations* (5th ed.). Wadsworth/Thomson Learning.

Wheeler, D. D. (1970). Processes in word recognition. *Cognitive Psychology*, *1*(1), 59 – 85.

Wickelgren, W. A. (1965). Short-term memory for phonemically similar lists. *American Journal of Psychology*, *78*(4), 567 – 574.

Wickens, D. D., Reutener, D. B., & Eggemeier, F. T. (1972). Sense impression as an encoding dimension of words. *Journal of Experimental Psychology*, *96*(2), 301 – 306.

Wiener, N. (1948). *Cybernetics or control and communication in the animal and the machine*. MIT Press.

Winfield, A. F., Michael, K., Pitt, J., & Evers, V. (Eds.) (2019). Machine ethics: The design and governance of ethical AI and autonomous systems. *Proceedings of the IEEE*, *107*(3), 509 – 517.

Woodworth, R. S., & Sells, S. B. (1935). An atmosphere effect in formal syllogistic reasoning. *Journal of Experimental Psychology*, *18*(4), 451 – 460.

Yang, T., Chan, R. C. K., & Shum, D. (2011). The development of prospective memory in typically developing children. *Neuropsychology*, *25*(3), 342 – 352.

Yeni-Komshian, G. H., & Lafontaine, L. (1983). Discrimination and identification of voicing and place contrasts in aphasic patients. *Canadian Journal of Psychology*, *37*(1), 107 – 131.

Yonelinas, A. P. (2002). The nature of recollection and familiarity: A review of 30 years of research. *Journal of Memory and Language*, *46*(3), 441 – 517.

Zhang, X., Wang, R., Sharma, A., & Gopal, G. (2021). Artificial intelligence in cognitive psychology—Influence of literature based on artificial intelligence on children's mental disorders. *Aggression and Violent Behavior*, *3*, 101590.

Zhu, Y., Zhang, L., Fan, J., & Han, S. (2007). Neural basis of cultural influence on self-representation. *NeuroImage*, *34*(3), 1310 – 1316.

Zivony, A. (2019). Academia is not a meritocracy. *Nature Human Behaviour*, *3*(10), 1037.

艾森克，基恩.（2004）. *认知心理学*（4 版；高定国，肖晓云译）. 华东师范大学出版社.

安德森.（2012）. *认知心理学及其启示*（7 版，秦裕林等译）. 人民邮电出版社.

贝斯特.（2000）. *认知心理学*（黄希庭等译）. 中国轻工业出版社.

陈辉.（1988）. 短时记忆容量的年龄特点和材料特点. *天津师范大学学报(社会科学版)*(4)，25 – 30.

戈尔斯坦.（2015）. *认知心理学：心智、研究与你的生活*（3 版，张明等译）. 中国轻工业出版社.

郭翠萍，白青科，龚亮，赵振国，汪凯.（2018）. 阿尔茨海默病患者的内隐记忆启动效应研究. *中国神经精神疾病杂志*，*44*(4)，198 – 200.

郭纬，贺莉.（2005）. 分散注意条件下前瞻记忆的完成水平及其影响因素初探. *心理科学*，*28*(1)，111 – 113.

郭秀艳.（2002）. 再认中意识和无意识的贡献大小——兼论内隐记忆的抗老化现象. *心理科学*，*25*(5)，535 – 537.

韩凯，施晓斌.（1997）. FOK 产生机制的实验研究. *心理科学*，*20*(6)，485 – 489.

加洛蒂.（2005）. *认知心理学*（3 版，吴国宏等译）. 陕西师范大学出版社.

杰伊.（2004）. *语言心理学*（英文影印版）. 北京大学出版社.

卡罗尔.（2007）. *语言心理学*（4 版，缪小春等译）. 华东师范大学出版社.

李川云，吴振云.（1997）. 内隐记忆的年老化研究. *心理科学*，*20*(6)，555 – 556.

李寿欣，丁兆叶，张利增.（2005）. 认知方式与线索特征对前瞻记忆的影响. *心理学报*，*37*(3)，320 – 327.

李寿欣，宋艳春.（2006）. 不同认知方式中小学生的前瞻记忆的研究. *心理发展与教育*，*22*(2)，18 – 22.

梁丽娟，张力.（2009）. 前额叶在自传体记忆过程中的功能探究. *心理科学*，*32*(5)，1192 – 1194.

梁宁建.（2003）. *当代认知心理学*. 上海教育出版社.

刘伟,黎琳.(2007).12～20岁个体前瞻记忆的发展与影响因素的研究.*心理科学*,*30*(3),555－557.

刘英杰,魏萍,丁锦红,郭春彦.(2014).内隐重复效应影响外显工作记忆的年龄差异.*心理学报*,*46*(3),321－330.

罗伯逊.(2004).*问题解决心理学*(张奇等译).中国轻工业出版社.

罗劲,林仲贤.(1998).对FOK的线索熟悉性假说的重新检验.*心理学报*,*30*(3),241－247.

彭聃龄(主编).(2012).*普通心理学*(4版).北京师范大学出版社.

彭聃龄,张必隐.(2004).*认知心理学*.浙江教育出版社.

彭聃龄等.(1990).*认知心理学*.黑龙江教育出版社.

邵志芳.(2006).*认知心理学:理论、实验和应用*.上海教育出版社.

斯滕伯格.(2006).*认知心理学*(3版,杨炳钧等译).中国轻工业出版社.

孙莹莹.(2006).AB型人格类型及年龄因素对前瞻记忆的影响研究.*大理学院学报(综合版)*,*5*(11),85－88.

索尔所,麦克林 M K,麦克林 O H.(2008).*认知心理学*(7版,邵志芳等译).上海人民出版社.

王甦,汪安圣.(1992).*认知心理学*.北京大学出版社.

王永跃,张芝,葛列众,王健.(2005).任务中断对幼儿前瞻记忆的影响.*心理科学*,*28*(1),235－237.

箱田裕司,都築誉史,川畑秀明,萩原滋.(2013).*认知心理学*(宋永宁译).华东师范大学出版社.

杨红升,朱滢.(2004a).自我与提取诱发遗忘现象.*心理学报*,*36*(2),154－159.

杨红升,朱滢.(2004b).老年中国人自我记忆效应的研究.*心理科学*,*27*(1),43－45.

杨治良,周颖.(2003).文字再认的内隐和外显记忆的发展研究.*心理与行为研究*(1),11－15.

杨治良等(编著).(1999).*记忆心理学*(2版).华东师范大学出版社.

张春兴.(2002).*心理学思想的流变:心理学名人传*.上海教育出版社.

张力.(2005).中国人关于母亲的联想不同于美国人——来自范围假设的证据.*北京大学学报(自然科学版)*,*41*(6),941－949.

张利增.(2005).前瞻记忆加工机制的观点和理论模型.*山东师范大学学报(人文社会科学版)*,*50*(5),111－114.

周爱保,刘沛汝,史战,张鹏英,吴慧芬,李琼.(2010).四岁儿童的自我参照效应研究.*心理发展与教育*,*26*(3),239－244.

朱滢,张力.(2001).自我记忆效应的实验研究.*中国科学:C辑*,*31*(6),537－543.

庄锦英.(2006).*决策心理学*.上海教育出版社.

图书在版编目（CIP）数据

认知心理学/丁锦红等编著．-- 3 版．-- 北京：
中国人民大学出版社，2022.4
新编 21 世纪心理学系列教材
ISBN 978-7-300-30451-9

Ⅰ.①认… Ⅱ.①丁… Ⅲ.①认知心理学-高等学校
-教材 Ⅳ.①B842.1

中国版本图书馆 CIP 数据核字（2022）第 044674 号

新编 21 世纪心理学系列教材
认知心理学（第 3 版）
丁锦红　张钦　郭春彦　魏萍　李琦　编著
Renzhi Xinlixue

出版发行	中国人民大学出版社		
社　　址	北京中关村大街 31 号	**邮政编码**	100080
电　　话	010－62511242（总编室）		010－62511770（质管部）
	010－82501766（邮购部）		010－62514148（门市部）
	010－62515195（发行公司）		010－62515275（盗版举报）
网　　址	http://www.crup.com.cn		
经　　销	新华书店		
印　　刷	北京宏伟双华印刷有限公司	**版　　次**	2010 年 6 月第 1 版
开　　本	787 mm×1092 mm　1/16		2022 年 4 月第 3 版
印　　张	22 插页 1	**印　　次**	2025 年 1 月第 4 次印刷
字　　数	460 000	**定　　价**	58.00 元

关联课程教材推荐

书号	书名	作者	定价（元）
978-7-300-32716-7	普通心理学（第3版）	张钦	69.00
978-7-300-28095-0	心理学基础	白学军	55.00
978-7-300-26722-7	心理学（第3版）	斯宾塞·拉瑟斯	79.00
978-7-300-25882-9	生理心理学（第2版）	隋南 等	49.90
978-7-300-32539-2	实验心理学（第3版）	白学军 等	59.90
978-7-300-30715-2	社会心理学（第4版·数字教材版）	乐国安	68.00
978-7-300-32948-2	发展心理学（第5版·数字教材版）	雷雳	59.00
978-7-300-25588-0	变态心理学（第3版）	王建平 等	59.80
978-7-300-27212-2	教育心理学：原理与应用	刘儒德	58.00
978-7-300-32062-5	人格心理学导论（第2版）	许燕	59.00
978-7-300-28457-6	心理学专业英语	苏彦捷	49.00
978-7-300-25616-0	心理与教育科学研究方法	杨丽珠 等	49.80
978-7-300-27971-8	心理学研究方法：从选题到论文发表	王轶楠	45.00
978-7-300-26721-0	心理与教育论文写作：方法、规则与实践技巧（第2版）	侯杰泰 等	38.00

配套教学资源支持

尊敬的老师：

衷心感谢您选择使用人大版教材！相关配套教学资源，请您到人大社网站（http：//www.crup.com.cn）下载，或是随时与我们联系，我们将向您免费提供。

欢迎您随时反馈教材使用过程中的疑问、修订建议，并提供您个人制作的课件。您的课件一经入选，我们将有偿使用。让我们与教材共成长！

联系人信息：

地址：北京海淀区中关村大街31号802室　　翟然 收　　邮编：100080

电子邮件：lgcbfs@crup.com.cn　电话：010－62511967　QQ：492788991

如有相关教材的选题计划，也欢迎您与我们联系，我们将竭诚为您服务！

选题联系人：张宏学　电子邮件：zhanghx@crup.com.cn　电话：010－62512127

人大社网站：http：//www.crup.com.cn

心理学专业教师QQ群：259019599

欢迎您登录人大社网站浏览，了解图书信息，共享教学资源

期待您加入专业教师QQ群，开展学术讨论，交流教学心得